普通高等教育“十一五”国家级规划教材
高职高专计算机系列规划教材

SQL Server 实例教程

（第3版）

（2008版）

杨学全　主编　　李英杰　副主编
杨靖康　徐　萍　刘永辉　张红强　编著
徐建民　主审

電子工業出版社
Publishing House of Electronics Industry
北京・BEIJING

内 容 简 介

本书根据数据库技术领域和数据库应用系统开发职业的任职要求，参照相关的职业资格标准，坚持能力本位的职业教育思想，采用项目驱动组织课程教学内容。

全书共分为 14 章，从基本概念和实际应用出发，由浅入深循序渐进地讲述数据库设计基础知识和数据库创建、表的操作、视图操作、索引创建、存储过程与触发器应用、函数应用、SQL 程序设计、数据的安全与管理、备份与恢复等内容；将“学生选课系统开发”案例融入各章节，阐述数据库创建、管理、开发与 SQL 语言程序设计的思想与具体方法；简明扼要地介绍了 SQL Server 的上机实验操作；根据职业技能培养的要求，结合案例，给出 100 多个例题和习题，以便于学习者更好地学习和掌握数据库的基本知识与技能。

本书既可作为计算机及其相关专业的本、专科学生教材，也可以作为数据库工作者，尤其是大型关系数据库初学者的参考书。

图书在版编目（CIP）数据

SQL Server 实例教程：2008 版/杨学全主编. —3 版. —北京：电子工业出版社，2010.12
（高职高专计算机系列规划教材）

ISBN 978-7-121-12084-8

Ⅰ. ①S… Ⅱ. ①杨… Ⅲ. ①关系数据库－数据库管理系统，SQL Server 2008－高等学校：技术学校－教材 Ⅳ. ①TP311.138

中国版本图书馆 CIP 数据核字（2010）第 207879 号

策划编辑：吕　迈
责任编辑：吕　迈
印　　刷：北京宏伟双华印刷有限公司
装　　订：北京宏伟双华印刷有限公司
出版发行：电子工业出版社
　　　　　北京市海淀区万寿路 173 信箱　邮编 100036
开　　本：787×1092　1/16　印张：23.5　字数：602 千字
版　　次：2004 年 7 月第 1 版
　　　　　2010 年 12 月第 3 版
印　　次：2016 年 2 月第 7 次印刷
定　　价：42.80 元

凡所购买电子工业出版社图书有缺损问题，请向购买书店调换。若书店售缺，请与本社发行部联系，联系及邮购电话：（010）88254888。

质量投诉请发邮件至 zlts@phei.com.cn，盗版侵权举报请发邮件至 dbqq@phei.com.cn。

服务热线：（010）88258888。

前　言

国家中长期教育改革和发展规划纲要指出，高等教育承担着培养高级专门人才、发展科学技术文化、促进社会主义现代化建设的重大任务。提高质量是高等教育发展的核心任务，是建设高等教育强国的基本要求。作为高等教育的重要组成部分，高等职业教育是推动经济发展、促进就业、改善民生、解决“三农”问题的重要途径，是缓解劳动力供求结构矛盾的关键环节，必须摆在更加突出的位置。全面提高教学质量是发展职业教育，落实纲要的客观要求。

课程建设与改革是提高教育教学质量的核心，也是教学改革的重点和难点，更是满足经济社会对高素质劳动者和技能型人才的需要的关键。《SQL Server 实例教程（第 3 版）》是在高职高专面向工作过程的课程改革与建设背景下编写的。教材面向工作过程，融“教、学、做”为一体，注重基本知识与基本技术讲解（教），给出具有实用价值的案例供学生模仿（学），通过课程设计强化学生能力的培养（做）。

承蒙读者和同行的关爱，该教材第二版 2006 年被确定为国家“十一五”规划教材，2008 年获省级教学成果三等奖；本教材的第一版、第二版受到了同行的好评，累计销售近 10 万册，第三次修订采纳了同行的建议，更新了软件版本，简化提炼了案例。

编写一本优秀的教材是一件非常不容易的事情，很多因素都会影响到教材的质量。尽管此书多次修改，每次修改都考虑如何突出职业能力培养这条主线，如何突出教材的高职特色等问题。尽管本书的定稿经过了多人的努力，但是我们还是感觉不尽如人意，唯恐对不起关心和支持我们编写这本教材的朋友们，对不起孜孜求学的学子们。由于作者水平、时间、精力所限，不妥和错误之处，敬请同行们批评指正，我们将不胜感激。

本教材适用于计算机应用类专业或非计算机专业的数据库教学，是软件工程、信息系统开发、开发工具等课程的前驱课。本书由杨学全老师主编，李英杰副主编，杨靖康、徐萍、刘永辉、张红强编著。其他参与编写的人员还有：李志芳、刘甜、李洁、郭涛、董素芬、杨磊、李丹、陈勇。全书由杨学全老师统稿，徐建民老师主审。

衷心感谢保定职业技术学院陈志强、刘海军教授，河北大学徐建民教授，河北农业大学滕桂法教授，电子工业出版社吕迈先生。他们的辛勤工作使我们受益匪浅。

衷心感谢所有关心本书编写的师长和朋友。

作　者

2010 年 9 月

目　录

第1章　数据库技术

数据库技术是研究数据库结构、存储、设计和使用的一门软件科学，是进行数据管理和处理的技术。现在，信息资源已成为各行各业的重要财富和资源，以数据库为核心的信息系统已经成为企业或组织生存和发展的重要条件。从某种意义上讲，数据库的建设规模、数据信息量的大小和使用频度已成为衡量这个国家信息化的重要标志。

1.1　数据库基础知识

本节主要从一些常用术语和基本概念出发，介绍数据库的基础知识。

1.1.1　信息、数据与数据处理

1．信息（Information）

信息是指现实世界事物的存在方式或运动状态的反映。信息具有可感知、可存储、可加工、可传递和可再生等自然属性，信息也是各行各业不可缺少的资源，这是它的社会属性。

2．数据（Data）

数据是数据库中存储的基本对象，是描述事物的符号记录。描述事物的符号可以是数字，也可以是文字、图形、声音、语言等。数据有多种表现形式，但它们数字化后都可以存入计算机中。

在现实世界中，人们为了交流信息，了解世界，需要对现实世界中的事物进行描述，例如利用自然语言描述一个学生："张三是一个 2006 年入学的男大学生，1987 年出生，河北人。"在计算机世界里，为了存储和处理现实世界中的事物，就要抽象出感兴趣的事物特征，组成一个记录来描述该事物。例如，用户对学生最感兴趣的是学生的姓名、性别、出生日期、籍贯、入学时间等，那么在计算机里就可以这样描述：

（张三，男，1987，河北，2006）

这里描述学生的记录就是数据。

3．数据解释（Data Explain）

在计算机世界里，描述学生的一条记录（张三，男，1987，河北，2006），知道它的含义的人会得到如下信息：张三是一名大学生，男，1987 年出生，河北人，2006 年入学。而不了解其含义的人，就会得不到如上的信息。可见数据的形式还不能完全表达其内容，还需要数据的解释，所以数据与数据的解释是不可分的。

数据的解释是指对数据语义的说明，数据的语义就是数据承载的信息。数据与数据承载的信息是不可分的，数据是信息的载体，是符号表示；信息是数据的内容，是数据的语义解释。

4．数据处理（Data Handle）

数据的处理是指对各种数据进行收集、存储、加工和传播的一系列活动的总和。数据的管理是指对数据进行的分类、组织、编码、存储、检索和维护，它是数据处理的中心问题。

1.1.2 数据管理技术的发展

数据库技术是应数据管理的需求而产生的。最初的计算机主要是进行复杂的科学计算，随着计算机及其应用的发展，人们开始借助计算机进行数据处理。数据处理技术经历了人工管理、文件系统、数据库系统三个阶段。

1．人工管理阶段

人工管理阶段是指 20 世纪 50 年代中期以前的阶段。当时的计算机主要用于科学计算。只有纸带、卡片、磁带，没有大容量的外存；没有操作系统和数据管理软件；数据处理方式是批处理。人工管理阶段的特点是：

（1）数据不长期保存在计算机里，用完就撤走。

（2）应用程序管理数据，数据与程序结合在一起。

（3）数据不共享，数据是面向应用的，一个程序对应一组数据。

（4）数据不具有独立性。

2．文件系统阶段

文件系统阶段是指 20 世纪 50 年代后期到 60 年代中期这一阶段。在这一阶段，由于计算机硬件有了磁盘、磁鼓等直接存取设备；软件有了操作系统，数据管理软件；计算机应用扩展到了数据处理方面。这一阶段的特点是：

（1）数据以文件的形式长期保存在计算机里。

（2）操作系统的文件管理提供了对数据的输入和输出管理。

（3）数据可以共享，一个数据文件可以被多个应用程序使用。

（4）数据文件之间彼此孤立，不能反映数据之间的联系，存在数据的大量冗余。

3．数据库系统阶段

数据库系统阶段从 20 世纪 60 年代后期开始，随着计算机硬件与软件技术的发展，计算机用于管理的规模越来越大，文件系统作为数据管理手段已经不能满足应用的需要，为了解决多用户、多应用程序共享数据的需求，人们开始了对数据组织方法的研究，并开发了对数据进行统一管理和控制的数据库管理系统，在计算机这一领域逐步形成了数据库技术这一独立的分支。与人工管理阶段相比数据库系统的特点是：

（1）数据结构化。

（2）数据的共享性高，冗余度低、易扩充。

（3）数据独立性高。

（4）数据由 DBMS 统一管理和控制。

1.1.3 数据库、数据库管理系统、数据库系统

1．数据库

通俗地讲，数据库（Data Base）是存放数据的仓库。可以借助存放货物的仓库来理解

数据库，只不过这些货物是数据，这个仓库是建立在计算机上的。严格的定义：数据库是长期存储在计算机内的、有组织的、可共享的数据集合。这种集合具有如下特点：

（1）数据库中的数据按一定的数据模型组织、描述和存储。

（2）具有较小的冗余度。

（3）具有较高的数据独立性和易扩充性。

（4）为各种用户共享。

2. 数据库管理系统

数据库管理系统（Data Base Management System，DBMS）是位于用户与操作系统之间的一层数据管理软件，例如 SQL Server 2008 就是一个 DBMS。数据库管理系统完成数据的组织、存储、维护、获取等任务，具有如下功能。

（1）数据定义功能。用户可以通过 DBMS 提供的数据定义语言（Data Definition Language，DLL）方便地对数据库中的对象进行定义。

（2）数据操纵功能。用户可以通过 DBMS 提供的数据操作语言（Data Manipulation Language，DML）方便地操纵数据库中的数据，实现对数据库的基本操作，如增加、删除、修改、查询等。

（3）数据库的运行管理。数据库管理系统统一管理数据库的运行和维护，以保障数据的安全性、完整性、并发性和故障的系统恢复性。

（4）数据库的建立和维护功能。数据库管理系统能够完成初始数据的输入、转换，数据库的转储、恢复，数据库的性能监视和分析等任务。

数据库管理系统是数据库系统的一个重要组成部分。

3. 数据库系统

数据库系统（DataBase System，DBS）是采用数据库技术的计算机系统。数据库系统由数据库、数据库管理系统及开发工具、数据库应用程序、数据库管理员和用户组成，如图 1.1 所示。数据库管理员（DataBase Administrator，DBA）是专门从事数据库的建立、使用和维护等工作的数据库专业人员，他们在数据库系统起着非常重要的作用。一般情况下，数据库系统简称为数据库，数据库系统在计算机系统中的地位如图 1.2 所示。

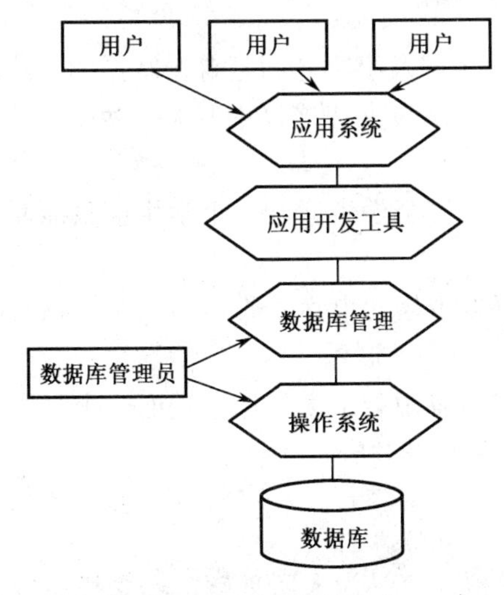

图 1.1　数据库系统构成

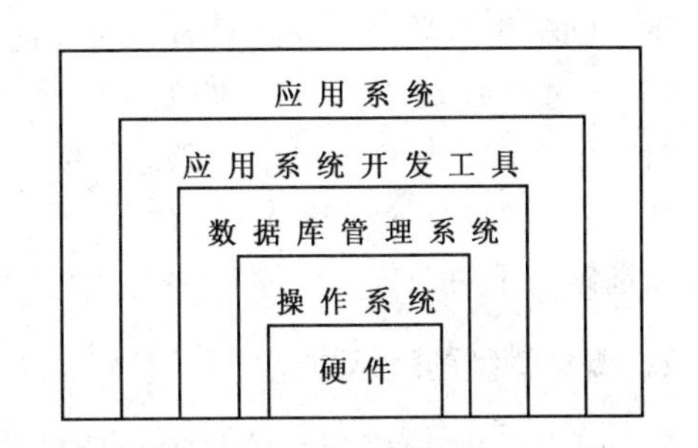

图 1.2　数据库系统在计算机系统中的地位

1.1.4 数据模型

数据模型是现实世界数据特征的抽象，是现实世界的模拟。现实生活中的具体的模型，人们并不陌生，如汽车模型、航空模型等，人们看到模型就会想象到现实生活中的事物。数据模型同样是现实世界中数据和信息在数据库中的抽象与表示。

数据模型应满足三方面要求：一是能比较真实的模拟现实世界；二是容易为人所理解；三是便于在计算机中实现。

不同的数据模型提供的模型化数据和信息的方法是不同的。根据模型应用目的的不同，数据模型可以分为两类，一类是概念模型，它是按用户的观点来对数据和信息进行抽象，主要用于数据库设计；另一类是结构数据模型，它是按计算机的观点建模，主要用于 DBMS 的实现。

概念模型是现实世界到信息世界的第一次抽象，用于信息世界的建模，是数据库设计人员的有力工具，也是数据库设计人员与用户之间交流的语言。

1．信息世界的基本概念

（1）实体（Entity)。实体是指客观存在并可以相互区别的事物。实体可以是具体的人、事、物，也可以是抽象的概念和联系。例如，一个部门、一个产品、一名学生、一名教师等都是实体。

（2）属性（Attribute)。实体所具有的某一特性称为实体的属性，一个实体由若干个属性来描述。例如，教师实体可以由教师编号、姓名、性别、职称、学历、工作时间等属性描述，（1001，杨森，男，副教授，研究生，1965）这些属性组合起来描述了一个教师。

（3）码（Key)。唯一标识实体的属性集成为码。例如教师编号是教师实体的码。

（4）域（Domain)。属性的取值范围称为该属性的域。例如教师实体的“性别”属性的域为（男，女)。

（5）实体型（Entity Type)。具有相同属性的实体成为同型实体，用实体名及其属性名的集合来抽象和刻画同类实体，成为实体型。例如，教师（教师编号，姓名，职称，学历，工作时间）就是一个实体型。

（6）实体集（Entity Set)。同型实体的集合成为实体集。例如，全体教师就是一个实体集，全体学生也是一个实体集。

（7）联系（Relationship)。在现实世界中，事物内部及事物之间是普遍联系的，这些联系在信息世界中表现为实体型内部各属性之间的联系以及实体型之间的联系。两个实体型之间的联系可以分为三类：

① 一对一联系（1∶1)。例如，一个学生只能有一个学生证，一个学生证只能属于一个学生，则学生与学生证之间具有一对一的联系。

② 一对多联系（1∶n)。例如，一个人可以有多个移动电话号码，但一个电话号码只能卖给一个人。人与移动电话号码之间的联系就是一对多的联系。

③ 多对多联系（m∶n)。例如，一门课程同时可以由若干学生选修，而一个学生同时也可以选修若干门课程，课程与学生之间的联系是多对多的联系。

2．概念模型的表示方法

如前所述，概念模型是信息世界比较真实的模拟，容易为人所理解，概念模型应该方便、准确的表示出信息世界中常用概念。概念模型的表示方法很多，其中比较著名的是实体—联系方法（Entity-Relationship），该方法用 E-R 图来描述现实世界的概念模型。

E-R 图提供了表示实体型、属性和联系的方法。

- 实体型：用矩形表示，矩形框内写明实体名。
- 属性：用椭圆表示，椭圆内写明属性名，用无向边将属性与实体连起来。
- 联系：用菱形表示，菱形框内写明联系名，用无向边与有关实体连接起来，同时在无向边上注明联系类型。需要注意的是，联系也具有属性，也要用无向边与联系连接起来。

下面用 E-R 图表示学生选课管理的概念模型。

学生选课管理设计的实体有：

- 学生　属性有学号、姓名、性别、出生年月、入学时间、班级。
- 课程　属性有课程号、课程名、学时数、学分、课程性质。
- 教材　属性有教材编号、教材名、出版社、主编、单价。

这些实体之间的联系如下：

- 一门课程只能选用一种教材，一种教材对应一门课程。
- 一个学生可以选修多门课程，一门课程可以由多个学生选修。

给出学生选课管理 E-R 图，如图 1.3 所示。

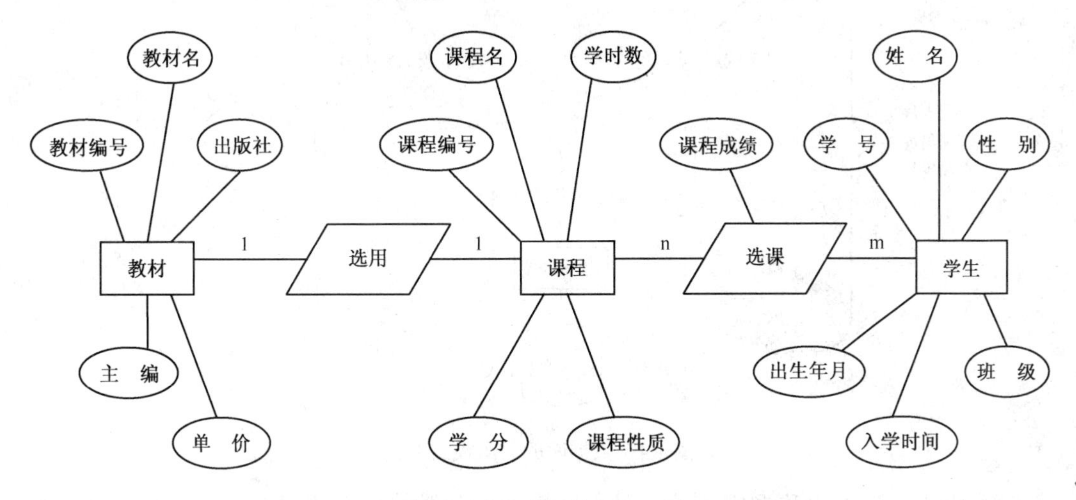

图 1.3　学生选课管理 E-R 图

3．常用的结构数据模型

结构数据模型直接描述数据库中数据的逻辑结构，这类模型涉及到计算机系统，又称为基本数据模型。它是用于机器世界的第二次抽象。目前，常用的结构数据模型有四种，他们是：

- 层次模型（Hierarchical Mode）。
- 网状模型（Network Model）。
- 关系模型（Relational Model）。
- 面向对象模型（Object Oriented Model）。

关系模型是目前最重要的一种数据模型。关系数据库系统采用关系模型为数据的组织方式，SQL Server 2008 数据库就是基于关系模型建立的。关系模型具有如下优点：

- 关系模型是建立在严格的数学概念基础上。
- 关系模型的概念单一，无论实体还是实体之间的联系都用关系表示，对数据的检索结果也是关系。
- 关系模型的存取路径对用户透明。

1.1.5 数据库系统的体系结构

虽然实际的数据库管理系统多种多样，支持不同的数据模型，使用不同的数据库语言，建立在不同的操作系统之上，数据的存储结构也各不相同，但在体系结构上都采用三级模式两级映射结构。

1. 数据库的三级模式结构

数据库的三级结构如图 1.4 所示，它是由外模式、模式和内模式三级构成。

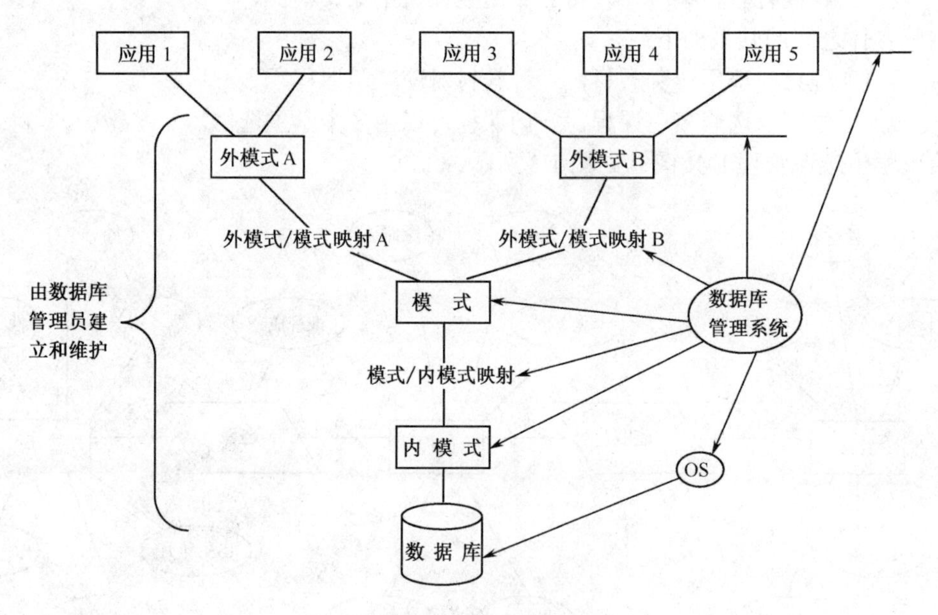

图 1.4 数据库的三级模式结构

（1）模式。模式也称逻辑模式，是数据库中全体数据的逻辑结构和特征的描述，也是所有用户的公共数据视图。

模式是数据库数据在逻辑上的视图。一个数据库只有一个模式，它既不涉及存储细节，也不涉及应用程序及程序设计语言。定义模式时不仅要定义数据的逻辑结构，也要定义数据之间的联系，定义与数据有关的安全性、完整性要求。

（2）外模式。外模式又称子模式或用户模式，是模式的子集，是数据的局部逻辑结构，也是数据库用户看到的数据视图。一个数据库可以有多个外模式，每一个外模式都是为不同的用户建立的数据视图。外模式是保证数据库安全的一个有力措施，每个用户只能看到和访问所对应的外模式中的数据，数据库中的其余数据是不可见的。

（3）内模式。内模式也称存储模式，是数据在数据库中的内部表示，即数据的物理结构和存储方式描述。一个数据库只有一个内模式。

2. 数据库的数据独立性

数据库系统的三级模式是对数据的三级抽象，数据的具体组织由数据库管理系统负责，使用户能够逻辑的处理数据，而不必关心数据在计算机内部的具体表示与存储方式。为了在内部实现这三个抽象层次的转换，数据库管理系统在这三级模式中提供了两层映射：

- 外模式/模式映射。
- 模式/内模式映射。

（1）外模式/模式映射。所谓外模式/模式映射，就是存在外模式与模式之间的某种对应关系，这些映射定义通常包含在外模式的描述中。

当模式改变时，例如增加了一个新表，数据库管理员对各个外模式/模式的映射做相应的修改，而使外模式保持不变，这样应用程序就不用修改，因为应用程序是在外模式上编写的，所以保证了数据与程序的逻辑独立性，简称数据的逻辑独立性。

（2）模式/内模式映射。所谓模式/内模式映射，就是数据库全局逻辑结构与存储结构之间的对应关系，当数据库的内模式发生改变时，例如，存储数据库的硬件设备或存储方法发生改变，由于存在模式/内模式映射，使得数据的逻辑结构保持不变，也即模式不变，因此使应用程序也不变，保证了数据与程序的物理独立性，简称数据的物理独立性。

1.2 关系数据库

关系数据库是当前信息管理系统中最常用的数据库，关系数据库采用关系模式，应用关系代数的方法来处理数据库中的数据。本节主要介绍关系模型、关系数据理论与关系数据库标准语言。

1.2.1 关系模型

关系模型由三部分组成：数据结构、关系操作、关系的完整性。在介绍三个组成部分之前，先来了解关系模型的基本术语。

1. 关系模型的基本术语

（1）关系模型：用二维表格结构来表示实体及实体间联系的模型称为“关系模型”（Relational Model）。

（2）属性和值域：在二维表中的列（字段、数据项）称为属性（Attribute），列值称为属性值，属性值的取值范围称为值域（Domain）。

（3）关系模式：在二维表格中，行定义（记录的型）称为关系模式（Relation Schema）。

（4）元组与关系：在二维表中的行（记录的值），称为元组（Tuple），元组的集合称为关系，关系模式通常也称为关系。

（5）关键字或码：在关系的属性中，能够用来唯一标识元组的属性（或属性组合）称为关键字或码（Key）。关系中的元组由关键字的值来唯一确定，并且关键字不能为空。例如，学生表中的学号就是关键字。

（6）候选关键字或候选码：如果一个关系中，存在着多个属性（或属性的组合）都能用来唯一标识该关系的元组，这些属性或属性的组合都称为该关系的候选关键字或候选码（Candidate Key）。

（7）主关键字或主码：在一个关系中的若干候选码中指定为关键字的属性（或属性组合）称为该关系的主关键码（Primary Key）或主码。

（8）非主属性或非码属性：关系中不组成码的属性均为非主属性或非码属性（Non Primary Attribute）。

（9）外部关键字或外键：当关系中的某个属性或属性组合虽不是该关系的关键字或只是关键字的一部分，但却是另一个关系的关键字时，称该属性或属性组合为这个关系的外部关键字或外键（Foreign Key）。

（10）从表与主表：是指以外键相关联的两个表，以外键为主键的表称为主表（主键表），外键所在的表称为从表（外键表）。例如，学生（学号，姓名，出生日期，入学时间，系）与选课（学号，课程号，成绩）两个表，对于"选课"表，学号是外键，对于"学生"表，学号是主键。"学生"表为主表，"选课"表为从表。

2．关系模型的数据结构

关系模型的数据结构是一种二维表格结构，在关系模型中现实世界的实体与实体之间的联系均用二维表格来表示。如表 1.1 所示。

表 1.1　关系模型数据结构

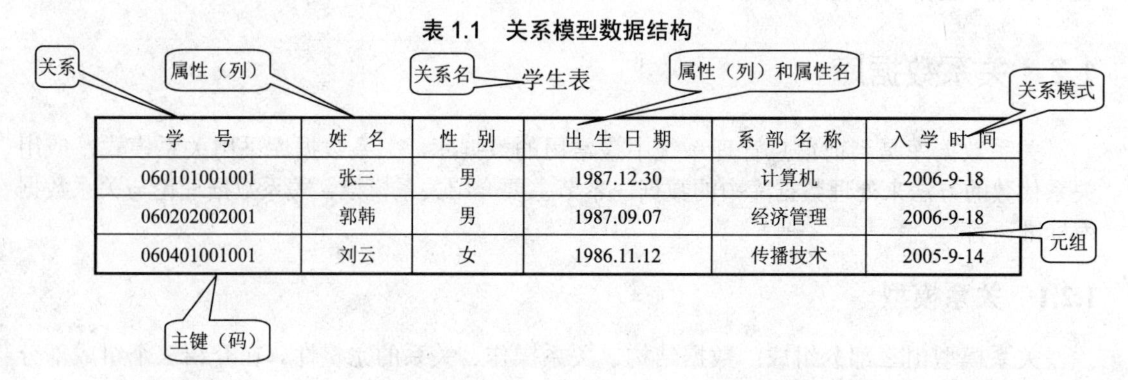

学　号	姓　名	性　别	出 生 日 期	系 部 名 称	入 学 时 间
060101001001	张三	男	1987.12.30	计算机	2006-9-18
060202002001	郭韩	男	1987.09.07	经济管理	2006-9-18
060401001001	刘云	女	1986.11.12	传播技术	2005-9-14

3．关系操作

关系模型中给出了关系操作的能力与特点。关系操作的特点是集合操作，即操作的对象和结果都是集合，这种操作称为一次一个集合的方式。关系操作的能力有选择操作（Select）、投影（Project）、连接（Join）、除（Divide）、并（Union）、交（Intersection）、差（Difference）等查询（Query）操作和插入（Insert）、删除（Delete）、修改（Update）操作。

（1）数据查询。数据查询是将数据从关系数据库中取出并放入指定内存，放入指定内存的数据可以来自于一个关系，也可以来自于多个关系。

（2）数据插入。数据插入是数据添加到指定关系中，形成关系中的元组。

（3）数据删除。数据删除的基本单位是一个关系中的元组，是将指定关系中的指定元组删除。

（4）数据修改。数据修改是在一个关系中修改指定的元组的指定属性。数据修改包含删除需要修改的元组和插入修改后的元组两部分操作。

关系操作的能力可以用关系代数来表示。关系代数是一种抽象的查询语言，这些抽象的语言与具体的 DBMS 中实现语言并不完全一致。

4．关系模型的数据完整性

数据完整性是指关系模型中数据的正确性与一致性。关系模型允许定义的完整性约束有：实体完整性、域完整性、参照完整性和用户自定义的完整性约束。关系型数据库系统提供了对实体完整性、域完整性和参照完整性约束的自动支持，也就是在插入、修改、删除操作时，数据库系统自动保证数据的正确性与一致性。

（1）实体完整性规则（Entity Integrity Rule）

这条规则要求关系中的元组在组成主键的属性上不能为空。例如，学生表中的学号属性不能为空。

（2）域完整性规则（Domain Integrity Rule）

这条规则要求表中列的数据必须具有正确的数据类型、格式以及有效的数据范围。例如，选课表中的成绩列的数值不能小于 0，也不能大于 100。

（3）参照完整性规则（Reference Integrity Rule）

这条规则要求不能引用不存在的元组。例如，在学生选课表中的学号列不能引用学生表中没有的学号。

（4）用户定义的完整性规则

用户自定义的完整性规则是应用领域需要遵守的约束条件，体现了具体应用领域的语义约束。

1.2.2 关系数据库中的基本运算

1. SQL 语言简介

SQL（Structured Query Language）语言是关系数据库的标准语言，它提供了数据查询、数据定义和数据控制功能。

（1）SQL 的数据定义功能。SQL 的数据定义功能包括三部分，SQL 的数据定义功能可以用于定义和修改模式（如基本表）、定义外模式（如视图）和内模式（如索引）。

① SQL 定义基本表的语句有：

CREATE TABLE　创建表
DROP TABLE　删除表
ALTER TABLE　修改表

② SQL 定义视图的语句有：

CREATE VIEW　创建视图
DROP VIEW　删除视图

③ SQL 定义索引的语句有：

CREATE INDEX　创建索引
DROP INDEX　删除索引

（2）SQL 的数据查询功能。SQL 的数据查询功能非常强大，它主要是通过 SELECT 语句来实现的。SQL 可以实现简单查询、连接查询、嵌套查询和视图查询等。

（3）SQL 的数据更新功能。SQL 的数据更新功能主要包括：INSERT，DELETE，UPDATE 三条语句。

（4）SQL 的访问控制功能。SQL 的数据控制功能是指控制用户对数据的操作权力。某个用户对数据库的操作权力是由数据库管理员来决定和分配的，数据库访问控制功能保证这些安全政策的正确执行。SQL 通过授权语句 GRANT 和回收语句 REVOKE 来实现数据控制功能。

（5）SQL 嵌入式使用方式。SQL 具有两种使用方式，既可以作为独立的语言在终端交互方式下使用，又可以将 SQL 语句嵌入在某种高级语言（如 C，C++，Java 等）之中使用。嵌入 SQL 的高级语言称为主语言或宿主语言。

2. 关系数据库中的基本运算

在关系中访问所需的数据时，需要对关系进行一定的关系运算。关系数据库主要支持选择、投影和连接关系运算，它们源于关系代数中并、交、差、选择、投影和连接等运算。

（1）选择。从一个表中找出满足指定条件的记录行形成一个新表的操作称为选择。选择是从行的角度进行运算得到新的表，新表的关系模式不变，其记录是原表的一个子集。

【例 1.1】 从“学生”表中查询 2006 年入学学生的信息。即从表 1.1 所示的表中筛选出入学时间为“2006-9-18”的记录，SQL 语句如下：

```
SELECT *
FROM  学生
WHERE 入学时间='2006-9-18'
```

其结果如表 1.2 所示。

表 1.2　2006 年入学学生信息表

学　号	姓　名	性　别	出生日期	系部名称	入学时间
060101001001	张三	男	1987.12.30	计算机	2006-9-18
060202002001	郭韩	男	1987.09.07	经济管理	2006-9-18

（2）投影。从一个表中找出若干字段形成一个新表的操作称为投影。投影是从列的角度进行的运算，通过对表中的字段进行选择或重组，得到新的表。新表的关系模式所包含的字段个数一般比原表少，或者字段的排列顺序与原表不同，其内容是原表的一个子集。

【例 1.2】 从“学生”表中查询出学生的学号、姓名和所在系部信息。即从表 1.1 所示的表中选出学生的“学号”、“姓名”和“系部名称”信息，SQL 语句如下：

```
SELECT 学号,姓名,系部名称
FROM  学生
```

其结果如表 1.3 所示。

表 1.3 学生学号、姓名、系部名称表

学　号	姓　名	系部名称
060101001001	张三	计算机
060202002001	郭韩	经济管理
060401001001	刘云	传播技术

（3）连接。选择和投影都是对单表进行的运算。在通常情况下，需要从两个表中选择满足条件的记录。连接就是这样的运算方式，它是将两个表中的记录按一定的条件横向结合，形成一个新的表。

连接分为多种类型，自然连接是常用的连接，理解自然连接的基础是交叉连接。

① 交叉连接。交叉连接是将两个表不加约束的连接在一起，连接产生的结果集的记录为两个表中记录的交叉乘积，结果集的列为两个表列的和。

表 1.4 系部表

系部名称	系主任
计算机	杨学全
经济管理	崔喜元
传播技术	田建国

【例 1.3】 设有"系部"表，如表 1.4 所示。交叉连接"学生"表和"系部"表。SQL 语句如下：

```
SELECT *
FROM 学生 CROSS JOIN 系部
```

其结果如表 1.5 所示。

表 1.5 【例 1.3】运算结果

学号	姓名	性别	出生日期	系部名称	入学时间	系部名称	系主任
060101001001	张三	男	1987.12.30	计算机	2006-9-18	计算机	杨学全
060202002001	郭韩	男	1987.09.07	经济管理	2006-9-18	计算机	杨学全
060401001001	刘云	女	1986.11.12	传播技术	2005-9-14	计算机	杨学全
060101001001	张三	男	1987.12.30	计算机	2006-9-18	经济管理	崔喜元
060202002001	郭韩	男	1987.09.07	经济管理	2006-9-18	经济管理	崔喜元
060401001001	刘云	女	1986.11.12	传播技术	2005-9-14	经济管理	崔喜元
060101001001	张三	男	1987.12.30	计算机	2006-9-18	传播技术	田建国
060202002001	郭韩	男	1987.09.07	经济管理	2006-9-18	传播技术	田建国
060401001001	刘云	女	1986.11.12	传播技术	2005-9-14	传播技术	田建国

从结果集可以看出，交叉连接产生的结果集没有实际应用的意义。一般用它来帮助理解其他连接查询。

② 自然连接。当两个表中有相同的字段时，可以使用自然连接将字段值相等的记录连接起来，并且去掉重复字段形成新表中的记录。

【例 1.4】 自然连接"学生"表和"系部"表。SQL 语句如下：

```
SELECT 学号,姓名,性别,出生日期,入学时间,系部.系部名称,系主任
FROM 学生 JOIN 系部
ON 学生.系部名称= 系部.系部名称
```

其结果如表 1.6 所示。

表 1.6 【例 1.4】运算结果

学号	姓名	性别	出生日期	系部名称	入学时间	系主任
060101001001	张三	男	1987.12.30	计算机	2006-9-18	杨学全
060202002001	郭韩	男	1987.09.07	经济管理	2006-9-18	崔喜元
060401001001	刘云	女	1986.11.12	传播技术	2005-9-14	田建国

1.2.3 关系数据理论

前面讨论了数据库系统的一些基本概念、关系模型的三个部分以及关系数据库的标准语言。那么，针对一个具体数据库应用问题，应该构造几个关系模式，每个关系由那些属性

组成，即如何构造适合于它的数据模式，这是关系数据库逻辑设计的问题。为了使数据库设计的方法走向规范，1971 年 E.F.Codd 提出了规范化理论，目前规范化理论的研究已经取得了很多的成果。关系数据理论就是指导产生一个具有确定的、好的数据库模式的理论体系。

1. 问题的提出

首先来看不规范设计的关系模式所存在的问题。

例如，给出一组如下关系实例：

学生关系：学生（学号，姓名，性别，出生日期，入学时间，系）

课程关系：课程（课程号，课程名，学时数）

选课关系：选课（学号，课程号，成绩）

可能有以下两种数据模式：

① 只有一个关系模式：

学生—选课—课程（学号，姓名，性别，出生日期，入学时间，系，课程号，课程名，学时数，成绩）

② 用三个关系模式：学生，课程，选课。

比较这两种设计方案。

第一种设计可能有下述问题。

- 数据冗余：如果学生选多门课程时，则每选一门课程就必须存储一次学生信息的细节，当一门课程被多个同学选学时，也必须多次存储课程的细节，这样就有很多的数据冗余。
- 修改异常：由于数据冗余，当修改某些数据项（例如“姓名”）时，可能有一部分有关元组被修改，而另一部分元组却没有被修改。
- 插入异常：当需要增加一门新课程，而这门课程还没有被学生选学时，则该课程不能进入数据库中。因为在学生—选课—课程关系模式中，（学号，课程号）是主键，此时学号为空，数据库系统会根据实体完整性约束规则拒绝该元组的插入。
- 删除异常：如果某个学生的选课记录都被删除了，那么，此学生的细节信息也一起被删除了，这样就无法找到这个学生的信息了。

第二种设计方案不存在上述问题。

数据冗余消除了，插入、删除、修改异常消除了。即使学生没选任何课程，学生的细节信息也仍然保存在学生关系中；即使课程没有被任何学生选学，课程的细节信息也仍然保存在课程关系中。解决了冗余及操作异常问题，又出来了另外一些问题，如果要查找选修语文课程的学生姓名，则需要进行三个关系的连接操作，这样代价很高。相比之下，学生—选课—课程关系直接投影、选择就可以完成，代价较低。

如何找到一个好的数据库模式？如何判断是否消除了上述四种问题？这就是关系数据理论研究的问题。关系数据理论主要包括三个方面的内容：数据依赖，范式，模式设计方法，其中数据依赖起核心作用。

2. 数据依赖

现实世界随着时间在不断地变化，因而从现实世界经过抽象而得到的关系模式的关系也会有所变化。但是，现实世界的许多已有事实限定了关系模式所有可能的关系必须满足一定的完整性约束条件。这些约束条件通过对属性取值范围的限定反映出来，称之为依赖于值域元素语义的限制，例如，学生出生日期为 1986 而入学时间也为 1986，这显然是不合理的；这些约束条件通过对属性值之间的相互关联（主要体现在值的相等与否）反映出来，这类限制统称为数据依赖，而其中最重要的是函数依赖和多值依赖，它是数据模式设计的关键。关系模式应当刻画出这些完整性约束条件。

（1）函数依赖。函数依赖普遍存在于现实生活中，比如描述一个学生的关系，学生（学号，姓名，系名），由于一个学号只对应一个学生，一个学生只在一个系学习，因而，当学号值确定之后，姓名和该学生所在的系名的值也就唯一地确定了，这样就称“学号”函数决定“姓名”和“系名”，或者说“姓名”和“系名”函数依赖于“学号”，记为：学号→姓名，学号→系名。

函数依赖的定义：设 R（U）是属性集 U 上的关系模式，X 与 Y 是 U 的子集，若对于 R（U）的任意一个当前值 r，如果对 r 中的任意两个元组 t 和 s，都有 t[X]=s[X]，就必有 t[Y]=s[Y]（即若它们在 X 上的属性值相等，在 Y 上的属性值也一定相等），则称“X 函数决定 Y”或“Y 函数依赖与 X”，记做：X→Y，并称 X 为决定因素。

函数依赖和其他数据依赖一样，是语义范畴的概念，只能根据语义来确定一个函数依赖，而不能试图用数学来证明。

（2）函数依赖的分类。关系数据库中函数依赖主要有如下几种：

① 平凡函数依赖和非平凡函数依赖。

设有关系模式 R（U），X→Y 是 R 的一个函数依赖。若对任何 X、Y∈U，此函数依赖对 R 的任何一个当前值都成立，则称 X→Y 是一个平凡函数依赖。

若 X→Y，但 Y∉X，则称 X→Y 是非平凡函数依赖，若不特别声明，都是讨论非平凡函数依赖。

② 完全函数依赖和部分函数依赖。

设有关系模式 R（U），X→Y 是 R 的一个函数依赖，且对于任何 X′∈X ，X′→Y 都不成立，则称 X→Y 是一个完全函数依赖。

反之，如果 X′→Y 成立，则称 X→Y 是一个部分函数依赖。

③ 传递函数依赖。

设有关系模式 R（U），X，Y，Z∈U，如果 X→Y，Y→Z，且 Y∉X，Y 不函数决定 X，有 X→Z，则 Z 传递函数依赖于 X。

（3）多值依赖。多值依赖普遍存在于现实生活中，比如学校中的某一门课程由多个教师讲授，他们使用同一套参考书，每个教师可以讲授多门课程，每种参考书可以供多门课程使用。关系模式“授课”如表 1.7 所示。

表 1.7　授课表

课　程	教　师	参　考　书
物理	杨靖康	普通物理
物理	杨靖康	物理习题集
物理	王丽	普通物理
物理	王丽	物理习题集
数学	杨靖康	数学分析
数学	杨靖康	微分方程
数学	王丽	数学分析
数学	王丽	微分方程

在关系模型“授课”中，当物理课程增加一名讲课教师{马红}时，必须插入多个元组：{物理，马红，普通物理}；{物理，马红，物理习题集}。同样，某一门课程是{数学}要去掉一本参考书{微分方程}时，则必须删除多个元组：{数学，杨靖康，微分方程}；{数学，王丽，微分方程}。此表中对数据的修改很不方便，数据的冗余也很明显。仔细考察这个关系模式，发现他们存在着多值依赖，也就是对于一个{物理，普通物理}有一组（教师）值{杨靖康，王丽}，这组值仅仅决定于（课程）上的值，而与（参考书）的值没有关系。下面是称为多值依赖的数据依赖的定义：

设 R（U）是属性集 U 上的一个关系模式。X，Y，Z 是 U 的一个子集，并且 Z=U−X−Y。当且仅当对 R（U）的任一关系 r，给定的一对（x，z）值，有一组 Y 的值，这组值仅仅决定于 x 值而与 z 的值无关，则关系模式 R（U）中多值依赖 X→→Y 成立。

3．关系模式的规范化

在介绍了关系数据理论的一些基本概念之后，下面讨论如何根据属性间依赖情况来判定关系是否具有某些不合适的性质，按属性间的依赖情况来区分关系规范化的程度为第一范式、第二范式、第三范式和第四范式等，以及如何将具有不合适性质的关系转换为更合适的形式。

关系数据库中的关系要满足一定的要求，满足不同程度要求的为不同范式，满足最低要求的叫第一范式，简称 1NF，在第一范式中进一步满足一些要求的为第二范式，其余范式依此类推。

不是 1NF 的关系都是非规范化关系，满足 1NF 的关系称为规范化的关系。数据库理论研究的关系都是规范化的关系。1NF 是关系数据库的关系模式应满足的最起码的条件。

（1）第一范式。如果关系模式 R 的每一个属性都是不可分解的，则 R 为第一范式的模式，记为：R∈1NF 模式。

例如有关系：学生 1（学号，姓名，性别，出生日期，系名，入学时间，家庭成员）。关系“学生 1”不满足第一范式，因为属性（家庭成员）可以再分解为（父亲）、（母亲）等属性。

解决的方法是将“学生 1”关系分解为：学生（学号，姓名，性别，出生日期，系名，入学时间）；家庭（学号，家庭成员姓名，亲属关系）两个关系。

（2）第二范式。如果关系模式 R 是第一范式，且每个非码属性都完全函数依赖于码属性，则称 R 为满足第二范式的模式，记为：R∈2NF 模式。

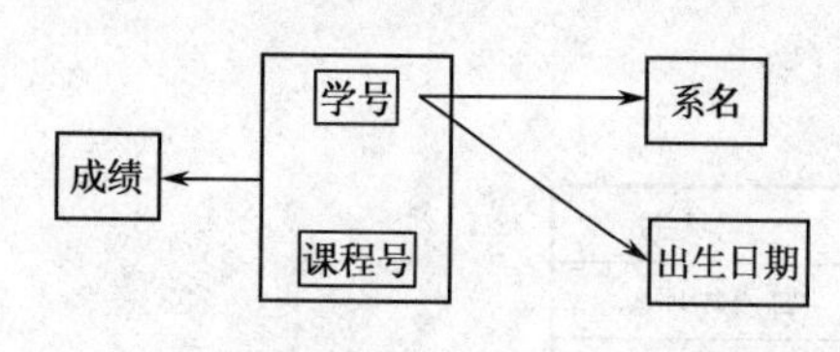

图 1.5　不符合第二范式的函数依赖示例

例如有关系：选课 1（学号，课程号，系名，出生日期，成绩）。关系“选课 1”不满足第二范式，因为属性“成绩”完全依赖于主码（学号，课程号），而属性（系名），（出生日期）只依赖于部分主码（学号），所以，不是每一个非码属性都完全函数依赖于码属性，如图 1.5 所示。

解决的方法是将“选课 1”关系投影分解为：选课（学号，课程号，成绩），学生（学号，姓名，性别，出生日期，系名，入学时间）两个关系模式。

（3）第三范式。如果关系模式 R 是第二范式，且没有一个非码属性是传递函数依赖于候选码属性，则称 R 为满足第三范式的模式，记为：R∈3NF 模式。

例如有关系：学生 2（学号，姓名，性别，出生日期，系名，入学时间，系宿舍楼）。

关系“学生 2”不满足第三范式，因为属性（系宿舍楼）依赖于主码（学号），但也可以从非码属性（系名）导出，即（系宿舍楼）传递依赖（学号），如图 1.6 所示。

解决的方法同样是将关系“学生 2”分解为：学生（学号，姓名，性别，出生日期，系名，入学时间）；宿舍楼（系名，宿舍楼）两个关系模式。

（4）扩充第三范式。如果关系模式 R 是第三范式，且每一个决定因素都包含有码，则称 R 为满足扩充第三范式的模式，记为：R∈BCNF 模式。

例如有关系：教学（学生，教师，课程）。每位教师只教一门课。每门课有若干个教师教，学生选定某门课程，就对应一个固定的教师。由语义可得到如图 1.7 所示的函数依赖。

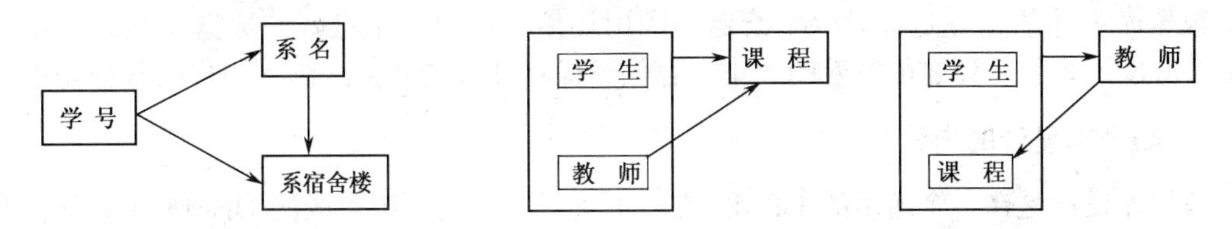

图 1.6 学生 2 中的函数依赖　　图 1.7 教学中的函数依赖

“教学”关系不属于 BCNF 模式，因为（教师）是一个决定因素，而（教师）不包含码。

解决的方法是将关系“教学”分解为：学生选教师（学生，教师）；教师任课（教师，课程）两个关系模式。

（5）第四范式。如果关系模式 R 是第一范式，且每个非平凡多值依赖 X→→Y（Y∉X），X 都含有码，则称 R 为满足第四范式的模式，记为：R∈4NF 模式。

例如有关系：授课（课程，教师，参考书）。每位教师可以上多门课，每门课可以由若干教师讲授，一门课程有多种参考书。在“授课”关系中，课程→→教师，课程→→参考书，它们都是非平凡的多值依赖。而（课程）不是码，关系模式“授课”的码是（课程，教师，参考书），因此关系模式“授课”不属于第四范式。

解决的方法是将“授课”关系分解为：任课（课程，教师）；教参（课程，参考书）两个关系。

4. 关系规范化小结

关系模式规范化的过程是通过对关系模式的分解，把低一级的关系模式分解为若干个高一级的关系模式，逐步消除数据依赖中的不合理部分，使模式达到某种程度的分离，即“一个关系表示一事或一物”。所以规范化的过程又称为“单一化”。关系规范化的过程如图 1.8 所示。

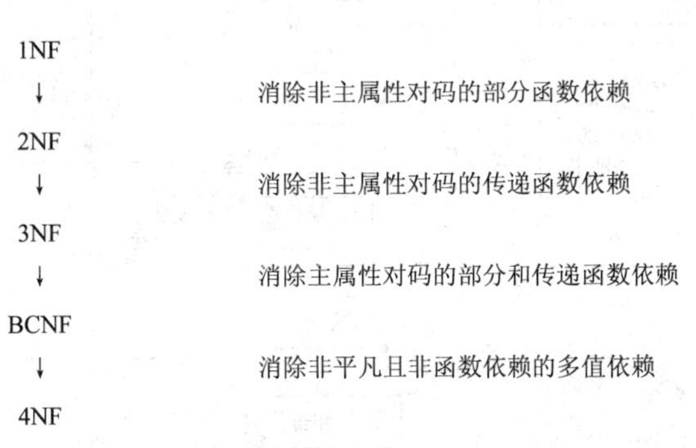

图 1.8 各种范式及规范化过程

1.3 关系数据库设计

一个信息系统的各部分能否紧密地结合在一起以及如何结合，关键在数据库。因此，对数据库进行合理的逻辑设计和有效的物理设计才能开发出完善而高效的信息系统。数据库设计是信息系统开发和信息建设的重要组成部分。

1.3.1 数据库设计的任务、内容与步骤

1．数据库设计的任务

数据库设计的任务是针对一个给定的应用环境，创建一个良好的数据库模式，建立数据库及其应用系统，使之能有效的收集、存储、操作和管理数据，满足用户的各种需求。

2．数据库设计的内容

数据库设计是在一个通用的 DBMS 支持下进行的，即利用现成的 DBMS 作为开发的基础。数据库设计的内容主要包括结构特性设计和行为特性的设计两个方面的内容。结构特性的设计是指确定数据库的数据模型，数据模型反映了现实世界的数据及数据之间的联系，在满足要求的前提下，尽可能的减少冗余，实现数据的共享。行为特性的设计是指确定数据库应用的行为和动作，应用的行为体现在应用程序中，行为特性的设计主要是应用程序的设计。因为在数据库工程中，数据库模型是一个相对稳定的并为所有用户共享的数据基础，所以数据库设计重点是结构特性设计，但必须与行为特性设计相结合。

3．数据库设计的步骤

人们不断的研究探索，提出了各种数据库的规范设计方法，其中比较有名的是新奥尔良法（New Orleans），按照规范设计方法，考虑数据库及其应用系统开发的全过程，将数据库的设计分为如下六个阶段：需求分析阶段，概念设计阶段，逻辑设计阶段，物理设计阶段，实施阶段，运行和维护阶段。各阶段也不是严格线性的，而是采取“反复探寻、逐步求精”的方法，如图 1.9 所示。

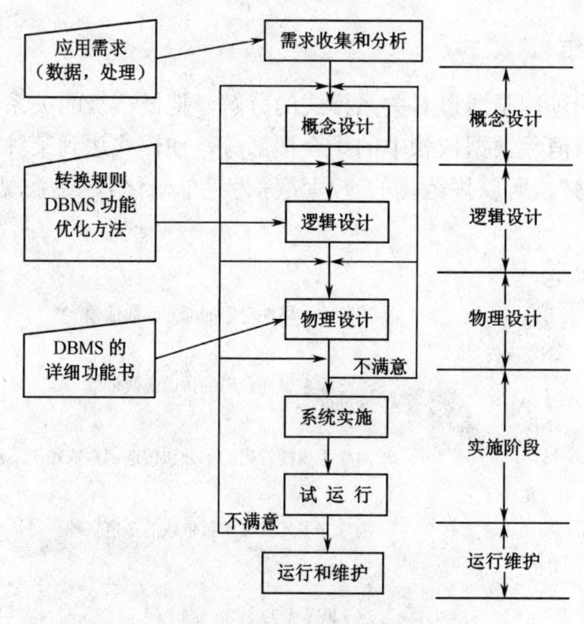

图 1.9 数据库设计步骤

1.3.2 需求分析

需求分析就是分析用户的需求。需求分析是设计数据库的起点，需求分析的结构将影响到各个阶段的设计，以及最后结果的合理性与实用性。

1. 需求分析的任务

需求分析的任务是通过详细调查现实世界中要处理的对象（组织、部门、企业）等，在了解现行系统工作情况，确定新系统功能的过程中，收集支持系统运行的基础数据及其处理方法，明确用户的各种需求。

调查的重点是“数据”和“处理”，通过调查、收集与分析，获得用户对数据库的如下需求：

（1）信息需求。指用户要从应用系统中获得信息的内容与性质。即未来系统中要输入的信息，从数据库中要获得什么信息等。由信息的要求就可以导出数据的要求，即在数据库中存储什么数据。

（2）处理要求。指用户要完成什么样的处理，对处理的响应时间有什么要求，是什么样的处理方式。

（3）安全性与完整性要求。

确定用户的需求是非常困难的，因为用户往往对计算机应用不太了解，难以准确表达自己的需求。另一方面，计算机专业人员又缺乏用户的专业知识，存在与用户准确沟通的障碍。只有通过不断与用户深入地交流，才能准确地确定用户的真正需求。

2. 需求分析基本步骤

需求分析一般要进行如下几步：

（1）需求的收集：收集数据及其发生时间、频率，数据的约束条件、相互联系等。

（2）需求的分析整理。

① 数据流程分析，结果描述产生数据流图。

② 数据分析统计，对输入、存储、输出的数据分别进行统计。

③ 分析数据的各种处理功能，产生系统功能结构图。

3. 阶段成果

需求分析阶段成果是系统需求说明书，此说明书主要包括数据流图、数据字典、各类数据的统计表格、系统功能结构图和必要的说明。系统需求说明书将作为数据库设计的全过程依据的文件。

1.3.3 概念结构设计

如前所述，表达概念设计结果的工具成为概念模型。将需求分析得到的用户需求抽象为信息世界的概念模型的过程就是概念结构设计。它是整个数据库设计的关键。概念设计不依赖于具体的计算机系统和 DBMS。

1. 概念设计的策略和步骤

（1）设计概念结构的策略有如下几种：

① 自顶向下：首先定义全局概念结构的框架，再做局部细化。

② 自底向上：先定义每一局部应用的概念结构，然后按一定的规则把他们集成，进而得到全局的概念结构。

③ 由里向外：首先定义核心结构，然后再扩展。

④ 混合策略：就是将自顶向下和自底向上结合起来，先用前一种方法确定框架，再用自底向上设计局部概念，然后再结合起来。

（2）常用自底向上策略的设计步骤。

① 进行局部抽象，设计局部概念。

② 将局部概念模式综合成全局概念模式

③ 进行评审，改造。

2. 采用 E-R 方法的数据库概念设计步骤

采用 E-R 方法的数据库概念设计步骤分三步：

（1）设计局部 E-R 模型，局部 E-R 图的设计步骤如图 1.10 所示。在设计 E-R 模型的过程中应遵循这样一个原则：现实世界中的事物能作为属性对待的，尽量作为属性对待。什么样的事物可以作为属性对待？下列两类：

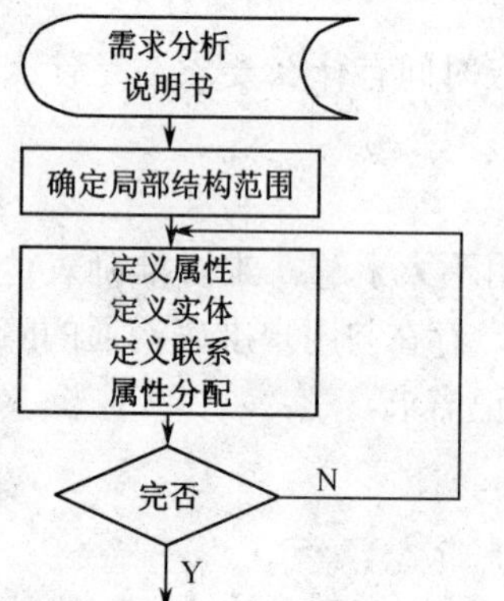

图 1.10　局部 E-R 模型设计步骤

- 作为属性，不能是再具有需要描述的性质。
- 属性不能与其他实体具有联系。

（2）设计全局 E-R 模型。将所有局部的 E-R 图集成为全局的 E-R 概念模型，一般采用两两集成的方法，即先将具有相同实体的 E-R 图，以该相同的实体为基准进行集成，如果还有相同的实体，就再次集成，这样一直继续下去，直到所有具有相同实体的局部 E-R 图都被集成，从而得到全局的 E-R 图。在集成的过程中，要消除属性、结构、命名三类冲突，实现合理的集成。

（3）全局 E-R 模型的优化。一个好的全局的 E-R 模型能反映用户功能需求外，还应做到实体个数尽可能少，实体类型所含属性尽可能少，实体类型间的联系无冗余。全局 E-R 模型的优化就是要达到这三个目的。

采用以下集中方法。

① 合并相关的实体类型：把 1∶1 联系的两个实体类型合并，合并具有相同键的实体类型。

② 消除冗余属性与联系：消除冗余主要采用分析法，并不是所有的冗余必须消除，有时为了提高效率，可以保留部分冗余。

1.3.4　逻辑结构设计

概念结构是独立于任何数据模型的信息结构。逻辑结构设计的任务就是将概念模型转化成特定的 DBMS 系统所支持的数据库的逻辑结构（数据库的模式和外模式）。

1. 逻辑结构设计的步骤

由于现在设计的数据库应用系统都普遍采用支持关系模型的 RDBMS，所以这里仅介绍关系数据库逻辑结构的设计。关系数据库逻辑结构设计时一般分三步：

① 将概念结构向一般的关系模型转换。

② 将转换来的关系模型向特定的 RDBMS 支持的数据模型转换。

③ 对数据模型进行优化。

2．E-R 模型向关系数据库的转换规则

如何将 E-R 模型的实体和实体间的联系转换成关系模式，如何确定这些关系模式的属性和码，这些问题是通过 E-R 模型向关系模式转换的规则来解决的。E-R 模型向关系数据库的转换规则是：

（1）一个实体型转换为一个关系模式。实体的属性就是关系的属性，实体的码就是关系的码。

（2）一个 1∶1 联系可以转换为一个独立的关系模式，也可以与任意一端对应的关系模式合并。如果转换为一个独立的关系模式，则相连的每个实体的码及该联系的属性是该关系模式的属性，每个实体的码均是该关系模式的候选码。

（3）一个 1∶n 联系可以转换为一个独立的关系模式，也可以与 n 端对应的关系模式合并。如果转换为一个独立的关系模式。与该联系相连的各实体的码及联系本身的属性均转换为关系的属性，而关系的码为 n 端实体的码。

（4）一个 m∶n 联系转换为一个关系模式。与该联系相连的各个实体的码及联系本身的属性转换为关系的属性，而该关系的码为各实体的码的组合。

（5）三个以上实体间的一个多元联系可以转换为一个关系模式。与该多元联系相连的各实体的码及联系本身的属性转换为关系的属性，而该关系的码为各实体码的组合。

（6）具有相同码的关系模式可以合并。

3．关系数据库的逻辑设计

关系数据库逻辑设计的过程如下：

（1）导出初始的关系模式：将 E-R 模型按规则转换成关系模式。

（2）规范化处理：消除异常，改善完整性、一致性和存储效率。

（3）模式评价：检查数据库模式是否能满足用户的要求，它包括功能评价和性能评价。

（4）优化模式：采用增加、合并、分解关系的方法优化数据模型的结构，提高系统性能。

（5）形成逻辑设计说明书。

1.3.5 数据库设计案例

本节以某高校学分制选课系统的数据库设计为例，重点介绍数据库设计中的概念设计与逻辑设计部分。为了便于学生理解和授课，对学生选课系统做了一定的简化和假设，并忽略了一些异常情况。

某高校学生选课系统要求：学生根据开课清单选课，系统根据教学计划检查应修的必修课并自动选择；检查是否存在未取得学分的必修课，如果存在，则要求重选；学生按选修课选课规则选学选修课（例如 4 组选修课中选 3 门）；学生可以查询各门课程的成绩、学分及平均学分绩；输出学生的个人课表，输出学生的选课交费清单。

1. 学生选课管理部分数据流图（如图 1.11 和图 1.12 所示）

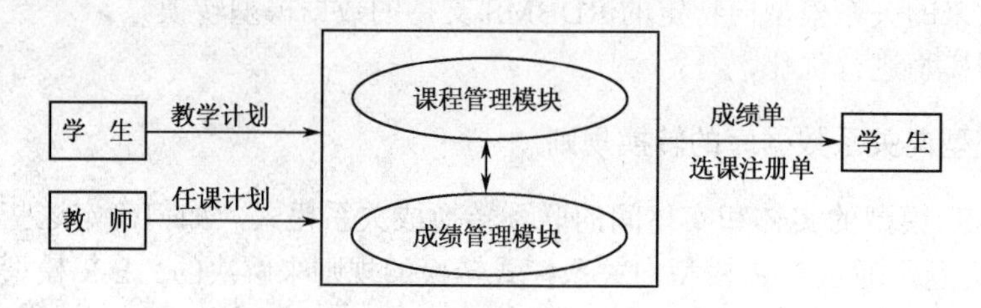

图 1.11　学生选课系统的顶层数据流图

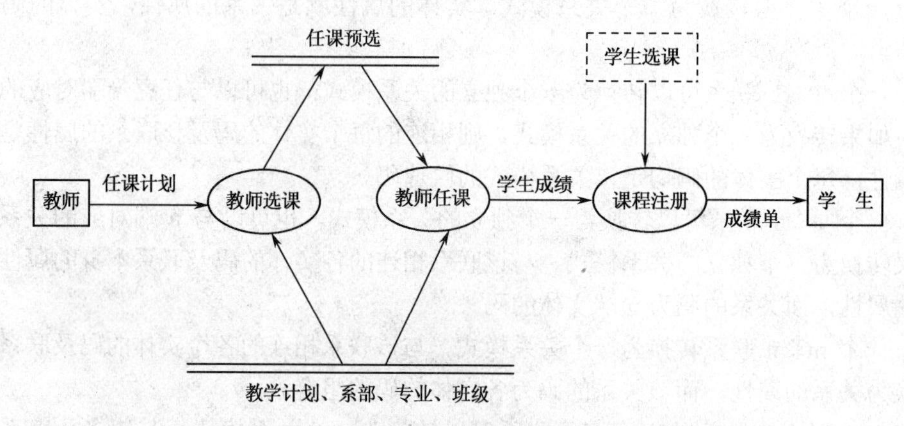

图 1.12　学生选课系统第一层数据流图

2. 学生选课管理系统的 E-R 图

（1）设计局部 E-R 模型。

以学生选课系统数据流图为依据，设计局部 E-R 模型的步骤如下：

① 确定实体类型。学生选课系统实体类型有：学生、教学计划、课程、教师。

② 确定联系类型。

学生与教学计划之间是 m∶1 联系，即一个专业一年级只对应一个教学计划，而一个专业同一个年级有多名学生，定义联系为“学生—教学计划”。

教学计划和课程之间是 n∶m 联系，即一个专业一个年级的教学计划可以包含多门课程，而同一门课程被多个专业所选择，定义联系为“教学计划—课程”。

学生与课程之间是 m∶n 联系，即一个学生可以选多门课程，一门课程可以被多个学生选学，定义联系为“学生—课程”。

教师与课程之间是 m∶n 联系，即一名教师可以讲授多门课程，一门课程也可以由多名教师讲授，定义联系为“教师—课程”。

学生与教师之间是 m∶n 联系，即一名教师可教多个学生，一个学生可以由多个教师教，定义联系为“学生—教师”。

学生选学了课程，也就选择了教师，学生与教师的联系是通过授课联系起来的。

③ 确定实体类型的属性。

实体类型“教学计划”有属性：专业，专业学级，课程，开课学期，周学时数，学分，启始周，结束周。

实体类型“课程”有属性：课程号，课程名，学时数，学分。

实体类型“学生”有属性：学号，姓名，性别，出生日期，系，专业，班级，入学时间。

实体类型“教师”有属性：教师编号，姓名，性别，出生日期，学历，职称，职务，专业。

④ 确定联系类型的属性。

“学生—教学计划”联系，由于学生只是根据教学计划的要求来进行课程的选择，所以此联系没有属性。

“教学计划—课程”联系，由教学计划来决定每一学期的课程，所以教学计划包含课程，所以“教学计划—课程”联系的属性，可以归结到教学计划实体类型的属性中，即将“教学计划”实体类型的属性课程，改为课程号即可。

“学生—课程”联系，学生在每一学期都要进行课程的选择，已得到该学期的学分和交费，所以此联系的属性有：学号（实体类型学生的码），课程号（实体类型课程的码），学年，学期，成绩，学分（所得学分），交费。

“教师—课程”联系，教师教课实际是在教学生，此联系必须能够向教师提供学生的一些情况，所以联系的属性有：课程号，教师编号，专业，专业学级，学年，学期，学时数，开始周，结束周。

“学生—教师”联系，学生和老师之间的联系实际上是通过课程建立起来的，所以它们之间的联系属性只是实体类型码之间的联系，即学号和教师编号，可以省略。

⑤ 根据实体类型和联系类型画出 E-R 图。

在设计 E-R 模型的过程中应遵循这样一个原则：现实世界中的事物能作为属性对待的，尽量作为属性对待。

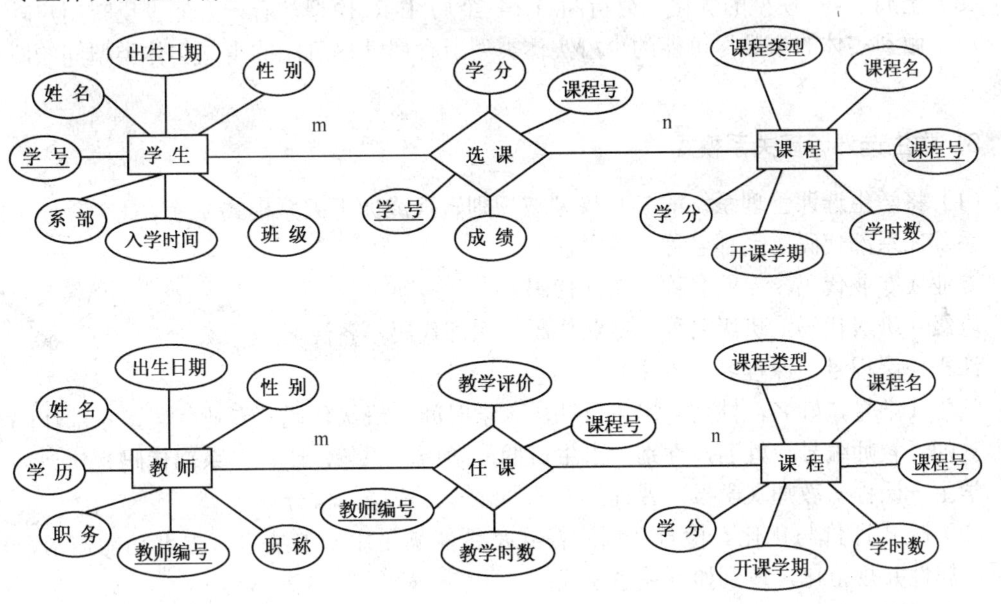

图 1.13　局部 E-R 图

（2）设计全局 E-R 模型。将所有局部的 E-R 图集成为全局的 E-R 概念模型，如图 1.14 所示，全局 E-R 图中省略了班级、系部等部分实体和部分属性。在集成的过程中，要消除属性、结构、命名三类冲突，实现合理的集成。

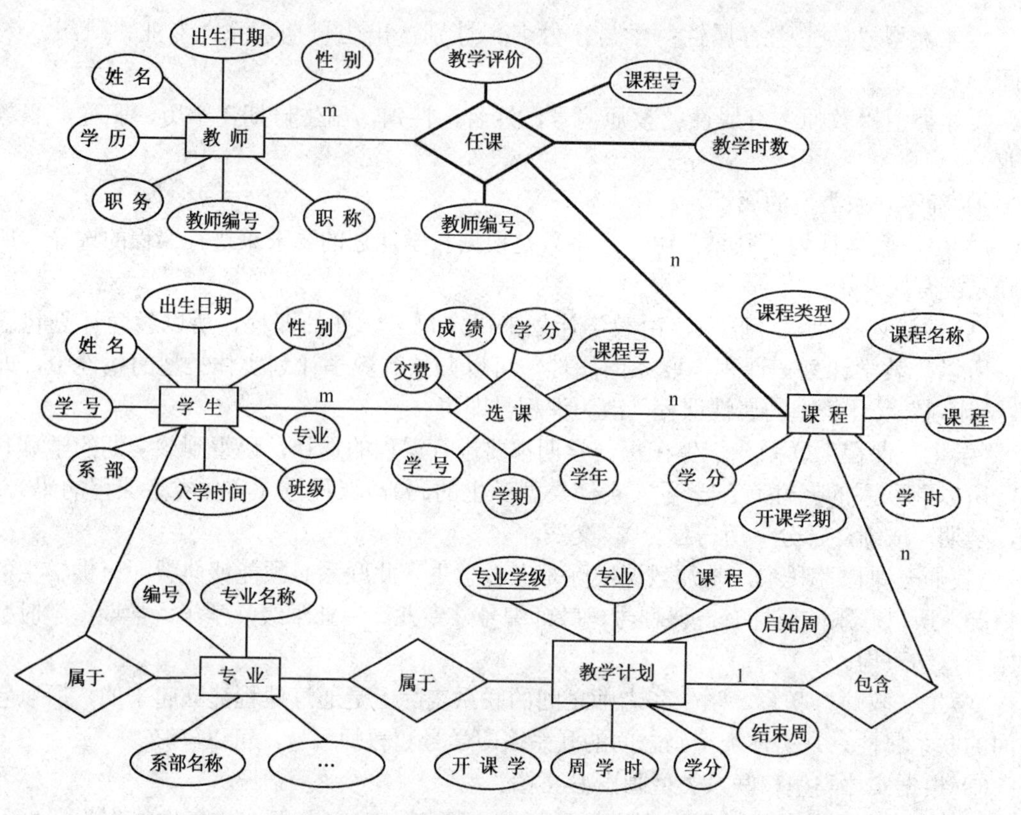

图 1.14　学生选课管理全局 E-R 图

（3）全局 E-R 模型的优化。分析图 1.14 全局 E-R 模型，看一看能否反映用户功能需求，尽量做到实体的个数尽可能的少，实体类型所含属性尽可能的少，实体类型间的联系无冗余。

3．学生选课管理关系模式

（1）将学生选课管理系统的 E-R 模型按规则转换成如下关系模式：

系部（系部代码，系部名称，系主任）

专业（专业代码，专业名称，系部代码）

班级（班级代码，班级名称，专业代码，系部代码，备注）

课程（课程号，课程名，备注）

学生（学号，姓名，性别，出生日期，入学时间，班级代码，专业代码，系部代码）

教师（教师编号，姓名，性别，出生日期，学历，职务，职称，系部代码）

学生—课程—教师（学号，课程号，教师编号，成绩，学分）

（2）模式评价与优化。检查数据库模式是否能满足用户的要求，根据功能需求，增加关系、属性并规范化，得到如下关系模式：

系部（系部代码，系部名称，系主任）

专业（专业代码，专业名称，系部代码）

班级（班级代码，班级名称，专业代码，系部代码）

教师（教师编号，姓名，性别，出生日期，学历，职务，职称，系部代码，专业）

学生（学号，姓名，性别，出生日期，入学时间，班级代码）

课程（课程号，课程名称，备注）

教学计划（课程号，专业代码，专业学级，课程类型，开课学期，学分，启始周，结束周）

教师任课（教师编号，课程号，专业学级，专业代码，学年，学期，学生数，学时数，酬金，开始周，结束周）

课程注册（学号，教师编号，课程号，专业学级，专业代码，选课类型，学期，学年，收费否，注册，成绩，学分）

管理员（用户名，密码，备注）

收费表（学号，课程号，收费，学年，学期）

系统代码表（ID，代码类别，编号，代码名称）

4．系统物理结构设计

以具体的 RDDMS（如 SQL Server 2008）为环境，根据逻辑设计产生的关系模式设计学生、教师、课程、班级、专业、系部、课程注册和收费表的表结构。

5．数据库实施与维护

在 RDDMS（如 SQL Server 2008）环境中，创建数据库和数据表，组织数据入库；根据需要创建表、视图及其他数据对象。最后，在使用过程中对数据库进行维护。

1.4 思考题

1．试述信息、数据、数据解释、数据处理的概念。

2．试述数据库、数据库管理系统、数据库系统的概念。

3．数据库管理系统主要有哪些功能？

4．数据模型应满足哪三方面的要求？

5．常用的结构数据模型有哪些？

6．数据库的三级模式结构指什么？

7．关系模型由哪三部分组成？

8．解释下列名词：

（1）关系模型　（2）属性　（3）域　（4）关系模式

（5）关系　（6）元组　（7）候选码　（8）主码

（9）外键　（10）非码属性　（11）主表与从表　（12）实体联系图

9．E-R 模型向关系数据库的转换规则有哪些？

第 2 章　SQL Server 2008 概述

2008 年，微软向企业用户同时发布了三款核心应用平台产品：Windows Server 2008、Visual Studio 2008、SQL Server 2008，此三款产品开启了一个"企业动态 IT 愿景"的新时代。对于微软的 SQL Server 来讲，版本从 6.0、6.5、7.0、2000、2005 到 2008。SQL Server 2005 是一个从体系结构上有突破性的升级版本，是企业数据库解决方案平台。SQL Server 2008 在 SQL Server 2005 的基础上，改进和提高了的系统安全性、可用性、易管理性、可扩展性、商业智能等，对企业的数据存储、数据挖掘、数据分析、报表服务提供了更强大的支持和便利。

2.1　SQL Server 2008 的性能与体系结构

2.1.1　SQL Server 2008 的性能

1．数据仓库和商业智能服务

SQL Server 2008 是真正意义上的企业级产品，支持数据仓库，可以组织大量的稳定数据以便于分析和检索。SQL Server 2008 的综合分析、集成和数据迁移功能使各个企业无论采用何种基础平台都可以扩展其现有应用程序的价值。构建于 SQL Server 2008 的商业智能（BI）的解决方案使所有员工可以及时获得关键信息，从而在更短的时间内制定更好的决策。

2．集成的数据管理

SQL Server 2008 提供了一组综合性的数据管理组件，如 Microsoft Visual Studio、Analysis Services（AS）、Integration Services（IS）、Reporting Services（RS），还有新的开发工具，如 Business Intelligence Development Studio 和 SQL Server Management Studio，这些组件的紧密集成使 SQL Server 2008 与众不同。无论是开发人员、数据库管理员、信息工作者还是决策者，SQL Server 2008 都可以为他们提供创新的解决方案，使他们从数据中更多的获益。

3．支持 XML 技术

XML 是可扩展标记语言（Extensible Markup Language）的简称，可以根据用户自定义标记来存储和处理数据，主要用来处理半结构化的数据。XML 具有很多优点：例如，建立在 Unicode 基础上、XML 解析器随处可见且与平台无关、可以跨平台传递数据、在任意系统中使用。目前，应用程序在交换数据或存储设置时，大多数采用 XML 格式。SQL Server 2008 系统提供了 XML 数据类型，完全支持关系数据和 XML 数据，使企业单位能够以最合适自身需要的格式进行数据存储、管理和分析。

4．.NET Compact Framework

.NET Compact Framework 为快速开发应用程序提供了可重用的类。从用户界面开发、应用程序管理，再到数据库的访问，这些类可以缩短开发时间和简化编程任务。SQL Server 2008 与.NET Compact Framework 3.5 密切相关，数据库引擎中加入了.NET 的公共语言执行环境。使用.NET 语言（例如 Visual C# .NET 和 Visual Basic.NET 等）可以创建数据库对象，方便了数据库应用程序的开发。

5．Sql Server 的最大容量规范

下面给出了部分 SQL Server 对象的最大最小容量范围，实际的范围将以应用的不同而有所不同。

- 数据库：32 767 个数据库，最小为 1 MB，最大为 16TB。
- 表：每个数据库最多有 20 亿个表。
- 列：每表最多 1 024 个列，每行的最大字节数为 8 060 B。
- 索引：每表一个聚集索引，249 个非聚集索引，一个复合索引最多有 16 个索引关键字。
- 存储过程：一个存储过程可以有 2 100 个参数和最多 32 级嵌套。
- 用户连接：32 767 个。
- 锁定及打开的对象：20 亿个。
- 打开的数据库：32 767 个。

2.1.2 SQL Server 2008 的体系结构

Microsoft SQL Server2008 是一个提供了联机事务处理、数据仓库、电子商务应用的数据库和数据分析平台。如图 2.1 所示，SQL Server 2008 的体系结构描述了系统组成的四个部分（也称服务）之间的关系。这四个服务分别是报表服务（SSRS），数据库引擎（SSDE），集成服务（SSIS）和分析服务（SSAS）。

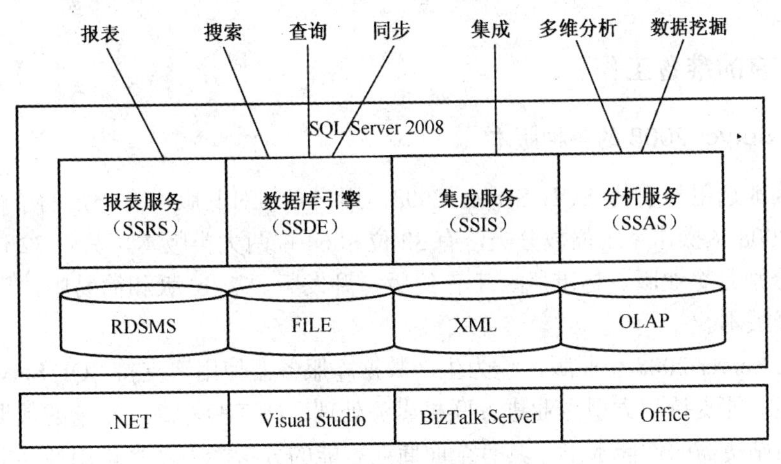

图 2.1 SQL Server 2008 体系结构

（1）数据库引擎。数据库引擎（SQL Server Database Engine，SSDE）是用于存储、处理和保护数据的核心服务。数据库引擎提供了受控访问和快速事务处理，也称为联机事务处

理（OnLine transaction Processing，OLTP），以满足企业内最苛刻的数据消费应用程序的要求，例如创建数据库、创建表、执行查询等操作。对于初学者来说，使用 SQL Server 2008 主要是使用数据库引擎。数据库引擎还提供了大量的支持以保持高可用性，例如 Service Broker 和复制等。Service Broker 帮助开发人员生成安全的可缩放数据库应用程序，这一新的数据库引擎技术提供了一个基于消息的通信平台，从而使独立的应用程序组件可作为一个工作整体来执行。Service Broker 包括可用于异步编程的基础结构，该结构可用于单个数据库或单个实例中的应用程序，也可用于分布式应用程序。复制是一组技术，用于在数据库间复制和分发数据和数据库对象，然后在数据库间进行同步操作以维持一致性。使用复制时，可以通过局域网和广域网、拨号连接、无线连接和 Internet，将数据分发到不同位置以及分发给远程用户或移动用户。

（2）分析服务。分析服务（SQL Server Analysis Services，SSAS）包含 Analysis Services 多维数据和 Analysis Services 数据挖掘两部分，可以支持用户建立数据仓库和进行商业智能分析。Analysis Services 多维数据允许用户设计、创建和管理包含从其他数据源（如关系数据库）聚合的数据的多维结构，从而实现对联机分析处理的支持。Analysis Services 数据挖掘使用户可以设计、创建和可视化数据挖掘模型。通过使用多种行业标准数据挖掘算法，可以基于其他数据源构造这些挖掘模型，进而为用户发现更多有价值的信息和知识。

（3）集成服务。集成服务（SQL Server Integration Services ，SSIS）是一个生成高性能数据集成解决方案的平台，其中包括对数据仓库提供提取、转换和加载（ETL）处理的包。SSIS 服务可以高效地处理 SQL Server 数据和 Oracle、Excel、XML 文档、文本文件等数据源中的数据，并加载到分析服务（SSAS）中，以便进行数据挖掘和数据分析。

（4）报表服务。报表服务（SQL Server Reporting Services ，SSRS）提供企业级的 Web 报表功能，从而使用户可以创建从多个数据源提取数据的表，发布各种格式的表，以及集中管理安全性和订阅。

2.2 SQL Server 2008 的安装

2.2.1 安装前的准备工作

1．SQL Server 2008 的各种版本

为了正确地选用与安装 SQL Server 2008，用户必须对其版本有一定的了解。Microsoft SQL Server 2008 依操作系统位数分类，有 32 位和 64 位两大类版本，其中 32 位共有 5 个不同的版本，分别是企业版、标准版、工作组版、开发版、Web 版和简易版，用户可根据需求的不同选择版本。

（1）SQL Server 2008 企业版：作为生产数据库服务器使用，支持 SQL Server 2008 中的所有可用功能，即支持超大型企业进行联机事务处理（OLTP）、高度复杂的数据分析、数据仓库系统和网站所需的性能水平。具有全面商业智能的分析能力及高可用性功能，是超大型企业理想的选择，能够满足最复杂的要求。

（2）SQL Server 2008 标准版：是一个完全的数据管理和分析平台。它包括电子商务、数据仓库和业务流解决方案所需的基本功能。其集成的商业智能和高可用性功能可以为企

业提供支持其运营所需的基本功能，是需要全面的数据管理和分析平台的中小型企业的理想选择。

（3）SQL Server 2008 工作组版：是理想的入门级数据库，具有可靠、功能强大且易于管理的特点。它包括 SQL Server 产品系列的核心数据库功能，并且可以轻松地升级至标准版或企业版，主要用于那些需要在大小和用户数量上没有限制的数据库的小型企业，可以用做前端 Web 服务器，也可以用于部门或分支机构的运营。

（4）SQL Server 2008 开发版：使开发人员可以在 SQL Server 上生成任何类型的应用程序。它包括 SQL Server 2008 企业版的所有功能，但有一定的限制，只能用于开发和测试系统，而不能用做生产服务器。它是独立软件供应商（ISV）、咨询人员、系统集成商、解决方案供应商以及创建和测试应用程序的企业开发人员的选择。它可以根据生产需要升级至 SQL Server 2008 企业版。

（5）SQL Server 2008 Web 版：主要是满足网站开发和管理的需要。对于提供可扩展性和可管理性功能的 Web 宿主和网站来说，SQL Server 2008 Web 版是一项总拥有成本较低的选择。

（6）SQL Server 2008 简易版：是一个免费、易用且便于管理的数据库。与 Microsoft Visual Studio 2008 集成在一起，可以轻松开发功能丰富、存储安全、可快速部署的数据驱动应用程序。它是免费的，可以再分发（受制于协议），还可以起到客户端数据库以及基本服务器数据库的作用。它是低端 ISV、低端服务器用户、创建 Web 应用程序的非专业开发人员以及创建客户端应用程序的编程爱好者的选择。

2. 安装 SQL Server 2008 的硬件与软件要求

在安装 SQL Server 2008 之前，首先要了解 SQL Server 2008 对硬件与软件的安装要求。这里以 32 位操作系统平台为例，SQL Server 2008 对硬件的安装要求如表 2.1 所示，对操作系统的要求如表 2.2 所示，对网络环境的需求如表 2.3 所示。

表 2.1　SQL Server 2008 对硬件的要求

硬　件	最低要求与建议要求
处理器（CPU）	Pentium Ⅲ兼容处理器或速度更快的处理器 最低：1.0 GHz 建议：2.0 GHz 或速度更快的处理器
内存（RAM）	企业版：至少 512 MB，建议 2.048 GB 或更高；标准版：至少 512 MB，建议 2.048 GB 或更高 工作组版：至少 512 MB，建议 2.048 GB 或更高；开发版：至少 512 MB，建议 2.048 GB 或更高 Web 版：至少 512 MB，建议 2.048 GB 或更高；简易版：至少 192 MB 建议 512 MB 或更高
硬盘空间	数据库引擎和数据文件、复制以及全文搜索 280 MB，Analysis Services 和数据文件 90 MB，Reporting Services 和报表管理器 120 MB，Integration Services 120 MB，客户端组件 850 MB，SQL Server 联机丛书和 SQL Server Compact 联机丛书 240 MB
监视器	SQL Server 图形工具需要 VGA 或更高分辨率：分辨率至少为 1,024×768 像素
指点设备	Microsoft 鼠标或兼容的指点设备
CE-ROM 驱动器	通过 CD 或 DVD 媒体进行安装时需要相应的 CD 或 DVD 驱动器

表 2.2　SQL Server 2008 对操作系统的需求

SQL Server 2008 版本或组件	操 作 系 统
企业版	Windows 2000 Server SP4；Windows 2000 Advanced Server SP4；Windows 2000 Datacenter Edition SP4；Windows 2003 Server SP2；Windows Server 2008 Enterprise 和所有更高级的 Windows 操作系统
标准版	Windows 2000 Professional Edition SP4；Windows 2000 Server SP4； Windows 2000 Advanced Server SP4；Windows 2000 Datacenter Edition SP4；Windows XP Professional Edition SP2；Windows XP Media Edition SP2；Windows XP Tablet Edition SP2；Windows 2003 Server SP2；Windows Server 2008 Enterprise 和所有更高级的 Windows 操作系统
工作组版	Windows 2000 Professional Edition SP4；Windows 2000 Server SP4；Windows 2000 Advanced Server SP4；Windows 2000 Datacenter Edition SP4；Windows XP Professional Edition SP2；Windows XP Media Edition SP2；Windows XP Tablet Edition SP2；Windows 2003 Server SP2 ；Windows Server 2008 Enterprise 和所有更高级的 Windows 操作系统
开发版	Windows 2000 Professional Edition SP4；Windows 2000 Advanced Server SP4；Windows 2000 Datacenter Edition SP4；Windows XP Home Edition SP2；Windows XP Professional Edition SP2；Windows XP Tablet Edition SP2；Windows 2003 Server SP2；Windows Server 2008 Enterprise 和所有更高级的 Windows 操作系统
Web 版	同工作组版
简易版	同工作组版

表 2.3　SQL Server 2008 对网络环境的需求

网 络 组 件	最 低 要 求
IE 浏览器	IE 6.0 SP1 或更高版本，如果只安装客户端组件且不需要连接到要求加密的服务器，则 Internet Explorer 4.01 SP2 即可
IIS	安装报表服务需要 IIS 5.0 以上
ASP.NET 2.O	报表服务需要 ASP.NET

如果操作系统是 Windows 2003 Server SP2 以下的版本，需要安装以下组件，才能正确安装 SQL Server 2008。

- Microsoft Windows Installer 4.5 或更高版本。
- Microsoft 数据访问组件（MDAC）2.8 SP1 或更高版本。
- Microsoft Windows .NET Framework 3.5 SP1。

2.2.2　安装 SQL Server 2008

如前所述，SQL Server 2008 有多种版本，可安装在多种操作系统上，下面以 SQL Server 2008 企业版在 Windows Server 2003 上的典型安装为例介绍整个安装过程。其安装过程如下。

（1）启动安装程序。将 SQL Server 2008 的系统安装盘放入光驱，启动 SQL Server 2008 的安装界面，如图 2.2 所示。

用户也可以通过运行光盘中根目录下的 setup.exe 文件进入 SQL Server 2008 的安装界面。安装界面有“计划、安装、维护、工具、资源、高级、选项”等功能，在左侧选择不同的功能，窗口右侧显示具体项目。用户可以使用“硬件和软件要求”查看其对系统硬件与软件的具体要求规格，使用“系统配置检查器”检查阻止成功安装因素，如果有阻止因素，用户要安装或更新相应程序。

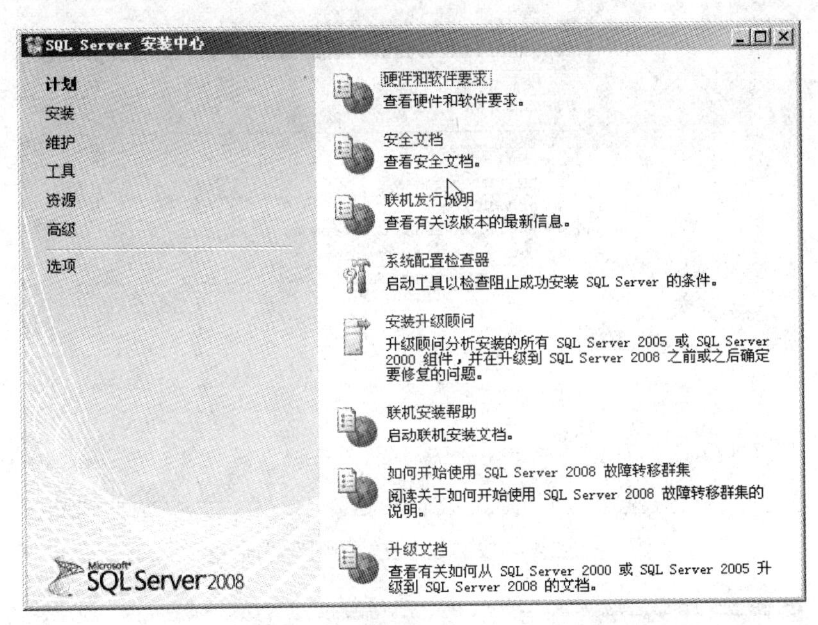

图 2.2　SQL Server 2008 的安装界面

选择“安装”功能，界面如图 2.3 所示。选择“全新 SQL Server 独立安装或向现有安装添加新功能”链接，启动 SQL Server 安装。

图 2.3 “安装”界面

（2）在“安装程序支持规则”界面中，查看详细报表，报表列出了用户安装 SQL Server 支持文件时可能发生的错误，如图 2.4 所示。如果有错误，必须更正所有失败，才能继续安装，如果没有错误，单击“确定”进入安装支持文件界面，完成后的界面如图 2.5 所示。

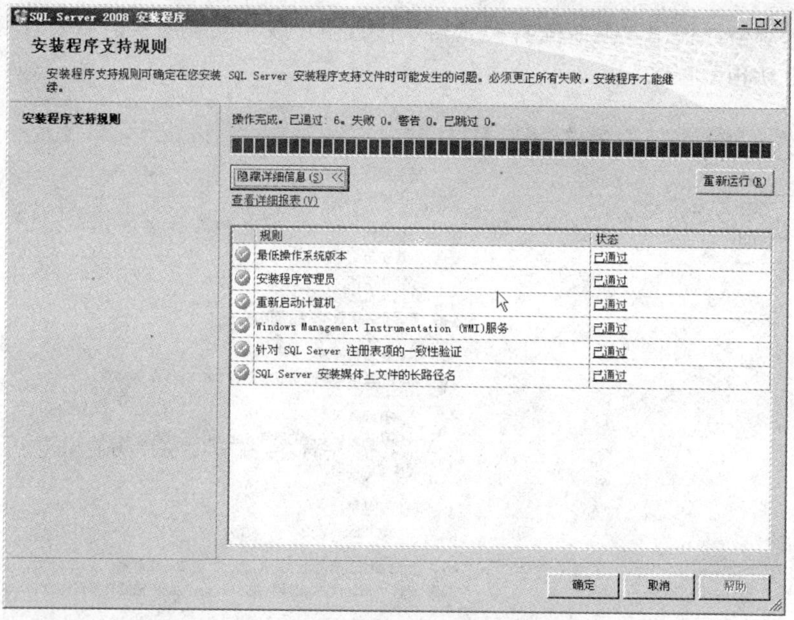

图 2.4 “安装程序支持规则”界面

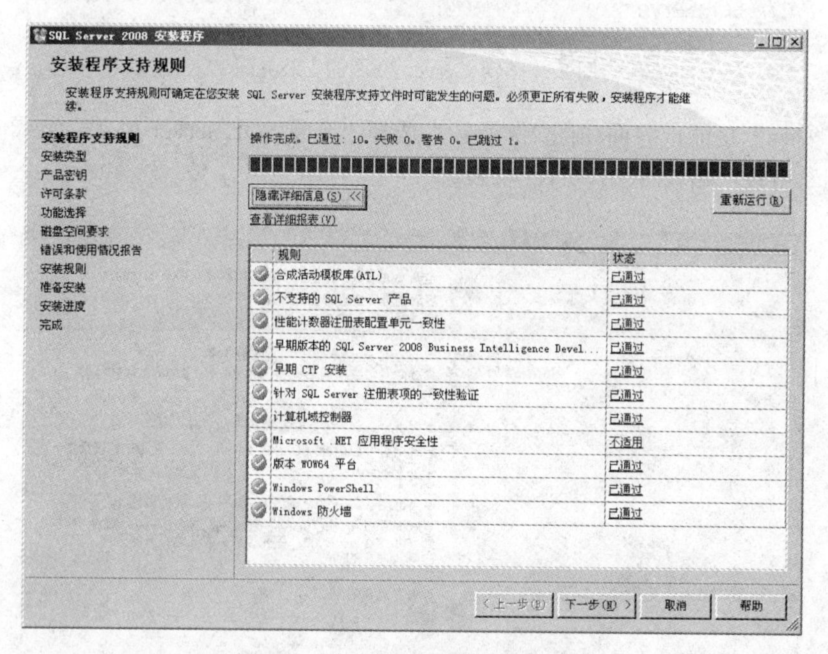

图 2.5 “支持规则安装结果”界面

（3）单击“下一步”按钮，进入 Microsoft SQL Server 2008 安装类型界面。用户可以选择“执行全新安装”或“向现有实例添加功能”。本书选择“执行 SQL Server 2008 的全新安装”。

（4）单击“下一步”按钮，进入“输入产品密钥”界面，如图 2.6 所示。输入密钥并单击下一步，在下一个界面中接受软件安装许可协议。

（5）单击“下一步”按钮，进入“功能选择”界面，如图 2.7 所示。在此，用户可以选择数据库引擎（复制、全文搜索）、Analysis Service、Reporting Service 服务等功能。本书选择全部功能。

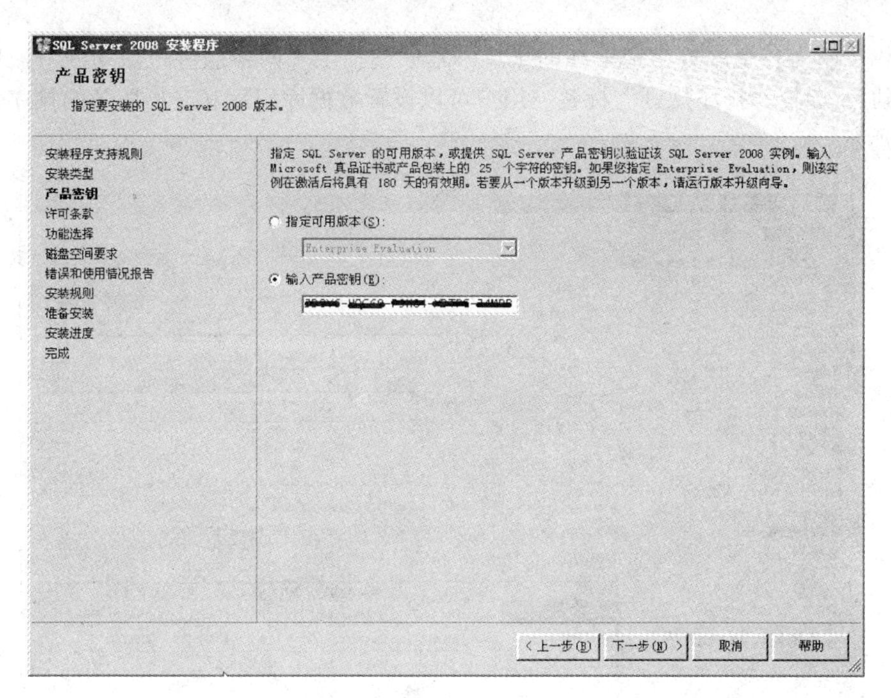

图 2.6 “输入产品密钥”界面

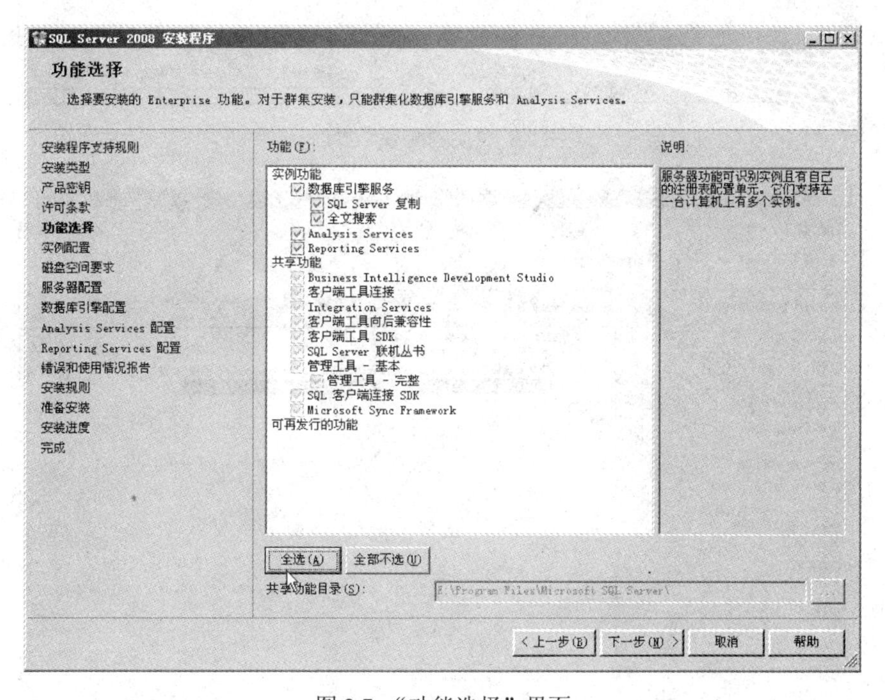

图 2.7 “功能选择”界面

（6）单击“下一步”进入“实例配置”界面，如图 2.8 所示。用户可为 SQL Server 2008 实例命名，也可使用默认名称，本书采用默认实例名称。

（7）单击“下一步”进入“磁盘空间要求”界面，如图 2.9 所示。该界面列出了安装对磁盘空间的要求。

（8）单击“下一步”进入“服务器配置”界面，如图 2.10 所示。在服务器账户标签中，用户可以选择服务的启动账户、密码和服务的启动类型，可以让所有服务使用一个账户，也可以为各个服务指定单独的账户。本书选择了“网络服务”启动账号，启动类型为“自动”。选择“排序规则”标签，用户可以设置数据库引擎和分析服务的排序规则，如图 2.11 所示。

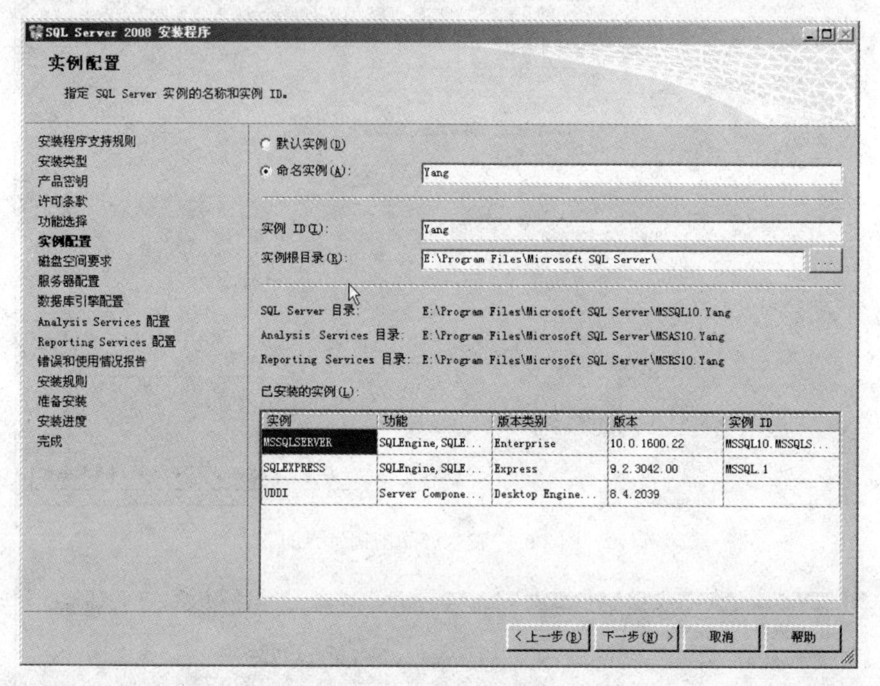

图 2.8 “实例配置”界面

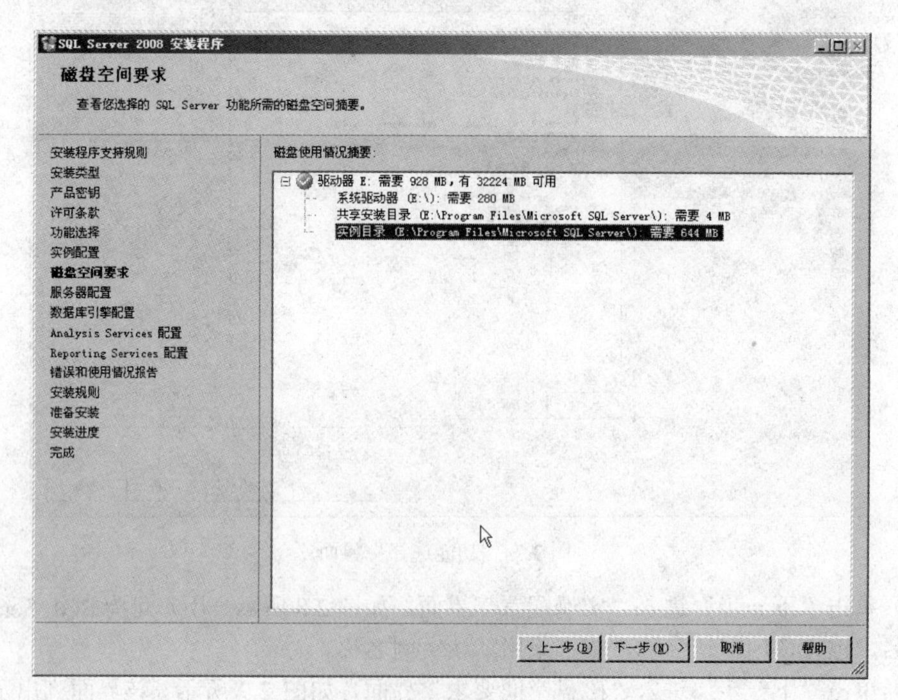

图 2.9 “磁盘空间要求”界面

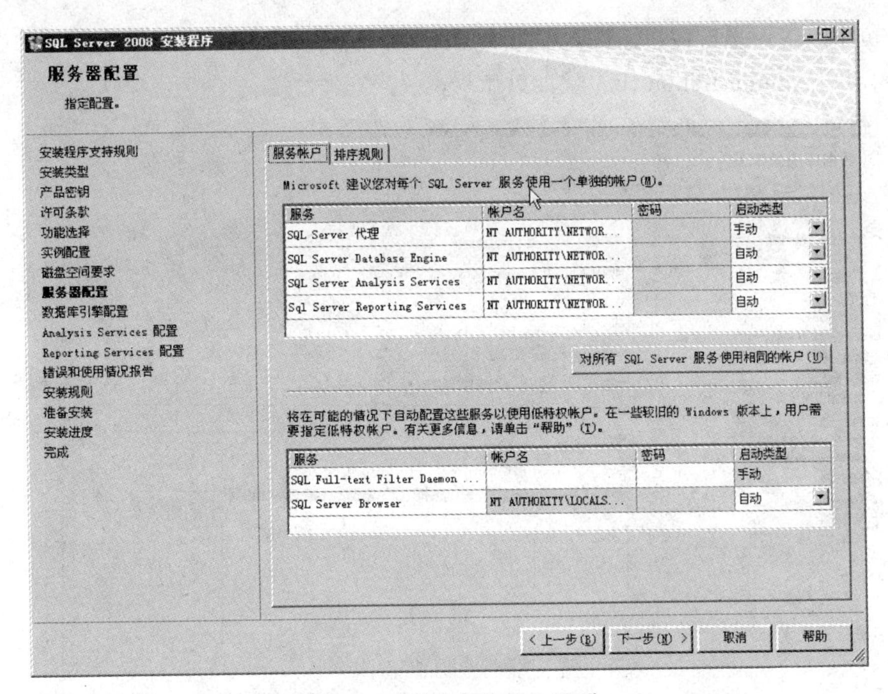

图 2.10 “服务器配置”界面

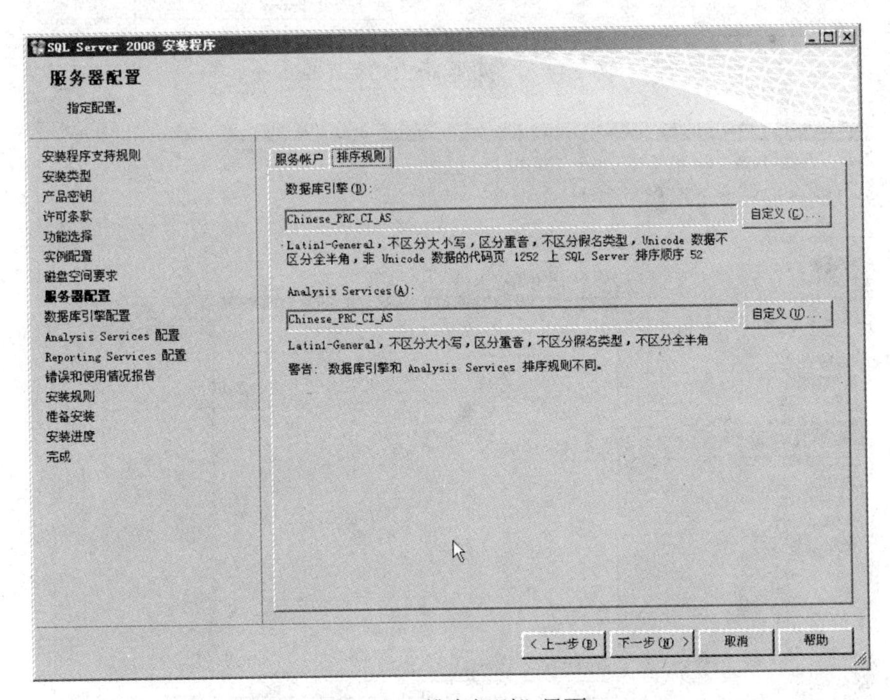

图 2.11 “排序规则”界面

（9）单击“下一步”进入“数据库引擎配置”界面，该界面可以设置服务器的身份验证模式、数据库目录等。单击账户设置标签，进入“身份验证模式”界面，如图 2.12 所示。系统要使用的身份验证模式分为两种：“Windows 身份验证模式”和“混合模式”。如果选择“混合模式”，需要为 sa 输入登录密码；默认选项是“Windows 身份验证模式”，不用设置登录密码。本书采用 Windows 身份验证。安装成功后，也可以更改安全认证模式。

（10）单击“下一步”按钮，进入“报表服务器安装选项”界面，如图 2.13 所示。选择当前使用的用户 Administration 作为管理员账户。

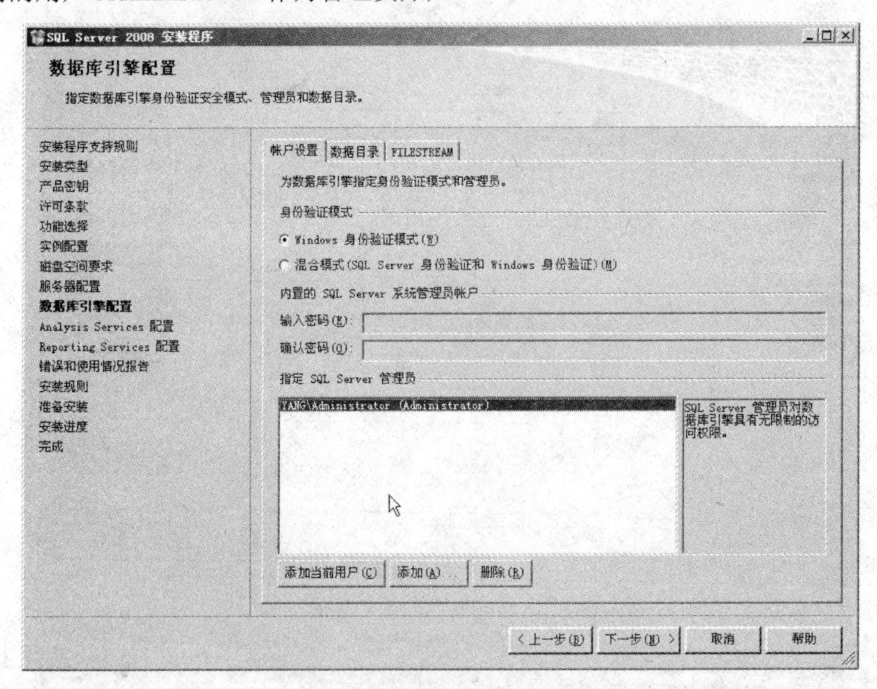

图 2.12 “身份验证模式”界面

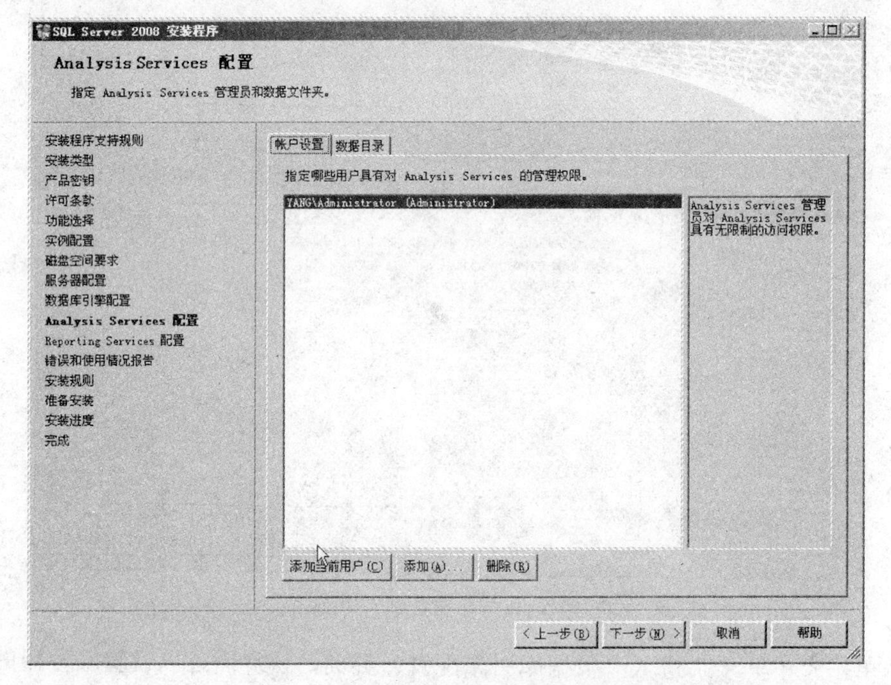

图 2.13 “报表服务器安装选项”界面

（11）单击“下一步”，进入 Reporting Service 服务配置界面，选择“本机模式默认配置”。

（12）单击“下一步”，进入“错误和使用情况报告设置”界面，如图 2.14 所示。

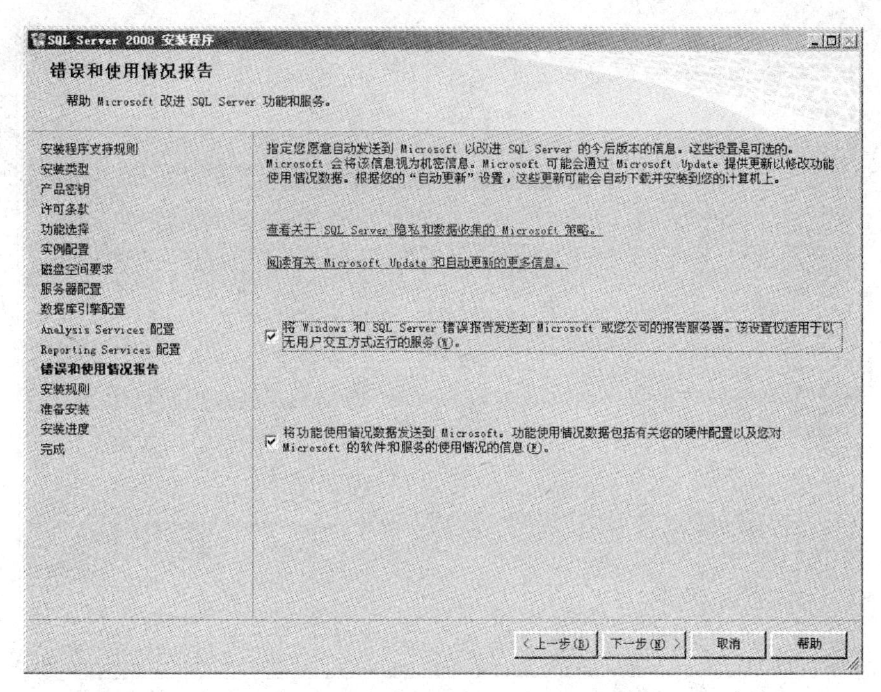

图 2.14 “错误和使用情况报告设置”界面

（13）单击“下一步”进入“安装规则”界面，如图 2.15 所示。如果检查都通过，单击“下一步”，进入准备安装界面。在准备安装界面，给出了本次安装的摘要。

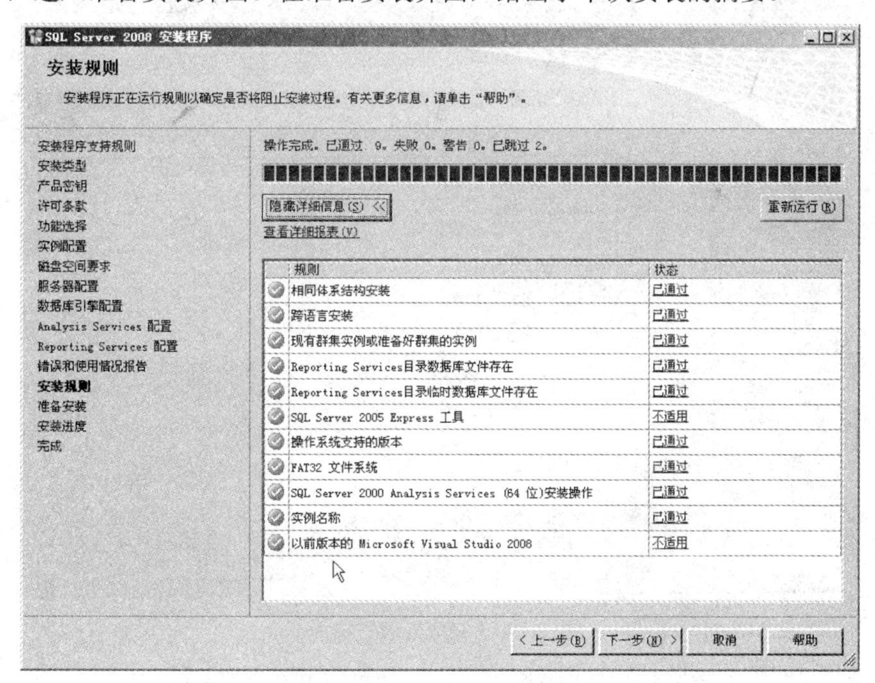

图 2.15 “安装规则”界面

（14）单击“安装”按钮，进入“安装进度”界面，如图 2.16 所示。

（15）当所有组件都已安装成功后，进入“完成安装”界面，如图 2.17 所示，功能前面绿色的“✓”，代表组件已安装成功。单击“下一步”按钮，查看安装日志，完成 Microsoft SQL Server 2008 的安装。

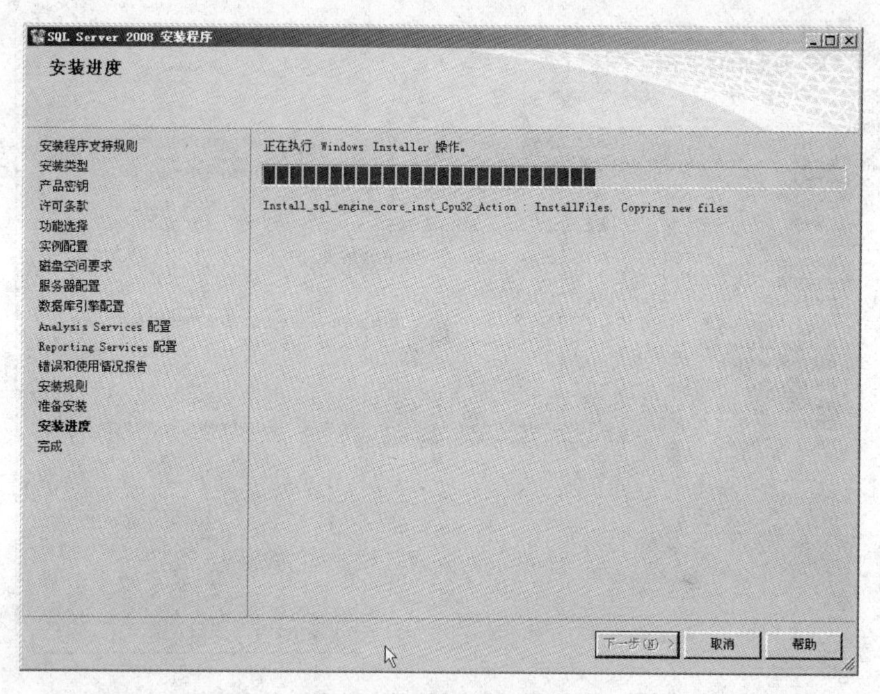

图 2.16 “安装进度”界面

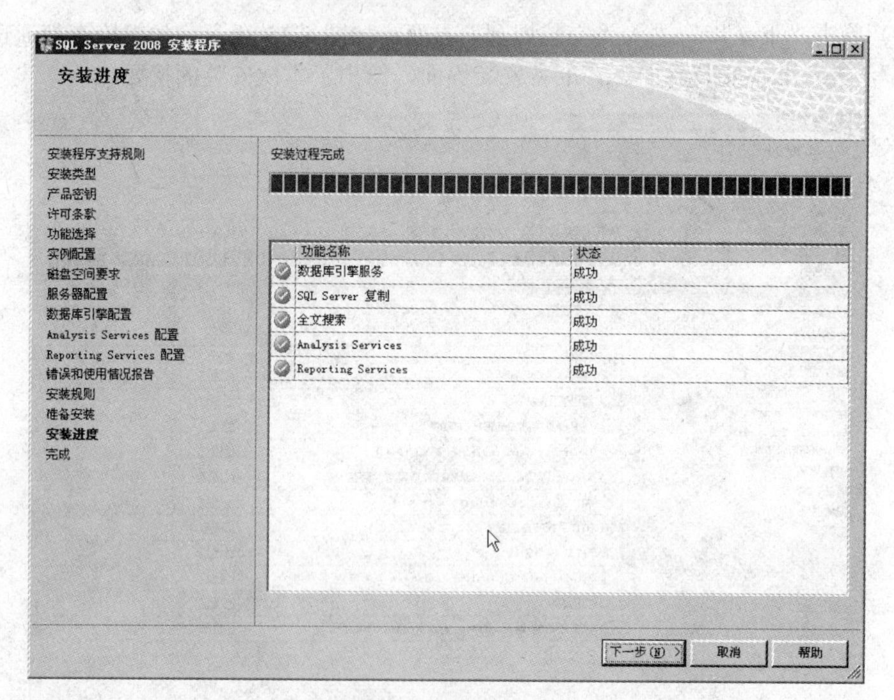

图 2.17 “完成安装”界面

（16）如果得到重新启动计算机的指示，请立即进行此操作。

完成安装后，阅读来自安装程序的消息是很重要的，查看 SQL Server 的安装日志，查看的主日志为<驱动器>:\Program Files\Microsoft SQL Server\100\Setup Bootstrap\LOG\Summary.txt。详细的安装日志位于以下位置：<驱动器>:\Program Files\Microsoft SQL Server\100\Setup Bootstrap\LOG\。查找详细信息日志中的错误时，请搜索以下短语：Watson bucket、Error、Exception has been，SQL Server 启动后请查看操作系统的事件查看器，查看 SQL Server 的启动情况。用户可以验证安装结果，参见 2.4.1 和 2.4.2 节内容。

2.3 SQL Server 2008 的安全性

安全性对于任何一个数据库管理系统来说都是至关重要的。数据库中通常存有大量的数据，任何非法的访问和侵入都可能会造成巨大的危害。本节简单介绍 SQL Server 2008 的安全性，以使用户先有一定的了解，详细的安全管理知识见第 12 章。

2.3.1 权限验证模式

每个用户在通过网络访问 SQL Server 2008 数据库之前，都必须经过安全检查，SQL Server 2008 使用两层安全机制确认用户的有效性，即身份验证和权限验证两个阶段。第一个阶段是身份验证，验证用户有没有“连接”权限，即是否允许访问 SQL Server 服务器。第二阶段是权限验证，验证连接到 SQL Server 服务器上的用户是否具有“访问权”，即是否可以在相应的数据库上执行操作。用户必须具有访问数据库的权限，才能够对数据库进行查询和修改等操作。

1. Windows 验证模式

当登录到 Windows 的用户与 SQL Server 连接时，用户不需要提供 SQL Server 登录账号，用户就可以直接与 SQL Server 相连，这种登录认证模式就是 Windows 认证机制。使用 Windows 认证机制时，用户对 SQL Server 的访问由操作系统对 Windows 账户或用户组完成验证。

2. SQL Server 和 Windows 混合验证模式

SQL Server 和 Windows 身份验证模式简称混合验证模式，是指允许以 SQL Server 验证模式或者 Windows 验证模式对登录的用户账号进行验证。

2.3.2 数据库用户和账号

通过上述认证模式连接到 SQL Server 数据库后，用户必须使用特定的用户账号才能对数据库进行访问，而且只能操作经授权后可以操作的表、视图和执行经授权后可执行的存储过程和管理功能。

1. 数据库用户账号

当验证了用户的身份并允许其登录到 SQL Server 之后，用户并没有权限对数据库进行操作，必须在用户要访问的数据库中设置登录账号并赋予一定的权限。这样做的目的是防止一个用户在连接到 SQL Server 之后，对数据库上的所有数据库进行访问。例如有两个数据库 student 和 person，如果只在 student 数据库中创建了用户账号，这个用户只能访问 student，而不能访问 person 数据库。

2. 角色

角色是将用户组成一个集体授权的单一单元。SQL Server 为常用的管理工作提供了一组预定义的服务器角色和数据库角色，以便能够容易地把一组管理权限授予特定的用户。也可以创建用户自定义的数据库角色。SQL Server 中的用户可以有多个角色。

3．权限的确认

用户连接到 SQL Server 之后，对数据库进行的每一项操作，都需要对其权限进行确认，SQL Server 采取三个步骤来确认权限。

（1）当用户执行一项操作时，例如用户执行了一条插入记录的语句，客户端将用户的 T-SQL 语句发给 SQL Server。

（2）当 SQL Server 接收到该命令语句后，立即检查该用户是否有执行这条指令的权限。

（3）如果用户具备这个权限，SQL Server 将完成相应的操作，如果用户没有这个权限，SQL Server 系统将返回一个错误给用户。

2.4 SQL Server 2008 服务器的操作

安装 SQL Server 2008 之后，要想正确地使用 SQL Server 2008，用户需要做一些必要的配置。下面首先介绍 SQL Server 提供的管理工具。

2.4.1 SQL Server 的程序组

成功安装 SQL Server 2008 之后，在“开始”菜单的“程序”组中，添加了“Microsoft SQL Server 2008”程序组，该程序组的内容如图 2.18 所示。

图 2.18 SQL Server 的程序组

- Analysis Services （SSAS）：为商业智能应用程序提供了联机分析处理（OLAP）和数据挖掘功能。
- SQL Server Business Intelligence Development Studio：是一个集成的环境，用于开发商业智能构造（如多维数据集、数据源、报告和 Integration Services 软件包）。
- 配置工具：由一组工具组成，包含“Reporting Services 配置”、“SQL Server Configuration Manager”、“SQL Server 错误和使用情况报告”和“SQL Server 安装中心”。其中，Reporting Services 是一种基于服务器的解决方案，用于生成从多种关系数据源和多维数据源提取内容的企业报表，发布能以各种格式查看的报表，以及集中管理安全性和订阅；SQL Server Configuration Manage 用来配置 SQL Serve 2008 服务、网络环境和本机客户端；SQL Server 安装中心用来安装维护 SQL Server 2008。
- 文档和教程：SQL Server 的教程和在线帮助。
- 性能工具：由一组工具组成，包含“SQL Server Profiler”、“数据库引擎优化顾问”。其中，SQL Server Profiler 是 SQL 跟踪的图形用户界面，用于监视 SQL Server

Database Engine 或 SQL Server Analysis Services 的实例。

- SQL Server Management Studio：是 Microsoft SQL Server 2008 提供的一种新集成环境，用于访问、配置、控制、管理和开发 SQL Server 的所有组件。SQL Server Management Studio 是本书介绍的重点。
- 导入和导出数据：SQL Server 的导入和导出向导，帮助用户在多种常用的数据格式（包括数据库、电子表格和文本文件）之间导入和导出数据。

2.4.2 SQL Server 服务管理

SQL Server 2008 包含 10 个服务，如 SQL Server 服务、SQL Server Agent 服务、SQL Server Analysis Services 服务等。要使用这些服务，必须先启动服务。启动服务的方式包括：设置服务为“自动”启动类型、使用 SQL Server Configuration Manager 工具、使用 SQL Server Management Studio 工具、使用操作系统的“服务”窗口等。下面以启动默认实例的 SQL Server 服务为例简要介绍一些常用的启动和管理 SQL Server 服务的方法。

SQL Server 服务是 SQL Server 2008 的数据库引擎，是 SQL Server 2008 的核心服务。SQL Server 服务提供数据管理、事务处理，维护数据的完整和安全性等管理工作。

1．使用 SQL Server 配置管理器管理 SQL Server 服务

（1）在计算机的桌面上，依次执行“开始”→“程序”→“Microsoft SQL Server 2008”→“配置工具”→“SQL Server Configuration Manager”菜单，打开 SQL Server 配置管理器，如图 2.19 所示。

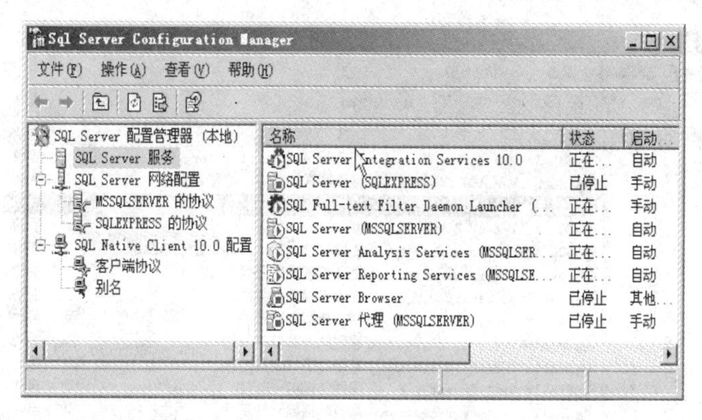

图 2.19 SQL Server 配置管理器

（2）在 SQL Server 配置管理器中，展开“SQL Server 服务”，在右侧详细信息窗格中，右键单击 SQL Server (MSSQLServer)，在弹出的快捷菜单中，单击“启动”，SQL Server 服务图标由红灯（SQL Server (MSSQLSERVER)）变为绿灯（SQL Server (MSSQLSERVER)），说明启动成功。当服务启动后，可以使用快捷菜单的命令来“停止”、“暂停”和“恢复”服务。

（3）也可以使用工具栏上的工具按钮（ ），实现“启动”、“停止”、“暂停”和“恢复”服务。

（4）在 SQL Server 配置管理器中，可以设置服务为“自动”启动类型，其方法为：选中 SQL Server 实例，右键单击，在弹出的快捷菜单中执行“属性”命令，打开 SQL Server 实例的属性窗口，单击“服务”选项卡，将“启动模式”设置为“自动”，如图 2.20 所示，即表示该服务在计算机启动时，自动启动、运行。如果选择“手动”，则计算机启动后，需

要通过手动方式启动服务。

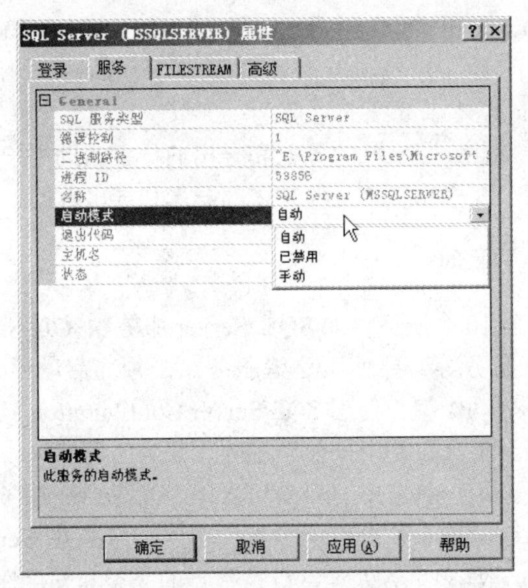

图 2.20　设置自动启动服务

2．使用操作系统的“服务”窗口管理 SQL Server 服务

（1）在计算机的桌面上，依次选择“开始”→“控制面板”→“管理工具”→“服务”选项，打开“服务”窗口，如图 2.21 所示。

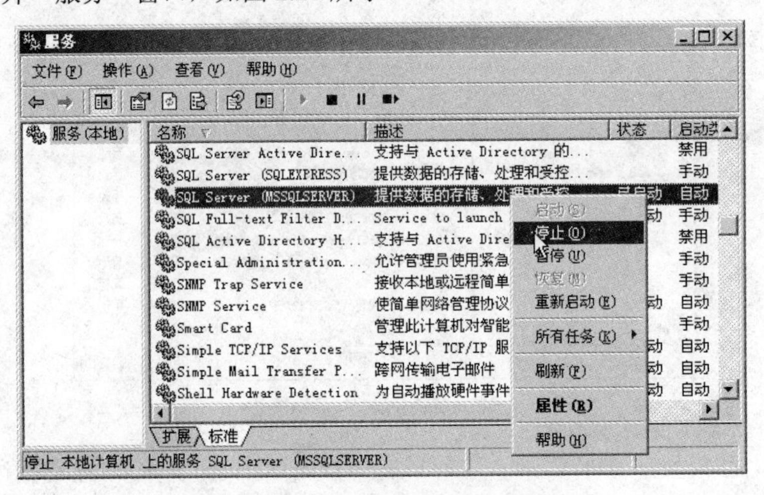

图 2.21　“服务”对话框

（2）在“服务”对话框里，可以看到已经安装了哪些服务组件，有 SQL Server 服务、SQL Server Agent 服务、SQL Server Analysis Services 服务等。可以右键单击 SQL Server (MSSQLServer)，使用弹出的快捷菜单实现服务的“启动”、“停止”、“暂停”和“恢复”。

（3）也可以使用工具栏上的工具按钮（▶ ■ ⏸ ■▶），实现“启动”、“停止”、“暂停”和“恢复”服务。

3．使用 SQL Server Management Studio 管理 SQL Server 服务

（1）启动 SQL Server Management Studio，选择“视图”→“已注册服务器”菜单命

令，打开“已注册的服务器”窗口，右击要启动的数据库服务器，从弹出的菜单中选择“启动”命令选项，即可启动该服务器，如图 2.22、图 2.23 所示。数据库服务器启动完成的标志是数据库引擎的图标由（红灯）变为（绿灯）。

（2）当服务启动后，用户可以右击要启动的服务器，使用弹出的快捷菜单命令“停止”、“暂停”和“继续”服务，如图 2.23 所示。

图 2.22　启动 SQL Server 服务

图 2.23　停止 SQL Server 服务

注意：在停止运行 SQL Server 之前，用户可应先暂停 SQL Server，因为，暂停 SQL Server 只是不再允许任何新的上线者，而原来已联机到 SQL Server 的用户仍然能继续作业。这将保证原来正在进行的作业不会中断，而且可以继续进行并完成。

2.4.3　使用 SQL Server Management Studio

SQL Server Management Studio 是 SQL Server 2008 中最重要的管理工具，它组合了多个图形工具和多种功能齐全的脚本编辑器，用于管理 SQL Server 数据库引擎、Analysis Services、Reporting Services、Notification Services 以及 SQL Server Compact 3.5 中的对象的新管理对话框，使用这些对话框可以立即执行操作，将操作发送到代码编辑器或将其编写为脚本以供以后执行。SQL Server Management Studio 为开发人员提供了一个熟悉的体验环境，为数据库管理员提供了一个功能齐全的实用工具，使用户可以方便地使用图形工具和丰富的脚本完成任务。

1. 启动 SQL Server Management Studio

（1）在“开始”菜单中，依次执行“开始”→“程序”→“Microsoft SQL Server 2008”→“SQL Server Management Studio”菜单，打开“连接到服务器”对话框，如图 2.24 所示。

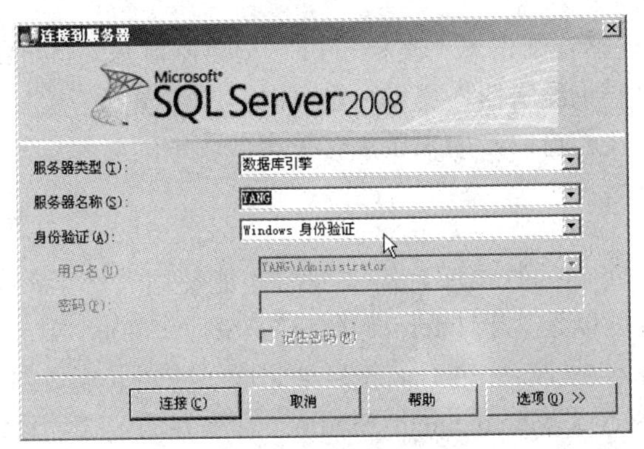

图 2.24　“连接到服务器”对话框

（2）在“连接到服务器”对话框中，验证默认设置（或者在服务器类型、服务器名称和身份验证中输入或选择正确信息），再单击“连接”按钮，即可登录进入 SQL Server Management Studio 管理界面。

2．SQL Server Management Studio 操作界面

Microsoft SQL Server Management Studio 是一个功能强大且灵活的工具，用于访问、配置、控制、管理和开发 SQL Server 的所有组件。默认情况下，它包含三个组件窗口：“已注册的服务器”、“对象资源管理器”和“对象资源管理器详细信息”文档窗口，如图 2.25 所示。

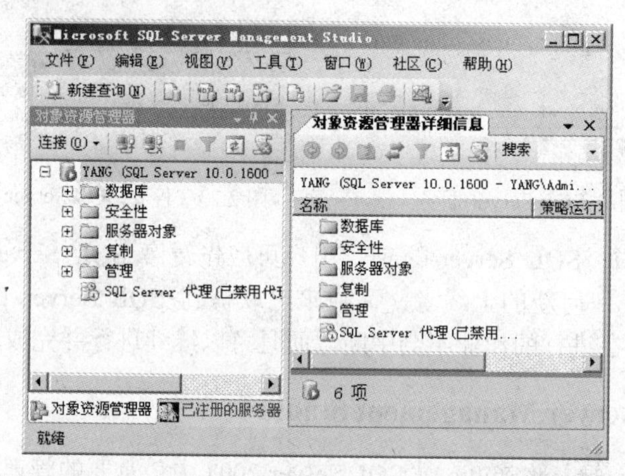

图 2.25　SQL Server Management Studio 操作界面

（1）“已注册的服务器”窗口。在 Microsoft SQL Server Management Studio 界面中，位于左侧的窗口就是“已注册的服务器”窗口（单击下方“已注册服务器标签”切换），系统使用它来组织经常访问的服务器。在“已注册的服务器”窗口中可以创建“服务器组”、“服务器注册”；编辑或删除已注册服务器的注册信息；查看已注册的服务器的详细信息等。

（2）“对象资源管理器”窗口。在 Microsoft SQL Server Management Studio 界面中，位于左侧的窗口就是“对象资源管理器”窗口，系统使用它连接数据库引擎实例、Analysis Services、Integration Services、Reporting Services 和 SQL Server Mobile。它提供了服务器中所有数据库对象的树视图，并具有可用于管理这些对象的用户界面。用户可以使用该窗口可视化地操作数据库，如创建各种数据库对象、查询数据、设置系统安全、备份与恢复数据等。

（3）“对象资源管理器详细信息”文档窗口。文档窗口是 Management Studio 界面中的最大部分，它可以是“查询编辑器”窗口，也可以是“浏览器”窗口。默认情况下是“对象资源管理器详细信息”文档窗口，用来显示有关当前选中的对象资源管理器节点的信息。

3．注册服务器

用户要集中管理服务器的数据库，需要注册才能使用。这里的数据库服务器既可以是局域网内的服务器，也可以是基于 Internet 的 SQL Server 2008 服务器。当然也包括本地服务器，只不过本地服务器在安装完之后，就自动完成了注册。服务器的注册过程如下。

（1）进入“SQL Server Management Studio”管理界面，在“已注册的服务器”窗口中右击“数据库引擎”，在弹出的快捷菜单中，选择“新建服务器注册”快捷菜单，如图 2.26

所示。

（2）单击“新建服务器注册”命令，打开“新建服务器注册”对话框，如图 2.27 所示，在其“常规”选项卡中的“服务器名称”下拉列表框中选择或输入要注册的服务器名称；在“身份验证”下拉列表框中选择要使用的身份验证模式。

（3）切换到如图 2.28 所示的“连接属性”选项卡，在“连接到数据库”下拉列表框中选择注册的服务器默认连接的数据库；在“网络协议”下拉列表框中选择使用的网络协议；在“网络数据包大小”微调框中设置客户机和服务器网络数据包的大小；在“连接超时值”微调框中设置客户机的程序在服务器上的执行超时时间，如果网速慢，可以设置大一些；如果需要对连接过程进行加密，可以选中“加密连接”选项。

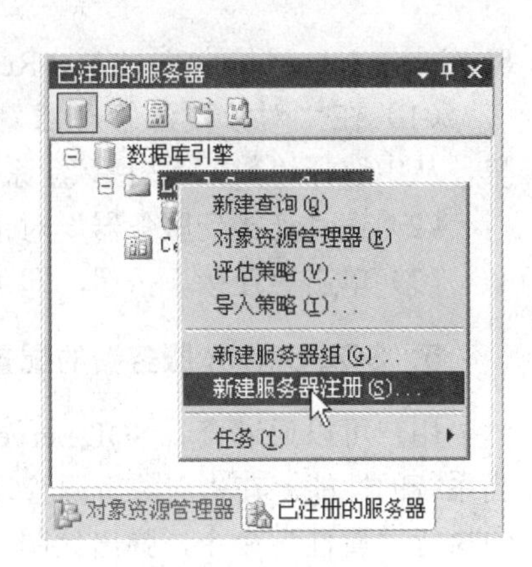

图 2.26 “新建服务器注册”快捷菜单

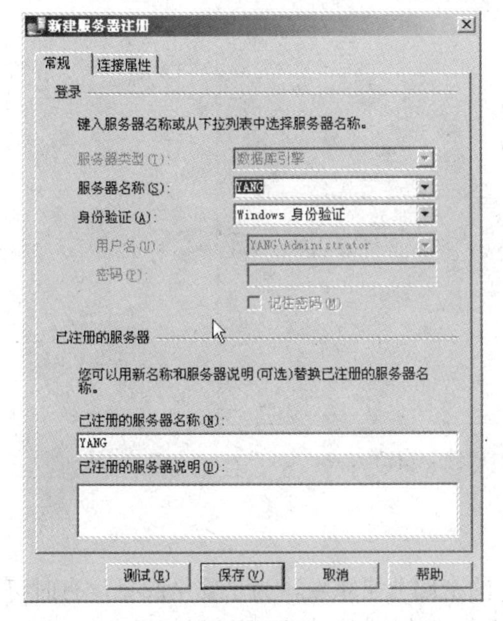

图 2.27 “新建服务器注册常规”选项卡

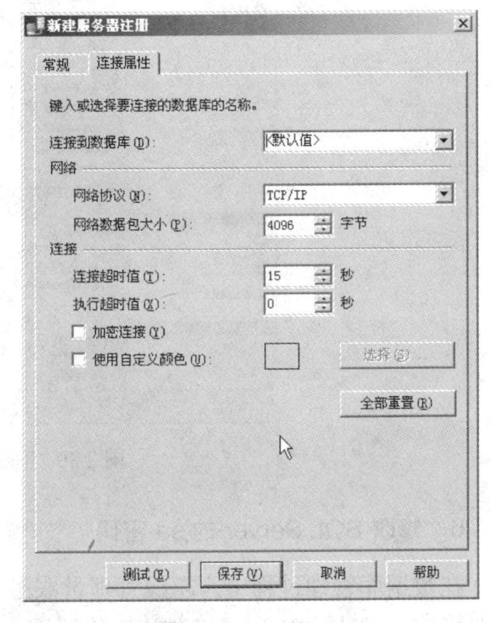

图 2.28 “新建服务器注册-连接属性”选项卡

（4）完成设置后，可单击“测试”按钮，对当前设置进行测试，如出现如图 2.29 所示的“连接测试成功”提示信息，即表示设置正确。

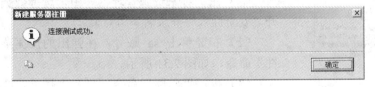

图 2.29 “连接测试成功”消息框

（5）如果设置正确，单击“保存”按钮，完成服务器注册。

4．对象资源管理器的连接

与已注册的服务器类似，对象资源管理器也可以连接到数据库引擎、Analysis

Services、Integration Services、Reporting Services 和 SQL Server Mobile。其连接方法如下：

（1）在“对象资源管理器”的工具栏上，单击“连接”按钮，打开连接类型下拉菜单，从中选择“数据库引擎”，系统将打开“连接到服务器”对话框，如图 2.24 所示。

（2）在“连接到服务器”对话框中，输入服务器名称，选择验证方式。

（3）单击“连接”按钮，即可连接到所选的服务器。

5．SQL Server 服务器的配置

用户可以通过查看 SQL Server 属性了解 SQL Server 性能或修改 SQL Server 的配置以提高系统的性能。在“对象资源管理器”中，右击选择要配置的服务器名，在弹出的快捷菜单中执行“属性”命令，弹出如图 2.30 所示的“服务器属性”窗口。用户可以根据需要，选择不同的选项卡标签，查看或修改服务器设置、数据库设置、安全性、连接等。

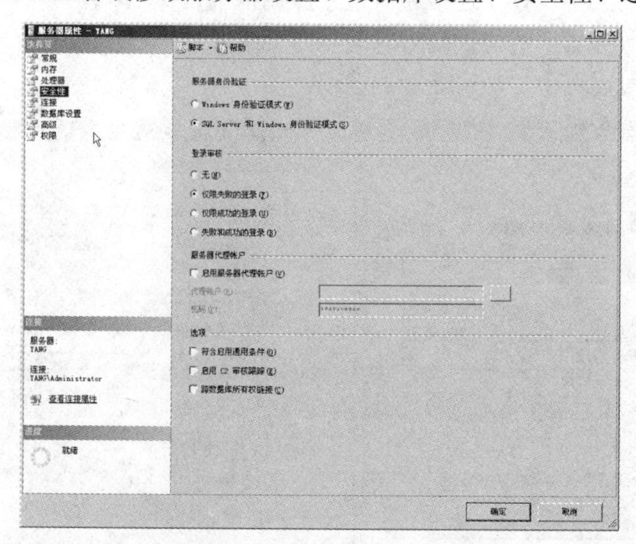

图 2.30 “服务器属性”窗口

6．修改 SQL Server 的 sa 密码

在数据库管理过程中，超级管理员账号 sa 的密码非常重要，为了安全起见，有时可能需要修改 sa 账号的密码，以防止密码泄露，造成非法的访问连接和不必要的损失。

图 2.31 “对象资源管理器“窗口

修改密码可以通过“对象资源管理器”进行，其方法为：

（1）在“对象资源管理器”中，选择数据库服务器，展开“安全性”、“登录名”节点。

（2）右键单击 sa 账号，在弹出的快捷菜单中选择“属性”命令，如图 2.31 所示。

（3）执行“属性”命令，打开“登录属性-sa”窗口，在其“常规”选项卡中的密码和确认密码文本框中输入 sa 的新密码，单击“确定”按钮，完成密码修改。

7．使用“对象资源管理器”附加数据库

SQL Server 2008 安装完成以后，一般情况下，只有系统数据库，没有用户数据库。这

时，如果磁盘上有数据库文件，可以将其附加到数据库服务器中。其步骤为：

（1）在“对象资源管理器”中，选择数据库服务器，右击“数据库”节点，在弹出的快捷菜单中，单击“附加”命令，打开“附加数据库”对话框。

（2）在“附加数据库”对话框中，单击“添加”命令按钮，打开“定位数据库文件”对话框，在该对话框中选择数据文件所在的路径，选择扩展名为.mdf 数据文件（如教材所用的 student 数据库的 SPri1dat.mdf 数据文件），单击“确定”命令按钮返回“附加数据库”对话框。

（3）在“附加数据库”对话框中，单击“确定”命令按钮，完成 student 数据库附加。

8. 使用查询编辑器

查询编辑器是代码和文本编辑器的一种（代码和文本编辑器是一个文字处理工具，可用于输入、显示和编辑代码或文本。根据其处理的内容，分为查询编辑器和文本编辑器，如果只包含文本而不含有关联的语言，称为文本编辑器；如果包含与语言关联的源代码，称为查询编辑器。当指具体类型的查询编辑器时，会在名称中加上代码类型，例如 SQL 查询编辑器或 MDX 查询编辑器等），其主要功能如下：

- 编辑、分析、执行 T-SQL、MDX（多维数据分析查询）、XML、XMLA（XML FOR Analysis）等代码，执行结果在结果窗格中以文本或表格形式显示，或重定向到一个文件中。
- 利用模板功能，可以借助预定义脚本来快速创建数据库和数据库对象等。
- 以图形方式显示计划信息，该信息显示构成 T-SQL 语句的执行计划的逻辑步骤。SQL Server Management Studio 在连接到 SQL Server 2008 实例时使用 XML 显示计划，从 SQL Server Database Engine 中检索显示计划信息。
- 使用操作系统命令执行脚本的 SQLCMD 模式。

（1）打开查询编辑器。打开查询编辑器，可以执行 SQL Server Management Studio 中“标准”工具栏上的“新建查询”按钮，打开一个当前连接的服务的查询编辑器，如果连接的是数据库引擎，则打开 SQL 编辑器，如果是 Analysis Server，则打开 MDX 编辑器。或者在“标准”工具栏上，单击与所需连接类型相关联的查询按钮，打开具体类型的编辑器。也可以用“标准”工具栏上的（打开文件）按钮，打开查询脚本，如图 2.32 所示。

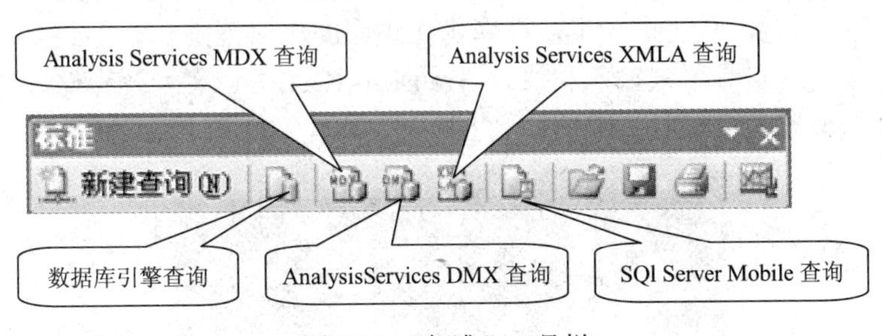

图 2.32 “标准”工具栏

（2）分析和执行代码。假设在打开的查询编辑器窗口中，编写了完成一定任务的代码，如图 2.33 所示。在代码输入完成后，按 Ctrl+F5 组合键或单击工具栏上的“分析”按钮，对输入的代码进行分析查询，检查通过后，按 F5 键或单击工具栏上的“执行”按钮，执行代码，结果如图 2.33 所示。

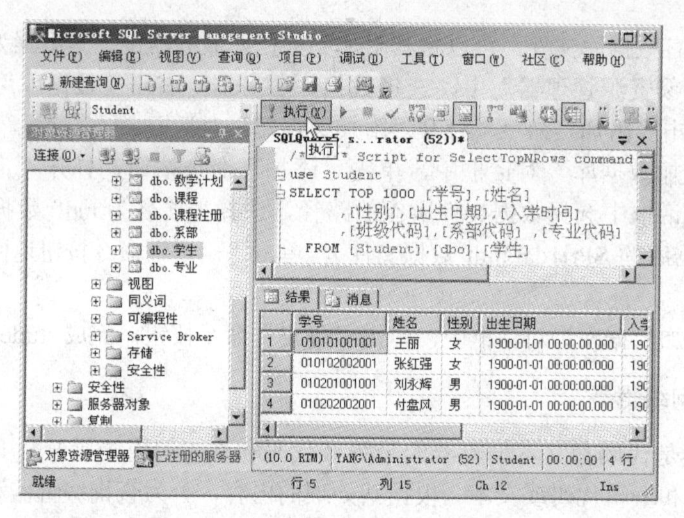

图 2.33 “查询编辑器”的执行结果

（3）最大化查询编辑器窗口。如果编写代码时需要较多的代码空间，可以最大化窗口，使“查询编辑器”全屏显示。最大化查询编辑器窗口的方法为：单击“查询编辑器”窗口中的任意位置，然后按 Shift+Alt+Enter 组合键，在全屏显示模式和常规显示模式之间进行切换。

使查询编辑器窗口变大，也可以用隐藏其他窗口的方法实现，其方法为：单击“查询编辑器”窗口中的任意位置，在“窗口”菜单上，单击“自动全部隐藏”，其他窗口将以标签的形式显示在 SQL Server Management Studio 管理器的左侧。如果要还原窗口，先单击以标签的形式显示的窗口，再单击窗口上的“自动隐藏”按钮即可。

2.4.4 实用工具

Microsoft SQL Server 2008 不仅提供了 Management Studio 图形工具，还提供了大量的命令行工具来管理和使用数据库，这些工具包括如下。

Bcp 工具：该工具可以在数据库实例和指定的文件格式之间进行大容量的数据复制，例如将表中的数据导入导出为 Excel 文件等。

Dta 工具：该工具是数据库引擎优化程序，通过该工具用户可以在应用程序和脚本中使用数据库优化顾问功能，从而扩大了数据库优化顾问的作用范围。

Sqlcmd 工具：该工具用来输入和执行 Transact-SQL 语句、系统存储过程脚本文件等。Sqlcmd 是 osql 的替代版。SQL CMD 执行查询示例如图 2.34 所示。

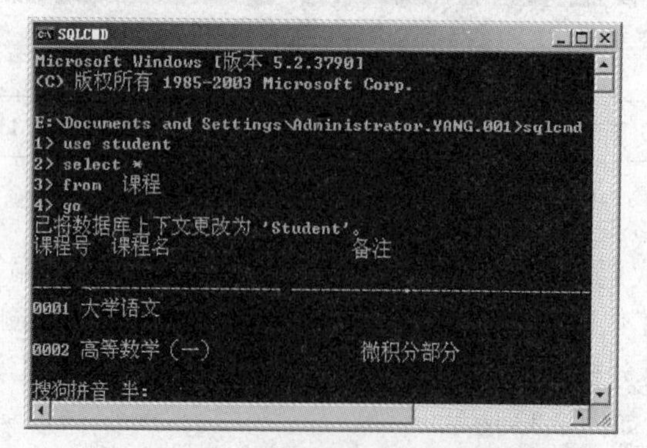

图 2.34 SQL CMD 执行查询示例

Sqlservr 工具：该工具可以在命令提示符下启动、停止、继续 SQL Server 2008 实例。

除了上述工具外，还有配置和执行 Microsoft SQL Server 2008 Integration Service 包的 dtexec 工具，配置 Notification Service 服务的 nscontrl 工具，配置 Reporting Service 服务的 rs 工具，对系统进行诊断的 SQLdiag 使用工具以及用于比较两个表数据是否一致的 tablediff 实用工具。

2.5 思考题

1．简述 SQL Server 2008 的特点。

2．简述 SQL Server 2008 的安全机制。

3．简述 SQL Server 2008 常用管理工具的作用。

4．练习 SQL Server 2008 的连接。

第 3 章　数据库的基本操作

数据库是存放数据、表、视图、存储过程等数据库对象的容器，因此，操作数据库对象应先从数据库开始。本章将介绍数据库操作的基本知识，包括数据库的创建、查看、修改、分离、附加和删除等。

3.1　SQL Server 数据库的一些基本术语和概念

要想熟练掌握管理 SQL Server 2008 数据库的技术，必须理解掌握和 SQL Server 数据库相关的一些基本概念与术语，才能达到知识、理论够用，实践技能过硬的目的。

3.1.1　SQL Server 的数据库

SQL Server 2008 数据库是有组织的数据集合，这种数据集合具有逻辑结构并得到数据库系统的管理和维护。SQL Server 2008 通过允许创建并存储其他对象类型（如存储过程、触发器、视图等）扩展了数据库的概念。

数据库的数据按不同的形式组织在一起，构成了不同的数据库对象，如以二维表的形式组织在一起的数据就构成了数据库的表对象。数据库是数据库对象的容器，在 SQL Server Management Studio 中连接数据库服务器后，看到的数据库对象都是逻辑对象，而不是存放在物理磁盘上的文件，数据库对象没有对应的磁盘文件，整个数据库对应磁盘上的文件与文件组，如图 3.1 所示。

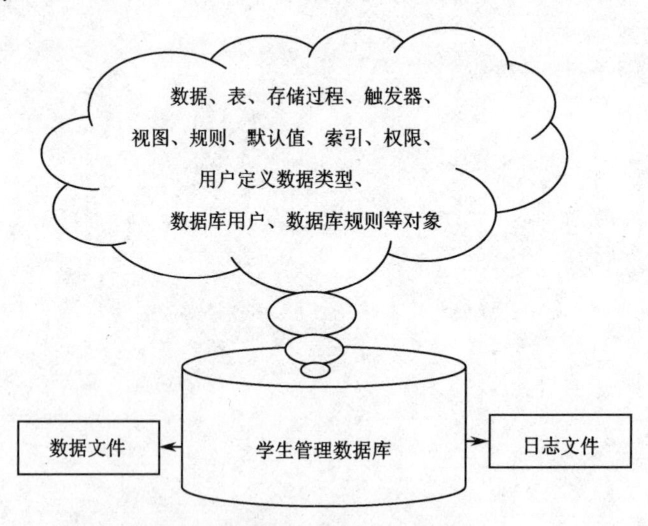

图 3.1　数据库、数据库对象及文件

3.1.2　SQL Server 的事务日志

事务由一组 T-SQL 语句组成，是单个的工作与恢复单元。事务作为一个整体来执行，对于其数据的修改，要么全都执行，要么全都不执行。事务日志是数据库中已发生的所有修改和执行每次修改的事务的一连串记录。为了维护数据的一致性，并且便于进行数据库恢复，SQL Server 将各种类型的事务记录在事务日志中。SQL Server 自动使用预写类型的事务日志，这就是说在执行一定的更改操作之后，并且在这种更改写进数据库之前，SQL Server 先把相关的更改写进事务日志。

3.1.3 SQL Server 数据库文件及文件组

SQL Server 数据库是数据库对象的容器，它以操作系统文件的形式存储在磁盘上。

1. SQL Server 的数据库文件的三种类型

SQL Server 的数据库文件根据其作用不同，可以分为以下三种文件类型。

（1）主数据文件（Primary file）。用来存储数据库的数据和数据库的启动信息。每个数据库必须有且只有一个主数据文件，其扩展名为.MDF。实际的文件都有两种名称：操作系统文件名和逻辑文件名（T-SQL 语句中使用）。

（2）辅助数据文件（Secondary file）。用来存储数据库的数据，使用辅助数据文件可以扩展存储空间。如果数据库用主数据文件和多个辅助数据文件来存放数据，并将它们放在不同的物理磁盘上，数据库的总容量就是这几个磁盘容量的和。辅助数据文件的扩展名为.NDF。

（3）事务日志文件（Transaction log）。用来存放数据库的事务日志。凡是对数据库进行的增、删、改等操作，都会记录在事务日志文件中。当数据库被破坏时可以利用事务日志文件恢复数据库的数据。每个数据库至少要有一个事务日志文件。事务日志文件的扩展名为.LDF。

SQL Server 2008 不强制使用.MDF、.NDF 和.LDF 作为文件扩展名，但使用它们有助于标识文件的各种类型和用途。

2. SQL Server 的数据库文件组

为了提高数据的查询速度，便于数据库的维护，SQL Server 可以将多个数据文件组成一个或多个文件组。例如，在三个不同的磁盘（如 D 盘、E 盘、F 盘）上建立三个数据文件（student_data.mdf、student_data2.ndf、student_data3.ndf），并将这三个文件指派到文件组 fgroup1 中，如图 3.2 所示。如果在此数据库中创建表，就可以指定该表放在 fgroup1 中。

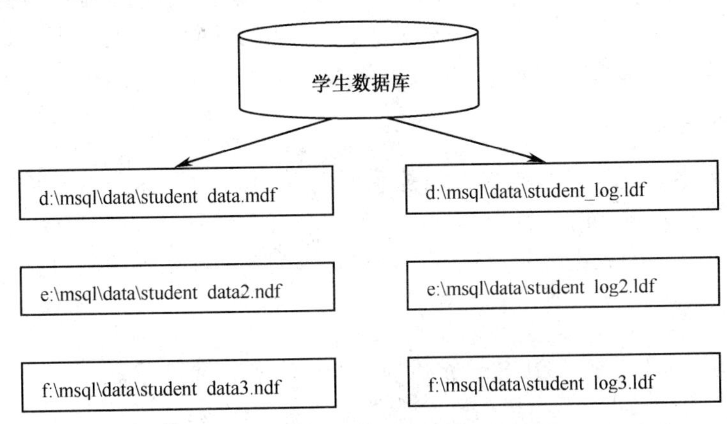

图 3.2 数据库与操作系统文件之间的映射

当对该表进行写操作时，数据库会根据组内数据文件的大小，按比例写入组内所有数据文件中。当查询数据时，SQL Server 系统会创建多个单独的线程并行读取分配在不同物理硬盘上的每个文件，从而在一定程度上提高了查询速度。

通过使用文件组还可以简化数据库的维护工作。

（1）备份和恢复单独的文件或文件组，而并非整个数据库，可以提高效率。

（2）将可维护性要求相近的表和索引分配到相同的文件组中。

（3）为自己的文件组指定可维护性高的表。

在创建数据库时，默认设置是将数据文件存放在主文件组（primary）中，也可以在创建数据库时加相应的关键字创建文件组。

3.1.4 SQL Server 的系统数据库

SQL Server 数据库包含系统数据库和用户数据库，其中，系统数据库是在 SQL Server 安装时系统自动安装上的，系统数据库存储着系统的重要信息，用来操作和管理系统。用户数据库由用户创建，用来存放用户数据。

在 SQL Server Management Studio 环境中，SQL Server 2008 包含四个可见的系统数据库：master、tempdb、model、msdb（在“对象资源管理器”窗口中依次展开数据库、系统数据库节点，就可以看到这四个系统数据库，如图 3.3 所示），还包含一个逻辑上不单独存在、隐藏的系统数据库 Resource。

图 3.3 系统数据库

1．master 数据库

master 数据库是 SQL Server 的主数据库，包含了 SQL Server 系统中的系统级信息，如系统配置信息、登录账号、系统错误信息、系统存储过程、系统视图等。另外，master 还记录了 SQL Server 的初始化信息。因此，如果 master 数据库不可用，则 SQL Server 无法启动。

2．tempdb 数据库

tempdb 数据库为临时表和其他临时存储需求提供存储空间，是一个由 SQL Server 上所用数据库共享使用的工作空间。每次启动 SQL Server 时，都要重新创建 tempdb 数据库，以便系统启动时，该数据库总是空的。当用户离开或系统关机的时候，临时数据库中创建的临时表将被删除，当它的空间不够时，系统会自动增加它的空间。临时数据库是系统中负担较重的数据库，可以通过将其置于 RAM 中提高数据库的性能。

3．model 数据库

model 数据库中包含每个数据库所需的系统表格，是 SQL Server 2008 中的模板数据库。当创建一个用户数据库时，模板数据库中的内容会自动复制到所创建的用户数据库中。通过修改模板数据库中的表格，可以实现用户自定义配置新建数据库的对象。

4．msdb 数据库

SQL Server 用 msdb 支持 SQL Server 代理、安排作业、报警等。

5．Resource 数据库

Resource 是一个只读的数据库，它包含了 SQL Server 2008 中的所有系统对象。系统对象在物理上保存在 Resource 数据库文件中，在逻辑上显示在每个数据库的 sys 架构中。

3.2 创建数据库

数据库是数据库系统最基本的对象，是存储过程、触发器、视图和规则等数据库对象的容器。因此，创建数据库是创建其他数据库对象的基础。若要创建数据库，需要确定数据库的名称、所有者、大小以及存储该数据库的文件和文件组。在 SQL Server 2008 中创建数据库主要有两种方法：使用 SQL Server Management Studio 或 T-SQL 语言创建数据库。

3.2.1 使用 SQL Server Management Studio 创建数据库

【例 3.1】创建数据库名为“student”的数据库，该数据库包含一个主数据文件、一个辅助数据文件和一个事务日志文件。主数据文件的逻辑名为“student _Data”，初始容量大小为 3 MB，最大容量为 20MB，文件的增长量为 20%；辅助数据文件逻辑名为“student_data2”；事务日志文件的逻辑名为“student_Log”，初始容量大小为 1MB，最大容量为 10 MB，文件的增长量为 10%。数据文件与事务日志文件都保存在 D 盘根目录。

操作步骤如下：

（1）启动 SQL Server Management Studio，右击“对象资源管理器”窗口中数据库节点，从弹出的快捷菜单中选择“新建数据库”命令，如图 3.4 所示。

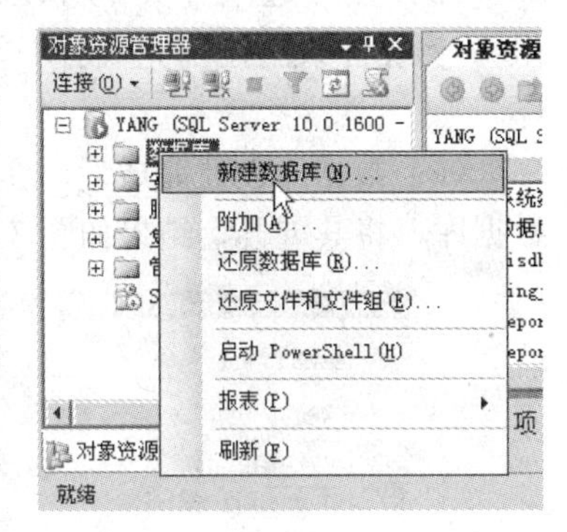

图 3.4 新建数据库

（2）单击“新建数据库”命令，打开“新建数据库”对话框，如图 3.5 所示，该对话框包含 3 个选择页：“常规”、“选项”和“文件组”。

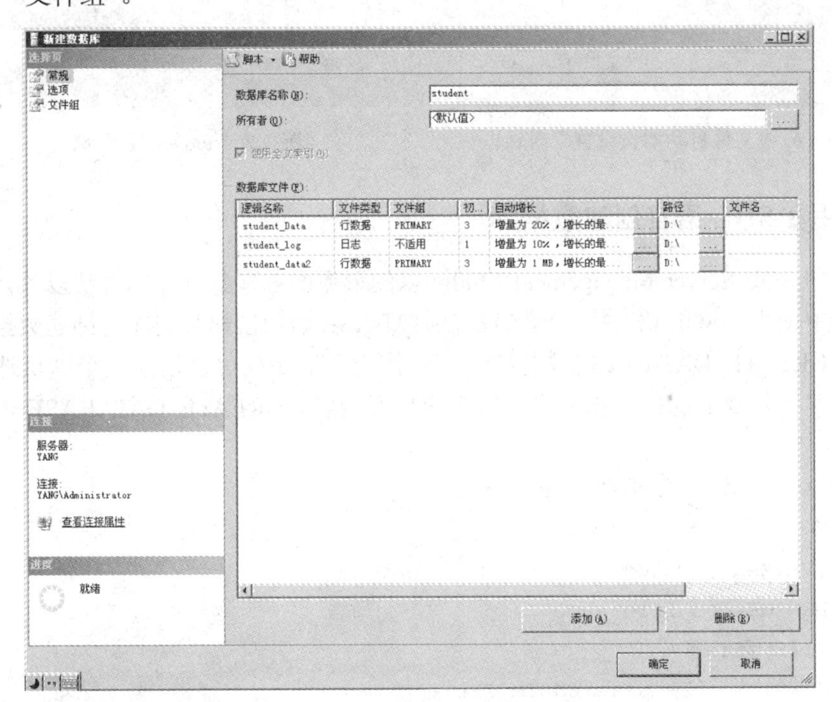

图 3.5 “新建数据库”对话框

（3）在“常规”页中，可以设置新建数据库的名称、数据文件或日志文件名称、文件的初始大小、自动增长和存放路径等。根据题意，输入数据库的名称为“student”，修改主数据文件的逻辑名为“student_Data”，初始大小为 3MB，单击与数据文件行对应的自动增长选项中的“...”命令按钮，打开“更改 student_Data 的自动增长设置”对话框，如图 3.6 所示，修改文件的增长量为 20%，最大文件容量为 20MB，单击“确定”命令按钮，返回“常规”页，修改文件存储路径为“D:\”；同理，修改日志文件名为“student_Log”，初始大小为 1MB，最大容量为 10MB，文件的增长量为 10%，文件存储路径为“D:\”。

（4）如果需要添加辅助数据文件或日志文件，单击“添加”命令按钮，在“逻辑名称”栏输入要添加的文件的逻辑名，在“文件类型”栏选择“数据”或“日志”，如果添加数据文件，可以在“文件组”栏创建新的文件组，在“初始大小”栏设置文件初始大小，在“自动增长”栏选择增长方式等。根据题意，单击“添加”命令按钮，修改其逻辑文件名为“student_data2”，选择“文件类型”为“数据”，其他选项默认。

（5）在“选项”页中可以设置数据库一些选项；在“文件组”页中可以添加“文件组”。数据库设置全部完成后，单击“确定”命令按钮，系统将按设置自动创建 student 数据库。

（6）数据库创建完成后，在“对象资源管理器”窗口中，就会看到新建立的“student”数据库，将其展开，结果如图 3.7 所示。

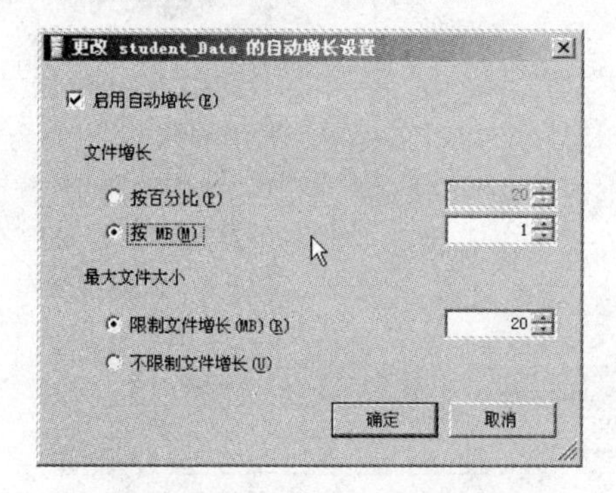

图 3.6 “文件自动增长设置”对话框

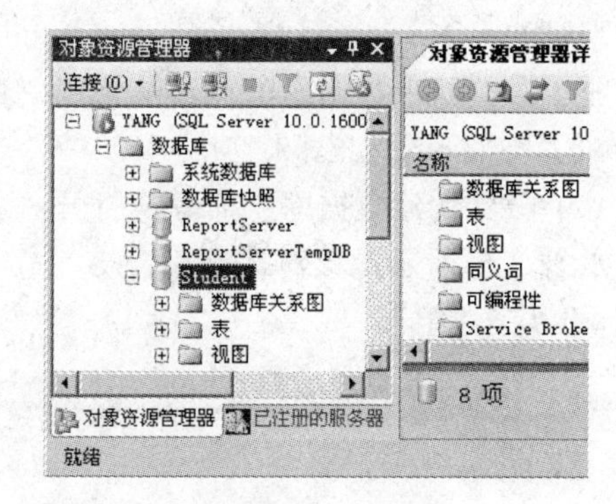

图 3.7 student 数据库

3.2.2 使用 T-SQL 语言创建数据库

除了使用 SQL Server Management Studio 以图形界面创建数据库的方法以外，还可以在查询编辑器中使用 T-SQL 语言中 CREATE DATABASE 语句创建数据库。创建数据库最简单的语句是“CREATE DATABASE 数据库名”，使用该语句就可以创建一个默认选项的数据库，该数据库将复制 model 数据库中的所有对象及内容。CREATE DATABASE 的常用语法格式如下：

```
CREATE DATABASE database_name
[ON
{ [PRIMARY] (NAME=logical_file_name,
FILENAME='os_file_name',
[,SIZE=size]
[,MAXSIZE={max_size|UNLIMITED}]
[,FILEGROWTH=grow_increment])
```

```
}[,…n]
LOG ON
{ (NAME=logical_file_name,
FILENAME='os_file_name'
[,SIZE=size]
[,MAXSIZE={max_size|UNLIMITED}]
[,FILEGROWTH=growth_increment])
}[,…n]]
[COLLATE collation_name]
```

注意：在 T-SQL 的语法格式中，“[ ]”表示该项可省略，省略时各参数取默认值。“{ }[,…n]”表示大括号括起来的内容可以重复写多次。<>尖括号中的内容表示对一组选项的代替，例如<列定义> ::={ }尖括号中的内容将被大括号中的内容代替。类似 A|B 的语句，表示可以选择 A 也可以选择 B，但是不能同时选择 A 和 B。T-SQL 语句在书写时不区分大小写，为了清晰，一般都用大写表示系统保留字，用小写表示用户自定义的名称。本书所有的 T-SQL 语句的语法格式均遵守此约定。

其中：

- database_name 是要建立的数据库名称。
- PRIMARY 在主文件组中指定文件。若没有指定 PRIMARY 关键字，该语句中所列的第一个文件成为主文件。
- LOG ON 指定建立数据库的事务日志文件。
- NAME 指定数据或事务日志文件的逻辑名称。
- FILENAEM 指定文件的操作系统文件名称和路径。os_file_name 中的路径必须为安装了 SQL 服务器的计算机上已存在的文件夹。
- SIZE 指定数据或日志文件的初始大小，默认单位为 MB，也可以指定用 KB、GB、TB 单位。如果没有为主文件指定大小，将使用 model 数据库中的主文件的大小，如果为主文件指定了大小，其值至少应与 model 数据库的主文件值大小相同。如果指定了辅助数据文件或日志文件，但未指定该文件的 SIZE，则默认为 1MB。
- MAXSIZE 指定文件能够增长到的最大限度，默认单位为 MB，也可以指定用 KB、GB 和 TB 单位。如果没有指定最大限度，文件将一直增长到磁盘满为止。
- UNLIMITED 使文件无容量限制。
- FILEGROWTH 指定文件的增长量，该参数不能超过 MAXSIZE 的值。默认单位为 MB，也可以指定用 KB、GB、TB 单位或使用百分比。如果没指定参数，数据文件的默认值为 1MB，日志文件的默认增长比例为 10%，最小值为 64KB。
- COLLATE 指定数据库的默认排序规则。

【例 3.2】创建数据库名为“BVTC_DB”的数据库，其包含一个主数据文件和一个事务日志文件。主数据文件的逻辑名为“BVTC_DB_DATA”，操作系统文件名为“BVTC_DB_DATA.MDF”，初始容量大小为 5MB，最大容量为 20MB，文件的增长量为 20%。事务日志文件的逻辑文件名为“BVTC_DB_LOG”，操作系统文件名为“BVTC_DB_LOG.LDF”，初始容量大小为 5MB，文件增长量为 2MB，最大不受限制。数据文件与事务日志文件都保存在 E 盘根目录。

用 CREATE DATABASE 语句创建数据库的步骤如下：

（1）在 SQL Server Management Studio 中，单击工具栏上的"新建查询"按钮，打开查询编辑器窗口，如图 3.8 所示，在其中输入如下代码：

```
CREATE DATABASE BVTC_DB
ON   PRIMARY
 (NAME = 'BVTC_DB_DATA',
FILENAME = 'E:\BVTC_DB_DATA.MDF' ,
SIZE = 5MB,
MAXSIZE = 20MB,
FILEGROWTH = 20%)
  LOG ON
(NAME ='BVTC_DB_LOG',
FILENAME = 'E:\BVTC_DB_LOG.LDF' ,
SIZE = 5MB,
FILEGROWTH = 2MB)
  COLLATE Chinese_PRC_CI_AS
GO
```

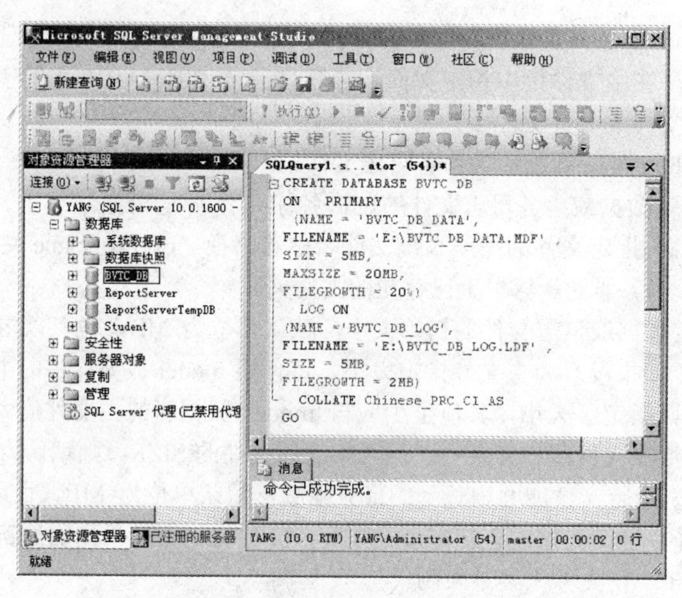

图 3.8　在查询编辑器中输入代码

（2）在输入上述代码后，按 Ctrl+F5 组合键或单击工具栏上的"分析"按钮，对输入的代码进行分析查询，检查通过后，按 F5 键或单击工具栏上的"执行"按钮，当消息窗口中返回"命令成功完成"时，表示数据库创建成功。

（3）在"对象资源管理器"窗口中，右击"数据库"节点，在弹出的快捷菜单中单击"刷新"命令，可以见到新创建的"BVTC_DB"数据库，如图 3.8 所示。

3.3　使用 SQL Server Management Studio 管理数据库

随着数据库的使用，用户需要以手动或自动方式对数据库进行管理，包括扩充或收缩数据与日志文件、更改名称、删除数据库等。下面以"BVTC_DB"数据库为例，介绍使用

SQL Server Management Studio 可视化界面管理数据库的常用操作。

3.3.1　打开数据库

在 SQL Server Management Studio 中打开数据库的步骤是：在“对象资源管理器”窗口中，展开“数据库”节点，单击要打开的数据库“BVTC_DB”，此时右边“对象资源管理器详细信息”窗口中列出当前打开数据库的数据库对象，如图 3.9 所示。

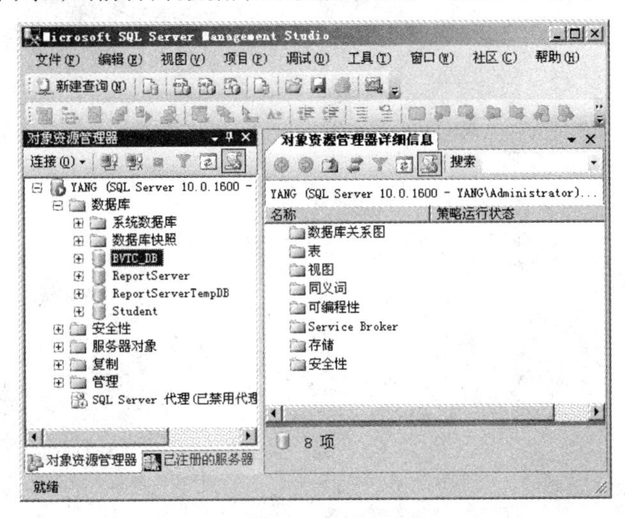

图 3.9　用图形界面打开数据库

3.3.2　查看数据库信息

数据库的信息主要有基本信息、维护信息和空间使用信息等，使用 SQL Server Management Studio 查看数据库信息的步骤如下：

（1）启动 SQL Server Management Studio，在“对象资源管理器”窗口中，展开“数据库”节点，右击要查看信息的数据库“BVTC_DB”，在弹出的如图 3.10 所示快捷菜单中，单击“属性”命令，打开“数据库属性”对话框。

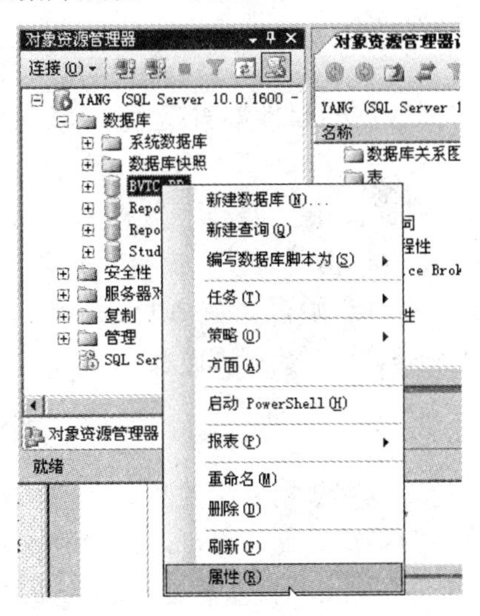

图 3.10　查看数据库的信息

（2）在“数据库属性”对话框中，包含常规、文件、文件组、选项、更改跟踪、权限、扩展属性、镜像和事务日志传送 9 个选择页。单击其中任意的选择页，可以查看到与之相关的数据库信息。如图 3.11 所示为“文件”页中关于数据库文件的相关信息。

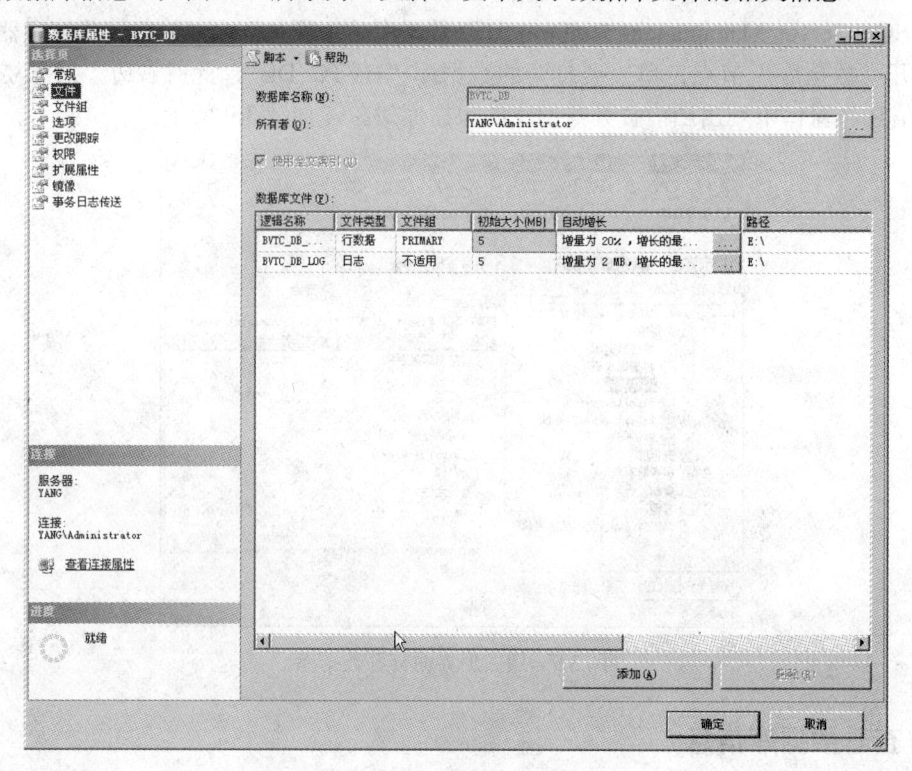

图 3.11 “数据库属性”对话框

3.3.3 修改数据库容量

当数据库的数据增长到要超过它指定的使用空间时，必须为它增加容量。如果为数据库指派了过多的存储空间，可以通过缩减数据库容量来减少存储空间的浪费。

1．增加数据库容量

增加数据库容量，可以在“数据库属性”对话框中，通过“文件”选择页来实现。其操作步骤如下：

（1）在“对象资源管理器”窗口中，展开“数据库”节点，右击要增加容量数据库“BVTC_DB”，在弹出的快捷菜单中单击“属性”命令，打开“数据库属性”对话框。

（2）从“选择页”中选择“文件”页，如图 3.11 所示，在这里可以修改数据库文件的初始大小和增长方式，其修改方法与创建数据库时相同。

2．收缩数据库容量

在 SQL Server 2008 中，允许收缩数据库中的数据文件和日志文件，以便删除未使用的页。数据库文件可以成组或单独的手动收缩，也可以设置数据库，使其按照指定的间隔自动收缩。使用 SQL Server Management Studio 收缩数据库的步骤如下：

（1）启动 SQL Server Management Studio，在“对象资源管理器”窗口中，展开“数据

库”节点，右击要收缩容量的数据库“BVTC_DB”，在弹出的快捷菜单中执行“任务”→“收缩”→“数据库”命令，打开“收缩数据库”对话框，如图 3.12 所示。

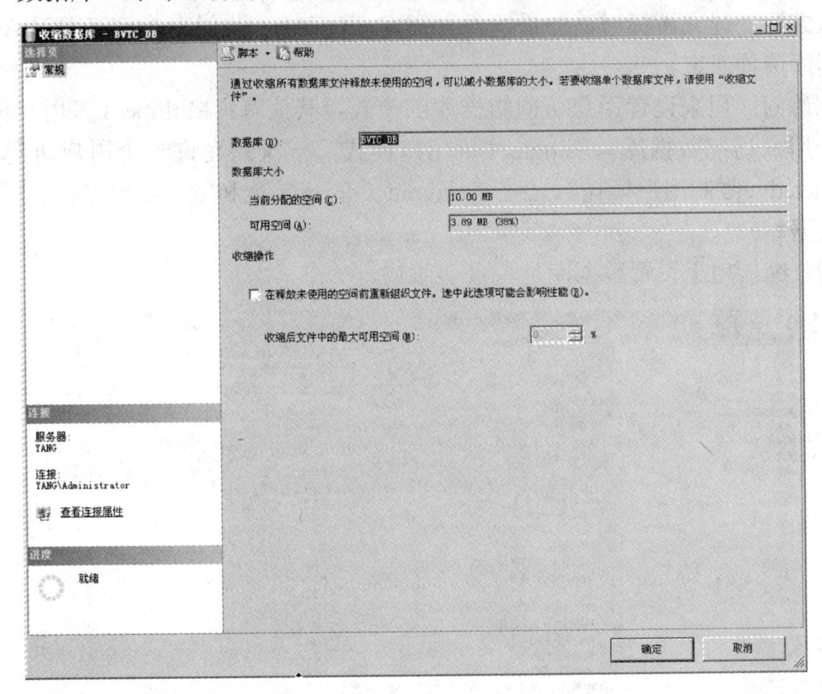

图 3.12 “收缩数据库”对话框

（2）根据需要，可以选择“在释放未使用的空间前重新组织文件”复选框，如果选择该项，必须为“收缩后文件中的最大可用空间”输入值，允许输入的值介于 0 和 99 之间。

（3）设置完成后，单击“确定”命令按钮，完成数据库收缩。

如果需要将数据库设置为自动收缩，可以右击具体的数据库，在弹出的快捷菜单中单击“属性”命令，打开“数据库属性”对话框，如图 3.13 所示，选择“选项”页，在“自动收缩”对应的下拉列表框中选择“True”即可。

3.3.4 设定修改数据库选项

数据库有很多选项，这些选项决定数据库如何工作。使用 SQL Server Management Studio 修改数据库选项的步骤如下：

（1）启动 SQL Server Management Studio，在“对象资源管理器”窗口中，展开“数据库”节点，右击要设置选项的数据库“BVTC_DB”，在弹出的如图 3.10 所示快捷菜单中，单击“属性”命令，打开“数据库属性”对话框。

（2）在“数据库属性”对话框中，选择“选项”页，出现数据库的各个选项，如图 3.13 所示，在此，可以根据管理需要对数据库选项进行重新设定。下面介绍几个常用选项的作用。

- 排序规则：用于设置数据排序和比较的规则。在此，可以通过下拉列表框选择一种数据库的排序规则。
- 恢复模式：用于设置数据库备份和还原的操作模式，可以选择的三种恢复模式为：简单模式、完整模式和大容量日志模式。

- 兼容级别：用于设置与指定的 Microsoft SQL Server 2008 的早期版本兼容的某种数据库，可以选择的级别有 SQL Server 2000、SQL Server 2005、SQL Server2008。
- 默认游标：建立游标时，如果既没有指定 LOCAL，也没有指定 GLOBAL，则由该数据库选项决定。
- 限制访问：用来设置用户访问数据库的模式，其值有：Multipe（多用户模式，允许多个用户访问数据库）、single（单用户模式，一次只允许一个用户访问数据库）、restricted（限制用户模式，只有 sysadmin、db_owner 和 dbcreator 角色成员才可以访问数据库）。
- 自动收缩：用于设置数据库是否自动缩减。

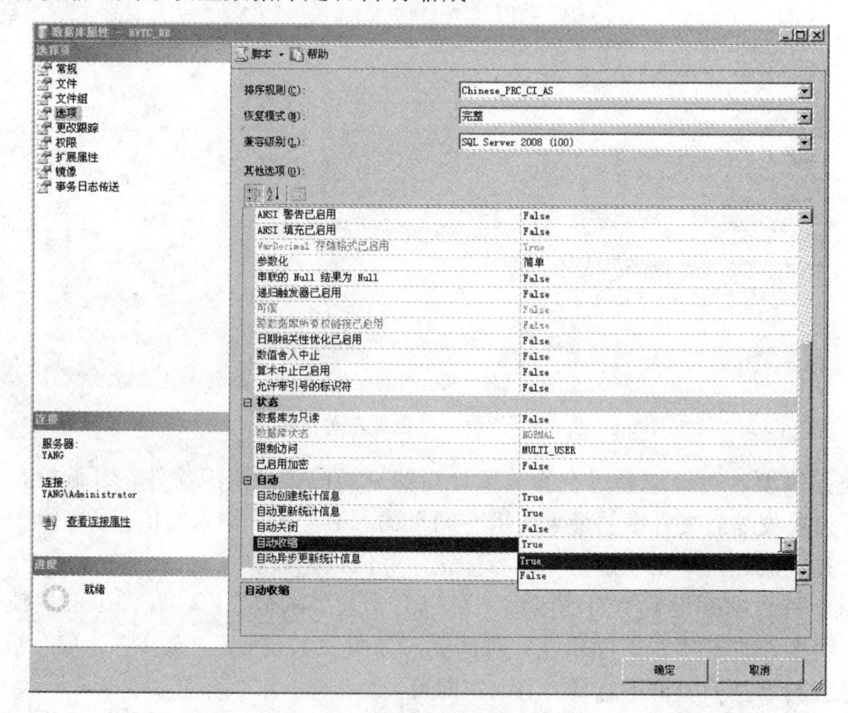

图 3.13 “数据库属性”对话框

（3）根据要求，设置完成后，单击“确定”命令按钮，使设置生效。

3.3.5 更改数据库名称

一般情况下，不要更改数据库的名称，因为有些应用程序可能使用了该数据库。如果更改了数据库的名称，其他使用了该数据库的应用程序也要修改。有时候一定要更改数据库的名称，可以使用 SQL Server Management Studio 完成更名数据库，其操作步骤如下：

（1）启动 SQL Server Management Studio，在“对象资源管理器”窗口中，展开“数据库”节点，右击要更名的数据库“BVTC_DB”，在弹出的快捷菜单中，单击“属性”命令，打开“数据库属性”对话框，选择“选项”页，将数据库选项中的“限制访问”设为“Single”用户模式，设置成功后，在对象资源管理器中该数据库名称旁边有单个用户标志，即“⊞ BVTC_DB(单个用户)”。

（2）右击“BVTC_DB”，在弹出的快捷菜单中选择“重命名”，数据库名称变为可编辑状态，输入新的数据库名称即可。

（3）更名后，将数据库选项中的“限制访问”设为“Multipe”用户模式。

3.3.6 分离和附加数据库

在数据库管理中，根据需要，可以将用户数据库从服务器的管理中分离出来，而数据库文件仍保留在磁盘上。也可以将磁盘上的数据库文件附加到数据库服务器中，由服务器管理。

1．分离数据库

使用 SQL Server Management Studio 分离数据库的步骤如下：

（1）启动 SQL Server Management Studio，在“对象资源管理器”窗口中，展开“数据库”节点，选择要分离的数据库，如“BVTC_DB”，单击右键，在弹出的快捷菜单中执行“任务”→“分离”命令，打开“分离数据库”对话框，如图 3.14 所示。

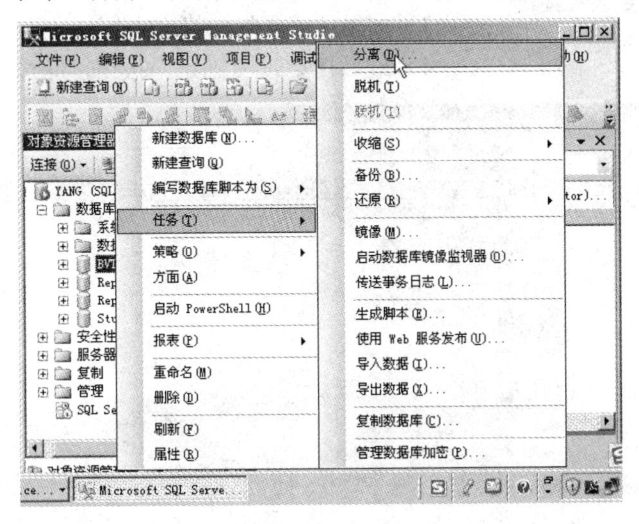

图 3.14 “分离数据库”对话框

（2）在“分离数据库”对话框中右侧是“要分离的数据库”窗格，如图 3.15 所示。

图 3.15 “要分离的数据库”窗格

（3）在该窗格中，显示着需要分离的“数据库名称”及几个选项。

- “删除连接”复选框：数据库被使用时，需要选中该选项来断开与所有活动的连接。然后，才可以分离数据库。
- “更新统计信息”复选框：默认情况下，分离操作将在分离数据库时保留过期的优化统计信息。若要更新现有的优化统计信息，需要选中该选项。
- “状态”：显示当前数据库状态（“就绪”或者“未就绪”）。
- “消息”：如果状态是“未就绪”，则“消息”列将显示有关数据库的超链接信息。当数据库涉及复制时，“消息”列将显示 Database replicated。数据库有一个或多个活动连接时，“消息”列将显示活动连接个数。

（4）当“状态”为就绪时，单击“确定”按钮，将数据库与 SQL Server 服务器分离。

2．附加数据库

使用 SQL Server Management Studio 附加数据库的步骤如下：

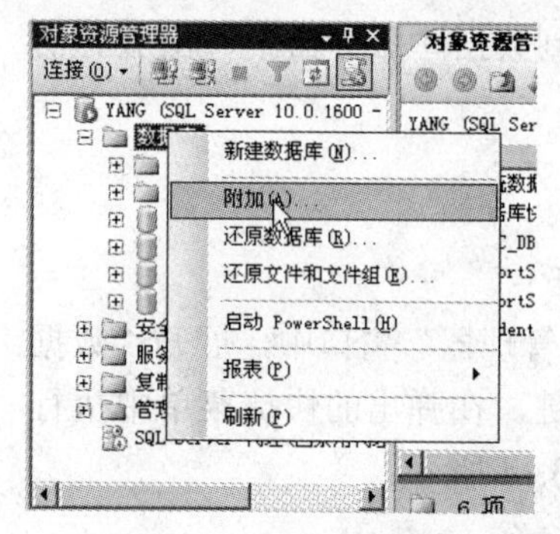

图 3.16　附加数据库

（1）启动 SQL Server Management Studio，在“对象资源管理器”窗口中，右击“数据库”节点，在弹出的如图 3.16 所示快捷菜单中，单击“附加”命令，打开“附加数据库”对话框，如图 3.17 所示。

（2）单击“添加”命令按钮，打开“定位数据库文件”对话框，在该对话框中选择数据文件所在的路径，选择扩展名为. MDF 数据文件，如 BVTC_DB_DATA.MDF，单击“确定”命令按钮返回“附加数据库”对话框，如图 3.17 所示。

（3）如果还需要附加其他数据库，再重复步骤（2）即可。

（4）最后，单击“确定”按钮，完成数据库附加。

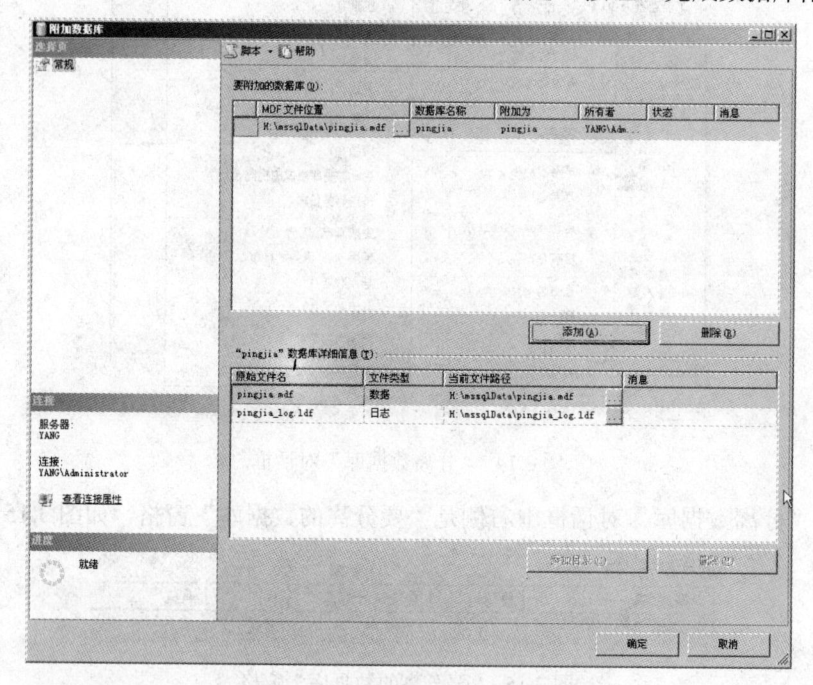

图 3.17　“附加数据库”对话框

3.3.7　删除数据库

删除数据库也是数据库管理中的重要技术之一。当不需要用户创建的某个数据库时，可以将其删除，即将该数据库文件从服务器上的磁盘中全部清除。删除数据库后，只能用备份数据恢复以前的数据库。如果数据库正在被使用，则无法将它删除。删除数据库仅限于 dbo 与 sa 用户。

使用 SQL Server Management Studio 删除数据库的步骤为：在“对象资源管理器”窗口中，展开“数据库”节点，右击要删除的数据库，在弹出的快捷菜单中单击“删除”命令，打开“删除对象”对话框，单击“确定”命令按钮即可完成数据库删除操作。

3.4 使用 T-SQL 管理数据库

3.4.1 打开数据库

在“查询编辑器”中，可以直接通过数据库下拉列表框 student 打开并切换数据库，如图 3.18 所示，也可以使用 USE 语句打开并切换数据库，其语法格式为：

USE database_name

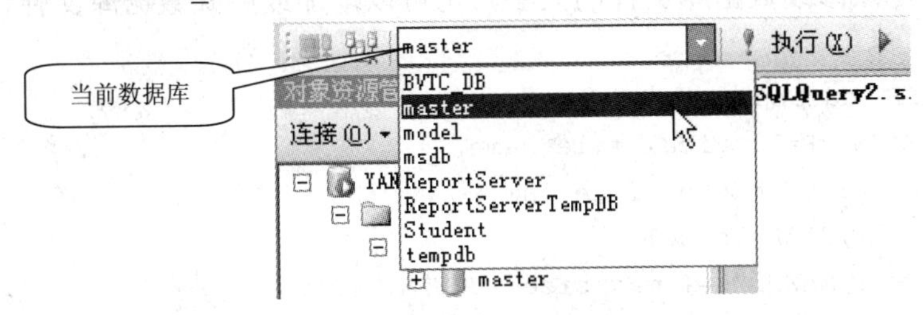

图 3.18 在查询编辑器中更换数据库

【例 3.3】打开数据库 BVTC_DB。

方法如下：在“查询编辑器”的窗口中输入 USE BVTC_DB，然后单击工具栏上的 执行(X) “执行”按钮，在查询编辑器工具栏上的当前数据库列表框中显示 BVTC_DB，如图 3.19 所示。

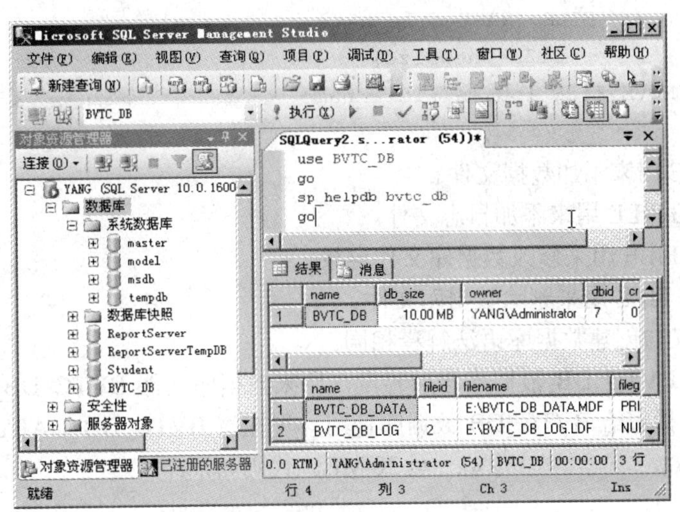

图 3.19 在查询编辑器中查看数据库信息

3.4.2 查看数据库信息

在 T-SQL 中存在多种查看数据库的语句，最常用的是使用系统存储过程 sp_helpdb 来显示有关数据库信息。其语法格式为：

```
[EXEC[UTE ]] sp_helpdb  database_name
```

【例 3.4】查看 BVTC_DB 数据库信息。

使用 sp_helpdb 系统存储过程查看 BVTC_DB 数据库信息的步骤如下：

(1) 在 SQL Server Management Studio 中，单击标准工具栏上的 新建查询(N) “新建查询”按钮，打开“查询编辑器”窗口，在窗口中输入如下代码：

```
EXEC sp_helpdb 'BVTC_DB'
```

（2）单击工具栏上的“执行”按钮，运行结果如图 3.19 所示。

3.4.3 修改数据库容量

1. 增加或减少数据库容量

修改数据库容量，可以修改数据库文件的大小，也可以增加或删除数据库文件，其语法格式为：

```
ALTER DATABASE  database_name
        ADD FILE  (NAME= logical_file_name,
                  FILENAME='os_file_name'
                  [,SIZE= size]
                  [,MAXSIZE={ max_size |UNLIMITED}]
                  [,FILEGROWTH= grow_increment]) |
        ADD LOG FILE(NAME= logical_file_name,
                  FILENAME='os_file_name'
                  [,SIZE= size]
                  [,MAXSIZE={ max_size |UNLIMITED}]
                  [,FILEGROWTH= grow_increment]) |
        MODIFY  FILE  (NAME=file_name,
                  SIZE= newsize)|
        REMOVE FILE logical_file_name
```

其中：

- ADD FILE 用来添加数据文件。
- ADD LOG FILE 用来添加日志文件。
- MODIFY FILE 用来修改数据库文件容量。
- REMOVE FILE 用来删除数据库文件。

其他选项含义与创建数据库语法解释相同。

【例 3.5】 为 BVTC_DB 数据库增加容量，原来数据库文件 BVTC_DB_DATA 的初始分配空间为 5 MB，指派给 BVTC_DB 数据库使用，现在将 BVTC_DB_DATA 的分配空间增加至 20 MB。代码如下：

```
USE BVTC_DB
GO
ALTER DATABASE BVTC_DB
MODIFY FILE
(NAME=BVTC_DB_DATA,
SIZE=20MB)
```

在“查询编辑器”窗口中输入并执行上述代码语句，结果如图 3.20 所示。

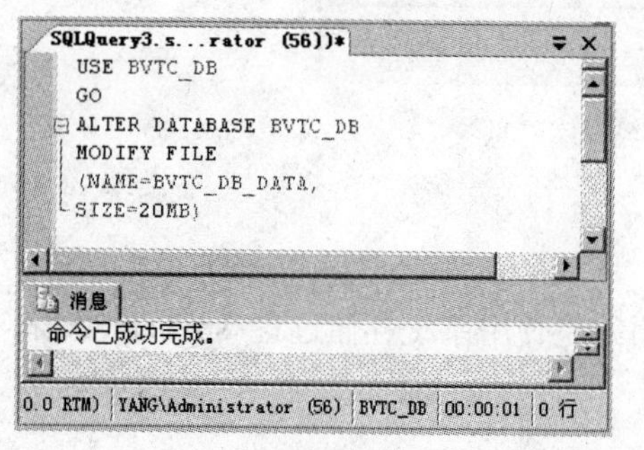

图 3.20 使用查询编辑器增加数据库容量

2. 收缩数据库容量

使用 T-SQL 语言实现缩减数据库容量的语法格式如下：

```
DBCC SHRINKDATABASE
('database_name'[,target_percent][,{ NOTRUNCATE | TRUNCATEONLY } ])
```

其中：

- database_name 是要缩减的数据库名称。
- target_percent 是数据库收缩后的数据库文件中所需的剩余可用空间的百分比。
- NOTRUNCATE 导致在数据库文件中保留所释放的文件空间。如果未指定，将所释放的文件空间给操作系统。
- TRUNCATEONLY 导致数据文件中任何未使用空间被释放给操作系统，并将文件收缩到最后分配的区，从而无须移动任何数据即可减小文件大小。使用 TRUNCATEONLY 时，将忽略 target_percent。

【例 3.6】收缩 BVTC_DB 数据库的容量至最小，其代码如下：

```
DBCC SHRINKDATABASE ('BVTC_DB')
GO
```

在“查询编辑器”的窗口中输入上述缩减数据库的 T-SQL 命令并执行即可。

3.4.4 设定修改数据库选项

1. 查看数据库选项

查看数据库选项可以使用系统存储过程，语法格式如下：

```
EXEC sp_dboption 'database_name'
```

其中：

- EXEC 为执行命令语句。
- sp_dboption 为系统存储过程。
- database_name 为要查看的数据库名。

【例 3.7】查看数据库“BVTC_DB”的选项。代码如下：

```
EXEC sp_dboption 'BVTC_DB'
GO
```

在“查询编辑器”的窗口中，执行上述代码，结果如图 3.21 所示。

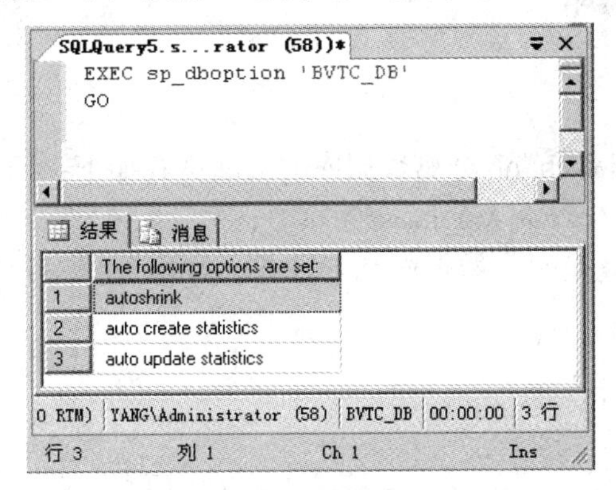

图 3.21 查询结果

2. 修改数据库选项

修改数据库选项可以使用存储过程，语法格式如下：

```
EXEC sp_dboption database_name,option_name,{TRUE|FALSE}
```

其中：

- EXEC 为执行命令语句。
- sp_dboption 为系统存储过程。
- database_name 为要查看的数据库名。
- option_name 为要更改的数据库选项。
- TRUE，FALSE 为设定数据库选项的值。

【例 3.8】更改数据库 BVTC_DB 为只读状态，代码如下：

```
EXEC sp_dboption 'BVTC_DB','read_only',TRUE
GO
```

在“查询编辑器”窗口中，执行上述代码，系统将返回“命令已成功完成”的消息。

3.4.5 更改数据库名称

在“查询编辑器”中执行 T-SQL 命令更改数据库名称的语法格式如下：

```
EXEC sp_renamedb 'oldname', 'newname'
```

其中：

EXEC 为执行命令语句。

- sp_renamedb 为系统存储过程。
- oldname 为更改前的数据库名。
- newname 为更改后的数据库名称。

【例 3.9】更改数据库“BVTC_DB”的名称为“BVTC_DB1”，代码如下：

```
EXEC sp_dboption 'BVTC_DB','read_only',FALSE
GO
EXEC sp_renamedb 'BVTC_DB','BVTC_DB1'
GO
```

在“查询编辑器”窗口中，执行上述代码，系统将返回“数据库名称'BVTC_DB1' 已设置”的消息。

3.4.6 分离和附加数据库

1．分离数据库

用系统存储过程 sp_detach_db 分离数据库的语法格式如下：

```
sp_detach_db  'database_name'
```

【例 3.10】将“BVTC_DB1”数据库从 SQL Server 服务器中分离，代码如下：

```
USE master
GO
sp_detach_db  'BVTC_DB1'
GO
```

在“查询编辑器”窗口中，执行上述代码，系统将返回“命令已成功完成”的消息。

2．附加数据库

用 T-SQL 语言附加数据库的语法格式如下：

```
CREATE DATABASE database_name
ON (FILENAME ='os_file_name')
FOR ATTACH
GO
```

其中：

- database_name 是数据库的名字。
- FILENAME 是带路径的主数据文件名称。
- FOR ATTACH 指定通过附加一组现有的操作系统文件来创建数据库。

【例 3.11】将“BVTC_DB1”数据库附加到 SQL Server 服务器中，代码如下：

```
USE master
GO
CREATE DATABASE BVTC_DB1
ON (FILENAME ='E:\BVTC_DB_DATA.mdf')
FOR ATTACH
GO
```

在“查询编辑器”窗口中，执行上述代码，系统将返回“命令已成功完成”的消息。

3.4.7 删除数据库

可以使用 T-SQL 语言删除数据库，语法格式如下：

```
DROP  DATABASE  database_name[,database_name…]
```

其中：

- DROP　DATABASE 为命令动词。
- database_name 是数据库名称。

也可以使用系统存储过程，语法格式如下：

```
EXEC  sp_dbremove  database_name
```

其中：

- EXEC 为执行命令语句。
- sp_dbremove 为系统存储过程。
- database_name 是数据库名称。

【例 3.12】删除 student 数据库，代码如下：

```
USE    master
GO
DROP  DATABASE  student
GO
```

在“查询编辑器”窗口中，执行上述代码，系统将返回“命令已成功完成”的消息。

3.5　案例中的应用举例

通过前面的学习，读者已经掌握了数据库的基本操作。本节以一个实际的“学生选课管理系统”数据库创建为案例，来加深对数据库概念的理解，巩固数据库基本操作技能。

3.5.1 创建“学生选课管理系统”数据库

1．任务

在一个拥有四块物理硬盘的 SQL Server 专业数据库服务器上，创建“学生选课管理系统”的学生数据库“student”。

2．分析

数据库服务器有四块物理硬盘，操作系统及 SQL Server 系统安装在 C 盘，D、E、F 盘作为数据盘。为了提高“学生选课管理系统”student 的查询性能，在此采用多文件组的形式创建 student 数据库，数据文件对称分配到 D、E、F 盘，这样 SQL Server 数据库在查询学生数据库时，可以有多个线程同时对数据文件进行读写，从而提高查询性能。在实际的学习环境中，可以根据具体情况调整文件组及数据文件数量。

- 创建的自定义文件组为：StuGroup1 和 StuGroup2。
- 分配在主文件组的数据文件有：StuPri1_dat, StuPri2_dat, StuPri3_dat，他们对应的操作系统文件分别为 D:\SQLDATA\SPri1dat.mdf、E:\SQLDATA\SPri2dt.ndf、F:\SQLDATA\SPri3dt.ndf。
- 分配在 StuGroup1 文件组的数据文件有 StuGrp1Fi1_dat, StuGrp1Fi2_dat, StuGrp1Fi3_dat，他们对应的操作系统文件分别为 D:\SQLDATA\SG1Fi1dt.ndf、E:\SQLDATA\SG1Fi2dt.ndf、F:\SQLDATA\SG1Fi3dt.ndf。
- 分配在 StuGroup2 文件组中的数据文件有：StuGrp2Fi1_dat, StuGrp2Fi2_dat, StuGrp2Fi3_dat，他们对应的操作系统文件有 D:\SQLDATA\SG2Fi1dt.ndf、E:\SQLDATA\SG2Fi2dt.ndf、F:\SQLDATA\SG2Fi3dt.ndf。
- 事务日志分配在 D 盘。

3．实现

既可以在 SQL Server Management Studio 的图形界面下创建 student 数据库，也可以在查询编辑器通过执行 T-SQL 语言创建。在查询编辑器中执行如下命令：

```
CREATE DATABASE student
ON PRIMARY
( NAME = StuPri1_dat,
  FILENAME = 'D:\SQLDATA\SPri1dat.mdf',
  SIZE = 10,
  MAXSIZE = 50,
  FILEGROWTH = 15% ),
( NAME = StuPri2_dat,
  FILENAME = 'E:\SQLDATA\SPri2dt.ndf',
  SIZE = 10,
  MAXSIZE = 50,
  FILEGROWTH = 15% ),
( NAME = StuPri3_dat,
  FILENAME = 'F:\SQLDATA\SPri3dt.ndf',
```

```
   SIZE = 10,
   MAXSIZE = 50,
   FILEGROWTH = 15% ),
FILEGROUP StuGroup1
( NAME = StuGrp1Fi1_dat,
   FILENAME = 'D:\SQLDATA\SG1Fi1dt.ndf',
   SIZE = 10,
   MAXSIZE = 50,
   FILEGROWTH = 5 ),
( NAME = StuGrp1Fi2_dat,
   FILENAME = 'E:\SQLDATA\SG1Fi2dt.ndf',
   SIZE = 10,
   MAXSIZE = 50,
   FILEGROWTH = 5 ),
( NAME = StuGrp1Fi3_dat,
   FILENAME = 'F:\SQLDATA\SG1Fi3dt.ndf',
   SIZE = 10,
   MAXSIZE = 50,
   FILEGROWTH = 5 ),
FILEGROUP StuGroup2
( NAME = StuGrp2Fi1_dat,
   FILENAME = 'D:\SQLDATA\SG2Fi1dt.ndf',
   SIZE = 10,
   MAXSIZE = 50,
   FILEGROWTH = 5 ),
( NAME = StuGrp2Fi2_dat,
   FILENAME = 'E:\SQLDATA\SG2Fi2dt.ndf',
   SIZE = 10,
   MAXSIZE = 50,
   FILEGROWTH = 5 ),
( NAME = StuGrp2Fi3_dat,
   FILENAME = 'F:\SQLDATA\SG2Fi3dt.ndf',
   SIZE = 10,
   MAXSIZE = 50,
   FILEGROWTH = 5 )
LOG ON
(NAME = 'student_log',
    FILENAME = 'D:\SQLDATA\student.ldf',
    SIZE = 5MB,
    MAXSIZE = 25MB,
    FILEGROWTH = 5MB )
GO
```

在查询编辑器中执行上述命令后，消息窗口将返回“命令已成功完成”消息。

3.5.2 设定修改数据库的容量

1. 查看数据库信息

创建数据库 student 后，可以使用 SQL Server Management Studio，也可以通过在“查询编辑器”执行系统存储过程，来查看所建 student 数据库的信息。具体方法如下：

启动 SQL Server Management Studio，在“对象资源管理器”窗口中，展开数据库节点，右击 student 数据库，在弹出的快捷菜单中选择“属性”命令查看。

在查询编辑器里，输入如下命令并执行，出现如图 3.22 所示信息。

```
EXEC sp_helpdb  student
```

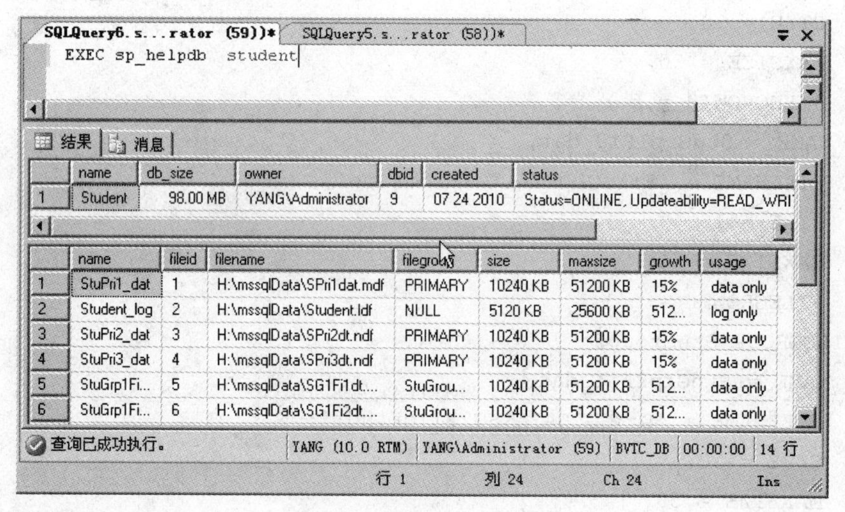

图 3.22　查看数据库信息

2. 修改数据库的容量

在数据库 student 的使用中，随着新磁盘设备的增加，可以通过 SQL Server Management Studio 来增加文件组及文件或增加文件的空间，也可以使用查询编辑器，执行 T-SQL 语言来实现。

（1）使用 T-SQL 语言实现增加文件组及文件的方法如下：

```
USE student
GO

ALTER DATABASE  student
ADD FILEGROUP   StuGroup3
GO

ALTER DATABASE student
ADD FILE
(NAME=StuGrp3Fi1_dat,FILENAME='D:\SQLDATA\SG3Fi1dt.ndf')TO FILEGROUP
StuGroup3
```

```
GO

ALTER DATABASE student
ADD FILE
(NAME=StuGrp3Fi2_dat,FILENAME='E:\SQLDATA\SG3Fi2dt.ndf')TO FILEGROUP
StuGroup3
GO

ALTER DATABASE student
ADD FILE
(NAME=StuGrp3Fi3_dat,FILENAME='F:\SQLDATA\SG3Fi3dt.ndf')TO FILEGROUP
StuGroup3
GO
```

（2）增加文件容量的方法如下：

```
USE student
GO

ALTER DATABASE student
MODIFY FILE
(NAME=StuGrp3Fi1_dat,SIZE=100MB)
GO

ALTER DATABASE student
MODIFY FILE
(NAME=StuGrp3Fi2_dat,SIZE=100MB)
GO

ALTER DATABASE student
MODIFY FILE
(NAME=StuGrp3Fi3_dat,SIZE=100MB)
GO
```

3．收缩数据库的容量

在数据库 student 的使用中，根据数据量的需要，可以通过 SQL Server Management Studio 来缩减数据库的空间，也可以使用查询编辑器执行 T-SQL 语言来实现。

缩减数据库容量的 T-SQL 语言如下：

```
USE student
GO
EXEC sp_dboption 'student','single user',TRUE
GO
DBCC SHRINKDATABASE('student')
GO
```

```
EXEC sp_dboption 'student','single user',FALSE
GO
```

3.6 思考题

1．试述主数据文件、辅助数据文件、事务日志文件的概念。
2．简述使用文件组的好处。
3．SQL Server 2008 系统数据库由哪些数据库组成？每个数据库的作用是什么？
4．查看数据库信息的方法有哪些？
5．创建、修改、压缩和删除数据库的 T-SQL 命令是什么？

第 4 章　数据表的基本操作

SQL Server 数据库中的表是一个非常重要的数据库对象，用户所关心的数据都分门别类地存储在各个表中，对数据的访问、验证、关联性连接、完整性维护等都是通过对表的操作实现的，所以用户必须熟练掌握操作数据库表的技术。

4.1　SQL Server 表的概念与数据类型

4.1.1　SQL Server 表的概念

1．表的概念

关系数据库的理论基础是关系模型，它直接描述数据库中数据的逻辑结构。如前所述，关系模型的数据结构是一种二维表格结构，在关系模型中现实世界的实体与实体之间的联系均用二维表格来表示，如表 4.1 所示。

在 SQL Server 数据库中，表定义为列的集合，与 Excel 电子表格相似，数据在表中是按行和列的格式组织排列的。每行代表唯一的一条记录，而每列代表记录中的一个域。例如，在包含学生基本信息的"学生表"中每一行代表一名学生，各列分别表示学生的详细资料，如学号、姓名、性别、出生日期、系部、入学时间。

表 4.1　关系模型数据结构

关系　属性（列）　关系名　学生表　属性（列）和属性名　关系模式

学　号	姓　名	性别	出生日期	系部	入学时间
060101001001	张小泽	男	1985-06-04	计算机	2006-09-18
060101001002	刘永辉	男	1986-09-10	计算机	2006-09-18
060101001003	孙　辉	男	1986-07-08	计算机	2006-09-18
060101001004	李洪普	女	1986-02-02	计算机	2006-09-18

主键（码）　元组

2．SQL Server 表与关系模型的对应关系

SQL Server 数据库中表的有关术语与关系模型中基本术语之间的对应关系如表 4.2 所示。

表 4.2　关系模型与 SQL Server 表的对应关系

关 系 模 型	SQL Server 表
关系名	表名
关系	表
关系模式	表的定义
属性	表的列或字段
属性名	字段名或列名
值	列值或字段值
元组	表的行或记录
码	主键
关系完整性	SQL Server 的约束

3．表的设计

对于开发一个大型的管理信息系统，必须按照设计理论与设计规范对数据库进行专门的设计，这样开发出来的管理信息系统才能满足用户的需求，又具有良好的维护性与可扩充性。

设计 SQL Server 数据库表时，要根据数据库逻辑结构设计的要求，确定需要什么样的表，各表中都有哪些数据，所包含的数据的类型，表的各列及每一列的数据类型（如果必要，还应注意列宽），哪些列允许空值，哪里需要索引，哪些列是主键，哪些列是外键等。在创建和操作表的过程中，将对表进行更为细致的设计。

SQL Server 表中数据的完整性是通过使用列的数据类型、约束、默认设置和规则等实现的，SQL Server 提供多种强制列中数据完整性的机制，如 PRIMARY KEY 约束、FOREIGN KEY 约束、UNIQUE 约束、CHECK 约束、DEFAULT 定义、为空性等。

创建一个表最有效的方法是将表中所需的信息一次定义完成，包括数据约束和附加成分。也可以先创建一个基础表，向其中添加一些数据并使用一段时间，再添加约束。这种方法使用户可以在添加各种约束、索引、默认设置、规则和其他对象形成最终设计之前，发现哪些事务最常用，哪些数据经常输入。

在 SQL Server 中创建表有如下限制：

- 每个数据库里表的个数受数据库的对象个数限制，数据库对象包括诸如表、视图、存储过程、用户定义函数、触发器、规则、默认值和约束等对象。数据库中所有对象的数量总和不能超过2147483647。
- 每个表上最多可以创建 1 个聚集索引和 249 个非聚集索引。
- 每个表最多可以配置 1 024 个字段。
- 每条记录最多可以占 8 060 B。对于带 varchar、nvarchar、varbinary 或 sql_variant 列的表，此限制将放宽，其中每列的长度限制在 8 000 B 内，但是它们的总宽度可以超过表的 8 060 B 的限制。

4.1.2 SQL Server 2008 数据类型

数据类型是用来表现数据特征的，它决定了数据在计算机中的存储格式、存储长度，以及数据精度和小数位数等属性。在创建 SQL Server 表时，表中的每一列必须确定数据类型，确定了数据类型也就确定了该列数据的取值范围。除了表的定义需要数据类型外，申请局部变量，申请存储过程中的局部变量，转换数据类型时都需要定义数据类型。常用的数据类型如下。

1．二进制数据类型

二进制数据常用于存储图像等数据，它包括定长二进制数据类型 binary、变长二进制数据类型 varbinary 和 image 三种。

- binary[（n）]为存储空间固定的数据类型，存储空间大小为 n 字节。n 的取值从 1 到 8 000。
- varbinary[（n|max）]为变长存储二进制数据的数据类型。n 从 1 到 8 000 取值；max 表示最大的存储大小为 $2^{31}-1$ 个字节。存储大小为所输入数据的实际长度+2 个字节。binary 数据比 varbinary 数据存取速度快，但是浪费存储空间，用户在建立表

时，选择哪种二进制数据类型可根据具体的使用来决定。如果列数据项的大小一致，则使用 binary；如果列数据项的大小差异相当大，则使用 varbinary；当列数据项目大小超出 8 000 字节时，应该使用 varbinary（max）。

- image 为长度可变的二进制数据，可以存储的最大长度为 $2^{31}-1$ 个字节的二进制数据。image 是将要被取消的数据类型，建议使用 varbinary（max）代替 image。

2．字符型数据类型

字符型数据用于存储汉字、英文字母、数字、标点和各种符号，输入时必须由半角单引号括起来。字符型数据有定长字符串类型 char、变长字符串类型 varchar 和文本类型 text 三种。

- char（n）为固定长度存储字符串的数据类型，n 从 1 到 8 000 取值。存储空间大小为 n 个字节。
- varchar[（n|max）]为变长存储字符串的数据类型，n 可以是一个介于 1 和 8 000 之间的数值，max 表示最大的存储大小为 $2^{31}-1$ 个字节。存储大小为所输入数据的实际长度+2 个字节。对于 char 和 varchar，应该按以下提示选择使用：如果列数据项的长度一致，则使用 char；如果列数据项的长度差异相当大，则使用 varchar；如果列数据项长度相差很大，而且可能超过 8 000 字节，使用 varchar（max）。
- text 数据类型可以存储最大长度为 $2^{31}-1$ 个字节的字符数据。text 是将要被取消的数据类型，建议使用 varchar（max）代替 text。

3．Unicode 字符数据

Unicode 标准为全球商业领域中广泛使用的，大部分字符定义了一个单一的编码方案。所有的计算机都用单一的 Unicode 标准，Unicode 数据中的位模式一致翻译成字符。这保证了同一个位模式在所有的计算机上总是转换成同一个字符。数据可以随意地从一个数据库或计算机传送到另一个数据库或计算机，而不用担心接收系统是否会错误地翻译位模式。Unicode 字符数据有定长字符型 nchar、变长字符型 nvarchar 和文本类型 ntext 三种。

- nchar[（n）]存放固定长度的 n 个 Unicode 字符数据，n 必须是一个介于 1 和 4 000 之间的数值。存储大小为两倍 n 字节。
- nvarchar[（n|max）]存放长度可变的 n 个 Unicode 字符数据，n 是一个介于 1 和 4 000 之间的数值。max 表示最大存储大小为 $2^{31}-1$ 字节。存储大小是所输入字符个数的两倍+2 个字节。二者在选用上要注意：如果列数据项的长度相同，选择使用 nchar；如果列数据项的长度可能差异很大，选择使用 nvarchar。
- ntext 存储最大长度为 $2^{30}-1$ 个字节的 Unicode 字符数据。ntext 是将要被取消的数据类型，微软公司建议使用 nvarchar（max）代替 ntext。

nchar、nvarchar 和 ntext 的用法分别与 char、varchar 和 text 的用法一致，只是 Unicode 支持的字符范围更大，存储 Unicode 字符所需要的空间更大，nchar 和 nvarchar 列最多可以有 4 000 个字符，而不像 char 和 varchar 字符那样可以有 8 000 个字符。Unicode 常量使用 N 开头来指定：N'A Unicode string'。

4．日期时间型数据

日期时间型数据用于存储日期和时间类型的数据，日期时间型数据类型包括 date、time

datetime2、datetimeoffset、datetime 和 smalldatetime 类型。

- date 数据可以存储从 0001 年 1 月 1 日至 9999 年 12 月 31 日的日期数据，格式为：YYYY-MM-DD，精确度为 1 天。
- time 数据可以存储从 00:00:00.0000000 至 23:59:59.9999999，之间的时间，精确度为 100 纳秒。
- datetime2 数据定义结合了 24 小时制时间的日期。可以存储 0001 年 1 月 1 日至 9999 年 12 月 31 日的日期数据和从 00:00:00.0000000 至 23:59:59.9999999，之间的时间，精确度为 100 纳秒。可将 datetime2 视做现有 datetime 类型的扩展，其数据范围更大，默认的小数精度更高，并具有可选的用户定义的精度。
- datetimeoffset 数据用于定义一个与采用 24 小时制并可识别时区的一日内时间相组合的日期，精度为 100 纳秒。
- datetime 数据可以存储从 1753 年 1 月 1 日到 9999 年 12 月 31 日的日期和时间数据，精确度为百分之三秒。
- smalldatetime 数据可以存储从 1900 年 1 月 1 日到 2079 年 6 月 6 日的日期和时间数据，精确度为分。

在输入日期数据时，允许使用指定的数字格式表示日期数据，如 2010-07-26 表示 2010 年 7 月 26 日。当使用数据日期格式时，在字符串中可以使用斜杠（/）、连字符（-）或句点（.）作为分隔符来指定月、日、年。例如，01/26/99、01.26.99、01-26-99 为（mdy）格式，26/01/99、26.01.99、26-01-99 为（dmy）格式等。当语言设置为英语时，默认的日期格式为（mdy）格式。也可以通过使用 SET DATEFORMAT 语句改变日期的格式。建议用户使用 SQL Server 2008 新增的 date、time 和 datetime2 数据类型。

5．精确数字

精确数字数据类型包含 bigint、int、smallint、tinyint、decimal、numeric、money、smallmoney 和 bit 九种。

（1）整数型数据。

- bigint：用于存储从-2^{63}到$2^{63}-1$之间的整数的数据类型。存储大小为 8 个字节。
- int：用于存储从-2^{31}到$2^{31}-1$之间的整数的数据类型。存储大小为 4 个字节。
- smallint：用于存储从-2^{15}到$2^{15}-1$之间的整数的数据类型。存储大小为 2 个字节。
- tinyint：用于存储从 0 到 255 之间的整数的数据类型。存储大小为 1 个字节。

（2）精确数值型数据。精确数值型数据用于存储带有小数点且小数点后位数确定的实数。主要包括 decimal 和 numeric 两种。

- decimal[（p[, s]）]：使用最大精度时，有效值从$-10^{38}+1$到$10^{38}-1$。
- numeric[（p[, s]）]：用法同 decimal[（p[, s]）]。

说明：p（精度）指定可以存储的十进制数的最大位数（不含小数点），p 是从 1 到最大精度之间的值，最大精度为 38，默认精度为 18。s（小数位数）指定可以存储的小数的最大位数，小数位数必须是从 0 到 p 之间的值，默认小数位数是 0。最大存储大小基于精度而变化。

（3）货币数据。货币数据由十进制货币的数值数据组成，货币数据有 money 和 smallmoney 两种。

- money：货币数据值介于-2^{63}与$2^{63}-1$之间，精确到货币单位的千分之十。存储大小为 8 个字节。

- smallmoney：货币数据值介于−214748.3648 与+214748.3647 之间，精确到货币单位的千分之十。存储大小为 4 个字节。

在输入货币数据时必须在货币数据前加$，输入负货币值时在$后面加一个减号（−）。

（4）位类型数据。bit 类型数据用于存储整数，只能取 1、0 或 NULL，常用于逻辑数据的存取。在位类型的字段中输入 0 和 1 之外的任何值，系统都会作为 1 来处理。如果一个表中有 8 个以下的位类型数据字段，则系统会用一个字节存储这些字段，如果表中有 9 个以上 16 个以下位类型数据字段，则系统会用两个字节来存储这些字段。

6．近似数值类型

近似数值型数据用于存储浮点数，包括 float 和 real 两种。

- float（n）：存放−1.79E+308～1.79E+308 数值范围内的浮点数，其中 n 为精度，n 是从 1 到 53 的整数。
- real：从−3.40E+38 到 3.40E+38 之间的浮点数。存储大小为 4 个字节。

近似型数值数据不能确定所输出的数值精确度。

7．hierarchyid 数据类型

hierarchyid 数据类型是 SQL Server 2008 新增加的一个数据类型，它是一个支持层次结构的数据类型。hierarchyid 值描述从树的根节点到达该行在树中节点位置的所有完整路径，每行的 hierarchyid 表示每个节点在树中相对于其父节点、同级节点和子节点的位置。'/'代表根节点，'/1/'第 1 层第 1 个节点，'/2/'第 1 层第 2 个节点。

8．其他数据类型

除了以上的数据类型外，SQL Server 2008 还提供了 cursor、sql_variant、table、timestamp、uniqueidentifier 和 xml 数据类型。

（1）cursor 数据类型是变量或存储过程 OUTPUT 参数的一种数据类型，这些参数包含对游标的引用。使用 cursor 数据类型创建的变量可以为空。对于 CREATE TABLE 语句中的列，不能使用 cursor 数据类型。

（2）sql_variant 是用于存储 SQL Server 2008 支持的各种数据类型（不包括 text、ntext、image、timestamp 和 sql_variant）值的一种数据类型。该数据类型可以用在列、参数、变量和用户自定义函数的返回值中。sql_variant 使这些数据库对象能够支持其他数据类型的值。sql_variant 的最大长度可以是 8 016 个字节，其中包括基类型信息和基类型值，基类型值的最大长度是 8 000 个字节。

（3）table 是一种特殊的数据类型，用于存储结果集以进行后续处理。主要用于临时存储一组行数据，这些数据是作为表值函数的结果集返回的。

（4）timestamp 是一个以二进制格式表示 SQL Server 活动顺序的时间戳数据类型。当对数据库中包含 timestamp 列的表执行插入或更新操作时，该计数器值就会增加，该计数器是数据库时间戳。

（5）uniqueidentifier 是一个特殊的数据类型，是一个具有 16 个字节的全局唯一性标识符，用来确保对象的唯一性。该数据类型的初始值可以使用 NEWID 函数得到。

（6）xml 是用于存储 XML 数据的数据类型。可以在列中或者 xml 类型的变量中存储 XML 实例，其存储的 xml 数据类型表示实例大小不能超过 2GB。

4.2 创建数据表

在 SQL Server 中建立数据库之后，就可以在该数据库中创建表了。创建表可以通过表设计器和 T-SQL 语言两种方法实现。不管哪种方法，都要求用户具有创建表的权限，默认状态下，系统管理员和数据库的所有者具有创建表的权限。

4.2.1 使用表设计器创建表

1．创建表的步骤

创建表一般要经过定义表结构、设置约束和添加数据三步，其中设置约束可以在定义表结构时或定义完成之后再建立。

（1）定义表结构：给表的每一列取字段名，并确定每一列的数据类型、数据长度、列数据是否可以为空等。

（2）设置约束：设置约束是为了限制该列输入值的取值范围，以保证输入数据的正确性和一致性。

（3）添加数据：表结构建立完成之后，就可以向表中输入数据了。

2．创建表

【例 4.1】在 student 数据库中创建“系部”表，“系部”表的表结构定义如表 4.3 所示。“系部”表的数据如表 4.4 所示。

表 4.3 “系部”表的结构

字段名称	数据类型	字段长度	是否为空
系部代码	char	2	否
系部名称	varchar	30	否
系主任	varchar	8	是

表 4.4 “系部”表中的数据

系部代码	系部名称	系主任
01	计算机系	杨学全
02	经济管理系	崔喜元
03	商务技术系	刘建清
04	传播技术系	田建国

使用表设计器创建表的操作步骤如下：

（1）启动 SQL Server Management Studio，在“对象资源管理器”窗口中，依次展开“数据库”、“student”节点，右键单击“表”节点，如图 4.1 所示，在弹出的快捷菜单中选择“新建表”命令，打开“表设计器”，如图 4.2 所示。

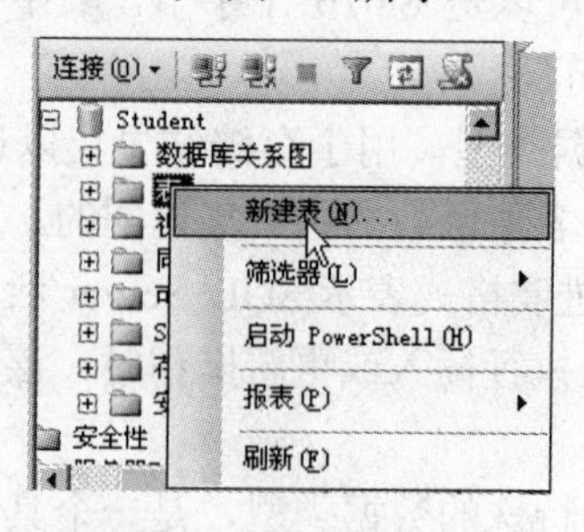

图 4.1 新建表命令

（2）在“表设计器”窗口上部的网格中，每一个行描述了表中一个字段，每一行有三列，这三列分别描述了列名、数据类型及长度和允许空属性。在表设计器中，将表 4.3 的各列字段名称、数据类型（含长度）和是否为空等各项依次输入到网格中，如图 4.2 所示。

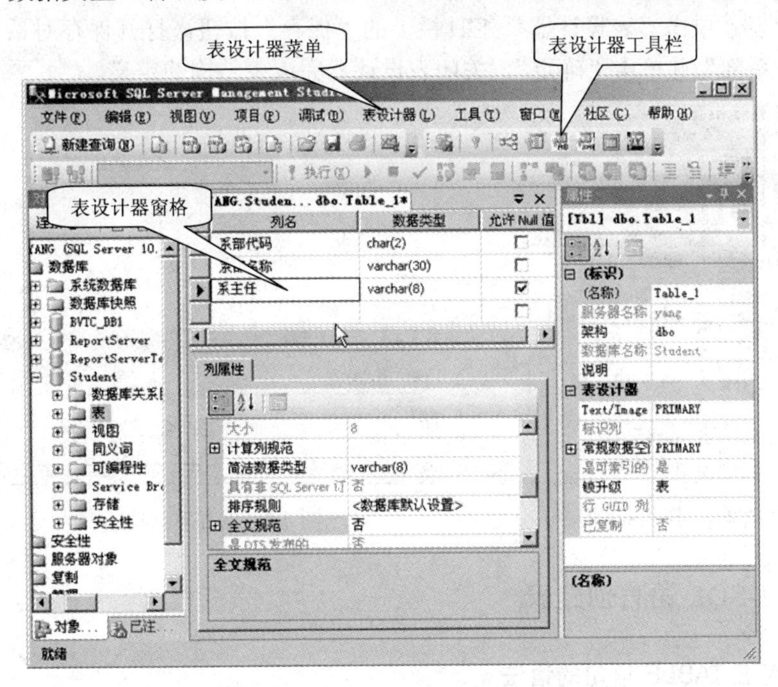

图 4.2 “表设计器”工作界面

对表设计器中各关键词的解释如下。

- “列名”列：在“列名”列中输入字段名时字段名应符合 SQL Server 的命名规则，即字段名可以是汉字、英文字母、数字、下画线以及其他符号，在同一个表中字段名必须是唯一的。
- “数据类型”列：在“数据类型”列中可以从下拉列表框中选择一种系统数据类型，数据类型可以是系统提供的数据类型也可以是用户自定义的数据类型，如果用户自定义了数据类型，此数据类型也会在下拉列表框中显示。对于有默认长度的数据类型，可以根据需要，修改其长度。修改数据类型的长度，可以在数据类型关键字后的括号中直接修改，也可以修改表设计器窗格下部“列属性”中的“长度”属性值。
- “允许空”列：指定字段是否允许为 NULL 值，如果该字段不允许为 NULL 值，则清除复选标记。如果该字段允许为 NULL 值，则选择复选标记。如果不允许为空的字段，在插入或修改数据时必须输入数据，否则会出现错误。
- 列的附加属性：在表设计器下部的列表中，有上部网格中选择字段的附加属性，含名称、长度（或精度、小数位数）、默认值或绑定、数据类型、允许空、标识规范等。“名称”用来修改字段的文本内容；“长度（或精度、小数位数）”用来修改数据类型的长度或精度和小数位数；“默认值或绑定”中用来设置字段的默认值，在插入数据时如果没有指定字段的值，则自动使用默认值。“标识规范”用来设置字段的自动编号属性，其中，“标识种子”为自动编号的起始值，“标识增量”为编号的增量，对 bigint、int、smallint 等部分数据类型的字段可以设置自动编号属性。

（3）插入、删除列。在定义表结构时，可以在某一字段的上边插入一个新字段，也可以删除一个字段。方法是：在表设计器窗口的上部网格中右键单击该字段，在弹出的快捷菜单中选择“插入列”或“删除列”，如图 4.3 所示。

（4）保存表。单击“表设计器”工具栏上的“保存”按钮，打开保存对话框，如图 4.4 所示，输入“系部”并单击“确定”，关闭表设计器完成表结构的定义。

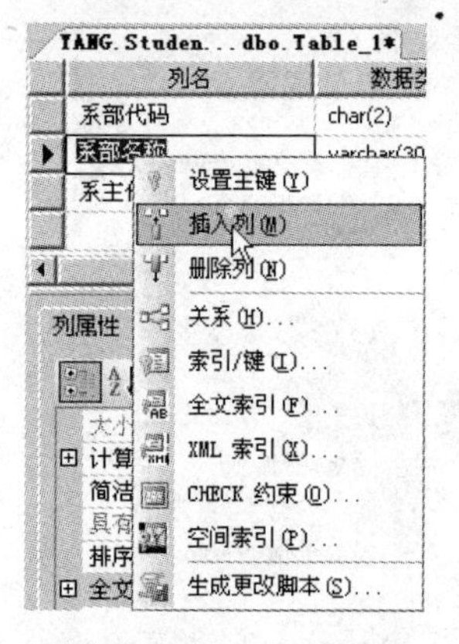

图 4.3　插入或删除列

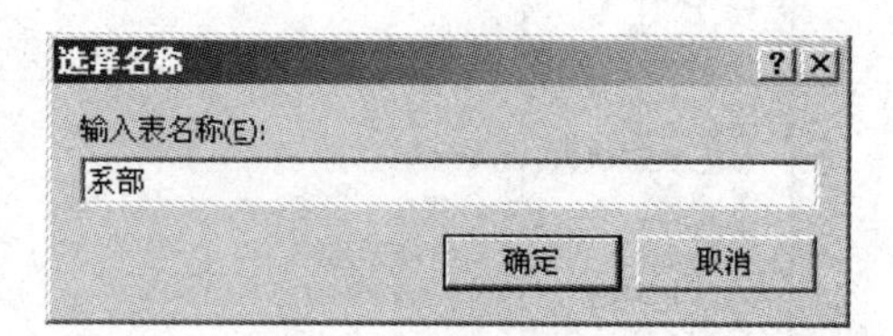

图 4.4　保存对话框

4.2.2　使用 T-SQL 语言创建表

1．CREATE TABLE 语句的语法

除了使用表设计器创建表以外，还可以使用 T-SQL 语言中的 CREATE TABLE 语句创建表结构。使用 CREATE TABLE 创建表结构的语法格式如下：

```
CREATE  TABLE  [ 数据库名.架构名. ] 表名
        ( { <列定义> | <计算列定义> } [ <表约束定义> ] [ ,...n ] )
        [ ON { 分区架构名 （分区表进行分区所依据的列） | 指定文件组
        | 默认文件组} ] [ { TEXTIMAGE_ON {指定文件组 | 默认文件组} ] [ ; ]
<列定义> ::=
列名<数据类型> [列的排序规则] [ NULL | NOT NULL ]
[ [ CONSTRAINT 约束名 ] DEFAULT 约束表达式 ]
| [ IDENTITY [ （标识种子 ,标识增量） ] [ NOT FOR REPLICATION ]]
[ <[ CONSTRAINT 约束名]{{ PRIMARY KEY | UNIQUE }
[ CLUSTERED | NONCLUSTERED ]
| [ FOREIGN KEY ] REFERENCES 引用表名 [ （引用表列） ]
| CHECK  （ 逻辑表达式 ）} > [,...n ] ]
<计算列定义> ::=
列名 AS 计算列表达式
[ PERSISTED [ NOT NULL ] ][ [ CONSTRAINT 约束名 ] {
{ PRIMARY KEY | UNIQUE } [ CLUSTERED | NONCLUSTERED ]
| [ FOREIGN KEY ] REFERENCES 引用表名 [ （引用表列） ]
| CHECK  （ 逻辑表达式 ）} > [, ...n ] ]
<表约束定义> ::=
[ CONSTRAINT 约束名 ]
{  { PRIMARY KEY | UNIQUE }
```

[CLUSTERED | NONCLUSTERED]
（列[ASC | DESC] [,...n] ）
[ON {分区架构名 （分区表进行分区所依据的列） | 指定文件组 | 默认文件组}]
| FOREIGN KEY （列[,...n] ）REFERENCES 引用表[（引用表列 [,...n] ）]
CHECK （逻辑表达式 ） }

其中：

- 表名为新建表的名称。
- 列名为新建表中列的名称。
- PRIMARY KEY 为主键约束。
- UNIQUE 为字段唯一性约束。
- DEFAULT 为字段的默认值约束。
- IDENTITY 为自动编号标识。
- CLUSTERED 为聚集索引，PRIMARY KEY 约束默认为 CLUSTERED。
- NONCLUSTERED 为非聚集索引，UNIQUE 约束默认为 NONCLUSTERED。
- FOREIGN KEY：外键约束。
- CHECK：检查约束。
- TEXTIMAGE_ON 为 text、ntext、image、xml、varchar（max）、nvarchar（max）、varbinary（max）的列指定存储文件组。如果表中没有较大值的列，则不允许使用 TEXTIMAGE_ON。

2. CREATE TABLE 语句的使用

为了对表的创建语句 CREATE TABLE 有一个更好的理解，下面通过几个例子来介绍它的使用方法，详尽的语法说明用户可以通过 SQL Server 的帮助获得。用户在学习的过程中应该注意通过帮助获得知识，并多上机实践提高操作能力。

【例 4.2】在 student 数据库中创建“专业”表，“专业”表的表结构定义如表 4.5 所示。

表 4.5 “专业”表结构定义

字 段 名	字段数据类型	长 度	是 否 为 空
专业代码	char	4	否
专业名称	varchar	20	否
系部代码	char	2	否

用户可以在 SQL Server Management Studio 中，单击工具栏上的 新建查询(N) “新建查询”按钮，打开 SQL 查询编辑器窗口，在其中输入如下代码：

```
USE student
GO
CREATE TABLE dbo.专业
  (专业代码  char    (4) NOT NULL,
   专业名称  varchar (20)    NOT NULL,
   系部代码  char    (2) NOT NULL
)
GO
```

输入完成后，单击工具栏上的 “分析查询”按钮，检查代码是否存在语法错误，代码无误后，单击 “执行查询”按钮，用户将在查询编辑器的结果窗口中看到执行信息，如图 4.5 所示。

对于运行成功的代码，可以将其保存为脚本文件（一组 T-SQL 语句），方便以后使用该代码。保存方法为：单击工具栏上的 “保存”按钮，打开“文件另存为”对话框，为脚本文件命名，如 SQLQuery4_2.sql，完成保存。

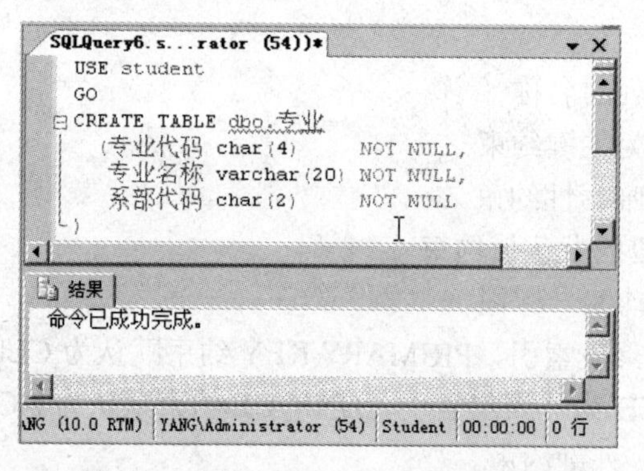

图 4.5 使用 T-SQL 语句创建专业表

通过上例可以看到创建表的关键字是 CREATE TABLE，“dbo.专业”为表的拥有者 dbo 和表名“专业”。在括号内给出的“专业代码 char（2） NOT NULL”的含义是定义字段名为“专业代码”，数据类型为 char，长度为 2 个字节，不允许为 NULL 值。在两个字段定义之间用西文的逗号分开。“专业名称 varchar（20） NOT NULL”的含义是定义字段名为“专业名称”，数据类型为 varchar ，长度为 20 个字节，不允许为 NULL 值。“系部代码 char（2） NOT NULL”的含义是定义字段名为“系部代码”，数据类型为 char，长度为 2 字节，不允许为 NULL 值。用户可能注意到“专业”表中用到了“系部”表中的“系部代码”字段且数据类型一致，这里“系部代码”字段就可以作为专业表的外键，有关主键与外键约束是属于数据完整性的内容，将在后面的章节做详细的介绍。

【例 4.3】在 student 数据库中创建“班级”表，表的结构定义如表 4.6 所示。

表 4.6 “班级”表结构定义

字 段 名	字段数据类型	长 度	是否为空	约 束
班级代码	char	9	否	主键
班级名称	varchar	20	否	
专业代码	char	4	否	
系部代码	char	2	否	
备 注	varchar	50	是	

创建“班级”表的代码如下：

```
USE student
GO
CREATE TABLE 班级
  (班级代码 char(9)  CONSTRAINT pk_bjdm PRIMARY KEY,
  班级名称  varchar(20) NOT NULL,
  专业代码  char(4) NOT NULL,
```

```
    系部代码  char(2) NOT NULL,
    备注      varchar(50)
  )
  GO
```

在创建表时可以指定约束，在此例中指定“班级代码”字段为主键，主键约束名为pk_bjdm。关于主键的详细讲解请见第7章。

【例 4.4】创建带有参照约束的“学生”表，表结构定义如表 4.7 所示。“学号”字段为“学生”表的主键，“班级代码”字段为“学生”表的外键，它必须参照“班级”表中的“班级代码”字段的值。

表 4.7 “学生”表结构定义

字段名	字段数据类型	长度	是否为空	约束
学号	char	12	否	主键
姓名	varchar	8	是	
性别	char	2	是	
出生日期	datetime	8	是	
入学时间	datetime	8	是	
班级代码	char	9	否	外键

创建“学生”表的代码如下：

```
USE student
GO
CREATE TABLE 学生
  (学号      char(12) CONSTRAINT pk_xh PRIMARY KEY,
   姓名      varchar(8) ,
   性别      char(2),
   出生日期  datetime,
   入学时间  datetime,
   班级代码  char(9) CONSTRAINT fk_bjdm REFERENCES 班级(班级代码)
   )
ON  StuGroup1
GO
```

在创建“学生”表的代码中，“班级代码 char（9）CONSTRAINT fk_bjdm REFERENCES 班级（班级代码）”的含义是指定“班级代码”为“学生”表的外键，它引用的是“班级”表中的“班级代码”字段的值。ON StuGroup1 的含义是将“学生”表创建在 StuGroup1 文件组上。

4.2.3 使用已有表创建新表

如果在不同的数据库中创建相同的表或同一数据库中创建相似的表，为了提高效率，可以先在图形界面下，使用“对象资源管理器”创建一个表，然后，再使用该表生成脚本，最后，使用脚本创建新的数据表。

【例 4.5】在 student 数据库中创建“专业备份”表，其表结构与“专业”表相同。

因为“专业”表已存在 student 数据库中，所以可以使用它生成脚本，然后创建“专业备份”表。其操作步骤如下。

（1）启动 SQL Server Management Studio，在“对象资源管理”窗口中，依次展开“数据库”、“student”、“表”节点，右键单击“专业”表，在弹出的快捷菜单中执行如图 4.6 所示的“编写表脚本为”→“CREATE 到”→“新查询编辑器窗口”命令，打开“查询编辑器”窗口，如图 4.7 所示。

（2）这时，该“查询编辑器”窗口中显示出创建“专业”表的语句。如果在不同的数据库中创建相同的表，只需修改使用数据库的名称；如果在同一数据库中创建相似的表，必须更改数据表的名称，然后，根据需要修改其他内容。在此，将表名“专业”改为“专业备份”即可，修改后的代码如图 4.7 所示。

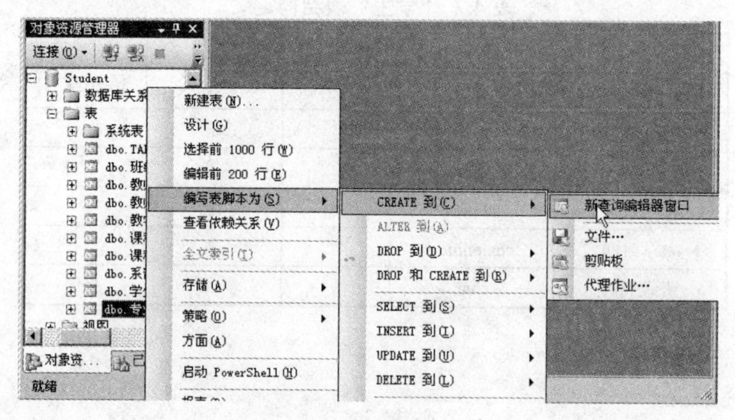

图 4.6　执行“编写表脚本”命令

（3）修改完毕后，单击工具栏上的按钮，验证语法，当检查通过后，单击“执行(X)”按钮，即可创建“专业备份”表。

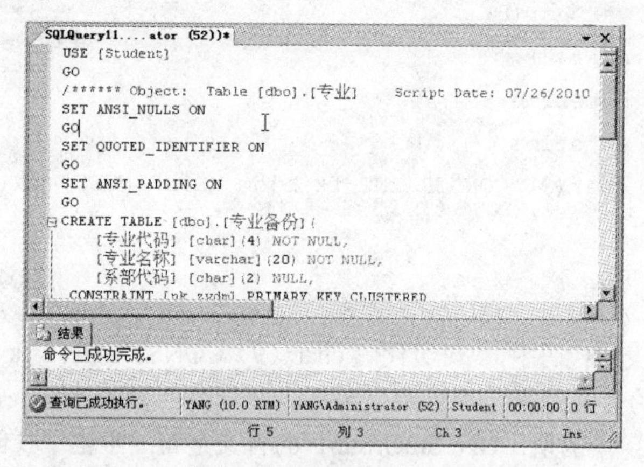

图 4.7　新建查询窗口

（4）根据需要，单击按钮，保存脚本文件，为以后创建相似的数据表提供方便。

4.3　数据的添加与表的查看

在一个表创建好后，新表并不包含任何记录，需要用户向表中输入，才能存储用户需要的数据。用户可以查看表的一些相关信息，如表由哪些列组成、列的数据类型、表上设置了哪些约束、表之间的关系、表中的数据等信息。

4.3.1 向表中添加数据

1．使用 SQL Server Management Studio 向表中添加数据

【例 4.6】将表 4.8 中的数据输入到班级表。

表 4.8 班级表中的数据

班级代码	班级名称	专业代码	系部代码	备注
060101001	06 级软件工程班	0101	01	重点专业实验班
060201001	06 级经济管理班	0201	02	
060301001	06 级电子商务班	0301	03	
060401001	06 级影视制作班	0401	04	

完成了“班级”表的定义后，用户就会在 student 数据库的表中看到“班级”表，如图 4.8 所示。创建的新表中并不包含任何记录，下面以“班级”表为例，介绍通过对象资源管理器向表中添加数据的方法。其操作步骤如下。

（1）启动 SQL Server Management Studio，在“对象资源管理器”窗口中，展开“数据库”节点，选择相应的数据库，如“student”。

（2）展开“student”节点，再展开“表”节点，右键单击要添加数据的“表”，如“班级”，在弹出的快捷菜单中选择“编辑前 200 行”命令，就会打开“查询设计器”的结果窗口，如图 4.9 所示。

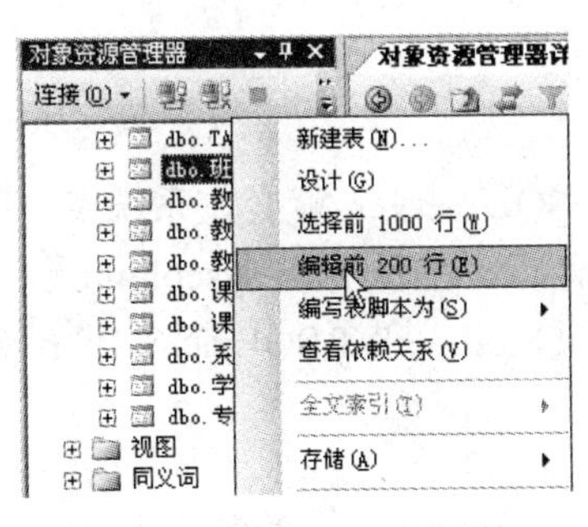

图 4.8 执行“打开表”命令

（3）在“查询设计器”的表中可以输入新记录，也可以修改和删除已经输入的数据。在此，将表 4.8“班级”表中的数据输入到“班级”表中，结果如图 4.9 所示。

YANG.Student - dbo.班级 对象资源管理器详细信息

	班级代码	班级名称	专业代码	系部代码	备注
	010101001	01软件工程001班	0101	01	NULL
▶	010102002	01信息管理002班	0102	01	NULL
	010201001	01经济管理001班	0201	02	NULL
	010202002	01级会计001班	0202	02	NULL
*	NULL	NULL	NULL	NULL	NULL

2 /4

图 4.9 查询设计器结果窗口

2．使用 INSERT 语句添加数据

在查询编辑器中，可以使用 INSERT 语句将一行新的记录追加到一个已存在的表中。详细的用法将在第 5 章中介绍。

【例 4.7】 使用 INSERT 语句向“班级”表中添加新记录。

在查询编辑器窗口中输入如下语句：

```
USE student
GO
INSERT 班级 values('060102002','06 级网络技术班','0102', '01',' ')
GO
```

执行结果如图 4.10 所示。

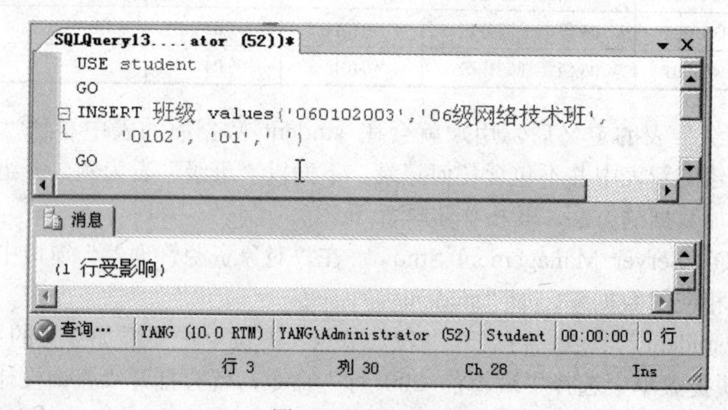

图 4.10　添加数据

4.3.2　查看表信息

在数据库中创建一个表后，SQL Server 就会在系统表 sysobjects 中记录下表的名称、对象 ID、表类型、创建时间等信息，并在系统表 syscolunms 中记录下表的各字段属性。用户可以通过 SQL Server Management Studio 和 T-SQL 命令对表相关信息进行查询。

1．查看表的基本信息

（1）使用 SQL Server Management Studio 查看表的基本信息。启动 SQL Server Management Studio，在“对象资源管理器”窗口中，展开“数据库”节点，选择相应的数据库，如“student”。然后，展开“表”节点，右键单击需要查看信息的表（如“班级”表），在弹出的快捷菜单中选择“属性”命令，出现“表属性”对话框。在此，可以选择“常规”、“权限”和“扩展属性”选项页查看表的基本信息。

（2）使用系统存储过程 sp_help。使用 sp_help 存储过程查看表结构的语法格式为：

```
[EXECUTE]  sp_help  表名
```

例如，查看“班级”表的结构，可以使用下列语句：

```
EXECUTE sp_help 班级
```

在查询编辑器中输入上述代码并执行，执行结果如图 4.11 所示。

2．查看表中的数据

（1）使用 SQL Server Management Studio 查看表中的数据。启动 SQL Server Management

Studio，在“对象资源管理器”窗口中，展开“数据库”节点，选择相应的数据库，如“student”。展开“student”节点，再展开“表”节点，右键单击要查看数据的“表”，如“班级”，在弹出的快捷菜单中选择“编辑前200行”命令，打开查询设计器的结果窗口，查看表中的数据。

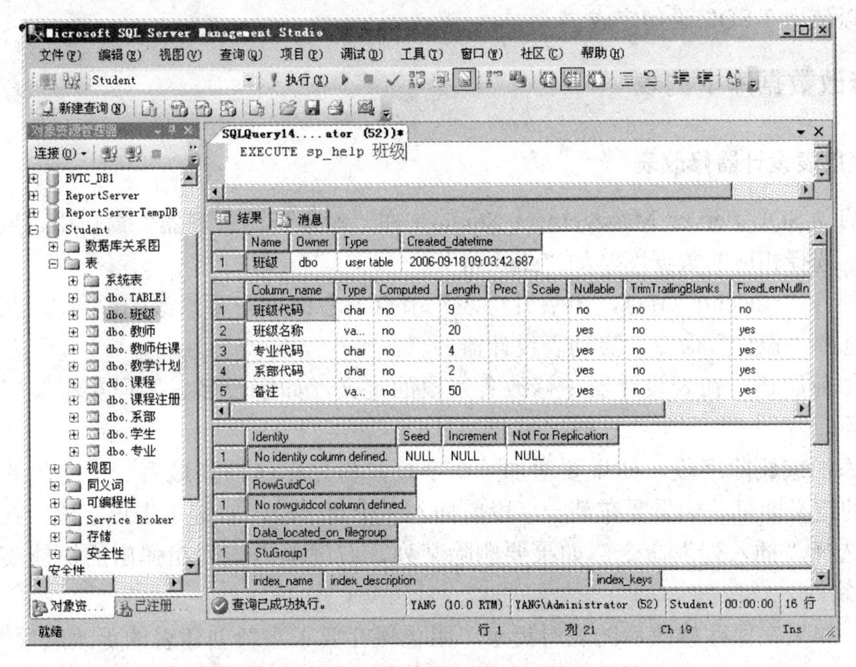

图 4.11　使用系统存储过程查看表的属性

（2）使用 T-SQL 语言查看表中的数据。在查询编辑器中，可以使用 SELECT 语句查看表中的数据。详细的用法将在第 5、第 6 章中介绍。

【例 4.8】使用 SELECT 语句查看“班级”表中的记录。

在查询编辑器窗口中输入如下语句：

```
USE student
GO
SELECT * FROM 班级
GO
```

执行结果如图 4.12 所示。

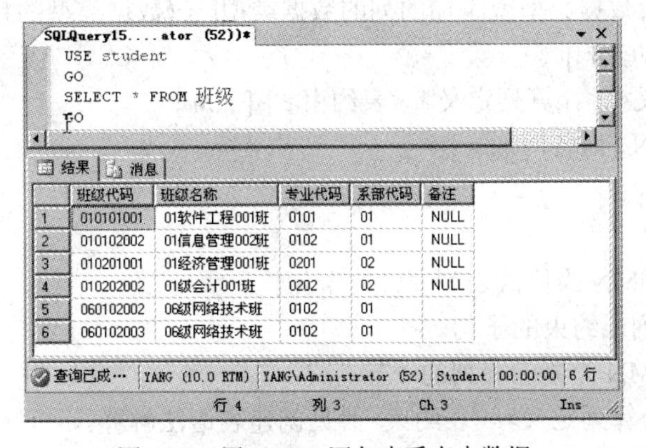

图 4.12　用 T-SQL 语句查看表中数据

4.4 表的修改与删除

一个表建立之后，可以根据使用需要对它进行修改和删除，修改的内容可以是列的属性，如列名、数据类型、长度等，还可以添加列、删除列等。修改和删除表可以使用表设计器，也可以使用 T-SQL 语句完成。

4.4.1 修改数据库中的表

1. 使用表设计器修改表

（1）启动 SQL Server Management Studio，在“对象资源管理器”窗口中，展开“数据库”节点，选择相应的数据库，如“student”。

（2）展开“student”节点，再展开“表”节点，右键单击要修改的“表”，在弹出的快捷菜单中选择“设计”命令，启动表设计器。

（3）如前所述，在表设计器中修改各字段的定义，如字段名、字段类型、字段长度、是否为空等。

（4）添加或删除字段。如果要增加一个字段，将光标移动到最后一个字段的下边，输入新字段的定义即可。如果要在某一字段前插入一个新字段，右键单击该字段，在弹出的快捷菜单中选择“插入列”命令。如果要删除某列，右键单击该列在弹出的快捷菜单中选择“删除列”命令。

注意：如果在保存修改后的表时提示“阻止保存要求重新创建表的更改选项”，可以选择 SQL Server Management Studio 的“工具→选项”命令，在弹出的选项对话框左侧选“设计器→表设计器和数据库设计器”，在右侧去掉“阻止保存要求重新创建表的更改”选项的勾选。

2. 使用 T-SQL 语言修改表

使用 ALTER TABLE 语句可以对表的结构和约束进行修改。ALTER TABLE 语句的语法格式如下：

```
ALTER TABLE  [ 数据库名.架构名. ] 表名
{
ALTER COLUMN 列名
{更改后的列的新数据类型或添加的列的数据类型[（{数据类型的精度[,小数位]}）]
 [ NULL | NOT NULL ]
| {ADD { <列定义>| <计算列定义>| <表约束> } [ ,...n ]
| DROP COLUMN {列名} [ ,...n ]
}
```

其中：

- ALTER COLUMN 为修改表列属性的子句。
- ADD 为增加列或约束的子句。
- DROP COLUMN 为删除表列的子句。
- <列定义>| <计算列定义>| <表约束>参见创建表语法解释。

【例 4.9】在“学生”表中增加“家庭住址”一列，数据类型为 varchar（30），不允许为空。

在查询编辑器窗口中输入如下语句：

```
USE student
GO
ALTER TABLE 学生
   ADD 家庭住址 varchar（30） NOT NULL
GO
```

【例 4.10】在“学生”表中修改“家庭住址”字段的属性，使该字段的数据类型为varchar（50），允许为空。

在查询编辑器中执行如下语句：

```
USE student
GO
ALTER TABLE 学生
    ALTER COLUMN  家庭住址 varchar（50） NULL
GO
```

【例 4.11】删除“系部”表中的“系主任”字段。

在查询编辑器中执行如下语句：

```
USE student
GO
ALTER TABLE 系部
   DROP  COLUMN  系主任
GO
```

4.4.2 删除数据库中的表

由于种种原因，会产生不需要的表，对于不需要的表，可以将其删除。一旦表被删除，表的结构、表中的数据、约束、索引等都被永久地删除。删除表的操作可以通过图形化的对象资源管理器完成，也可以通过执行 DROP TABLE 语句来实现。

1．使用 SQL Server Management Studio 删除表

【例 4.12】删除 student 数据库中的“系部”表。

操作步骤如下：

（1）启动 SQL Server Management Studio，在“对象资源管理器”窗口中，展开“数据库”节点，选择相应的数据库，如“student”。

（2）展开“student”节点，再展开“表”节点，右键单击要删除的“表”，如“系部”表，在弹出的快捷菜单中选择“删除”命令，弹出“删除对象”对话框，单击“确定”按钮即可删除“系部”表。

2．使用 T-SQL 语言删除表

可以通过执行 T-SQL 语言删除数据库中的表，语法格式如下：

DROP　TABLE　表名[,表名…]

【例 4.13】删除 student 数据库中的“学生”表、“班级”表、“专业”表、“专业备

份”表。

在查询编辑器中执行如下语句：

```
USE student
GO
DROP TABLE 学生,班级,专业,专业备份
GO
```

执行完命令后，就可以删除 student 数据库中的“学生”表、“班级”表、“专业”表和“专业备份”表，用户可以在执行结果窗口中看到“命令已成功完成”的信息。需要注意的是，删除一个表的同时表中的数据也会被删除，所以使用删除命令时要慎重。

4.5 案例应用举例

通过前面的学习，读者已经掌握了数据库中表的基本操作。本节以实际的“学生选课管理系统”数据库表的创建为案例，来加深读者对数据库表操作的理解，巩固数据库表的基本操作技能。

4.5.1 学生选课管理系统的各表定义

学生选课系统各主要表的表结构见表 4.9 管理员表、表 4.10 系部表、表 4.11 学生表、表 4.12 班级表、表 4.13 教师表、表 4.14 教学计划表、表 4.15 专业表、表 4.16 课程表、表 4.17 课程收费表、表 4.18 系统代码表、表 4.19 教师任课表、表 4.20 课程注册表（学生选课表）。

表 4.9 管理员表

字段名	数据类型	长度	是否为空	约束
用户名	varchar	12	否	主键
密码	varchar	12	是	
级别	char	2	是	

表 4.10 系部表

字段名	数据类型	长度	是否为空	约束
系部代码	char	2	否	主键
系部名称	varchar	30	否	
系主任	char	8	否	

表 4.11 学生表

字段名	数据类型	长度	是否为空	约束
学号	char	12	否	主键
姓名	varchar	8	是	
性别	char	2	是	
出生日期	date	3	是	
入学时间	date	3	是	
班级代码	char	9	否	外键

表 4.12 班级表

字段名	数据类型	长度	是否为空	约束
班级代码	char	9	否	主键
班级名称	varchar	20	否	
专业代码	char	4	否	外键
系部代码	char	2	否	外键
备　注	varchar	50	是	

表 4.13 教师表

字段名	数据类型	长度	是否为空	约束
教师编号	char	12	否	主键
姓名	char	8	是	
性别	char	2	是	

表 4.14 教学计划表

字段名	数据类型	长度	是否为空	约束
课程号	char	4	否	外键
专业代码	char	4	否	外键
专业学级	char	4	否	

（续表）

字段名	数据类型	长度	是否为空	约束
出生日期	date	3	是	
学历	char	10	是	
职务	char	10	是	
职称	char	10	是	
系部代码	char	2	是	外键
专业	char	20	是	
备注	varchar	50	是	

（续表）

字段名	数据类型	长度	是否为空	约束
课程类型	char	8	否	
开课学期	tinyint	1	否	
学分	tinyint	1	否	
启始周	tinyint	1	否	
结束周	tinyint	1	否	
教材编号	char	6	否	
备注	varchar	50	是	

表 4.15　专业表

字段名	数据类型	长度	是否为空	约束
专业代码	char	4	否	主键
专业名称	varchar	20	否	
系部代码	char	2	否	外键

表 4.16　课程表

字段名	数据类型	长度	是否为空	约束
课程号	char	4	否	主键
课程名称	char	20	是	
备注	varchar	50	是	

表 4.17　课程收费表

字段名	数据类型	长度	是否为空	约束
学号	char(12)	12	否	外键
课程号	char(4)	4	否	外键
收费	tinyint		是	
学年	char(4)	4	是	
学期	tinyint		是	

表 4.18　系统代码表

字段名	数据类型	长度	是否为空	约束
ID	int	4	否	主键
代码类别	varchar(50)	50	是	
代码编号	varchar(50)	50	是	
代码名称	varchar(50)	50	是	
备注	varchar(100)	100	是	

表 4.19　教师任课表

字段名	数据类型	长度	是否为空	约束
教师编号	char	12	否	外键
课程号	char	4	否	外键
专业学级	char	4	否	
专业代码	char	4	否	
学年	char	4	是	
学期	tinyint	1	是	
学生数	smallint	2	是	
学时数	smallint	2	是	
酬金	smallint	2	是	
开始周	tinyint	1	是	
结束周	tinyint	1	是	

表 4.20　课程注册表（学生选课表）

字段名	数据类型	长度	是否为空	约束
注册号	bigint		否	主键
学号	char	12	否	外键
课程号	char	4	否	
教师编号	char	12	否	
专业代码	char	4	否	
专业学级	char	4	否	
选课类型	char	4	是	
学期	tinyint	1	是	
学年	char	4	是	
收费否	bit		是	
注册	bit		是	
成绩	tinyint	1	是	
学分	tinyint	1	是	

4.5.2　学生选课系统各表的创建

创建各表的代码如下：

（1）管理员。

```
USE student
GO
CREATE TABLE 管理员(
    用户名 varchar(12) CONSTRAINT pk_gly PRIMARY KEY NOT NULL ,
    密码 varchar(12) NOT NULL,
    级别 char(2)  NULL )
GO
```

（2）系部表。

```
USE student
GO
CREATE TABLE 系部
    (系部代码 char(2) CONSTRAINT pk_xbdm PRIMARY KEY,
    系部名称  varchar(30) NOT NULL,
    系主任   varchar(8)
    )
ON STUGROUP1
GO
```

（3）专业表。

```
USE student
GO
CREATE TABLE 专业
(专业代码char    (4) CONSTRAINT pk_zydm PRIMARY KEY,
专业名称 varchar (20)    NOT NULL,
系部代码 char    (2) CONSTRAINT fk_zyxbdm REFERENCES 系部(系部代码)
)
ON STUGROUP1
GO
```

（4）班级表。

```
USE student
GO
CREATE TABLE 班级
    (班级代码 char    (9)  CONSTRAINT pk_bjdm PRIMARY KEY,
    班级名称   varchar(20)    ,
    专业代码   char(4)CONSTRAINT fk_bjzydm REFERENCES 专业(专业代码),
    系部代码   char(2)CONSTRAINT fk_bjxbdm REFERENCES 系部(系部代码),
    备注     varchar(50)
    )
ON STUGROUP1
GO
```

（5）学生表。

```
USE student
GO
```

```
CREATE TABLE 学生
    ( 学号    char    (12)     CONSTRAINT pk_xh PRIMARY KEY,
    姓名 varchar (8),
    性别 char    (2),
    出生日期 date,
    入学时间 date,
    班级代码  char    (9) CONSTRAINT fk_xsbjdm REFERENCES 班级(班级代码)
    )
ON STUGROUP1
GO
```

（6）课程表。

```
USE student
GO
CREATE TABLE 课程
    (课程号 char(4) CONSTRAINT pk_kch PRIMARY KEY,
    课程名称 varchar(20) NOT NULL,
    备注     varchar (50)
    )
ON  STUGROUP2
GO
```

（7）教师表。

```
USE student
GO
CREATE TABLE 教师
    (教师编号 char    (12)     CONSTRAINT pk_jsbh PRIMARY KEY,
    姓名      varchar  (8) NOT NULL,
    性别       char    (2),
    出生日期 date ,
    学历       varchar (10),
    职务       char    (10),
    职称       char    (10),
    系部代码  char    (2) CONSTRAINT fk_jsxbdm REFERENCES 系部(系部代码),
    专业       char    (20),
    备注     varchar(50)
    )
ON  STUGROUP2
GO
```

（8）教学计划表。

```
USE student
GO
CREATE TABLE 教学计划
  (课程号char    (4)CONSTRAINT fk_jxjhkch REFERENCES 课程(课程号),
```

```
  专业代码    char    (4)CONSTRAINT fk_jxjhzydm REFERENCES 专业(专业代码),
   专业学级   varchar(4) NOT NULL,
   课程类型 varchar  (8),
   开课学期 tinyint,
   学分     tinyint,
   启始周   tinyint,
   结束周   tinyint,
   教材编号 char(6),
   备注    varchar(50)
   )
ON  STUGROUP2
GO
```

（9）教师任课表。

```
USE student
GO
CREATE TABLE 教师任课
   (教师编号 char   (12)CONSTRAINT fk_jsrkjsbh REFERENCES 教师(教师编号),
   课程号    char    (4) CONSTRAINT fk_jsrkkch  REFERENCES 课程(课程号),
   专业学级  char(4) NOT NULL,
   专业代码  char(4) NOT NULL,
   学年      char    (4),
   学期      tinyint ,
   学生数    smallint,
   学时数    smallint,
   酬金      smallint,
   开始周    tinyint ,
   结束周    tinyint
   )
ON  STUGROUP2
GO
```

（10）课程注册表。

```
USE student
GO
CREATE TABLE 课程注册
   (注册号   bigint  IDENTITY (010000000, 1)  NOT FOR REPLICATION
   CONSTRAINT pk_zch  PRIMARY KEY,
   学号  char(12)   CONSTRAINT fk_kczcxh REFERENCES 学生(学号),
   课程号     char   (4) NOT NULL,
   教师编号   char   (12)    NOT NULL,
   专业代码 char (4) NOT NULL,
   专业学级 char (4),
   选课类型   char   (4),
```

```
    学期      tinyint,
    学年      char    (4),
    收费否   bit,
    注册      bit,
    成绩      tinyint,
    学分      tinyint
    )
ON  STUGROUP2
GO
```

(11）课程收费表。

```
USE student
GO
CREATE TABLE 课程收费
    (学号   char(12) CONSTRAINT fk_kcsfxh  REFERENCES 学生(学号),
    课程号 char(4) CONSTRAINT fk_kcsfkch  REFERENCES 课程(课程号),
    收费   tinyint,
    学年   char(4),
    学期   tinyint
    )
ON  STUGROUP2
GO
```

(12）系统代码表。

```
USE [Student]
GO
IF EXISTS (SELECT * FROM sys.objects
WHERE object_id = OBJECT_ID(N'[dbo].[系统代码]')
AND type in (N'U'))
DROP TABLE [dbo].[系统代码]
GO
CREATE TABLE [dbo].[系统代码](
[ID] [int] IDENTITY(1,1) NOT NULL,
[代码类别] [varchar](50) NULL,
[编号] [varchar](50) NULL,
[代码名称] [varchar](100) NULL
) ON [PRIMARY]
GO
```

4.6 思考题

1. SQL Server 2008 提供了哪些数据类型？
2. 简述表的概念及创建表的步骤。
3. 创建表、查看表的定义信息、修改表和删除表的 T-SQL 语句是什么？

第 5 章　数据的基本操作

上一章介绍了表的基本操作。创建表的目的是为了利用表存储和管理数据。数据的操作主要包括数据库表中数据的添加、修改、删除和查询操作。查询是数据操作的重点，是用户必须重点掌握的数据操作技术。

5.1　数据的增删改

数据库用表存储和管理数据。新表建好后，表中并不包含任何记录，要想实现数据的存储必须向表中添加数据。同样要实现表的良好管理，则经常需要修改表中的数据。本节主要介绍使用 T-SQL 语句添加、修改和删除表中数据。

5.1.1　数据的添加

向表中添加数据可以使用 INSERT 语句。INSERT 语句的语法格式如下：

```
INSERT [ INTO]
   table_name
  {    [ ( column_list ) ]
      { VALUES
         ( { expression } [ ,...n] )
      }
  }
```

其中：

- INTO 是一个可选的关键字，可以将它用在 INSERT 和目标表之间。
- table_name 是将要接收数据的表或 table 变量的名称。
- column_list 是要在其中插入数据的一列或多列的列表。必须用圆括号将 column_list 括起来，并且用逗号进行分隔。
- VALUES 用于引入要插入的数据值的列表。对于 column_list（如果已指定）中或者表中的每个列，都必须有一个数据值。必须用圆括号将值列表括起来。如果 VALUES 列表中的值与表中列的顺序不相同，或者未包含表中所有列的值，那么必须使用 column_list 明确的指定存储每个传入值的列。
- Expression 是一个常量、变量或表达式。表达式不能包含 SELECT 或 EXECUTE 语句。

1．最简单的 INSERT 语句

【例 5.1】在“系部”表中添加一行记录。代码如下：

```
USE student
GO
INSERT 系部
```

```
    (系部代码,系部名称,系主任)
VALUES
    ('01','计算机系','杨学全')
GO
```

将上述代码在查询编辑器窗口中输入并运行，运行结果如图 5.1 所示。用户要注意 VALUES 列表中的表达式的数量必须匹配列表中的列数，表达式的数据类型应与对应列的数据类型相兼容。

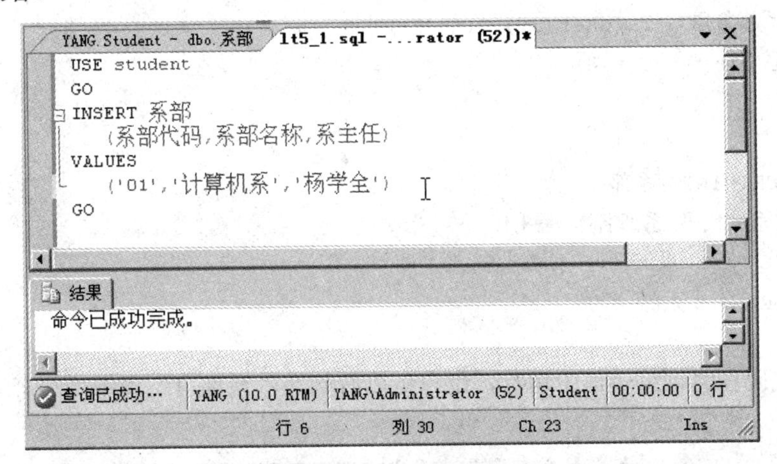

图 5.1　添加数据

2. 省略清单的 INSERT 语句

【例 5.2】在“系部”表中再添加一行记录。代码如下：

```
USE student
GO
INSERT 系部
VALUES
    ('02','经济管理系','崔喜元')
GO
```

在查询编辑器中输入上述代码并执行，即可在系部表中增加一条值为“'02','经济管理系','崔喜元'”的记录。注意，此种方法省略了字段清单，用户必须按照这些列在表中定义的顺序提供每一个列的值。建议用户在输入数据时最好使用列清单。

3. 省略 VALUES 清单的 INSERT 语句

在 T-SQL 语句中，有一种简单的插入多行的方法。这种方法是使用 SELECT 语句查询出的结果代替 VALUES 子句。这种方法的语法结构如下：

```
INSERT [INTO] table_name (column_name1[,column_name2,…,column_namen])
SELECT  column_name [,…n]
FROM   table_name
WHERE search_conditions
```

其中：

- search_conditions 是查询条件。

● INSERT 表和 SELECT 表的结果集的列数、列序、数据类型必须一致。

【例 5.3】创建“系部”表的一个副本“系部 1”表，将“系部”表的全部数据添加到“系部 1”表中。代码如下：

```
USE student
GO
CREATE TABLE 系部1
  (系部代码   char(2) CONSTRAINT pk_xbdm1 PRIMARY KEY,
   系部名称   varchar(30) NOT NULL,
   系主任 varchar(8)
  )
GO
INSERT INTO 系部1
   (系部代码,系部名称,系主任)
   SELECT  系部代码,系部名称,系主任
   FROM    系部
GO
```

将上述代码在查询编辑器中运行，用户可以看到在“系部 1”表中增加了三行数据，如图 5.2 所示。

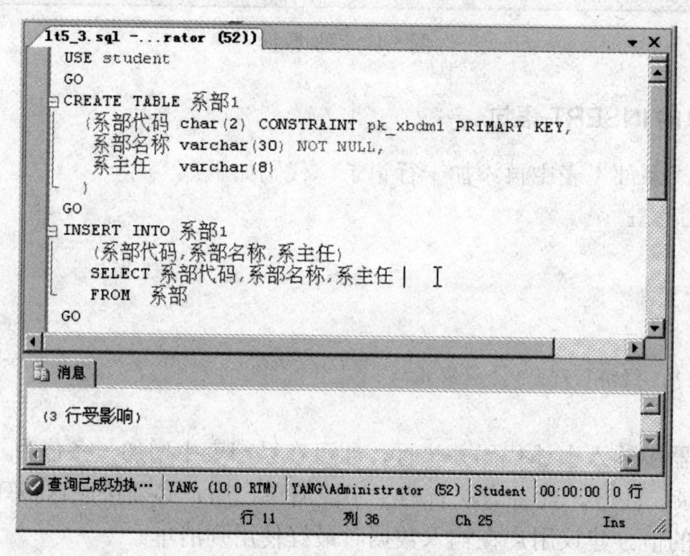

图 5.2　添加多行数据

【例 5.4】根据本章实验的需要，向“学生选课管理系统”各表中添加部分数据。代码如下：

```
USE student
GO
/*(1)向"系部"表添加数据*/
INSERT INTO 系部 (系部代码,系部名称,系主任) VALUES( '03','商务技术系','刘建清')
GO
INSERT INTO 系部 (系部代码,系部名称,系主任) VALUES( '04','传播技术系','田建国')
GO
```

```
/*(2)向"专业"表添加数据*/
INSERT INTO 专业 (专业代码,专业名称,系部代码) VALUES( '0101','软件工程','01')
GO
INSERT INTO 专业 (专业代码,专业名称,系部代码) VALUES( '0102','网络技术','01')
GO
INSERT INTO 专业 (专业代码,专业名称,系部代码) VALUES( '0201','经济管理','02')
GO
INSERT INTO 专业 (专业代码,专业名称,系部代码) VALUES( '0202','会计','02')
GO
INSERT INTO 专业 (专业代码,专业名称,系部代码) VALUES( '0301','电子商务','03')
GO
INSERT INTO 专业 (专业代码,专业名称,系部代码) VALUES( '0302','信息管理','03')
GO
INSERT INTO 专业 (专业代码,专业名称,系部代码) VALUES( '0401','影视制作','04')
GO
/*(3)向"班级"表添加数据*/
INSERT INTO 班级
   (班级代码,班级名称,专业代码,系部代码)
   VALUES( '060101001','06 级软件工程班','0101','01')
GO
INSERT INTO 班级
   (班级代码,班级名称,专业代码,系部代码)
   VALUES('060102002','06 级网络技术班','0102','01')
GO
INSERT INTO 班级
   (班级代码,班级名称,专业代码,系部代码)
   VALUES( '060201001','06 级经济管理班','0201','02')
GO
INSERT INTO 班级
   (班级代码,班级名称,专业代码,系部代码)
   VALUES( '060202002','06 级会计专业班','0202','02')
GO
INSERT INTO 班级
   (班级代码,班级名称,专业代码,系部代码)
   VALUES( '060301001','06 级电子商务班','0301','03')
GO
INSERT INTO 班级
   (班级代码,班级名称,专业代码,系部代码)
   VALUES( '060302001','06 级信息管理班','0302','03')
GO
INSERT INTO 班级
   (班级代码,班级名称,专业代码,系部代码)
  VALUES( '060401001','06 级影视制作班','0401','04')
```

```
GO
/*(4)向"学生"表添加数据*/
INSERT INTO 学生
  (学号,姓名,性别,出生日期,入学时间,班级代码)
  VALUES('060101001001','张小泽','男','1985-06-04', '2006-09-18',
'060101001')
INSERT INTO 学生
  (学号,姓名,性别,出生日期,入学时间,班级代码)
  VALUES('060101001002','刘永辉','男', '1986-09-10', '2006-09-18',
'060101001')
GO
INSERT INTO 学生
  (学号,姓名,性别,出生日期,入学时间,班级代码)
  VALUES('060101001003','孙辉','男', '1986-07-08', '2006-09-18',
'060101001')
GO
INSERT INTO 学生
  (学号,姓名,性别,出生日期,入学时间,班级代码)
  VALUES('060101001004','李洪普','女', '1986-02-02', '2006-09-18',
'060101001')
GO
INSERT INTO 学生
  (学号,姓名,性别,出生日期,入学时间,班级代码)
  VALUES('060102002001','付盘峰','男', '1985-05-04', '2006-09-18',
'060102002')
GO
INSERT INTO 学生
  (学号,姓名,性别,出生日期,入学时间,班级代码)
  VALUES('060102002002','李红','女', '1986-09-24', '2006-09-18',
'060102002')
GO
INSERT INTO 学生
  (学号,姓名,性别,出生日期,入学时间,班级代码)
  VALUES('060201001001','罗昭','男', '1986-10-10', '2006-09-18',
'060201001')
GO
INSERT INTO 学生
  (学号,姓名,性别,出生日期,入学时间,班级代码)
  VALUES('060202002001','郭韩','男', '1985-12-30', '2006-09-18',
'060202002')
GO
INSERT INTO 学生
  (学号,姓名,性别,出生日期,入学时间,班级代码)
```

```
  VALUES('060301001001','田小宁','男', '1985-08-06', '2006-09-18',
'060301001')
GO
INSERT INTO 学生
  (学号,姓名,性别,出生日期,入学时间,班级代码)
  VALUES('060302001001','刘雅丽','女', '1986-12-03', '2006-09-18',
'060302001')
GO
INSERT INTO 学生
  (学号,姓名,性别,出生日期,入学时间,班级代码)
  VALUES('060401001001','刘云','女', '1986-05-06', '2006-09-18',
'060401001')
GO
/*(5)向"课程"表添加数据*/
INSERT INTO 课程
  (课程号,课程名称,备注)
  VALUES('0001','SQL Server 2008', '')
GO
INSERT INTO 课程
  (课程号,课程名称,备注)
  VALUES('0002',' ASP.NET 程序设计','C#')
GO
INSERT INTO 课程
  (课程号,课程名称,备注)
  VALUES('0003',' JAVA 程序设计', '')
GO
INSERT INTO 课程
  (课程号,课程名称,备注)
  VALUES('0004','网络营销', '')
GO
/*(6)向"教学计划"表添加数据*/
INSERT INTO 教学计划
  (课程号,专业代码,专业学级,课程类型,开课学期,学分,启始周,结束周)
  VALUES( '0001','0101','2006','公共必修',1,4,1,18)
GO
INSERT INTO 教学计划
  (课程号,专业代码,专业学级,课程类型,开课学期,学分,启始周,结束周)
  VALUES( '0002','0101','2006','公共必修',2,4,1,18)
GO
INSERT INTO 教学计划
  (课程号,专业代码,专业学级,课程类型,开课学期,学分,启始周,结束周)
  VALUES( '0003','0101','2006','专业选修',3,4,1,18)
GO
```

```
INSERT INTO 教学计划
  (课程号,专业代码,专业学级,课程类型,开课学期,学分,启始周,结束周)
  VALUES( '0004','0101','2006','专业选修',4,6,1,18)
GO
/*(7)向"教师"表添加数据*/
INSERT INTO 教师
 (教师编号,姓名,性别,出生日期,学历,职务,职称,系部代码,专业)
  VALUES('010000000001','杨学全','男', '1967-02-02','研究生','主任','副教
授','01','计算机')
GO
INSERT INTO 教师
 (教师编号,姓名,性别,出生日期,学历,职务,职称,系部代码,专业)
  VALUES('010000000002','李英杰','男', '1972-12-30','研究生','教学秘书','
讲师','01','计算机')
GO
INSERT INTO 教师
 (教师编号,姓名,性别,出生日期,学历,职务,职称,系部代码,专业)
  VALUES('020000000003','陈素羡','女', '1980-09-08','本科','教师','讲师',
'02','经济管理')
GO
INSERT INTO 教师
 (教师编号,姓名,性别,出生日期,学历,职务,职称,系部代码,专业)
  VALUES('030000000004','刘辉','女', '1968-09-07','本科','教师','助教',
'03','商务')
GO
INSERT INTO 教师
 (教师编号,姓名,性别,出生日期,学历,职务,职称,系部代码,专业)
  VALUES('040000000005','张红强','女', '1978-11-21','本科','教师','助教',
'04','电视编辑')
GO
INSERT INTO 教师
 (教师编号,姓名,性别,出生日期,学历,职务,职称,系部代码,专业)
  VALUES('040000000006','田建国','男', '1964-01-01','研究生','主任','副教
授','04','机械')
GO
INSERT INTO 教师
 (教师编号,姓名,性别,出生日期,学历,职务,职称,系部代码)
  VALUES('060000000007','程治国','男', '1967-02-02','研究生','教师','副教
授','01')
GO
/*(8)向"教师任课"表添加数据*/
INSERT INTO 教师任课
 (教师编号,课程号,专业学级,专业代码,学年,学期,学生数,学时数,酬金,开始周,结束周)
```

```
 VALUES ('010000000001','0001', '2006', '0101','2006', '1',0,0,0,0,0)
 GO
INSERT INTO 教师任课
 (教师编号,课程号,专业学级,专业代码,学年,学期,学生数,学时数,酬金,开始周,结束周)
 VALUES ('010000000002','0002', '2006', '0101','2006', '2',0,0,0,0,0)
 GO
INSERT INTO 教师任课
 (教师编号,课程号,专业学级,专业代码,学年,学期,学生数,学时数,酬金,开始周,结束周)
 VALUES ('030000000004','0003', '2006', '0101','2007','3',0,0,0,0,0)
 GO
INSERT INTO 教师任课
 (教师编号,课程号,专业学级,专业代码,学年,学期,学生数,学时数,酬金,开始周,结束周)
 VALUES ('040000000005','0004', '2006', '0101','2007', '4',0,0,0,0,0)
 GO
/*(9)向"课程注册"表添加数据*/
INSERT INTO 课程注册
  (学号,教师编号,课程号,专业学级,专业代码,选课类型,学期,学年,收费否,注册,成绩,
学分)
  SELECT  DISTINCT  学生.学号,教师任课.教师编号,教师任课.课程号,教学计划.专业
学级,教学计划.专业代码,' ',教学计划.开课学期,教师任课.学年,0,0,0,0
  FROM 学生
       JOIN 班级 ON 学生.班级代码=班级.班级代码
       JOIN 教学计划 ON  班级.专业代码=教学计划.专业代码
       JOIN 教师任课 ON  教学计划.课程号=教师任课.课程号
/*(10)向系统代码表添加数据*/
INSERT INTO 系统代码 (代码类别 ,编号,代码名称)
    VALUES  ('A01','2006','2010-2011 学年 2 学期')
GO
INSERT INTO 系统代码 (代码类别 ,编号,代码名称)
    VALUES  ('A01','2006','2011-2012 学年学期')
GO
```

5.1.2 数据的修改

随着数据库系统的实际运行，某些数据可能会发生变化，这时就需要对表中的数据进行修改。修改表中的数据可以使用表设计器的图形界面进行修改，也可以使用 T-SQL 语言。这里主要介绍 T-SQL 语言中的 UPDATE 语句实现修改的方法，UPDATE 的简化语法格式如下：

```
UPDATE   table_name
        SET
        { column_name = { expression | DEFAULT | NULL }
        } [ ,...n ]
       [ FROM { < table_source > } [ ,...n ] ]
```

```
        [ WHERE < search_condition > ]
    < table_source > ::=
        table_name [[AS]table_alias][WITH ( < table_hint > [ ,...n ])]
```

其中：

- table_name 是需要修改的表的名称。
- SET 用于指定要修改的列或变量名称的列表。
- column_name 是含有要修改数据的列的名称。
- expression | DEFAULT | NULL 是列值表达式。
- table_source 是修改数据来源表。

需要注意的是，当没有 WHERE 子句指定修改条件时，则表中所有记录的指定列都被修改。若修改的数据来自另一个表时，则需要 FROM 子句指定一个表。

【例 5.5】将“教学计划”表中专业代码为“0101”的“启始周”的值修改为 2，代码如下：

```
USE student
GO
UPDATE 教学计划
   SET 启始周=2
WHERE 专业代码='0101'
GO
```

在查询编辑器中执行上述代码后，用户可以通过“对象资源管理器”查看修改的结果。这里如果没有使用 WHERE 子句，则对表中所有记录的“启始周”进行修改。

【例 5.6】将“课程注册”表中所有记录的“成绩”值改为（“注册号”-9999999）表达式的值，学分为 3 分，代码如下：

```
USE student
GO
UPDATE 课程注册
   SET 成绩=(注册号-9999999) , 学分=3
GO
```

在查询编辑器中执行后，用户可以查看结果以检验执行情况。这里没有指定条件，将对表中所有的记录进行修改。当一次修改多个列时，列与列之间要用西文的逗号隔开。

考虑到本章实验的需要，修改“课程注册”表中的学生成绩为实际成绩，在查询编辑器中执行下列代码即可。

```
USE student
GO
UPDATE 课程注册 SET 成绩=85 WHERE 课程号='0001' AND 学号='060101001001'
UPDATE 课程注册 SET 成绩=58 WHERE 课程号='0001' AND 学号='060101001002'
UPDATE 课程注册 SET 成绩=63 WHERE 课程号='0001' AND 学号='060101001003'
UPDATE 课程注册 SET 成绩=74 WHERE 课程号='0001' AND 学号='060101001004'
UPDATE 课程注册 SET 成绩=68 WHERE 课程号='0002' AND 学号='060101001001'
UPDATE 课程注册 SET 成绩=45 WHERE 课程号='0002' AND 学号='060101001002'
UPDATE 课程注册 SET 成绩=88 WHERE 课程号='0002' AND 学号='060101001003'
UPDATE 课程注册 SET 成绩=69 WHERE 课程号='0002' AND 学号='060101001004'
```

```
UPDATE 课程注册 SET 成绩=78 WHERE 课程号='0003' AND 学号='060101001001'
UPDATE 课程注册 SET 成绩=76 WHERE 课程号='0003' AND 学号='060101001002'
UPDATE 课程注册 SET 成绩=87 WHERE 课程号='0003' AND 学号='060101001003'
UPDATE 课程注册 SET 成绩=87 WHERE 课程号='0003' AND 学号='060101001004'
UPDATE 课程注册 SET 成绩=96 WHERE 课程号='0004' AND 学号='060101001001'
UPDATE 课程注册 SET 成绩=96 WHERE 课程号='0004' AND 学号='060101001002'
UPDATE 课程注册 SET 成绩=86 WHERE 课程号='0004' AND 学号='060101001003'
UPDATE 课程注册 SET 成绩=58 WHERE 课程号='0004' AND 学号='060101001004'
GO
```

【例 5.7】根据“教学计划”表中的课程号、专业代码和专业学级修改教师任课表中的“开始周”、“结束周”列的值，代码如下：

```
USE student
GO
UPDATE  教师任课
    SET 教师任课.开始周=教学计划.启始周,教师任课.结束周=教学计划.结束周
FROM 教学计划
WHERE 教学计划.课程号=教师任课.课程号
      AND 教学计划.专业代码=教师任课.专业代码
      AND 教学计划.专业学级=教师任课.专业学级
```

在查询编辑器中执行上述代码，并在“对象资源管理器”中检查执行结果。

5.1.3 数据的删除

随着系统的运行，表中可能产生一些无用的数据，这些数据不仅占用空间而且还影响查询的速度，所以应该及时地删除它们。删除数据可以使用 DELETE 语句和 TRUNCATE TABLE 语句。

1. 使用 DELETE 语句删除数据

从表中删除数据，最常用的是 DELETE 语句。DELETE 语句的语法格式如下：

```
DELETE  table_name
    [ FROM { < table_source > } [ ,...n ] ]
    [ WHERE
        { < search_condition > }
    ]
< table_source > ::= table_name [ [ AS ] table_alias ] [ ,...n ] ) ]
```

其中：

- table_name 是要从其中删除行的表的名称。
- FROM < table_source >指定附加的 FROM 子句。
- table_name [[AS] table_alias]是为删除操作提供标准的表名。
- WHERE 指定用于限制删除行数的条件。如果没有提供 WHERE 子句，则 DELETE 删除表中的所有行。
- search_condition 是指定删除行的限定条件。对搜索条件中可以包含的谓词数量没有限制。

【例 5.8】删除“系部备份”表中所有的记录。代码如下：

```
USE student
GO
SELECT * INTO 系部备份 FROM 系部/*生成系部备份表*/
GO
DELETE 系部备份 /*删除系部备份表中的所有记录*/
GO
```

此例中没有使用 WHERE 语句指定删除条件，将删除“系部备份”表中的所有记录。

【例 5.9】删除“教师”表中没有专业的记录。代码如下：

```
USE student
GO
DELETE 教师  WHERE 专业 IS NULL
GO
```

【例 5.10】删除“课程注册备份”表中姓名为“刘永辉”、课程号为“0001”的选课信息。代码如下：

```
USE student
GO
SELECT * INTO  课程注册备份  FROM 课程注册/*生成课程注册备份表*/
GO
DELETE 课程注册备份
FROM 学生
WHERE 学生.学号=课程注册备份.学号 AND 学生.姓名='刘永辉'  AND 课程注册备份.课程
号='0001'
GO
```

在查询编辑器中执行上述代码。删除课程注册备份表中的数据时，用到了学生表里的“姓名”字段值“刘永辉”，所以使用了 FROM 子句。

2．使用 TRUNCATE TABLE 清空表格

使用 TRUNCATE TABLE 语句删除所有记录的语法格式为：

```
TRUNCATE  TABLE  table_name
```

其中：

- TRUNCATE TABLE 为关键字。
- table_name 为要删除所用记录的表名。

使用 TRUNCATE TABLE 语句清空表格要比 DELETE 语句快，TRUNCATE TABLE 是不记录日志的操作，它将释放表的数据和索引所占据的所有空间以及所有为全部索引分配的页，删除的数据是不可恢复的。而 DELETE 语句则不同，它在删除每一行记录时都要把删除操作记录在日志中。删除操作记录在日志中，可以通过事务回滚来恢复删除的数据。用 TRUNCATE TABLE 和 DELETE 都可以删除所有的记录，但是表结构还存在，而 DROP TABLE 是删除表结构和所有记录，并释放该表所占用的空间。

【例 5.11】用 TRUNCATE TABLE 语句删除“课程注册备份”表。代码如下：

```
USE student
GO
```

```
TRUNCATE TABLE 课程注册备份
GO
```

5.2 简单查询

查询是对存储于 Microsoft SQL Server 2008 中的数据的请求，通过查询用户可以获得所需要的数据。查询可以通过执行 SELECT 语句实现，也可通过其他图形界面的程序实现，但它们最后都要将每个查询转换成 SELECT 语句，然后发送到 SQL Server 服务器执行。下面先介绍单表的查询，多表查询在第 6 章中详细介绍。

5.2.1 SELECT 语句

1. SELECT 语句的基本语法格式

虽然 SELECT 语句的完整语法较复杂，但是其主要的语法格式可归纳如下：

```
SELECT select_list
[INTO new_table_name]
FROM table_list
[WHERE search_conditions]
[GROUP BY group_by_list]
[HAVING search_conditions]
[ORDER BY order_list [ASC | DESC] ]
```

其中：

- SELECT select_list 描述结果集的列，它是一个逗号分隔的表达式列表。每个表达式通常是从中获取数据的源表或视图的列的引用，但也可能是其他表达式，例如常量或 T-SQL 函数。在选择列表中使用 * 表达式指定返回源表中的所有列。
- INTO new_table_name 用于指定使用结果集来创建一个新表，new_table_name 是新表的名称。
- FROM table_list 包含从中检索到结果集数据的表的列表，也就是结果集数据来源于哪些表或视图，FROM 子句还可包含连接的定义。
- WHERE search_conditions 中 WHERE 子句是一个筛选条件，它定义了源表中的行要满足 SELECT 语句的要求所必须达到的条件。只有符合条件的行才向结果集提供数据。不符合条件的行中的数据不会被使用。
- GROUP BY group_by_list 中 GROUP BY 子句根据 group_by_list 列中的值将结果集分成组。
- HAVING search_conditions 中 HAVING 子句是应用于结果集的附加筛选。逻辑上讲，HAVING 子句从中间结果集对行进行筛选，这些中间结果集是用 SELECT 语句中的 FROM、WHERE 或 GROUP BY 子句创建的。HAVING 子句通常与 GROUP BY 子句一起使用，尽管 HAVING 子句前面不必有 GROUP BY 子句。
- ORDER BY order_list [ASC | DESC]中 ORDER BY 子句定义结果集中的行排列的顺序。order_list 指定组成排序列表的结果集的列。ASC 和 DESC 关键字用于指定行是按升序还是按降序排列。

2．设置查询结果的显示方式

在 SQL Server 2008 中，使用 SELECT 语句查询得到的结果有三种显示方式，一种是网格显示方式，一种是文本显示方式，一种是将结果保存成数据文件。默认以网格形式显示查询结果。如果要改变默认显示方式，可以采用如下步骤进行设置：

（1）在 Microsoft SQL Server Management Studio 环境中，执行“工具”菜单中的“选项”命令，打开“选项”对话框，如图 5.3 所示。

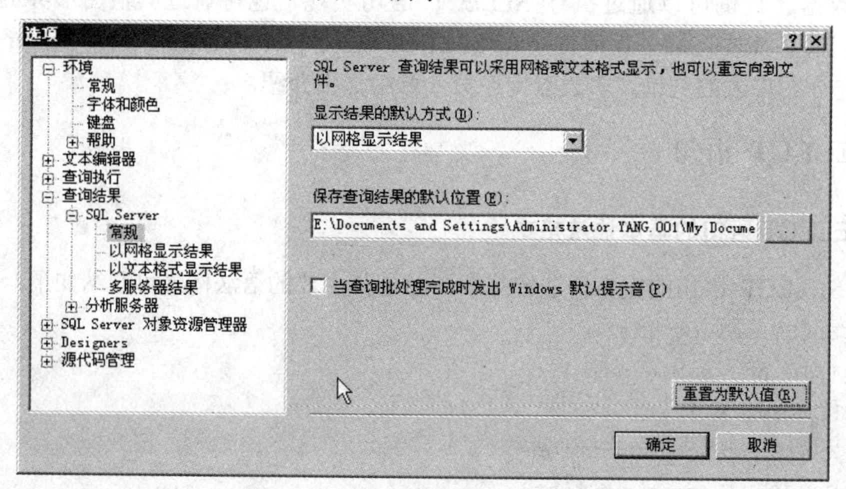

图 5.3 “选项”对话框

（2）在“选项”对话框中，依次展开“查询结果”、“SQL Server”节点，打开显示结果的默认方式下拉列表框，从三种显示方式中选择一种设为默认方式。

另外还可以通过单击 SQL 编辑器工具栏上的相应按钮进行临时显示设置，如图 5.4 所示。

图 5.4 SQL 编辑器工具栏

5.2.2 选择表中的若干列

选择表中的全部列或部分列这就是表的投影运算。这种运算可以通过 SELECT 子句给出的字段列表来实现。字段列表中的列可以是表中的列，也可以是表达式列。所谓表达式列就是多个列运算后产生的列或者是利用函数计算后所得的列。

1．输出表中部分列

如果在结果集中输出表中的部分列，可以将要显示的字段名在 SELECT 关键字后依次列出来，列名与列名之间用西文逗号“,”隔开，字段的顺序可以根据需要指定。

【例 5.12】查询“课程”表中的课程号和课程名称。代码如下：

```
USE student
GO
```

```
SELECT 课程号,课程名称
FROM 课程
GO
```

在查询编辑器中，输入并执行上述代码，在查询结果集中将只有课程号和课程名称两个字段，以文本显示的结果如图 5.5 所示，以表格显示的结果如图 5.6 所示。

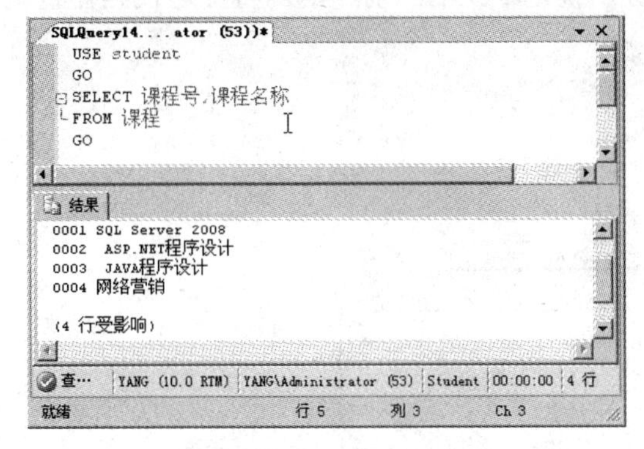

图 5.5　以文本显示的结果

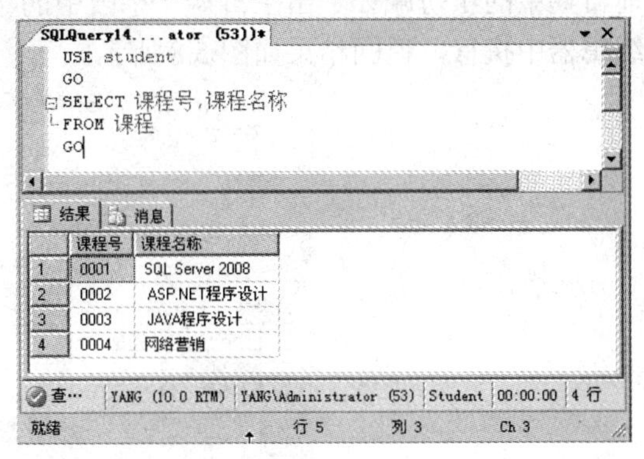

图 5.6　以表格显示的结果

2．输出表中的所有列

将表中的所有字段都在结果集中列出来，有两种方法，一种是将所有的字段名在 SELECT 关键字后列出来，另一种是在 SELECT 语句后使用一个“*”。

【例 5.13】查询“学生”表中全体学生的记录。代码如下：

```
USE student
GO
SELECT * FROM  学生
GO
```

在查询编辑器中，输入并执行上述代码，将返回学生表中的全部列，如图 5.7 所示。

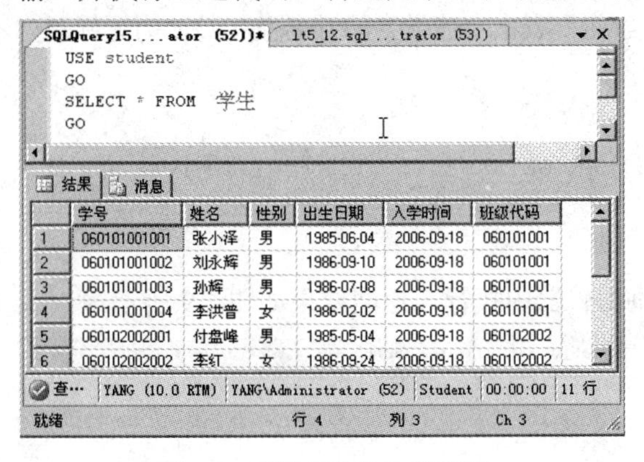

图 5.7　查询学生的全部信息

3．输出计算列

在结果集中可以存在表中没有的列，这些列是以表中的一个或多个列为基础计算得到的。

【例 5.14】查询“学生”表中全体学生的姓名及年龄。代码如下：

```
USE student
GO
```

```
SELECT 姓名,YEAR(GETDATE())-YEAR(出生日期)
FROM 学生
GO
```

上述语句中，“YEAR(GETDATE())-YEAR(出生日期)”是表达式，其含义是取得系统当前日期中的年份减去“出生日期”字段中的年份，就是学生的当前年龄。将上述代码在查询编辑器中执行，返回结果如图 5.8 所示。

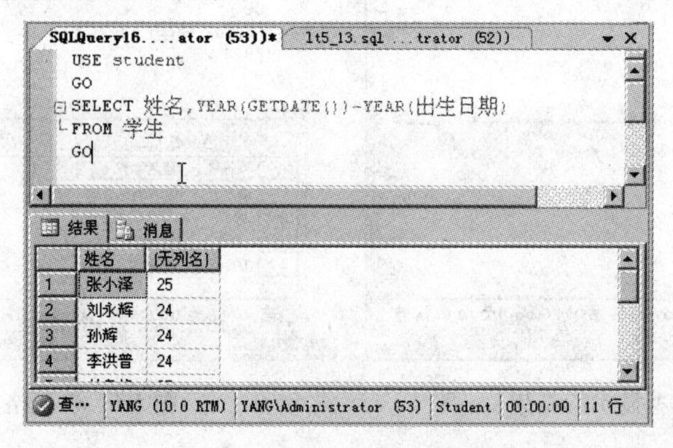

图 5.8　输出计算列

4．为结果集内的列指定别名

从例 5.13 和例 5.14 结果可以看出，在默认情况下，查询结果中的列标题可以是表中的列名或者无列标题。可以根据实际需要，对列标题进行修改，或者为没有标题的列加上标题。修改列标题可以采用以下任何一种方法：

- SELCET 列名（表达式）　列别名　　FROM 数据源
- SELCET 列名（表达式） AS 列别名　FROM 数据源
- SELCET 列别名= 列名（表达式）　　FROM 数据源

【例 5.15】查询“学生”表中全体学生的姓名及年龄，为无标题列添加标题。代码如下：

```
USE student
GO
SELECT 姓名,YEAR(GETDATE())-YEAR(出生日期) AS 年龄
FROM 学生
GO
```

将上述代码在查询编辑器中执行，返回结果如图 5.9 所示。

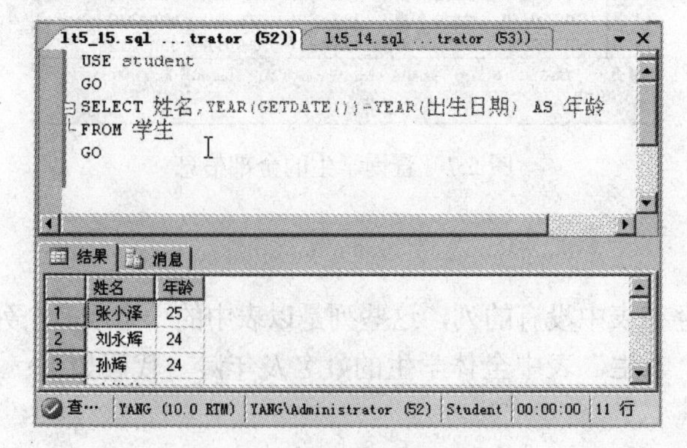

图 5.9　添加列标题的查询

【例 5.16】查询“学生”表中全体学生的姓名、性别及出生日期，要求结果集中列标题为英文。代码如下：

```
USE student
GO
SELECT 姓名 Name, 性别 AS Sex,Birthday = 出生日期
FROM 学生
GO
```

将上述代码在查询编辑器中执行，返回结果如图 5.10 所示。

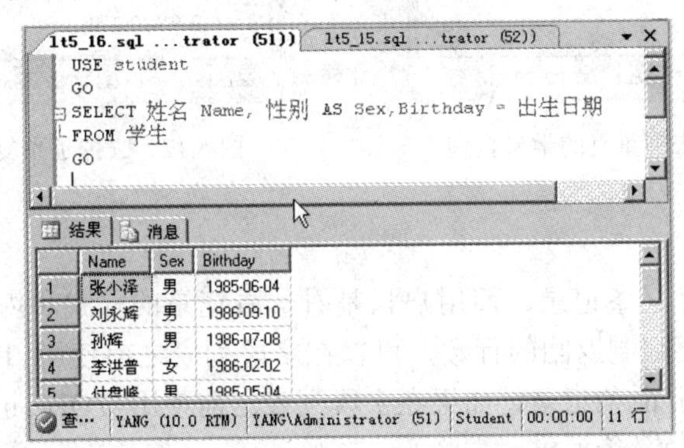

图 5.10　修改列标题的查询

5.2.3　选择表中的若干记录

选择表中的若干记录这就是表的选择运算。这种运算可以通过增加一些谓词（例如 WHERE 子句）来实现。

1. 消除取值重复的行

两个本来并不相同的记录，当投影到指定的某些列上后，可能变成相同的行。如果要去掉结果集中的重复行，可以在字段列表前面加上 DISTINCT 关键字。

【例 5.17】查询选修了课程的学生学号。代码如下：

```
USE student
GO
SELECT 学号
FROM 课程注册
GO
```

上述代码执行结果如图 5.11 所示，选课的学生学号有重复，下面的代码就去掉了重复的学号，执行结果如图 5.12 所示。

```
USE student
GO
SELECT DISTINCT 学号
FROM 课程注册
GO
```

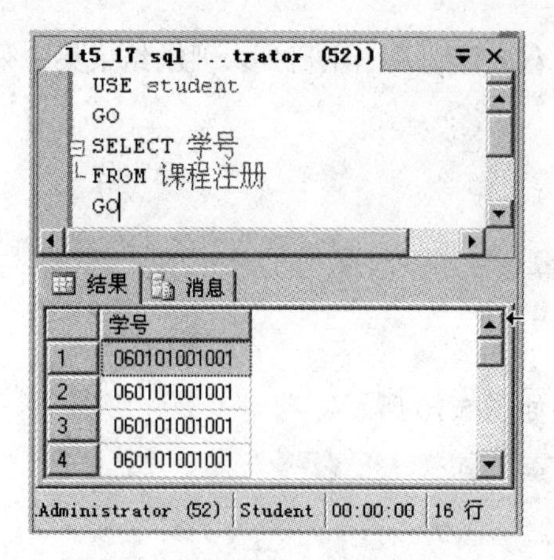

图 5.11　没有去掉重复的学号查询

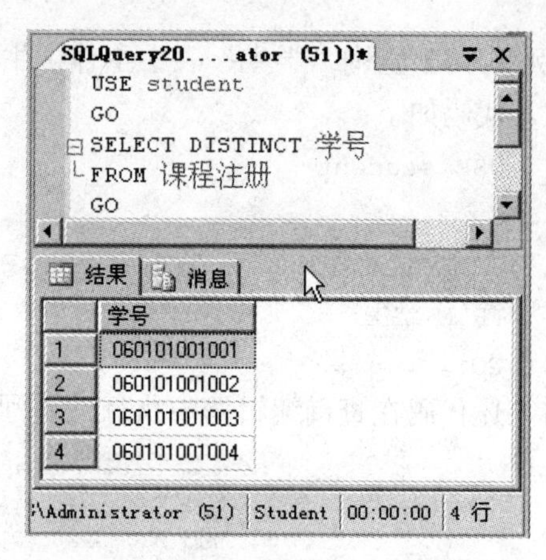

图 5.12　去掉了重复的学号查询

2. 限制返回行数

如果一个表中有上亿条记录，而用户只是看一看记录的样式和内容，这就没有必要显示全部的记录。如果要限制返回的行数，可以在字段列表之前使用 TOP　n 关键字，则查询结果只显示表中前面 n 条记录，如果在字段列表之前使用 TOP　n PERCENT 关键字，则查询结果只显示前面 n%条记录。

【例 5.18】查询“课程注册”表中的前三条记录的信息。代码如下：

```
USE student
GO
SELECT TOP 3 *
FROM  课程注册
GO
```

在查询编辑器中输入并执行上述代码，执行结果如图 5.13 所示。

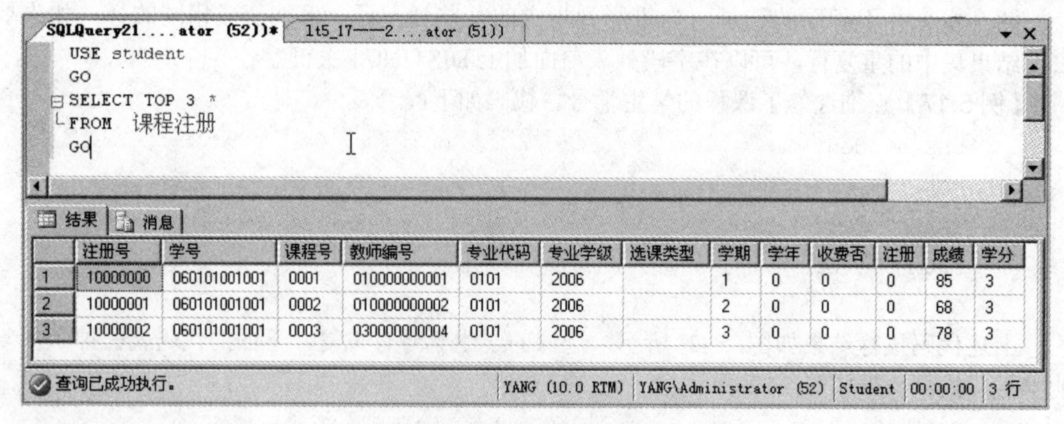

	注册号	学号	课程号	教师编号	专业代码	专业学级	选课类型	学期	学年	收费否	注册	成绩	学分
1	10000000	060101001001	0001	010000000001	0101	2006		1	0	0	0	85	3
2	10000001	060101001001	0002	010000000002	0101	2006		2	0	0	0	68	3
3	10000002	060101001001	0003	030000000004	0101	2006		3	0	0	0	78	3

图 5.13　显示前三条记录

【例 5.19】查询“课程注册”表中的前 20%的记录（只要求列出注册号,学号,课程号,教师编号）信息。代码如下：

```
USE student
GO
SELECT TOP 20 PERCENT 注册号,学号,课程号,教师编号
```

```
FROM  课程注册
GO
```

在查询编辑器中输入并执行上述代码，执行结果如图 5.14 所示。

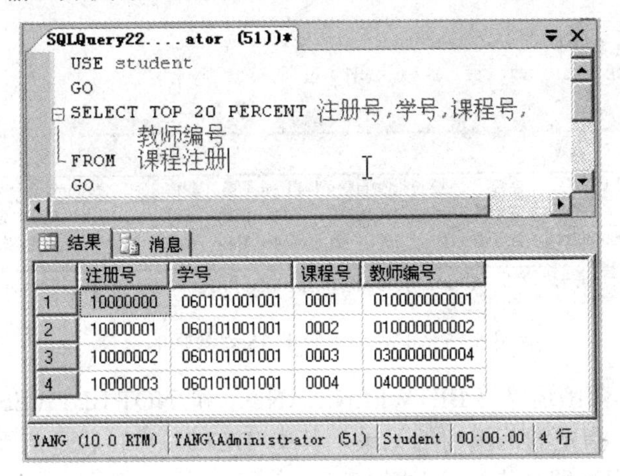

图 5.14　显示表中前 20%记录

3. 查询满足条件的元组

如果只希望得到表中满足特定条件的一些记录，用户可以在查询语句中使用 WHERE 子句。WHERE 子句使用的条件如表 5.1 所示。下面对查询条件的使用方法举例说明。

表 5.1　常用的查询条件

查询条件	运算符	意　义
比较	=,>,<,>=-,<=,!=,<>,!>,!<; NOT+上述运算符	比较大小
确定范围	BETWEEN AND , NOT BETWEEN AND	判断值是否在范围内
确定集合	IN,　NOT IN	判断值是否为列表中的值
字符匹配	LIKE, NOT LIKE	判断值是否与指定的字符通配格式相符
空值	IS NULL, NOT IS NULL	判断值是否为空
多重条件	AND , OR ,NOT	用于多重条件判断

（1）比较大小。比较运算符是比较两个表达式大小的运算符，其各运算符的含义是=（等于），>（大于），<（小于），>=（大于或等于），<=（小于或等于），<>（不等于），!=（不等于），!<（不小于），!> （不大于）。逻辑运算符 NOT 可以与比较运算符同用，对条件求非。

【例 5.20】查询年龄小于或等于 35 岁教师的信息。代码如下：

```
USE student
GO
SELECT *
FROM 教师
WHERE YEAR(GETDATE())-YEAR(出生日期)<=35
GO
```

将上述代码在查询编辑器中输入并执行，结果如图 5.15 所示。

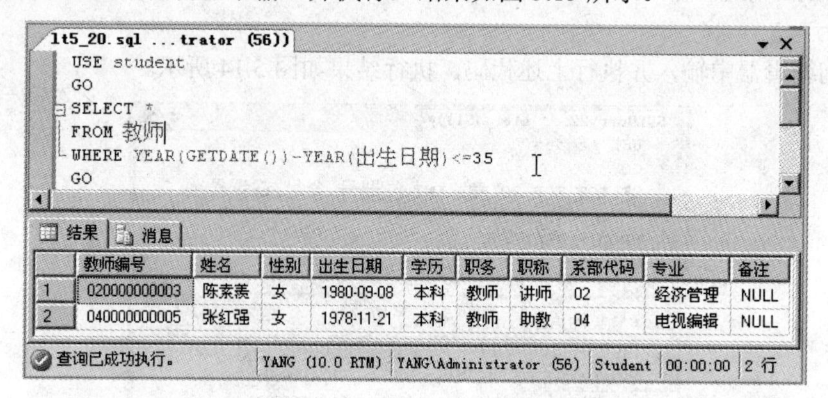

图 5.15 年龄小于等于 35 岁教师的记录

（2）确定范围。范围运算符 BETWEEN…AND…和 NOT BETWEEN…AND…可以查找属性值在（或不在）指定的范围内的记录。其中 BETWEEN 后是范围的下限（即低值），AND 后是范围的上限（即高值）。语法如下：

列表达式 [NOT] BETWEEN 启始值 AND 终止值

【例 5.21】 查询出生日期在 1971 年至 1980 年之间的教师编号、姓名和出生日期。代码如下：

```
USE student
GO
SELECT 教师编号,姓名,出生日期
FROM 教师
WHERE 出生日期 BETWEEN '1971-01-01' AND '1980-12-31'
GO
```

上述代码的含义是，如果出生日期大于等于 1971-01-01 并且小于等于 1980-12-31，则该记录在结果集中显示。在查询编辑器中输入并执行上述代码，执行结果如图 5.16 所示。

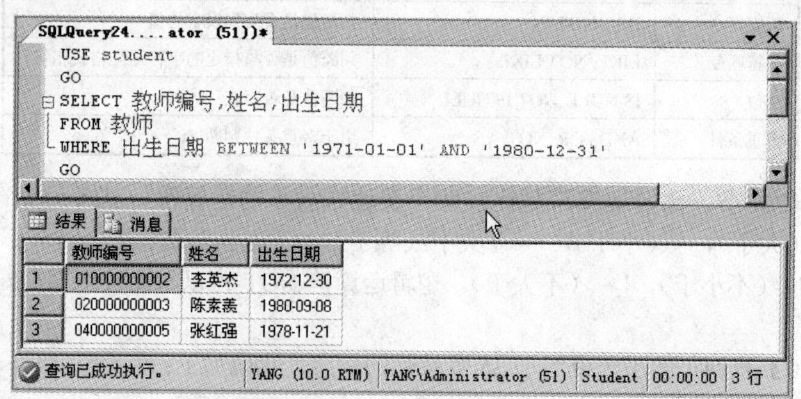

图 5.16 范围查询

（3）确定集合。确定集合运算符 IN 和 NOT IN 可以用来查找属性值属于（或不属于）指定集合的记录，运算符的语法格式如下：

列表达式 [NOT] IN （列值 1，列值 2，列值 3）

【例 5.22】 查询计算机系、经济管理系的班级名称与班级编号。代码如下：

```
USE student
GO
SELECT 班级代码,班级名称
FROM 班级
WHERE 系部代码 IN('01','02')
GO
```

将上述代码在查询编辑器中输入并执行，结果如图 5.17 所示。

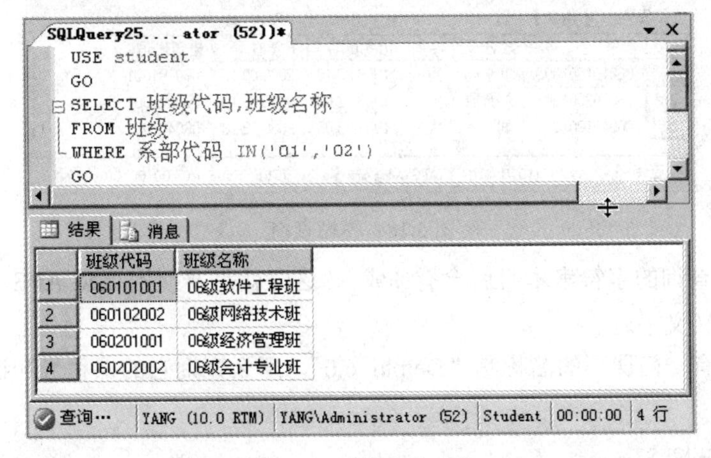

图 5.17 确定集合查询

（4）字符匹配。在实际的应用中，用户有时候不能给出精确的查询条件，因此，经常需要根据一些不确定的信息来查询。T-SQL 提供了字符匹配运算符 LIKE 进行字符串的匹配运算，实现这类模糊查询。其一般语法格式如下：

```
[NOT] LIKE '<匹配串>' [ESCAPE'<换码字符>']
```

其含义是查找指定的属性列值与<匹配串>相匹配的记录。<匹配串>可以是一个完整的字符串，也可以是含有通配符，其中通配符包括如下四种：

%：百分号，代表任意长度的字符串（长度可以是 0 的字符串）。例如 a%b 表示以 a 开头，以 b 结尾的任意长度的字符串。例如 acb，adkdkb，ab 等都满足该匹配串。

_：下画线，代表任意单个字符。例如 a_b 表示以 a 开头，以 b 结尾的长度为 3 的任意字符串。如 acb，afb 等。

[ ]：表示方括号里列出的任意一个字符。例如 A[BCDE]，表示第一个字符是 A 第二个字符为 B，C，D，E 中的任意一个。也可以是字符范围，例如 A[B-E]同 A[BCDE]的含义相同。

[^]：表示不在方括号里列出的任意一个字符。

【例 5.23】查询“学生”表中姓“刘”的同学的信息。代码如下：

```
USE student
GO
SELECT *
FROM 学生
WHERE 姓名 LIKE '刘%'
GO
```

通配符字符串'刘%'的含义是第一个汉字是“刘”的字符串。将上述代码在查询编辑器中输入并执行，执行结果如图 5.18 所示。

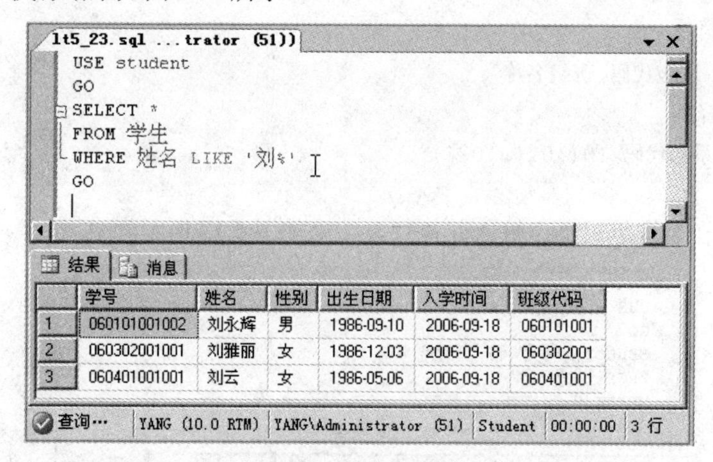

图 5.18　模糊查询

如果用户要查询的字符串本身就含有%或_，这时就需要使用 ESCAPE '<换码字符>'短语对通配符进行转义了。

【例 5.24】有一门课程的名称是“Delphi_6.0”，那么查询它的课程号和课程名称的代码如下：

```
USE student
GO
INSERT INTO 课程 (课程号, 课程名称, 备注)
VALUES ('0005', 'Delphi_6.0', '程序设计')
GO
SELECT 课程号,课程名称
FROM 课程
WHERE 课程名称 LIKE 'Delphi/_6.0' ESCAPE'/'
GO
```

ESCAPE '/' 短语表示 /是换码字符，这样匹配串中紧跟在/之后的字符“_”不再具有通配符的含义，转意为普通的“_”字符，请注意“/”不参与匹配过程。

将上述代码在查询编辑器中输入并执行。

（5）涉及空值的查询。一般情况下，表的每一列都有其存在的意义，但有时某些列可能暂时没有确定的值，这时用户可以不输入该列的值，那么这列的值为 NULL。NULL 与 0 或空格是不一样的。空值运算符 IS NULL 用来判断指定的列值是否为空。语法格式如下：

```
[NOT] 列表达式  IS  NULL
```

【例 5.25】查询“班级”表中备注字段为空的班级信息。代码如下：

```
SELECT *
FROM 班级
WHERE 备注 IS NULL
GO
```

这里的 IS 运算符不能用“=”代替。

将上述代码在查询编辑器中输入并执行，执行结果如图 5.19 所示。

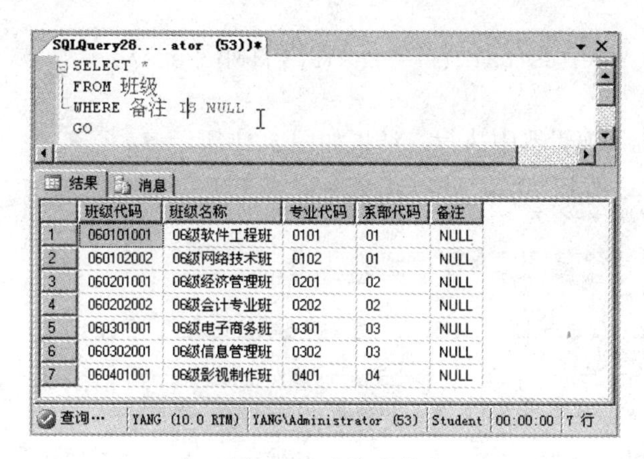

图 5.19 查询空值

（6）多重条件查询。用户可以使用逻辑运算符 AND、OR、NOT 连接多个查询条件，实现多重条件查询。逻辑运算符使用格式如下：

```
[NOT] 逻辑表达式 AND | OR  [NOT] 逻辑表达式
```

【例 5.26】查询“教师”表中出生日期在 1971 至 1980 年之间的女教师信息。代码如下：

```
SELECT *
FROM 教师
WHERE 出生日期 BETWEEN '1971-01-01' AND '1980-12-31' AND 性别='女'
GO
```

将上述代码在查询编辑器中输入并执行，结果如图 5.20 所示。

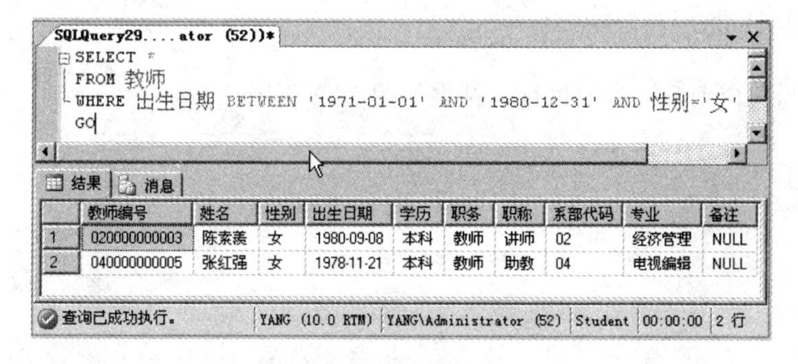

图 5.20 多重条件查询

5.2.4 对查询的结果排序

用户可以使用 ORDER BY 子句对查询结果按照一个或多个属性列的升序（ASC）或降序（DESC）排列，默认为升序。如果不使用 ORDER BY 子句则结果集按照记录在表中的顺序排列。ORDER BY 子句的语法格式如下：

```
ORDER  BY { 列名 [ASC|DESC] } [,…n]
```

当按多列排序时，先按前面的列排序，如果值相同再按后面的列排序。

【例 5.27】查询男教师的基本信息，按年龄降序排列。代码如下：

```
USE student
GO
SELECT *  FROM 教师  WHERE 性别='男'
```

```
ORDER BY  YEAR(GETDATE())-YEAR(出生日期)  DESC
GO
```

将上述代码在查询编辑器中执行，结果如图 5.21 所示。

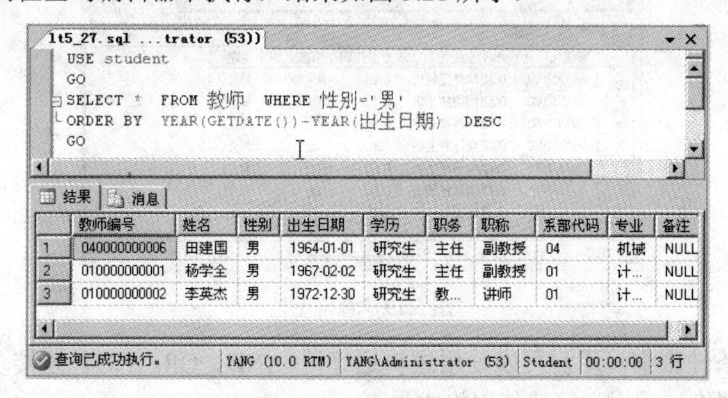

	教师编号	姓名	性别	出生日期	学历	职务	职称	系部代码	专业	备注
1	040000000006	田建国	男	1964-01-01	研究生	主任	副教授	04	机械	NULL
2	010000000001	杨学全	男	1967-02-02	研究生	主任	副教授	01	计...	NULL
3	010000000002	李英杰	男	1972-12-30	研究生	教...	讲师	01	计...	NULL

图 5.21　将结果排序

【例 5.28】查询全体学生信息，查询结果按所在的班级的班级代码降序排列，同一个班的按照学号升序排列。代码如下：

```
USE student
GO
SELECT *
FROM 学生
ORDER BY 班级代码 DESC ,学号 ASC
GO
```

将上述代码在查询编辑器中执行，结果如图 5.22 所示。

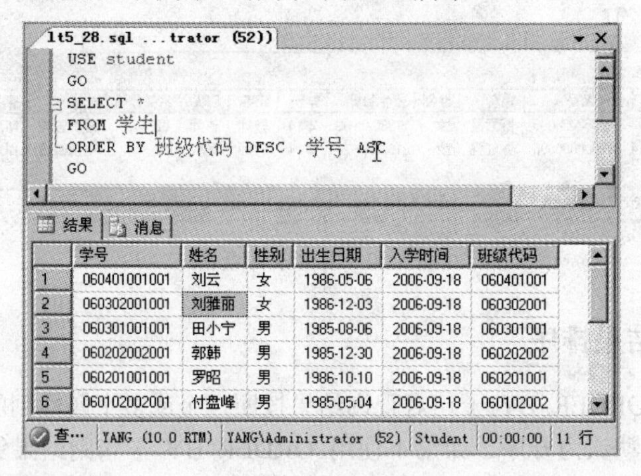

	学号	姓名	性别	出生日期	入学时间	班级代码
1	060401001001	刘云	女	1986-05-06	2006-09-18	060401001
2	060302001001	刘雅丽	女	1986-12-03	2006-09-18	060302001
3	060301001001	田小宁	男	1985-08-06	2006-09-18	060301001
4	060202002001	郭赫	男	1985-12-30	2006-09-18	060202002
5	060201001001	罗昭	男	1986-10-10	2006-09-18	060201001
6	060102002001	付盘峰	男	1985-05-04	2006-09-18	060102002

图 5.22　组合排序

5.2.5　对数据进行统计

用户经常需要对结果集进行统计，例如求和、平均值、最大值、最小值、个数等，这些统计可以通过集合函数、COMPUTE 子句、GROUP BY 子句来实现。

1. 使用集合函数

为了进一步方便用户，增强检索功能，SQL Server 提供了许多集合函数，主要有：

- COUNT([DISTINCT|ALL]*)统计记录个数。
- COUNT([DISTINCT|ALL]<列名>)统计一列中值的个数。
- SUM([DISTINCT|ALL]<列名>)计算一列值的总和（此列必须是数值型）。
- AVG([DISTINCT|ALL]<列名>)计算一列值的平均值（此列必须是数值型）。
- MAX([DISTINCT|ALL]<列名>)求一列值中的最大值。
- MIN([DISTINCT|ALL]<列名>)求一列值中的最小值。

在 SELECT 子句中集合函数用来对结果集进行统计计算。DISTINCT 是去掉指定列中的重复值的意思，ALL 是不取消重复，默认是 ALL。

【例 5.29】查询“学生”表中学生总数。代码如下：

```
USE student
GO
SELECT COUNT(*) AS 学生总数
FROM 学生
```

将上述代码在查询编辑器中输入并执行，结果如图 5.23 所示。

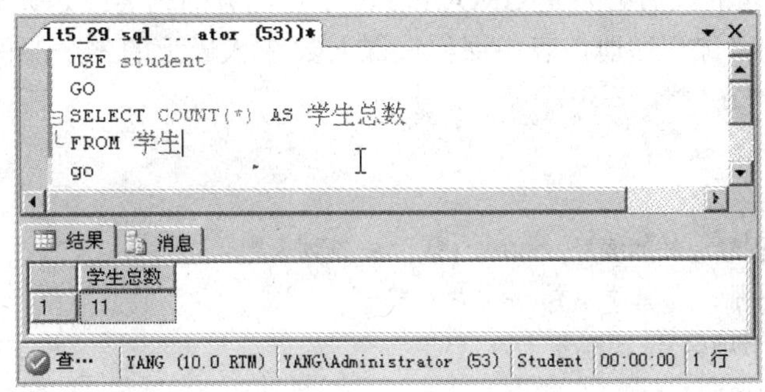

图 5.23 统计记录总数

【例 5.30】查询学生的平均年龄。代码如下：

```
USE student
GO
SELECT AVG(YEAR(GETDATE())-YEAR(出生日期)) AS 平均年龄 FROM 学生
GO
```

将上述代码在查询编辑器中输入并执行，结果如图 5.24 所示。

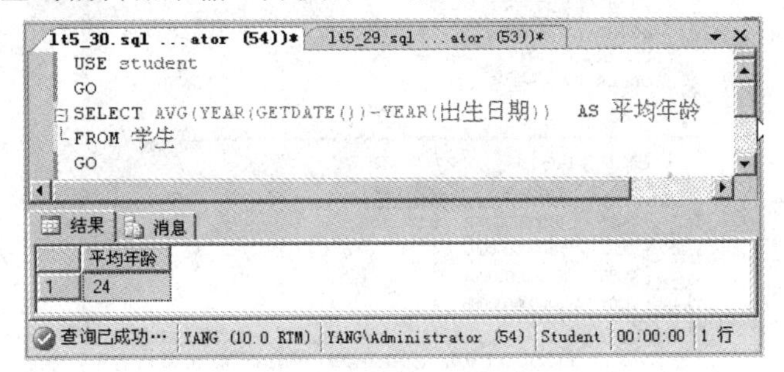

图 5.24 求学生的平均年龄

2. 对结果进行分组

GROUP BY 子句将查询结果集按某一列或多列值分组，分组列值相等的为一组，并对每一组进行统计。对查询结果集分组的目的是为了细化集合函数的作用对象。GROUP BY

子句的语法格式为：

GROUP BY [[列名列表]| [GROUPING SETS(列名)子句]][,[ROLLUP(列名列表)子句],[CUBE(列名列表)子句]]

[HAVING 筛选条件表达式]

其中：

- BY 列名是按列名指定的字段进行分组，将该字段值相同的记录组成一组，对每一组记录进行汇总计算并生成一条记录。
- GROUPING SETS()：在一个查询中指定数据的多个分组，且仅返回每个分组级别的顶级汇总行。仅聚合指定组，而不聚合由 CUBE 或 ROLLUP 生成的整组聚合。
- ROLLUP()：生成简单的 GROUP BY 聚合行以及小计行或超聚合行，还生成一个总计行。
- CUBE()：生成简单的 GROUP BY 聚合行、ROLLUP 超聚合行和交叉表格行。
- “HAVING 筛选条件表达式”表示对生成的组筛选后再对满足条件的组进行统计。
- SELECT 子句的列名必须是 GROUP BY 子句已有的列名或是计算列。

【例 5.31】查询“课程注册”表中课程选课人数 3 人以上的各个课程号和相应的选课人数。代码如下：

```
USE student
GO
SELECT 课程号 ,教师编号,COUNT(*) AS 选课人数
FROM 课程注册
GROUP BY 教师编号,课程号
HAVING COUNT(*)>=3
ORDER BY 课程号
```

将上述代码在查询编辑器中执行，结果如图 5.25 所示。HAVING 与 WHERE 子句的区别在于作用对象不同。HAVING 作用于组，选择满足条件的组，WHERE 子句作用于表，选择满足条件的记录。

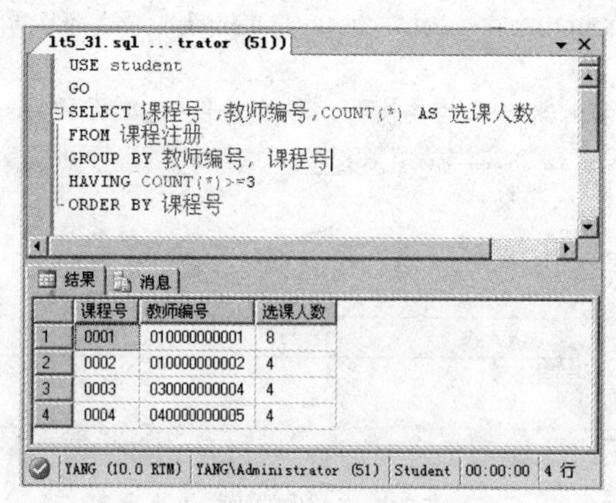

图 5.25 分组统计

3. 使用 COMPUTE 子句

COMPUTE 子句对查询结果集中的所有记录进行汇总统计，并显示所有参加汇总记录

的详细信息。使用语法格式如下：

```
COMPUTE 集合函数  [ BY 列名]
```

其中：

- 集合函数。例如 SUM ()、AVG()、COUNT ()等。
- BY 列名按指定“列名”字段进行分组计算，并显示被统计记录的详细信息。
- BY 选项必须与 ORDER BY 子句一起使用。

【例 5.32】查询所有学生所有成绩的总和。代码如下：

```
USE student
GO
SELECT *
FROM 课程注册
ORDER BY 学号
COMPUTE SUM(成绩)
GO
```

在查询编辑器中执行，结果如图 5.26 所示，在最后一行，有一条汇总记录。

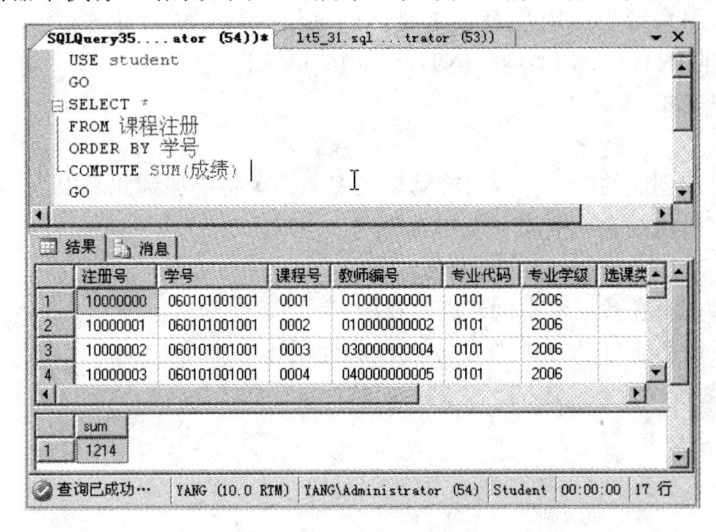

图 5.26　COMPUTE 计算

【例 5.33】对每个学生的所有课程的成绩求和，并显示详细记录。代码如下：

```
USE student
GO
SELECT *
FROM 课程注册
ORDER BY 学号
COMPUTE SUM(成绩) BY 学号
GO
```

上述代码中 COMPUTE BY 子句之前使用了 ORDER BY 子句，原因是必须先按分类字段排序之后才能使用 COMPUTE BY 子句进行分类汇总。COMPUTE BY 与 GROUP BY 子句的区别在于，前者即显示统计记录又显示详细记录，后者仅显示分组统计的汇总记录。将上述代码在查询编辑器中输入并执行，执行结果如图 5.27 所示。

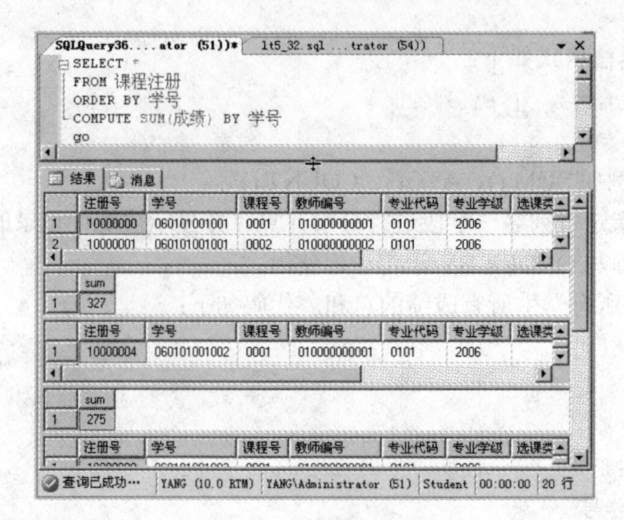

图 5.27　每个学生成绩总和

5.2.6　用查询结果生成新表

在实际的应用系统中，用户有时需要将查询结果保存成一个表。这个功能可以通过 SELECT 语句中的 INTO 子句实现。INTO 子句的语法格式如下：

```
INTO 新表名
```

其中：

- 新表名是被创建的新表，查询的结果集中的记录将添加到此表中。
- 新表的字段由结果集中的字段列表决定。
- 如果表名前加#号则创建的表为临时表。
- 用户必须拥有在数据库中创建表的权限。
- INTO 子句不能与 COMPUTE 子句一起使用。

【例 5.34】创建“班级”表的一个副本。代码如下：

```
USE student
GO
SELECT * INTO 班级副本 FROM 班级
GO
SELECT * FROM 班级副本
GO
```

将上述代码在查询编辑器中输入并执行，结果如图 5.28 所示。

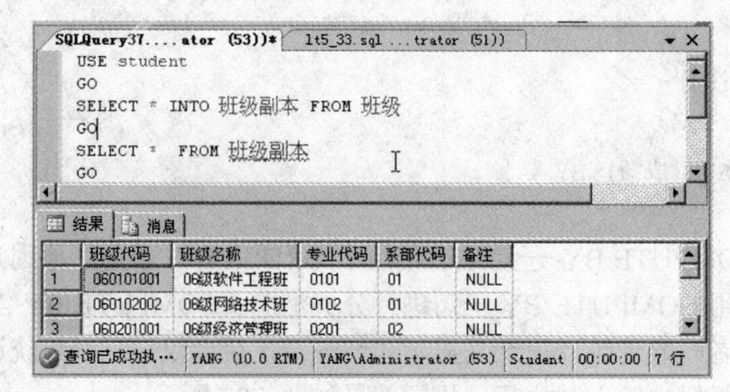

图 5.28　生成新表

【例 5.35】创建一个空的“学生”表的副本。代码如下：

```
USE student
GO
SELECT * INTO 学生副本
FROM 学生
WHERE 1=2
GO
```

上述代码中 WHERE 子句的条件永远为“假”，所以不会在创建的表中添加记录。在查询编辑器中输入并执行上述代码，用户可以查看到新建的表。

5.2.7 合并结果集

使用 UNION 语句可以将多个查询结果集合并为一个结果集，也就是集合的并操作。UNION 子句的语法格式如下：

```
SELECT 语句
   {UNION   SELECT 语句}[,…n]
```

其中：

- 参加 UNION 操作的各结果集的列数必须相同，对应的数据类型也必须相同。
- 系统将自动去掉并集的重复记录。
- 最后结果集的列名来自第一个 SELECT 语句。

【例 5.36】查询“课程注册”表中 0101 专业的学生信息及课程成绩大于 78 分的学生信息。代码如下：

```
USE student
GO
SELECT *
FROM 课程注册
WHERE 专业代码='0101'
UNION
SELECT *
FROM 课程注册
WHERE 成绩>78
GO
```

本查询实际是求 0101 专业所有选课的学生与成绩大于 78 分的学生的并集。将上述代码在查询编辑器中执行，结果如图 5.29 所示。

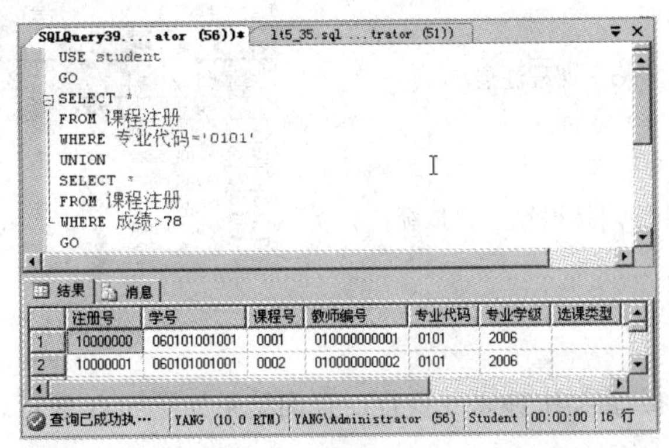

图 5.29 查询结果的并操作

【例 5.37】查询“课程注册”表中选修了“0001”号课程或者选修了“0002”号课程的学生，也就是选修了课程“0001”的学生集合与选修了课程“0002”的学生集合的并集。代码如下：

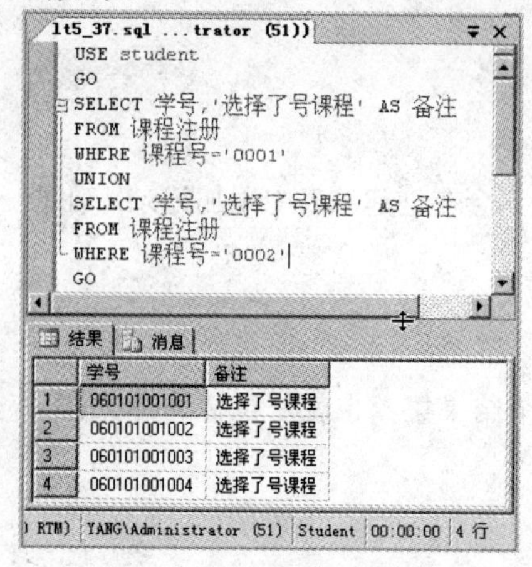

图 5.30　查询结果的并操作

```
USE student
GO
SELECT 学号,'选择了 0001 号课程' AS 备注
FROM 课程注册
WHERE 课程号='0001'
UNION
SELECT 学号,'选择了 0002 号课程' AS 备注
FROM 课程注册
WHERE 课程号='0002'
GO
```

将上述代码在查询编辑器中输入并执行，查询结果如图 5.30 所示。

5.2.8　公用表达式

公用表达式（Common Table Express，CTE）是一个在查询中定义的一个临时命名结果集，类似于第 8 章讲述的非持久视图。CTE 用在查询的 FROM 子句中，每个 CTE 被定义一次，并在该查询生存期一直生存，直到该查询结束。创建 CTE 的语法如下：

```
WITH  < CTE 名称>  (列名列表)
AS
(
    查询语句
)
SELECT * FORM   <CTE 名称>
```

【例 5.38】查询“课程注册”表中选修了“0001”号课程，并且该课程的成绩大于 60 分的学生集合。代码如下：

```
USE Student
GO
WITH  course0001
as(
   select * from 课程注册
where 课程号 ='0001'  )

SELECT [学号] ,[课程号] ,[成绩] ,
[学分]
FROM course0001
go
```

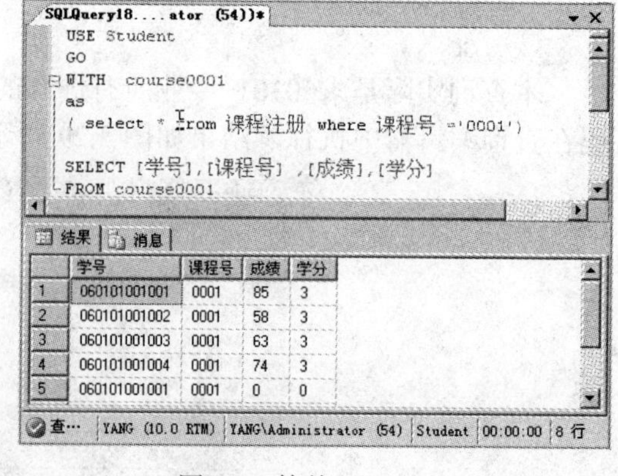

图 5.31 简单 CTE 示例

将上述代码在查询编辑器中输入并执行，查询结果如图 5.31 所示。

5.2.9 MERGE 语句

在 SQL Server 2008 中，用户可以使用 MERGE 语句在一条语句中执行插入、更新或删除操作。MERGE 语句允许用户将数据源与目标表或视图连接，然后根据该联接的结果对目标对象执行多项操作。例如，用户可以使用 MERGE 语句有条件地在单个目标表中插入和更新行，有条件地更新和删除行，根据与源数据的差别在目标表中插入、更新或删除行。

以下是简单的带批注的 MERGE 语法格式：

```
MERGE
        <要更新的目标表>  AS  <表的别名>
        USING  <源表>
        ON  <合并搜索条件>
        [ WHEN  MATCHED [ AND <搜索条件子句> ]
            THEN <更新> ]
        [ WHEN NOT MATCHED [ BY TARGET ] [ AND <搜索条件子句> ]
            THEN <插入> ]
        [ WHEN NOT MATCHED BY SOURCE [ AND <搜索条件子句> ]
            THEN <删除> ]
        [ <OUTPUT  输出列表> ]
        ;
```

MERGE 语法包括五个主要子句：

- MERGE 子句：用于指定作为插入、更新或删除操作目标的表或视图。
- USING 子句：用于指定要与目标连接的数据源。
- ON 子句：用于指定决定目标与源的匹配位置的连接条件。
- WHEN 子句：用于根据 ON 子句的结果指定要执行的操作。
- OUTPUT 子句：针对更新、插入或删除的目标对象中的每一行返回一行。

【例 5.39】首先创建“课程注册表备份”表，该表的结构与“课程注册”表一致，注册号为主键，然后以课程注册表为源表，插入更新课程注册表备份表。如图 5.32 所示。

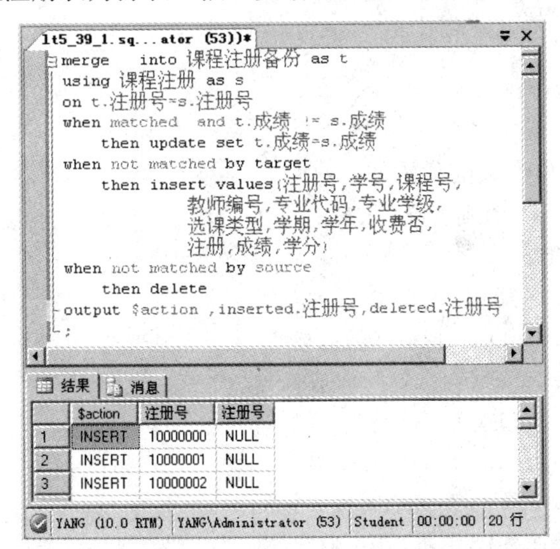

图 5.32 MERGE 执行效果

创建表的代码如下：

```
use Student
IF OBJECT_ID (N'dbo.课程注册备份',
    N'U') IS NOT NULL
    DROP TABLE dbo.课程注册备份;
GO
SET ANSI_NULLS ON
GO
SET QUOTED_IDENTIFIER ON
GO
SET ANSI_PADDING ON
GO
CREATE TABLE [dbo].[课程注册备份]
(   [注册号] [bigint] NOT NULL,
        [学号] [char](12) NULL,
        [课程号] [char](4) NOT NULL,
        [教师编号] [char](12) NOT NULL,
        [专业代码] [char](4) NOT NULL,   [专业学级] [char](4) NULL,
        [选课类型] [char](4) NULL,   [学期] [tinyint] NULL,
        [学年] [char](4) NULL,  [收费否] [bit] NULL,
        [注册] [bit] NULL, [成绩] [tinyint] NULL, [学分] [tinyint] NULL,
          CONSTRAINT [pk_zchbak] PRIMARY KEY CLUSTERED
        (
            [注册号] ASC
        )WITH (PAD_INDEX  = OFF, STATISTICS_NORECOMPUTE  = OFF,
            IGNORE_DUP_KEY = OFF, ALLOW_ROW_LOCKS  = ON,
            ALLOW_PAGE_LOCKS  = ON) ON [StuGroup2]
) ON [StuGroup2]
GO
SET ANSI_PADDING OFF
GO
```

更新“课程注册备份”表的代码如下：

```
merge  into 课程注册备份 as t
using 课程注册 as s
on t.注册号=s.注册号
when matched  and t.成绩 != s.成绩
    then update set t.成绩=s.成绩
when not matched by target
    then insert values(注册号,学号,课程号,
            教师编号,专业代码,专业学级,
            选课类型,学期,学年,收费否,
            注册,成绩,学分)
```

```
when not matched by source
   then delete
output $action ,inserted.注册号,deleted.注册号
;
```

注意：MERGE 语句最后的分号不能省略。

5.3 案例中数据的基本操作

1. 模糊查询

使用 student 数据库，从“学生”表中查询姓“张”或“刘”或“罗”的同学的信息，查询结果按姓名排序。

```
USE student
GO
SELECT *
FROM 学生
WHERE 姓名 LIKE '[刘,张,罗]%'
ORDER BY 姓名
GO
```

2. 集合查询

使用 student 数据库，从“课程注册”表中查询选修了“0001”或“0002”或“0003”号课程的同学的学号和成绩，查询结果按课程号的升序和成绩的降序排列。

```
USE student
GO
SELECT 课程号,学号,成绩
FROM 课程注册
WHERE 课程号 IN('0001','0002', '0003')
ORDER BY 课程号 ASC,成绩 DESC
GO
```

3. 使用集合函数

使用 student 数据库，从“课程注册”表中查询选修了“0001”号课程的学生人数、最高成绩、最低成绩和平均成绩。

```
USE student
GO
SELECT COUNT(*) AS 学生总数,MAX(成绩) AS 最高成绩,
       MIN(成绩) AS 最低成绩,AVG(成绩) AS 平均成绩
FROM 课程注册
WHERE 课程号='0001'
GO
```

4．结果分组

使用 student 数据库，从“课程注册”表中查询总成绩大于 300 分的同学的学号和总成绩。

```
USE student
GO
SELECT 学号,SUM(成绩) AS 总成绩
FROM 课程注册
GROUP BY 学号
HAVING SUM(成绩)>300
GO
```

5.4 思考题

1．简述 INSERT 的用法。

2．修改表数据和删除表数据的 T-SQL 命令是什么？

3．简述 UNCATE TABL 与 EDELETE 语句的区别。

4．简述简单查询的几种情况。

5．模糊查询的运算符是什么？其匹配字符有哪几种？如果要查询的字符中包含匹配字符，如何查询？

6．常用的集合函数有哪些？

7．使查询结果有序显示的子句是什么？

8．COMPUTE 与 COMPUTE BY 子句在使用时有什么不同？

第 6 章　数据的高级操作

上一章介绍了数据的基本操作，这些查询操作实现了在一个表上的投影和选择。在实际应用中，经常需要在多个表中查询数据，也就是数据的高级操作。本章将介绍涉及多个表的查询操作，包含连接查询和子查询。

6.1　连接查询

连接查询是涉及多个表的查询，它是关系数据库中最重要的查询，包括等值与非等值查询、自然连接查询、自身查询、外连接查询等。

6.1.1　交叉连接查询

交叉连接又称非限制连接（广义笛卡尔积），它是将两个表不加约束的连接在一起，连接产生的结果集的记录为两个表中记录的交叉乘积，结果集的列为两个表属性列的和。

1．交叉连接的连接过程

例如，有一个“学生 1”表和一个“单科成绩”表，如表 6.1、表 6.2 所示，两个表交叉连接后产生的结果如表 6.3 所示，结果集是两个表记录的交叉乘积，列是两个表列的集合。

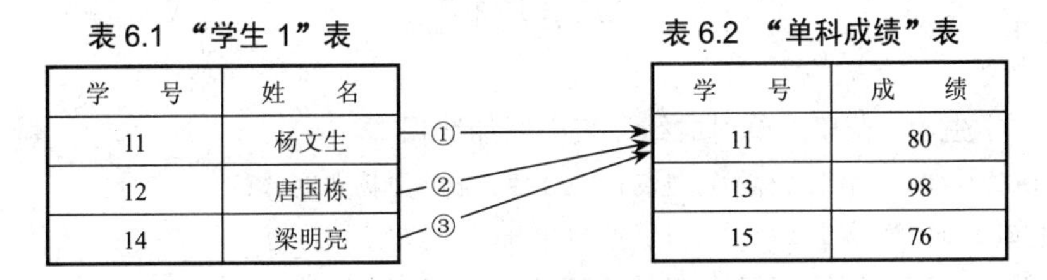

表 6.1　“学生 1”表

学　号	姓　名
11	杨文生
12	唐国栋
14	梁明亮

表 6.2　“单科成绩”表

学　号	成　绩
11	80
13	98
15	76

表 6.3　交叉连接结果

学　号	姓　名	学　号	成　绩
11	杨文生	11	80
12	唐国栋	11	80
14	梁明亮	11	80
11	杨文生	13	98
12	唐国栋	13	98
14	梁明亮	13	98
11	杨文生	15	76
12	唐国栋	15	76
14	梁明亮	15	76

从概念上讲，SQL Server 执行交叉连接的过程是：首先在表 6.1“学生 1”表中找到第一条记录，然后拼接表 6.2“单科成绩表”中的第一条记录，形成表 6.3 结果表中的第一个

记录；然后找到表 6.1 表中的第二条记录，拼接表 6.2 中的第一条记录形成表 6.3 中的第二条记录……就这样将“学生”表中的所有记录与“单科成绩”表中的第一条记录拼接完后，然后再从头将“学生 1”表中的所有记录与“单科成绩”表中的第二条记录拼接，将结果放入表 6.3 结果表中。重复上述操作直到表 6.2“单科成绩”表中的全部记录处理完毕为止。

2．交叉连接的语法格式

交叉连接的语法格式如下：

SELECT 列名列表　FROM　表名 1　CROSS JOIN　表名 2

其中 CROSS JOIN 为交叉连接关键字。

【例 6.1】 在 student 数据库中生成上例所用的“学生 1”表（表 6.1）和“单科成绩”表（表 6.2），然后输入表中的数据，并交叉连接查询“学生 1”表和“单科成绩”表。代码如下：

（1）使用“学生”表生成“学生 1”表的表结构。

```
USE student
GO
SELECT  学号,姓名 INTO 学生1
FROM 学生
WHERE 1=2
GO
```

（2）使用“课程注册”表生成“单科成绩”表的表结构。

```
SELECT  学号,成绩 INTO 单科成绩
FROM 课程注册
WHERE 1=2
GO
```

（3）向“学生 1”表和“单科成绩”表中添加数据。

```
INSERT INTO 学生1(学号,姓名)VALUES('11','杨文生')
INSERT INTO 学生1(学号,姓名)VALUES('12','唐国栋')
INSERT INTO 学生1(学号,姓名)VALUES('14','梁明亮')
GO
INSERT INTO 单科成绩(学号,成绩)VALUES('11',80)
INSERT INTO 单科成绩(学号,成绩)VALUES('13',98)
INSERT INTO 单科成绩(学号,成绩)VALUES('15',76)
GO
```

（4）交叉连接查询。

```
SELECT *
FROM 学生1 CROSS JOIN 单科成绩
GO
```

在查询编辑器中输入上述代码并执行，执行结果如图 6.1 所示。

需要用户注意的是：交叉连接产生的结果集一般没有什么实际应用的意义，所以这种连接很少使用，但对于理解 DBMS 的交叉连接过程，及今后使用连接查询很有帮助。

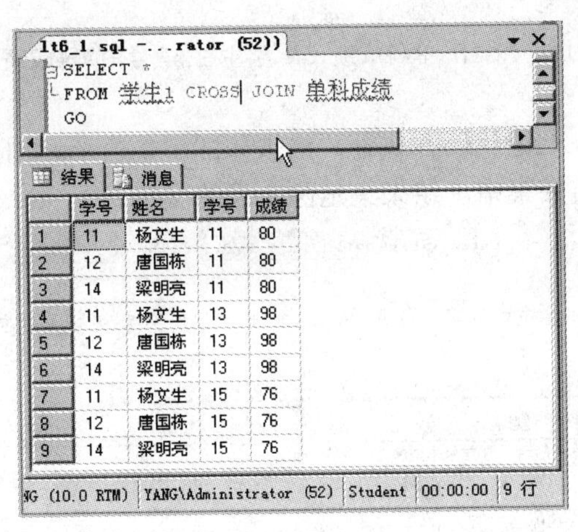

图 6.1　交叉查询的执行结果

6.1.2　等值与非等值连接查询

连接查询中用来连接两个表的条件称为连接条件，连接条件的一般格式为：

[<表名 1>.]<列名>　<比较运算符>　[<表名 2>.]<列名>

其中比较运算符主要有：=、>、<、>=、<=、!= 。

当比较运算符为“ = ”时，称为等值连接。使用其他运算符的连接为非等值连接。与比较运算符一起组成连接条件的列名称为连接字段。

“学生 1”表与“单科成绩”表等值连接的过程是：首先在表 6.1“学生 1”表中找到第一条记录，然后与表 6.2“单科成绩”表中的第一条记录比较，如果学号值相等，则拼接形成表 6.3 结果表中的第一个记录，否则不拼接。然后找到表 6.1“学生 1”表中的第二条记录，再与表 6.2“单科成绩”表中的第一条记录比较，如果学号相等，则拼接形成表 6.3 中的第二条记录，否则不拼接。就这样将表 6.1“学生 1”表中的所有记录与表 6.2“单科成绩”表中的第一条记录比较完后，然后再从头将表 6.1“学生 1”表中的所有记录与表 6.2“单科成绩”表中的第二条记录比较，将结果放入表 6.3 结果表中。重复上述操作直到表 6.2“单科成绩”表中的全部记录处理完毕为止。

等值连接的过程类似于交叉连接，只是在连接的过程中只拼接满足连接条件的记录到结果集中。等值连接的语法格式为：

```
SELECT 列名列表
FROM 表名1 [INNER] JOIN 表名2
ON 表名1.列名=表名2.列名。
```

其中：

- INNER 为连接类型选项关键字，指定连接类型为内连接，可以省略。
- ON 表名 1.列名=表名 2.列名是连接的等值连接条件。通常为“ON 主键=外键”的形式。

【例 6.2】用等值连接的方法连接“学生 1”表和“单科成绩”表，观察通过学号连接后的结果集与交叉连接有何区别。等值连接的代码如下：

```
USE student
GO
SELECT *
```

```
FROM 学生1 INNER JOIN 单科成绩 ON 学生1.学号=单科成绩.学号
GO
```

在查询编辑器中输入上述代码并执行，结果如图 6.2 所示。用户可以发现只有满足连接条件的记录才被拼接到结果集中，结果集是两个表的交集。

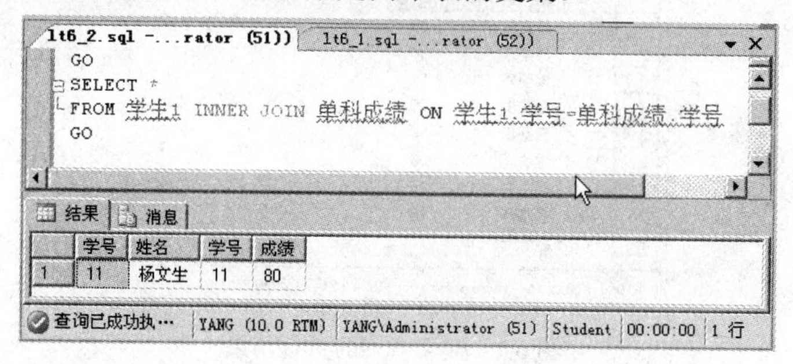

图 6.2　等值连接的结果

在等值连接的结果集中，如图 6.2 所示，学号这个列有重复。在等值连接中，把目标列中重复的属性列去掉则为自然连接。

【例 6.3】自然连接“学生 1”表和“单科成绩”表。代码如下：

```
USE student
GO
SELECT 学生1.学号,姓名,成绩
FROM 学生1 INNER JOIN 单科成绩 ON 学生1.学号=单科成绩.学号
GO
```

由于“学生 1”表和“单科成绩”两个表中都含有“学号”字段，因此在查询时应该指明字段来自于哪个表，表和字段之间使用“.”进行分隔。对于不重复的字段，在输出时，可以加表名，也可以不加表名限定。

将上述代码在查询编辑器中执行，结果如图 6.3 所示。

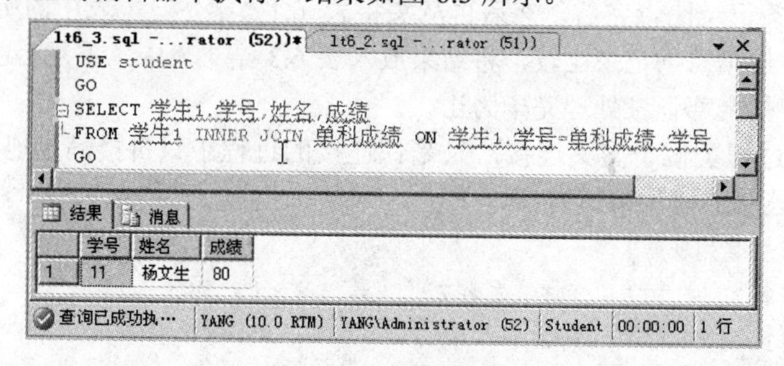

图 6.3　自然连接

为了简便书写上面的查询语句，可以使用表的别名。分配表别名时，可以使用 AS 关键字，也可以不使用：

- 数据表名 AS 表别名
- 数据表名 表别名

【例 6.4】使用表别名自然连接“学生 1”表和“单科成绩”表。代码如下：

```
USE student
GO
SELECT S.学号,姓名,成绩
```

```
FROM 学生 AS S INNER JOIN 单科成绩 AS C ON S.学号=C.学号
GO
```

如果使用表的别名后，在所有的查询语句中对该表的所有显式引用都必须使用别名，而不能使用表名。

6.1.3 自身连接查询

连接操作不仅可以在两个不同的表之间进行，也可以是一个表与其自身进行的连接，称为表的自身连接。自身连接也可以理解为，一个表的两个副本之间的连接。使用自身连接时，必须为表指定两个别名。

【例 6.5】 查询选修了两门或两门以上课程的学生的学号和课程号。代码如下：

```
USE student
GO
SELECT DISTINCT  a.学号,a.课程号
FROM 课程注册 AS a JOIN 课程注册 AS b
ON a.学号=b.学号 AND a.课程号!=b.课程号
GO
```

将上述代码在查询编辑器中输入并执行，结果如图 6.4 所示。

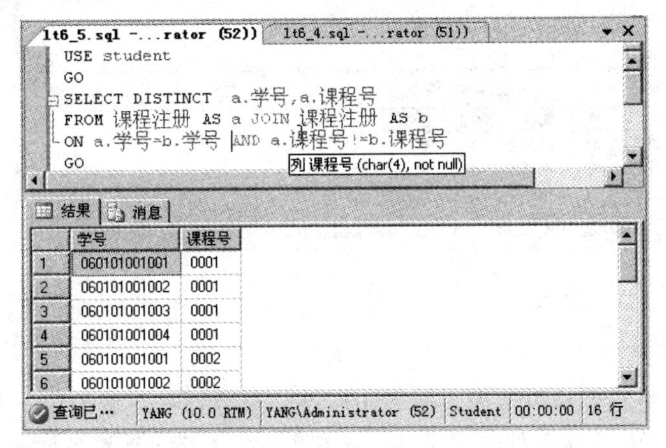

图 6.4 自身连接查询

6.1.4 外连接查询

在通常的连接操作中，只有满足条件的记录才能在结果集里输出。如【例 6.2】和【例 6.3】中，12 号学生“唐国栋”和 14 号学生“梁明亮”没有在结果集里出现，因为这些学生没有在“单科成绩”表中出现，也就是他们没有选择该门课程。如果想以学生表为主体列出学生选课情况，若某个学生没有选课，则只输出学生的基本信息，其成绩为空值即可。这时就需要外连接。

外连接又分为左外连接、右外连接、全外连接三种。外连接除产生内连接生成的结果集外，还可以使一个表（左、右外连接）或两个表（全外连接）中的不满足连接条件的记录也出现在结果集中。

1. 左外连接

左外连接就是将左表作为主表，主表中所有记录分别与右表的每一条记录进行连接组

合，结果集中除了满足连接条件的记录外，还有主表中不满足连接条件的记录也在结果集中显示，在右表的相应列上自动填充 NULL 值。左外连接的语法如下：

```
SELECT 列名列表
FROM 表名1 LEFT [OUTER] JOIN 表名2
ON 表名1.列名=表名2.列名
```

【例 6.6】 将“学生 1”表左外连接“单科成绩”表。代码如下：

```
USE  student
GO
SELECT *
FROM 学生1 LEFT OUTER JOIN 单科成绩
ON 学生1.学号=单科成绩.学号
```

将上述代码在查询编辑器中输入并执行，结果如图 6.5 所示，结果集中除了满足连接条件的“11”号学生的记录外，还有不满足连接条件的“12”和“14”号学生记录，但是它们的右表字段的值为 NULL。

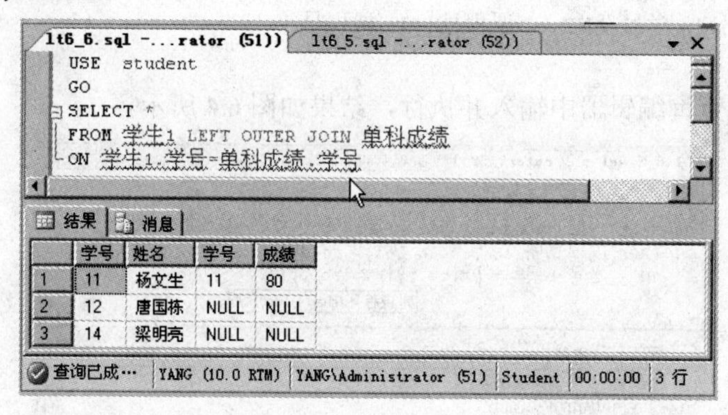

图 6.5　左外连接

2．右外连接

右外连接就是将右表作为主表，主表中所有记录分别与左表的每一条记录进行连接组合，结果集中除了满足连接条件的记录外，还有主表中不满足连接条件的记录，在左表的相应列上自动填充 NULL 值。右外连接的语法如下：

```
SELECT 列名列表
FROM 表名1 RIGHT  [OUTER] JOIN 表名2
ON 表名1.列名=表名2.列名
```

【例 6.7】 将“学生 1”表右外连接“单科成绩”表。代码如下：

```
USE student
GO
SELECT *
FROM 学生1 RIGHT OUTER JOIN 单科成绩
ON 学生1.学号=单科成绩.学号
GO
```

将上述代码在查询编辑器中输入并执行，结果如图 6.6 所示，结果集中除了满足连接条件的“11”号学生的记录外，还有不满足连接条件的“13”和“15”号学生的记录，但是它们的左表字段的值为 NULL。

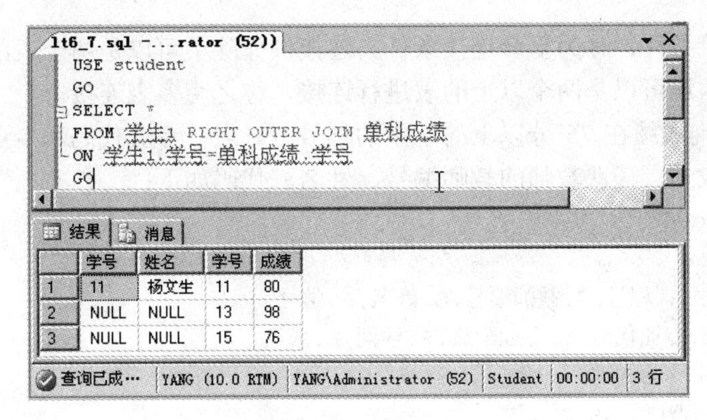

图 6.6　右外连接

3. 全外连接

全外连接就是将左表所有记录分别与右表的每一条记录进行连接组合，结果集中除了满足连接条件的记录外，还有左、右表中不满足连接条件的记录，在左、右表的相应列上填充 NULL 值。全外连接的语法如下：

```
SELECT 列名列表 FROM 表名1  FULL  [OUTER] JOIN 表名2
ON 表名1.列名=表名2.列名
```

【例 6.8】用全外连接的方法连接“学生 1”表与“单科成绩”表。代码如下：

```
USE student
GO
SELECT *
FROM 学生1
    FULL OUTER JOIN 单科成绩
    ON 学生1.学号=单科成绩.学号
GO
```

在查询编辑器中执行上述代码，结果如图 6.7 所示，结果集为“学生 1”表和“单科成绩”表两个表的全部记录。

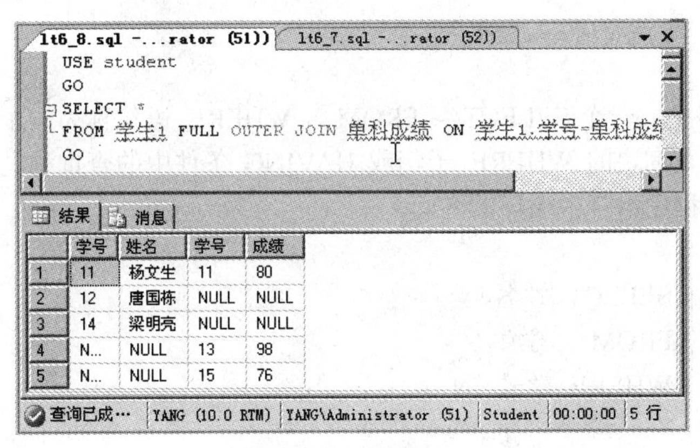

图 6.7　全外连接

6.1.5　复合连接条件查询

在上面讲述的各个连接查询中，ON 连接条件表达式只有一个条件，ON 连接表达式中也可以有多个连接条件，称为复合连接条件。连接操作除了可以是两个表的连接，一个表与其自身的连接外，还可以是两个以上的表进行连接，称之为多表连接。

【例 6.9】查询成绩在 75 分以上的学生的学号、姓名、专业代码和专业学级，选修课的学期、课程号、成绩，任课教师的教师编号、姓名。代码如下：

```
USE student
GO
SELECT B.课程号,C.教师编号,C.姓名,A.学号,
A.姓名,B.专业代码,B.专业学级,B.学期,B.成绩
FROM 学生 AS A
 JOIN 课程注册 AS B
     ON A.学号=B.学号 AND B.成绩>75
     JOIN 教师 AS C
     ON B.教师编号=C.教师编号
GO
```

将上述代码在查询编辑器中执行，结果如图 6.8 所示。

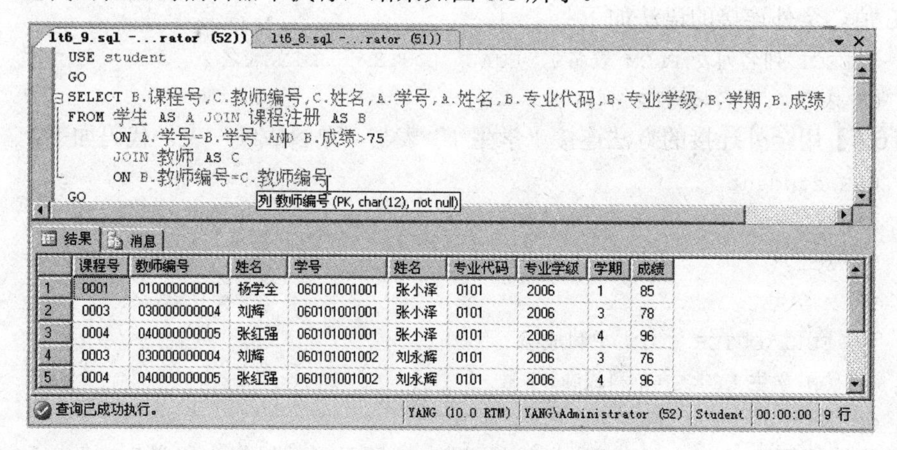

	课程号	教师编号	姓名	学号	姓名	专业代码	专业学级	学期	成绩
1	0001	010000000001	杨学全	060101001001	张小泽	0101	2006	1	85
2	0003	030000000004	刘辉	060101001001	张小泽	0101	2006	3	78
3	0004	040000000005	张红强	060101001001	张小泽	0101	2006	4	96
4	0003	030000000004	刘辉	060101001002	刘永辉	0101	2006	3	76
5	0004	040000000005	张红强	060101001002	刘永辉	0101	2006	4	96

图 6.8 复合查询

6.2 子查询

在 T-SQL 语言中，一个 SELECT – FROM – WHERE 语句称为一个查询块，将一个查询块嵌套在另一个查询块的 WHERE 子句或 HAVING 条件中的查询称之为嵌套查询。嵌套查询的结构类似于程序语言中循环的嵌套。

例如：

```
       ┌ SELECT 姓名
父查询 ┤ FROM   学生
       └ WHERE 学号 IN
                (
         ┌      SELECT 学号
  子查询 ┤      FROM   课程注册
         └      WHERE  课程号='0002'
                )
```

括号中的查询块“SELECT 学号 FROM 课程注册 WHERE 课程号='0002'”是嵌套在上层的“SELECT 姓名 FROM 学生 WHERE 学号 IN ”的 WHERE 条件中的。括号中的查询块称为子查询或内层查询，而包含子查询块的查询块称为父查询或外层查询。

子查询可以嵌套在外部 SELECT、INSERT、UPDATE 或 DELETE 语句的 WHERE 或 HAVING 子句内，或者其他子查询中。子查询的 SELECT 查询总是使用圆括号括起来，且不能包括 COMPUTE 子句。有三种基本的子查询，它们是通过运算符 IN 引入的或者由运算符 ANY 或 ALL 修改的比较运算符引入的子查询；通过没有修改的比较运算符引入（必须返回单个值）的子查询；通过运算符 EXISTS 引入的存在性测试的子查询。

SQL Server 对嵌套查询的求解方法是由里向外处理。即每个子查询在上一级查询处理之前求解，子查询的结果用于建立父查询的查找条件。嵌套查询可以用多个简单的查询构造复杂的查询，从而提高了 T-SQL 语言的能力，但嵌套不能超过 32 层。

6.2.1 带有 IN 运算符的子查询

在带有 IN 运算符的子查询中，子查询的结果是一个集合。父查询通过 IN 运算符将父查询中的一个表达式与子查询结果集中的每一个值进行比较，如果表达式的值与子查询结果集合中的任何一个值相等，父查询中的“表达式 IN（子查询）”条件表达式返回 TRUE ，否则返回 FALSE。NOT IN 运算符与 IN 运算符结果相反。

【例 6.10】使用“系部”表和“班级”表，查询计算机系和经济管理系的班级信息。代码如下：

```
USE student
GO
SELECT *
FROM 班级
WHERE 系部代码 IN (SELECT 系部代码  FROM  系部      ⎫
                  WHERE 系部名称='计算机系'          ⎬ 子查询
OR 系部名称='经济管理系'                             ⎭
                 )
```

将上述代码在查询编辑器中输入并执行，其结果如图 6.9 所示。

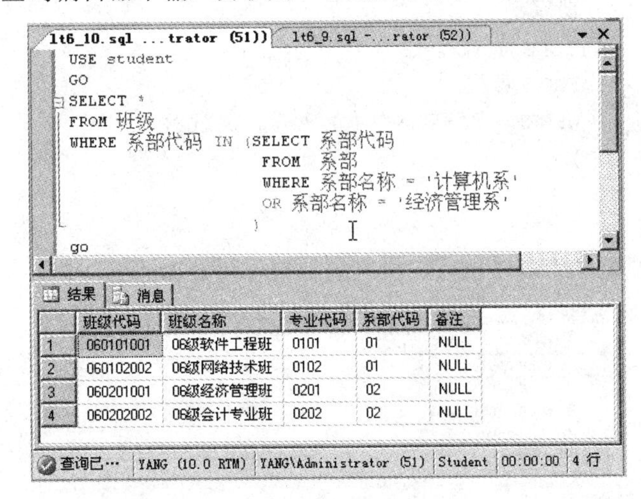

	班级代码	班级名称	专业代码	系部代码	备注
1	060101001	06级软件工程班	0101	01	NULL
2	060102002	06级网络技术班	0102	01	NULL
3	060201001	06级经济管理班	0201	02	NULL
4	060202002	06级会计专业班	0202	02	NULL

图 6.9　子查询

SQL Server 嵌套查询的求解过程为：

① 执行子查询代码，确定计算机系和经济管理系的系部代码。

```
SELECT 系部代码
FROM   系部
WHERE 系部名称='计算机系' OR 系部名称='经济管理系'
```

在查询编辑器中执行，文本显示结果如下：

```
系部代码
…
01
02
(2 行受影响)
```

② 执行父查询代码，显示班级详细信息。

```
SELECT *
FROM 班级
WHERE 系部代码 IN ('01','02')
```

在查询编辑器中执行，以网格显示的结果如图 6.9 所示。

通过分步执行嵌套查询，用户可以观察到，带有 IN 运算符的子查询的执行结果为一个结果集合。

【例 6.11】查询选修了课程名称为“SQL Server 2008”的学生学号和姓名。

本查询涉及学号、姓名和课程名称三个属性。学号和姓名是学生表的属性列，课程名称是课程表的属性列，学生通过选课将课程与学生联系起来，记录这个联系的是课程注册表，所以必须通过课程注册表将学生表与课程表联系起来，本查询涉及三个表。代码如下：

```
USE  student
GO
SELECT 学号,姓名

FROM 学生
WHERE  学号 IN
      (SELECT 学号
       FROM 课程注册
       WHERE 课程号 IN
            (SELECT 课程号
             FROM 课程
             WHERE  课程名称='SQL Server 2008'
             )
       )
GO
```

将上述代码在查询编辑器中执行，执行的结果如图 6.10 所示。

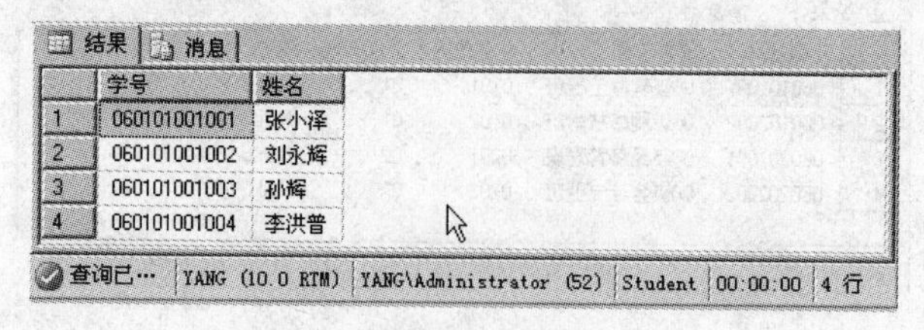

图 6.10 学号与姓名的查询结果

6.2.2 带有比较运算符的子查询

在带有比较运算符的子查询中，子查询的结果是一个单值。父查询通过比较运算符将“父查询”中的一个表达式与子查询结果（单值）进行比较，如果表达式的值与子查询结果比较运算的结果为 TRUE，父查询中的“表达式　比较运算符（子查询)”条件表达式返回TRUE ，否则返回 FALSE。

常用的比较运算符有：> ，>= ，< ，<= ，= ，<> ，!= ，!> ，!< 。

【例 6.12】列出选修了“0001”号课程，其成绩高于该课程平均分的学生的信息。代码如下：

```
USE student

GO
SELECT *
FROM 学生
WHERE 学号 IN
     ( SELECT 学号
      FROM   课程注册
      WHERE  成绩>  (SELECT AVG(成绩)
                  FROM 课程注册
                  WHERE 课程号='0001'
                  )
             AND 课程号='0001'
     )
GO
```

将上述代码在查询编辑器中输入并执行，结果如图 6.11 所示。

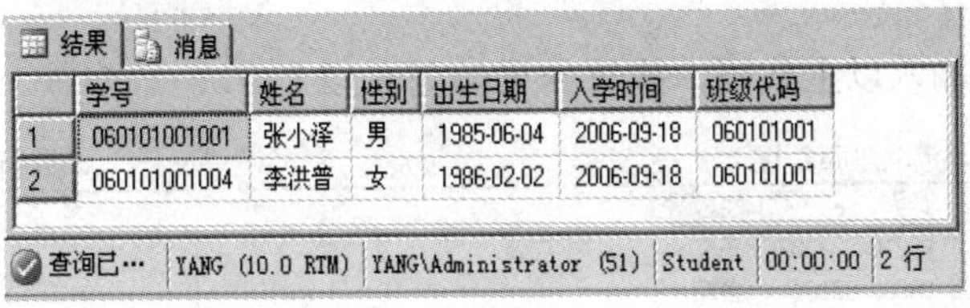

结果 | 消息

	学号	姓名	性别	出生日期	入学时间	班级代码
1	060101001001	张小泽	男	1985-06-04	2006-09-18	060101001
2	060101001004	李洪普	女	1986-02-02	2006-09-18	060101001

查询已… | YANG (10.0 RTM) | YANG\Administrator (51) | Student | 00:00:00 | 2 行

图 6.11　查询在平均分以上的学生信息

6.2.3 带有 ANY 或 ALL 运算符的子查询

子查询中返回单值时可以用比较运算符，而使用 ANY 或 ALL 运算符时，必须同时使用比较运算符。例如>ANY、< ANY、>ALL、=ALL 等。在带有 ANY 或 ALL 运算符的子查询中，子查询的结果是一个结果集。ANY 或 ALL 与比较运算符同时使用的语义见表 6.4 所示。

表 6.4　ANY 或 ALL 与比较运算符一起使用的语义

运算符	语 义
>ANY	大于子查询结果中的某个值
>ALL	大于子查询结果中的所有值
<ANY	小于子查询结果中的某个值

（续表）

运算符	语 义
<ALL	小于子查询结果中的所有值
>=ANY	大于等于子查询结果中的某个值
>=ALL	大于等于子查询结果中的所有值
<=ANY	小于等于子查询结果中的某个值
<=ALL	小于等于子查询结果中的所有值
=ANY	等于子查询结果中的某个值

父查询通过 ANY(或 ALL)运算符将父查询中的一个表达式与子查询结果集中的每一个值进行比较，如果表达式的值与子查询结果集中的任何一个值做比较运算后结果为 TRUE，则父查询中的“表达式　比较运算符 ANY(或 ALL)（子查询)”条件表达式返回 TRUE，否则返回 FALSE。

【例 6.13】查询比“060101001”班中某一学生年龄小的其他班的学生学号与姓名。代码如下：

```
USE student
GO
SELECT 学号,姓名
FROM 学生
WHERE
   出生日期 >ANY
    (SELECT 出生日期
     FROM   学生
     WHERE  班级代码='060101001' )
   AND 班级代码<>'060101001'
GO
```

在查询编辑器中输入以上代码，执行结果如图 6.12 所示。

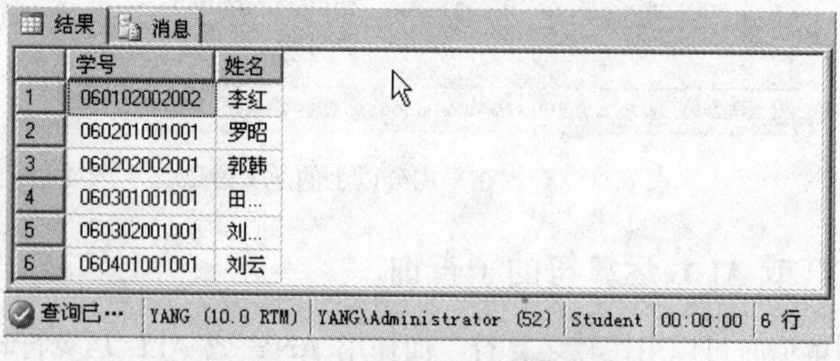

结果　消息

	学号	姓名
1	060102002002	李红
2	060201001001	罗昭
3	060202002001	郭韩
4	060301001001	田...
5	060302001001	刘...
6	060401001001	刘云

查询已… | YANG (10.0 RTM) | YANG\Administrator (52) | Student | 00:00:00 | 6 行

图 6.12　例 6.13 查询结果

【例 6.14】查询比“060101001”班中所有学生年龄都小的其他班的学生学号与姓名。代码如下：

```
USE student
GO
SELECT 学号,姓名
FROM 学生
WHERE 出生日期 >ALL
```

```
        (SELECT 出生日期  FROM  学生  WHERE  班级代码='060101001')
    AND 班级代码<>'060101001'
```

将上述代码在查询编辑器中输入并执行，结果如图 6.13 所示。

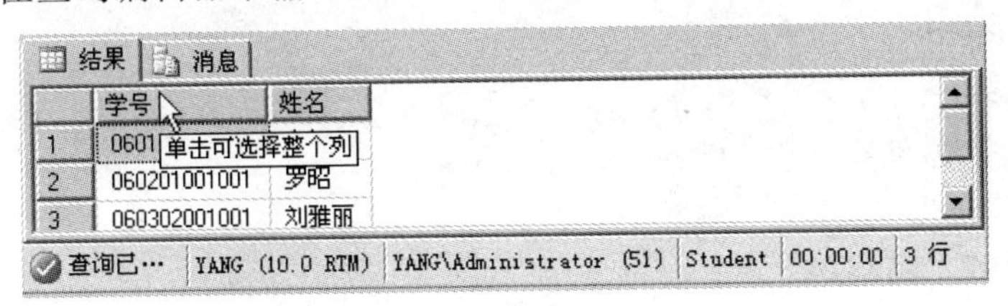

图 6.13　例 6.14 查询结果

6.2.4　带有 EXISTS 运算符的子查询

在带有 EXISTS 运算符的子查询中，子查询不返回任何数据，只产生逻辑真值 TRUE 或逻辑假值 FALSE。

【例 6.15】查询所有选修了“0001”课程的学生的学号与姓名。代码如下：

```
USE  student


GO
SELECT  学号,姓名
FROM   学生
WHERE  EXISTS
     (SELECT *
      FROM  课程注册
      WHERE 学号=学生.学号 AND 课程号='0001')
GO
```

将上述代码在查询编辑器中输入并执行，查询结果如图 6.14 所示。

	学号	姓名
1	060101001001	张小泽
2	060101001002	刘永辉
3	060101001003	孙辉
4	060101001004	李洪普

查询已… | YANG (10.0 RTM) | YANG\Administrator (52) | Student | 00:00:00 | 4 行

图 6.14　例 6.15 查询结果

由于 EXISTS 引出的子查询其目标列通常为 * ，因为带有 EXISTS 的子查询只返回逻辑值，给出列名没有实际意义。这类子查询与前面讲的子查询有不同之处，即子查询的条件依赖于父查询的某一个属性值，称这类子查询为相关子查询。如上例中子查询依赖于父查询“学生”表中的“学号”属性值。子查询的查询条件不依赖于父查询的子查询称为不相关子查询。

不相关子查询是一次求解，而相关子查询的求解与不相关的子查询不同，它的过程是：

首先取外层查询表（学生表）的第一个记录，拿这个记录与内层查询相关的属性值（学号值）去参与内层查询的求解，若内层查询的 WHERE 子句返回真值，则将这个记录放入结果集；然后再取外层查询表（学生表）的下一条记录；重复上述过程，直到外层表（学生表）全部处理完为止。

【例 6.16】查询一门课程也没有选修的学生学号与姓名。代码如下：

```
USE student
GO
SELECT 学号,姓名
FROM 学生
WHERE NOT  EXISTS
      (SELECT *
       FROM  课程
       WHERE  EXISTS
          (SELECT *
           FROM 课程注册
           WHERE 学生.学号=学号
                 AND 课程号=课程.课程号)
       )
GO
```

将上述代码在查询编辑器中输入并执行，查询的结果如图 6.15 所示。

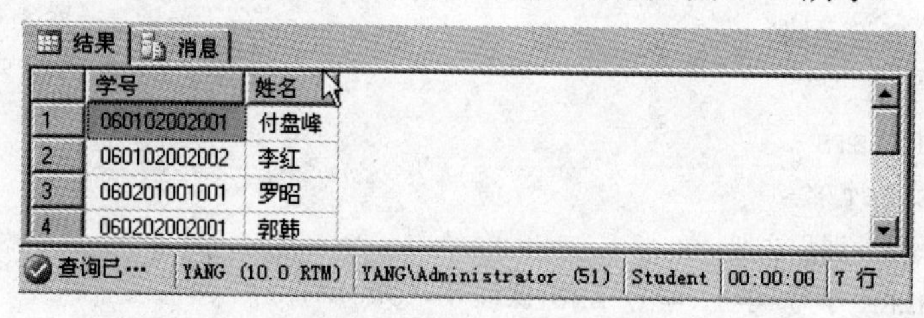

图 6.15　例 6.16 查询结果

6.3　交叉表查询

用户通常希望以表格的形式查看数据，有时候甚至要求将行旋转为列，并创建一个传统的交叉表结果集，这时候就要用到 PIVOT 、UNPIOVT 等运算符了。

6.3.1　PIVOT

PIVOT 运算符是 SQL Server 2005 以后增强的 T-SQL 特性，用于将列值旋转为列名（即行转列）。例如，表 6.5 所示的选课表，使用 PIVOT 运算符后的 SELECT 查询可以生成表 6.6 所示的“选课”表，表 6.5 课程列的值：“语文”、“数学”、“物理”旋转为表 6.6 的列名。

PIVOT 指定在 FROM 子句中，以下是简单的带批注的 PIVOT 语法。

```
SELECT <不旋转的列>,
    [第 1 个旋转的列]  AS  <列的别名>,
    [第 2 个旋转的列]  AS  <列的别名>,
    ...
```

```
    [最后一个旋转列] AS <列的别名>
FROM
    (< SELECT 生成的数据结果集>)
    AS < 查询结果集的别名>
    PIVOT
    (
        <聚合函数>(<被聚合的列>)
    FOR
     [<字段值被转换为表头的列>]
        IN ( [第 1 个旋转的列], [第 2 个旋转的列],
        ... [最后一个旋转的列])
        ) AS <旋转表的别名>
 <可选 ORDER BY 项>;
```

注意：PIVOT 和 UNPIVOT 运算符需要 SQL Server 2005 以上版本才能支持，用户要注意数据库的兼容级别必须在 90 以上，修改数据库兼容级别的 T-SQL 语句：EXEC sp_dbcmptlevel Student, 90

【例 6.17】在 Student 数据库中创建表 6.5“选课”表，使用 PIVOT 运算符得到表 6.6 旋转表。代码如下：

```
use Student
go
if object_id('选课') is not null drop table 选课
go
use Student
create table 选课
 ( 姓名 varchar(10), 课程 varchar(10),分数 int)
go
insert into 选课 values('周丹阳','语文',88)
insert into 选课 values('周丹阳','数学',99)
insert into 选课 values('周丹阳','物理',99)
insert into 选课 values('徐萍','物理',85)
insert into 选课 values('徐萍','语文',86)
insert into 选课 values('徐萍','数学',88)
insert into 选课 values('文健','数学',89)
insert into 选课 values('文健','物理',89)
insert into 选课 values('文健','语文',84)
go
select* from 选课
go

select 姓名,[语文],[数学],[物理]
from 选课
   pivot
   ( max(分数) for 课程 in ( [语文] ,[数学] ,[物理] ) ) as p
```

表 6.5 “选课”表

姓名	课程	分数
周丹阳	语文	88
周丹阳	数学	99
周丹阳	物理	99
徐萍	物理	85
徐萍	语文	86
徐萍	数学	88
文健	数学	89
文健	物理	89
文健	语文	84

表 6.6 列值旋转为列名的“选课”表

姓名	语文	数学	物理
文健	84	89	89
徐萍	86	88	85
周丹阳	88	99	99

【例 6.18】使用 PIVOT 运算符，以上例创建的“选课”表为基表，查询生成表 6.7 所示的表。代码如下：

```
use Student
go
with  a_cte  as
( select 姓名, sum(分数)as 总分, cast(avg(分数*1.0)as decimal(18,2)) as 平均分
  from 选课
  group by 姓名
)
select a.*,b.总分,b.平均分
from
     ( select *
       from 选课
            pivot( max(分数) for 课程 in(语文,数学,物理))as piv
    ) as a  , a_cte  as  b
where a.姓名 = b.姓名
go
```

表 6.7　带有平均值和总分的旋转“选课”表

姓名	语文	数学	物理	总分	平均分
文健	84	89	89	262	87.33
徐萍	86	88	85	259	86.33
周丹阳	88	99	99	286	95.33

6.3.2 UNPIVOT

同 PIVOT 一样，UNPIVOT 运算符也是 SQL Server 2005 以后增强的 T-SQL 特性，其作用正好和 PIVOT 相反，它能够将列名转换为列值，如表 6.8、表 6.9 所示。注意，UNPIVOT 并不完全是 PIVOT 的逆操作。PIVOT 会执行一次聚合，从而将多个可能的行合并为输出中的单个行。而 UNPIVOT 不会重现原始表值表达式的结果，因为行已经被合并了。另外，UNPIVOT 的输入中的空值不会显示在输出中，而在执行 PIVOT 操作之前，输入中可能有原始的空值。

UNPIVOT 指定在 FROM 子句中，以下是简单的带批注的 UNPIVOT 语法。

```
SELECT <不旋转的列>, <旋转后的列名>,<待旋转列名下的列值列名>
FROM
    (< SELECT 生成的数据结果集>)
    AS < 查询结果集的别名>
    PIVOT
    (
        <待旋转列名下的列值列名>
    FOR
    [<旋转后的列名>]
```

IN ([第 1 个待旋转的列名], [第 2 个待旋转的列名],
... [最后一个待旋转的列名])
) AS <旋转表的别名>
<可选 ORDER BY 项>;

【例 6.19】首先创建表 6.8，然后使用 UNPIVOT 运算符查询得到表 6.9 所示的查询结果。查询代码如下：

表 6.8 "选课"表

姓名	语文	数学	物理
周丹阳	99	99	88
徐萍	86	87	85
文健	85	89	89

表 6.9 列转行的"选课"表

姓名	课程	分数
周丹阳	语文	99
周丹阳	数学	99
周丹阳	物理	88
徐萍	语文	86
徐萍	数学	87
徐萍	物理	85
文健	语文	85
文健	数学	89
文健	物理	89

```
use Student
 if object_id('选课') is not null drop
table 选课
go
 use Student
 create table 选课
 ( 姓名 varchar(10), 语文 int ,数学 int , 物理
int )
go
insert into 选课 values('周丹阳',99,99,88)
insert into 选课 values('徐萍',86,87,85)
insert into 选课 values('文健',85,89,89)
go
 select* from 选课
go

select 姓名,课程,分数
from  选课
  unpivot (
     分数 for 课程 in([语文],[数学],[物理])) as a
```

以上是被简化的 PIVOT 和 UNPIVOT 例子，目的是介绍概念，更高级的 PIVOT 和 UNPIVOT 例子请参见案例和 SQL Server 2008 联机帮助。

6.4 案例中数据的高级查询

1. 自动注册必修课

检查学生当前学期的必修课，将学生必修的课程自动添加到课程注册表中。假定当前学期为 2006 级的第一学期，则自动注册的代码如下：

```
USE student
GO
INSERT INTO 课程注册
   (学号,教师编号,课程号,专业学级,专业代码,选课类型,学期,学年,收费否,注册,成绩,学分)

  SELECT DISTINCT A.学号,D.教师编号,D.课程号,C.专业学级,C.专业代码,' ',C.
开课学期,0,0,0,0,0
```

```
FROM  学生 AS A
          JOIN 班级 AS B ON A.班级代码=B.班级代码
          JOIN 教学计划 AS C ON  B.专业代码=C.专业代码
          JOIN 教师任课 AS D ON  C.课程号=D.课程号
WHERE C.开课学期=1 AND (C.课程类型='专业必修' OR  C.课程类型='公共必修')
```

2. 重修未取得学分的必修课

检查学生是否存在未取得学分的必修课，如果有将其自动添加到课程注册表中，并填充选课类型为重修课。代码如下：

```
USE student
GO
INSERT INTO 课程注册
(学号,教师编号,课程号,专业学级,专业代码,选课类型,学期,学年,收费否,注册,成绩,学分)
SELECT  DISTINCT  A.学号,C.教师编号,C.课程号,B.专业学级,B.专业代码,'重修  ',C.
学期,0,0,0,0,0
 FROM 课程注册 AS  A  JOIN 教学计划 AS  B
                 ON A.专业代码=B.专业代码 AND A.课程号=B.课程号
AND A.专业学级=B.专业学级
          JOIN 教师任课 AS C
                 ON C.专业代码=B.专业代码 AND C.课程号=B.课程号
AND C.专业学级=B.专业学级
WHERE A.成绩 < 60 AND (B.课程类型='专业必修' OR B.课程类型='公共必修')
GO
```

3. 查询教师任课情况

查询所有老师的详细任课情况（可能有部分坐班教师不任课，也要查询出来），详细信息包括教师编号，教师姓名及其所教授的课程名称，但不显示重复行。代码如下：

```
USE student
GO
SELECT DISTINCT A.教师编号, A.姓名, C.课程名称
FROM  教师 AS A LEFT OUTER JOIN  课程注册 AS B
             ON A.教师编号= B.教师编号
             LEFT OUTER JOIN  课程 AS C
             ON B.课程号= C.课程号
GO
```

4. 查询学生各门课程的成绩

（1）列出所有学生的各门课程的成绩，代码如下：

```
USE student
GO
SELECT A.学号,A.姓名,C.课程名称,B.成绩
FROM 学生 AS A JOIN 课程注册 AS B
```

```
        ON A.学号=B.学号
        JOIN 课程 AS C
        ON B.课程号=C.课程号
ORDER BY A.学号
GO
```

（2）查询某个学生的各门课程的成绩，代码如下：

```
USE student
GO
SELECT A.学号,A.姓名,C.课程名称,B.成绩
FROM 学生 AS A JOIN 课程注册 AS B
        ON A.学号=B.学号
        JOIN 课程 AS C
        ON B.课程号=C.课程号
WHERE A.学号='060101001001'
ORDER BY  C.课程号
GO
```

（3）查询没有获得学分的学生的成绩、课程及学生基本信息，代码如下：

```
USE student
GO
SELECT A.学号,A.姓名,C.课程名称,B.成绩
FROM 学生 AS A JOIN 课程注册 AS B
        ON A.学号=B.学号
        JOIN 课程 AS C
        ON B.课程号=C.课程号
WHERE B.成绩 < 60
ORDER BY  A.学号
GO
```

（4）查询已获得学分的课程及学生信息，代码如下：

```
USE student
GO
SELECT A.学号,A.姓名,C.课程名称,B.成绩
FROM 学生 AS A JOIN 课程注册 AS B
        ON A.学号=B.学号
        JOIN 课程 AS C
        ON B.课程号=C.课程号
WHERE B.成绩 >=60
ORDER BY  A.学号
GO
```

（5）查询学生的总学分，代码如下：

```
USE student
GO
SELECT A.学号, SUM(B.学分)AS 总学分
```

```
FROM 学生 AS A JOIN 课程注册 AS B
        ON A.学号=B.学号
        JOIN 课程 AS C
        ON B.课程号=C.课程号
GROUP BY A.学号
```

5. 查询所有课程的选课人数和成绩的交叉表

（1）查询所有课程的选课人数

```
USE Student
GO
WITH  a_cte as
(       SELECT  课程号,COUNT(学号) as 个数
        FROM  课程注册
        GROUP BY 课程号
)

SELECT  '人数' AS 人数 ,
             [0001] AS [SQL Server 2008],
             [0002] AS [Asp.net 程序设计],
             [0003] AS [Java 程序设计],
             [0004] AS [网络营销]
FROM
a_cte  AS piv
    PIVOT
    (
       SUM(piv.个数) FOR  piv.课程号 in([0001],[0002], [0003],[0004])
    ) AS child
GO
```

（2）查询所有学生的指定课程的成绩交叉表

```
USE Student
GO

WITH  a_cte AS
(       SELECT   课程号,学号,成绩
        FROM   课程注册
)
   SELECT  a.[姓名],child.[学号],
             child.[0001] AS [SQL Server 2008],
             child.[0002] AS [Asp.net 程序设计],
             child.[0003] AS [Java 程序设计],
             child.[0004] AS [网络营销]
   FROM
```

```
    a_cte AS piv
    pivot
    (
       MAX(piv.成绩) FOR piv.课程号 in([0001],[0002],[0003],[0004])
    )
    AS child
    inner join 学生 AS a ON a.学号 =child.学号
GO
```

6.5 思考题

1. 简述连接查询的几种情况。
2. 什么是子查询？子查询包含几种情况？
3. 使用表别名的意义是什么？如何分配表别名？

第 7 章　实现数据完整性

对数据库中的数据进行增、删、改操作时，有可能造成数据的破坏或者出现相关数据不一致的现象。那么如何保证数据的正确无误和相关数据的一致性呢？除了操作数据时要认真仔细以外，更重要的是数据库系统本身要提供维护机制。SQL Server 2008 提供了约束、规则、默认值、标识列、触发器和存储过程等维护机制来保证数据库中数据的正确性和一致性。本章将主要介绍 SQL Server 2008 的约束、默认值和规则的创建和使用，对于触发器和存储过程在以后章节中重点介绍。为了使用户准确的理解和实现数据完整性操作，下面首先介绍数据完整性的概念。

7.1　完整性的概念

数据完整性是指存储在数据库中的数据正确无误，并且相关数据具有一致性。数据库中的数据是否完整，关系到数据库系统能否真实地反映现实世界。例如，在“学生”表中学生的学号要具有唯一性，学生性别只能是男或女，其所在系部、专业、班级必须是存在的，否则，就会出现数据库中的数据与现实不符的现象。如果数据库中总存在不完整的数据，那么它就没有存在的必要了，因此实现数据的完整性在数据库管理系统中十分重要。

根据数据完整性机制所作用的数据库对象和范围不同，数据完整性可分实体完整性、域完整性、参照完整性和用户定义完整性四种类型。

1．实体完整性

实体是指表中的记录，一个实体就是表中的一条记录。实体完整性要求在表中不能存在完全相同的记录，而且每条记录都要具有一个非空且不重复的主键值，这样就可以保证数据所代表的任何事物都不存在重复、可以区分。例如，学生表中的学号必须唯一，并且不能为空，这样就可以保证学生记录的唯一性。实现实体完整性的方法主要有主键约束、唯一索引、唯一约束和指定 IDENTITY 属性。

2．域完整性

域完整性是指特定列的项的有效性。域完整性要求向表中指定列输入的数据必须具有正确的数据类型、格式以及有效的数据范围。例如，假设现实中学生的成绩为百分制，则在“课程注册”表中，对成绩列输入数据时，不能出现字符，也不能输入小于 0 或大于 100 的数值。实现域完整性的方法主要有 CHECK 约束、外键约束、默认约束、非空约束、规则以及在建表时设置的数据类型。

3．引用完整性

引用完整性是指作用于有关联的两个或两个以上的表，通过使用主键和外键或唯一键和外键之间的关系，使表中的键值在相关表中保持一致。引用完整性要求不能引用不存在的值，如果一个键值发生更改，则在整个数据库中，对该键值和所有引用要进行一致的更改。

例如，在学生表中的“班级代码”列的值必须是在班级表中“班级代码”列中存在的值，以防止在录入学生记录时将学生分配到一个不存在的班中。在 SQL Server 2008 中，引用完整性通过 FOREIGN KEY 和 CHECK 约束，以外键与主键之间或外键与唯一键之间的关系为基础。

4. 用户定义完整性

用户定义的完整性是应用领域需要遵守的约束条件，其允许用户定义不属于其他任何完整性分类的特定业务规则。所有的完整性类型（包括 CREATE TABLE 中所有列级约束和表级约束、存储过程以及触发器）都支持用户定义完整性。

7.2 使用约束

约束是 SQL Server 提供的自动强制数据完整性的一种方法，它通过定义列的取值规则来维护数据的完整性。

7.2.1 约束的类型

在 SQL Server 2008 中支持的约束有 NOT NULL（非空）约束、CHECK（检查）约束、UNIQUE（唯一）约束、PRIMARY KEY（主键）约束、FOREIGN KEY（外健）约束和 DEFAULT（默认）约束。

- PRIMARY KEY（主键）约束。主键约束用来强制实现数据的实体完整性，它是在表中定义一个主键来唯一标识表中的每行记录。例如，在“教师”表中可以将教师编号设置为主键，用来保证表中的教师记录具有唯一性。一般情况下，数据库中的每个表都包含一列或一组列来唯一标识表中的每一行记录的值。
- UNIQUE（唯一）约束。唯一约束用来强制实现数据的实体完整性，它主要用来限制表的非主键列中不允许输入重复值。例如，在“专业”表中可以将专业代码作为主键，用来保证记录的唯一性。如果不允许一个学院有同名专业存在，应该为专业名称列定义唯一约束，保证非主键列中不出现重复值。
- NOT NULL（非空）约束。非空约束用来强制实现数据的域完整性，它用于设定某列值不能为空。如果指定某列不能为空，则在添加记录时，必须为此列添加数据。例如对于“班级”表，存在一个班，就必须存在其相应专业，这时，就应该设置专业代码不能空。注意定义了主键约束和标识列属性的列不允许为空值。
- CHECK（检查）约束。检查约束用来强制数据的域完整性，它使用逻辑表达式来限制表中的列可以接受的数据范围。例如对于学生成绩的取值应该限制在 0 到 100 之间，这时就应该为成绩列创建检查约束，使其取值在正常范围内。
- DEFAULT（默认）约束。默认约束用来强制数据的域完整性，它为表中某列建立一个默认值。当用户插入记录时，如果没有为该列提供输入值，则系统会自动将默认值赋给该列。例如，对于“学生”表中的性别字段，可以设置其默认值为男，当输入记录时，对于男生就可以不输入性别数据，而由默认值提供，这样提高了输入效率。
- FOREIGN KEY（外健）约束。外键是指一个表中的一列或列组合，它虽不是该表的主键，但却是另外一个表的主键。通过外键约束可以为相关联的两个表建立联系，实现数据的引用完整性，维护两表之间数据的一致性关系。例如，如果要求学生表中“班级代码”列的取值，必须是班级表中“班级代码”列的列值之一，这就应该在学生表的“班级代码”上创建外键约束，从而使学生表和班级表中的班级代码具有一致性。

约束还可以分为列约束和表约束两类。当约束被定义于某个表的一列时称为列约束，定义于某个表的多列时称为表约束。当一个约束中必须包含一个以上的列时，必须使用表约束。

7.2.2 创建主键约束

在表中能够唯一标识表中每一行数据的列称为表的主键，用于强制实现表的实体完整性。每个表中只能有一个主键，主键可以是一列，也可以是多列的组合；主键值必须唯一并且不能为空，对于多列组合的主键，某列值可以重复，但列的组合值必须唯一。在创建或修改表时，通过定义主键约束来创建主键。

1. 使用 SQL Server Management Studio 创建主键约束

【例 7.1】 在 student 数据库中，将“教学计划”表中的“课程号、专业代码和专业学级”列设置为组合主键。其操作步骤如下：

（1）启动 SQL Server Management Studio，在“对象资源管理器”窗口中，依次展开数据库、student、表节点，右击“教学计划”表，在弹出的快捷菜单中选择“设计”命令，打开“表设计器”对话框。

（2）在“表设计器”对话框中，选择需要设为主键的字段，如果需要选择多个字段时，可以按住 Ctrl 键，同时用鼠标单击每个要选择的字段。在此，依次选择课程号、专业代码和专业学级字段。

（3）选好字段后，右键单击选择的某个字段，在弹出的快捷菜单中选择“设置主键”命令，如图 7.1 所示。

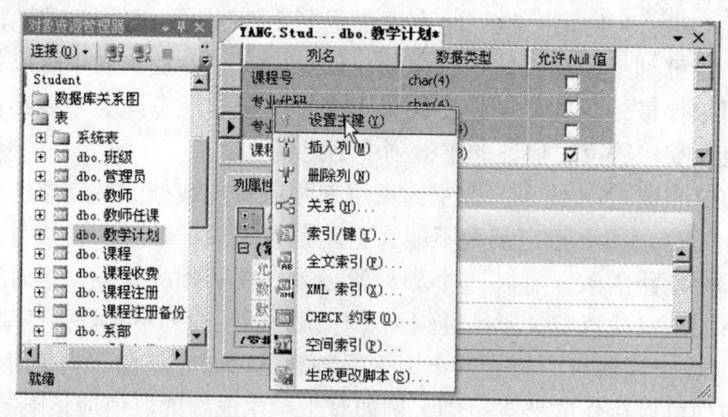

图 7.1 “设置主键”对话框

（4）执行命令后，在作为主键的字段前有一个钥匙样图标，如图 7.2 所示。也可以在选择好字段后，单击工具栏中的“钥匙”工具按钮，设置主键。

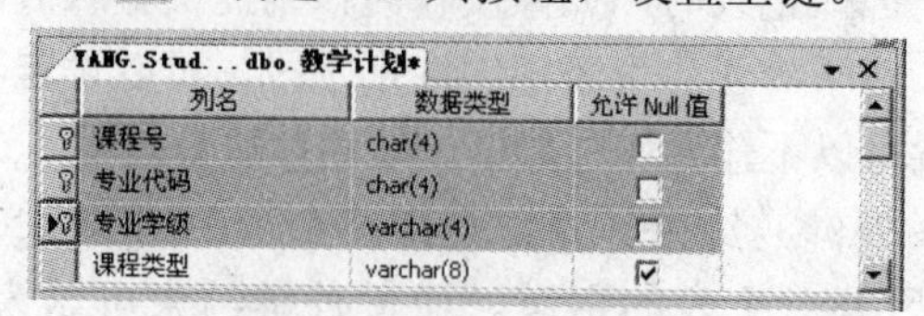

图 7.2 表设计器窗口

（5）设置完成后，关闭“表设计器”，并保存设置。

2．使用 T-SQL 语句创建主键约束

使用 T-SQL 语句创建主键，可以使用 CREATE TABLE 命令完成（参见第 4 章相关内容），也可以使用 ALTER TABLE 为已存在的表创建主键约束，修改表添加约束的语法格式如下：

```
ALTER  TABLE  table_name
ADD
CONSTRAINT constraint_name
PRIMARY KEY [CLUSTERED|NONCLUSTERED]
{(column[,…n])}
```

其中：

- constraint_name 指主键约束名称。
- CLUSTERED 表示在该列上建立聚集索引。
- NONCLUSTERED 表示在该列上建立非聚集索引。

下面分别使用建表命令和修改表命令创建主键约束。

【例 7.2】在 student 数据库中，建立一个“民族”表（民族代码，民族名称），将民族代码指定为主键。代码如下：

```
USE student
GO
CREATE TABLE 民族
( 民族代码    char(2) CONSTRAINT pk_mzdm PRIMARY KEY,
民族名称 varchar(30) NOT NULL)
GO
```

【例 7.3】在 student 数据库中的“课程注册”表中，指定字段“注册号”为表的主键。代码如下：

```
USE  student
GO
ALTER TABLE 课程注册
ADD CONSTRAINT pk_zce
PRIMARY KEY  CLUSTERED (注册号)
GO
```

7.2.3　创建唯一约束

当表中存在主键，为保证其他的字段值也唯一时，应该创建唯一约束。一个表中可以创建多个唯一约束；唯一约束是一列，也可以是多列的组合；在唯一约束列中，空值可以出现一次。

1．使用 SQL Server Management Studio 创建唯一约束

【例 7.4】在 student 数据库中，为“系部”表中的“系部名称”字段创建一个唯一约束。其操作步骤如下：

（1）启动 SQL Server Management Studio，在“对象资源管理器”窗口中，依次展开数

据库、student、表节点。

（2）右键单击“系部”表，在弹出的快捷菜单中单击“设计”命令，打开“表设计器”对话框。在“表设计器”中，右键单击任意字段，在弹出的快捷菜单中单击“索引/键”命令，打开“索引/键”对话框。

（3）单击“添加”命令按钮，系统给出系统默认的唯一约束名：“IX_系部”，显示在“选定的主/唯一或索引”列表框中，如图 7.3 所示。

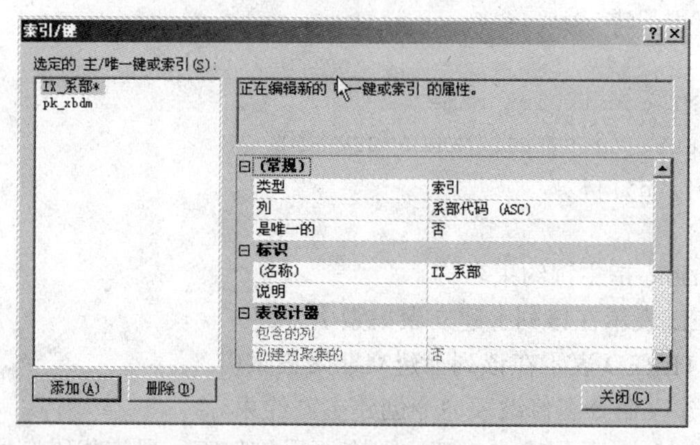

图 7.3 创建唯一约束窗口

（4）单击选中唯一约束名“IX_系部”，在其右侧的“属性”窗口中，可以修改约束名称，设置约束列等。

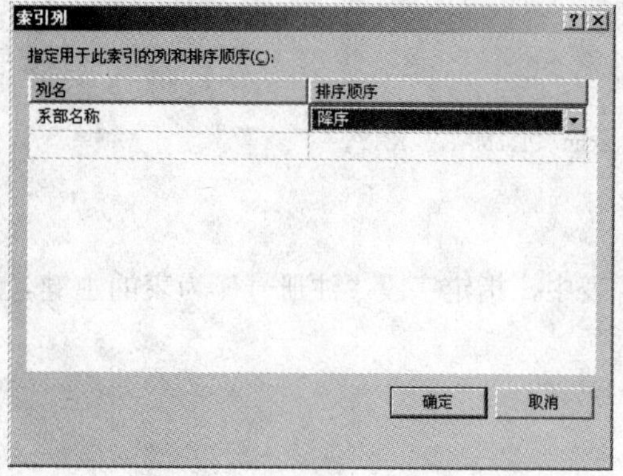

图 7.4 “索引列”窗口

（5）单击“属性”窗口中“常规”中的“列”属性，在其右侧出现“...”按钮，单击该按钮，打开“索引列”对话框，如图 7.4 所示，在列名下拉列表框中选择“系部名称”，在排序顺序中选择“降序”，设置创建唯一约束的列名。

（6）设置完成后，单击“确定”按钮，回到“索引/键”对话框，修改“常规”属性中“是唯一的”属性值为“是”，如图 7.3 所示。

（7）设置完成后，关闭“索引/键”对话框和“表设计器”对话框，保存设置，完成唯一约束创建。

2. 使用 T-SQL 语句创建唯一约束

为已存在的表创建唯一约束，其语法格式如下：

```
ALTER  TABLE  table_name
ADD
CONSTRAINT constraint_name
UNIQUE [CLUSTERED|NONCLUSTERED]
{(column[,…n])}
```

其中：

- table_name 是需要创建唯一约束的表名称。
- constraint_name 是唯一约束名称。

● column 是表中需要创建唯一约束的列名称。

【例 7.5】在 student 数据库中，为“民族”表中的“民族名称”字段创建一个唯一约束。代码如下：

```
USE  student
GO
ALTER  TABLE  民族
ADD CONSTRAINT uk_mzmc  UNIQUE  NONCLUSTERED(民族名称)
GO
```

7.2.4 创建检查约束

检查约束对输入列的值设置检查条件，以保证输入正确的数据，从而维护数据的域完整性。可以通过基于逻辑运算符返回 TRUE 或 FALSE 的逻辑（布尔）表达式创建 CHECK 约束。一个表的一列上，可以创建多个检查约束，检查数据的正确性依据检查约束创建的时间顺序来完成。

1. 使用 SQL Server Management Studio 创建检查约束

【例 7.6】在 student 数据库中，为“学生”表的“学号”列，创建一个名称为 ck_csrq 的检查约束，以保证输入的数据是由班级编号+3 位数字组合而成。其操作步骤如下：

（1）启动 SQL Server Management Studio，在“对象资源管理器”窗口中，依次展开数据库、student、表节点。

（2）右键单击“学生”表，在弹出的快捷菜单中单击“设计”命令，打开“表设计器”对话框。在“表设计器”中，右键单击任意字段，在弹出的快捷菜单中单击“CHECK 约束”命令，打开“CHECK 约束”对话框。

（3）单击“添加”命令按钮，系统给出默认的 CHECK 约束名：“CK_学生”，显示在“选定的 CHECK 约束”列表中，如图 7.5 所示。

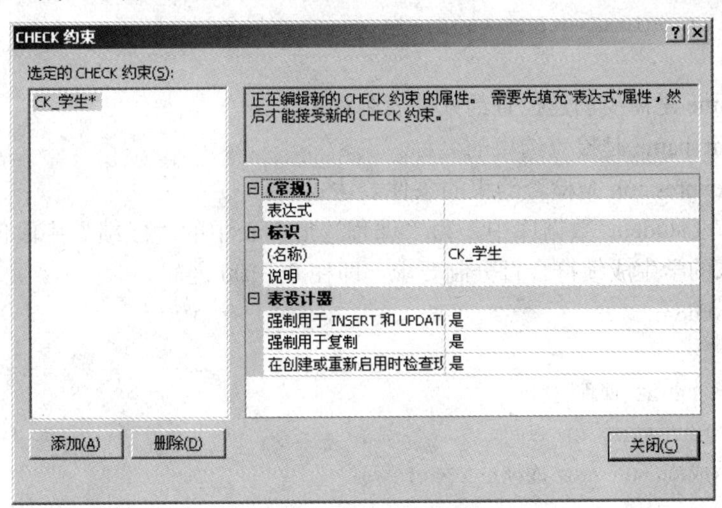

图 7.5 创建“CHECK 约束”对话框

（4）单击“属性”窗口中“常规”属性“表达式”，在其对应的文本框中输入约束条件（根据题意输入“substring(学号,1,9) like 班级代码”表达式），或者单击其属性右侧的

“...”按钮，打开“CHECK 约束表达式”对话框，在其中输入约束条件，如图 7.6 所示。

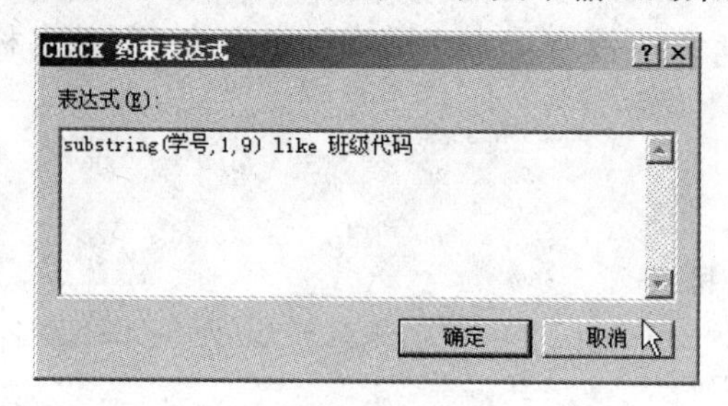

图 7.6 “CHECK 约束表达式”对话框

（5）根据需要，在“标识”属性“名称”对应的文本框中修改 CHECK 约束的名称，如“ck_csrq”；根据需要，修改“表设计器”对应的三个属性，三个属性值均是逻辑值，具体含义如下。

- 强制用于 INSERT 和 UPDATE：该属性值为“是”时，指在进行插入和修改操作时，数据要符合检查约束的要求，否则操作不能成功。
- 强制用于复制：该属性值为“是”时，指在表中进行数据的复制操作时，所有的数据要符合检查约束的要求，否则复制操作无效。
- 在创建或重新启用时检查现有数据：该属性值为“是”时，将保证表中的已经存在的数据也符合检查约束条件的限制，当表中有不符合条件的数据时，则不能创建检查约束。

（6）设置完成后，单击“关闭”命令按钮，完成 CHECK 约束的创建。

2．使用 T-SQL 语句创建检查约束

使用 T-SQL 语句为已存在的表创建检查约束，其语法格式如下：

```
ALTER  TABLE  table_name
ADD  CONSTRAINT constraint_name
CHECK  (logical_expression)
```

其中：

- table_name 是需要创建检查约束的表名称。
- constraint_name 是检查约束的名称。
- logical_expression 是检查约束的条件表达式。

【例 7.7】在 student 数据库中，为“课程注册”表中的“成绩”字段创建一个检查约束，以保证输入的学生成绩符合百分制要求，即在 0～100 之间。

```
USE  student
GO
ALTER  TABLE 课程注册
ADD CONSTRAINT ck_cj
CHECK(成绩>=0  AND 成绩<=100 )
GO
```

7.2.5 创建默认约束

用户在输入数据时，如果没有给某列赋值，该列的默认约束将自动为该列指定默认

值。默认值可以是常量、内置函数或表达式。使用默认约束可以提高输入记录的速度。

1. 使用 SQL Server Management Studio 创建默认约束

【例 7.8】在 student 数据库中，为“教学计划”表的“课程类型”字段创建默认值，其默认值为“公共必修”。其操作步骤如下：

（1）启动 SQL Server Management Studio，在“对象资源管理器”窗口中，依次展开数据库、student、表节点。

（2）右键单击“教学计划”表，在弹出的快捷菜单中选择“设计”命令，打开“表设计器”对话框，如图 7.2 所示。

（3）单击需要设置默认的列（如：课程类型），在下面列属性设置栏的“默认值或绑定”选项对应的输入框中，输入默认值即可（如：公共必修）。

（4）设置完成后，关闭表设计器。

2. 使用 T-SQL 语句创建默认约束

使用 T-SQL 语句为已存在的表创建默认约束，其语法格式如下：

```
ALTER  TABLE  table_name
ADD  CONSTRAINT constraint_name
DEFAULT  constant_expression [FOR column_name]
```

其中：

- table_name 是需要建立默认约束的表名。
- constraint_name 是默认约束名称。
- constant_expression 是默认值。
- column_name 是建立默认的列名称。

【例 7.9】在 student 数据库的“教师”表上，为“学历”字段创建一个默认约束，其默认值为“本科”。代码如下：

```
USE  student
GO
ALTER  TABLE  教师
ADD CONSTRAINT df_xueli
DEFAULT  '本科'  FOR  学历
GO
```

7.2.6 创建外键约束

外键约束用来维护两个表之间的一致性关系。外键的建立是将一个表（主键表）的主键列包含在另一个表（从键表）中，这些列就是从键表中的外键。在从表中插入或更新的外键值，必须先存在于主键表中，这就保证了两个表中相关数据的一致性。需要注意，首先在主键表中设置好主键（或唯一键），才能在从键表中建立与之具有数据一致性关系的外键。

1. 使用 SQL Server Management Studio 创建外键约束

【例 7.10】在 student 数据库中，为“学生”表的“班级代码”列创建外键约束，从而保证在“学生”表中输入有效的“班级代码”。其操作步骤如下：

（1）启动 SQL Server Management Studio，在“对象资源管理器”窗口中，依次展开数据库、student、表节点。

（2）右键单击 “学生”表，在弹出的快捷菜单中选择“设计”命令，打开“表设计器”对话框。在“表设计器”中，右键单击任意字段，在弹出的快捷菜单中单击“关系”命令，打开“外键关系”对话框。

（3）单击“添加”命令按钮，系统给出默认的外键约束名：“FK_学生_学生”，显示在“选定的关系”列表中。

（4）单击“FK_学生_学生”外键约束名，在其右侧的“属性”窗口中单击“表和列规范”属性，然后，再单击该属性右侧的“...”按钮，打开“表和列”对话框，如图 7.7 所示。

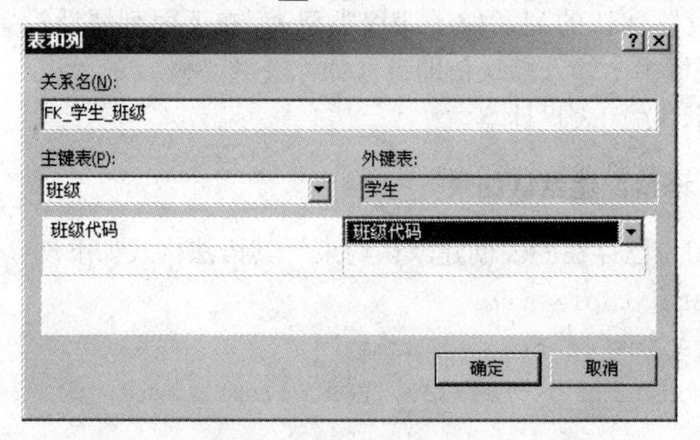

图 7.7 “表和列”对话框

（5）在“表和列”对话框中，修改外键的名称，选择主键表及表中的主键，以及外键表中的外键，修改后结果如图 7.7 所示。

（6）单击“确定”命令按钮，回到“外键关系”对话框，如图 7.8 所示。

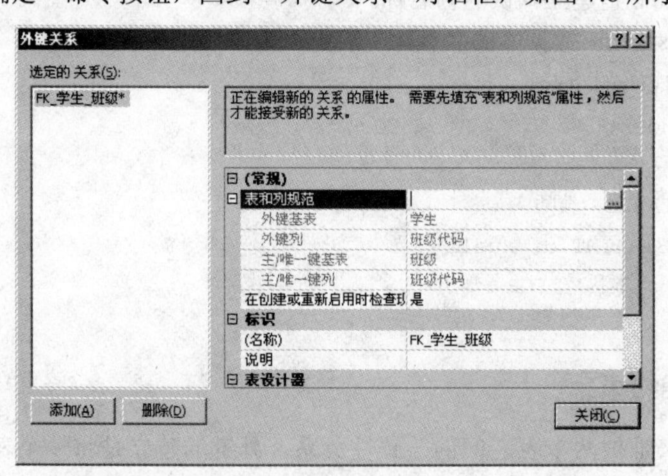

图 7.8 “外键关系”对话框

（7）单击“关闭”按钮，完成外键的设置。

2．使用 T-SQL 语句创建外键约束

使用 T-SQL 语句创建外键约束的语法格式为：

```
ALTER TABLE table_name
ADD  CONSTRAINT constraint_name
```

```
[ FOREIGN KEY ] {(column_name[,…])}
   REFERENCES ref_table [ ( ref_column_name[,…] ) ]
```

其中：

- table_name 是需要创建外键的表名称。
- constraint_name 是外键约束名称。
- ref_table 是主键表名称。
- ref_column_name 是主键表的主键列名称。

【例 7.11】在 student 数据库的“班级”表上，为“专业代码”字段创建一个外键约束，从而保证在“班级”表中输入有效的“专业代码”。代码如下：

```
USE  student
GO
ALTER TABLE  班级
ADD CONSTRAINT  fk_zydm  FOREIGN KEY (专业代码)
REFERENCES 专业(专业代码)
GO
```

7.2.7 查看约束的定义

对于创建好的约束，根据实际需要可以查看其定义信息。SQL Server 提供了多种查看约束信息的方法，经常使用的有 SQL Server Management Studio 和系统存储过程。

1. 使用 SQL Server Management Studio 查看约束

使用 SQL Server Management Studio 查看约束信息的步骤为：

（1）在 SQL Server Management Studio 环境中，右击要查看约束的表，在弹出的快捷菜单中选择“设计”命令，打开表设计器。

（2）在表设计器中可以查看主键约束、空值约束和默认值约束。

（3）在表设计器中，右键单击任意字段，从弹出的快捷菜单中选择相关约束命令，如“关系、索引/键、CHECK 约束”等，进入相关约束对话框，查看外键约束、唯一约束和 CHECK 约束信息。

2. 使用系统存储过程查看约束信息

系统存储过程 sp_help 用来查看约束的名称、创建者、类型和创建时间，其语法格式为：

```
[EXEC]  sp_help 约束名称
```

如果约束存在文本信息，可以使用 sp_helptext 来查看，其语法格式为：

```
[EXEC] sp_helptext  约束名称
```

【例 7.12】使用系统存储过程查看“学生”表上的 ck_cj 约束信息。代码如下：

```
USE  student
GO
EXEC  sp_help     ck_cj
EXEC  sp_helptext  ck_cj
GO
```

在查询编辑器中执行以上代码，结果如图 7.9 所示。

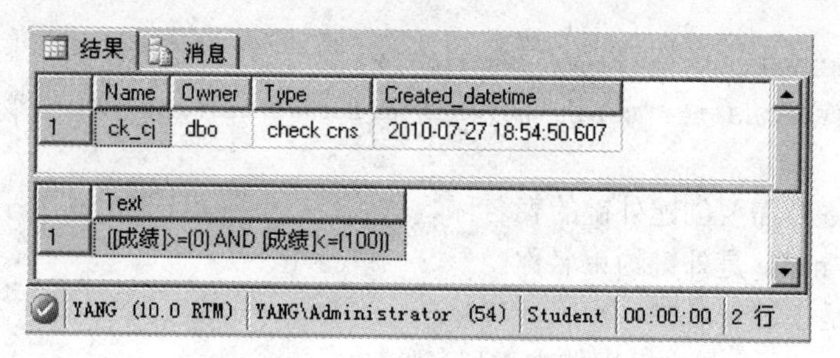

图 7.9 约束 ck_cj 的相关信息

7.2.8 删除约束

删除定义在表上的约束，可以在 SQL Server Management Studio 中完成，也可以在修改表的命令中使用 DROP 命令删除约束。

1．使用 SQL Server Management Studio 删除约束

使用 SQL Server Management Studio 删除各种约束十分方便，在表设计器的窗口中，可以移除主键，修改非空，去掉默认值。在表设计器中，右键单击任意字段，从弹出的快捷菜单中选择相关约束命令，如“关系、索引/键、CHECK 约束”等，进入相关约束对话框，选中约束，单击“删除”按钮，即可将相应的约束删除。

2．使用 DROP 命令删除表约束

在查询编辑器中，也可以方便地删除一个或多个约束，其语法格式为：

```
ALTER TABLE table_name
DROP  CONSTRAINT  constraint_name[,…n]
```

【例 7.13】删除学生表中的 fk_学生_班级约束。代码如下：

```
USE  student
GO
ALTER TABLE 学生
DROP CONSTRAINT fk_学生_班级
GO
```

7.3 使用规则

规则是一种数据库对象，它的作用与 CHECK 约束相同，用来限制输入值的取值范围，实现数据的域完整性。规则与 CHECK 约束相比较，CHECK 约束比规则更简明，它可以在建表时由 CREATE TABLE 语句或在修改表时由 ALTER TABLE 语句将其作为表的一部分进行指定，而规则需要单独创建，然后绑定到列上；在一个列上只能应用一个规则，但是却可以应用多个 CHECK 约束。使用规则的优点是：一个规则只需定义一次就可以被多次应用，可以应用于多个表或多个列。

使用规则包含规则的创建、绑定、解绑和删除操作。

1．创建规则

规则是一种数据库对象，在使用之前需要被创建。创建规则的命令是 CREATE RULE，

其语法格式为：

```
CREATE  RULE  rule_name   AS  condition_expression
```

其中：

- rule_name 指规则对象的名称。
- condition_expression 是条件表达式。

条件表达式是定义规则的条件，规则可以是 WHERE 子句中任何有效的表达式，并且可以包括诸如算术运算符、关系运算符和谓词（如 IN、LIKE、BETWEEN）这样的元素。条件表达式包括一个变量。每个局部变量的前面都有一个@符号。该表达式引用通过 UPDATE 或 INSERT 语句输入的值。在创建规则时，可以使用任何名称或符号表示值，但第一个字符必须是@符号。

【例 7.14】创建一个 chengji_rule 规则，用于限制输入的数据范围为 0～100。

```
USE student
GO
CREATE RULE chengji_rule
AS
@chengji>=0 and @chengji<=100
GO
```

【例 7.15】创建一个 xb_rule 规则，用于限制输入数据只能是“男”或“女”。

```
USE student
GO
CREATE  RULE  xb_rule
AS
@xb IN('男','女')
GO
```

2．绑定规则

创建好的规则，必须绑定到列上才能够起作用。在查询编辑器中，可以使用系统存储过程将规则绑定到某个字段上。其语法格式为：

```
[EXECUTE] sp_bindrule '规则名称','表名.字段名'
```

【例 7.16】将 xb_rule 规则绑定到“教师”表的“性别”字段，保证该字段输入的数据只能为“男”或“女”。代码如下：

```
USE student
GO
EXEC sp_bindrule 'xb_rule','教师.性别'
GO
```

在查询编辑器中执行以上代码，给出以下提示信息：

已将规则绑定到表的列。

3．解绑规则

如果某个字段不再需要规则对其输入数据进行限制了，应该将规则从该字段上去掉，即解绑规则。在查询编辑器中，也是利用存储过程完成此项任务的。其语法格式为：

```
[EXECUTE] sp_unbindrule '表名.字段名'
```

4. 删除规则

如果规则没有了存在的价值，可以将其删除。在删除规则之前，应先对规则解绑，当规则不再应用于任何表时，可以使用 DROP RULE 语句将其删除。DROP RULE 一次可以删除一个或多个规则，其语法格式为：

```
DROP RULE 规则名称[,…n]
```

【例 7.17】 从 student 数据库中删除 xb_rule 规则。代码如下：

```
USE student
GO
EXEC sp_unbindrule '教师.性别'
GO
DROP RULE xb_rule
GO
```

7.4 使用默认

默认（也称默认值）是一种数据库对象，它与 DEFAULT（默认）约束的作用相同，也是当向表中输入记录时，没有为某列提供输入值，如果该列被绑定了默认对象，系统会自动将默认值赋给该列。与 DEFAULT 约束不同的是默认对象的定义独立于表，其定义一次就可以被多次应用于任意表中的一列或多列，也可以应用于用户定义的数据类型。

默认对象的使用方法同规则相似，包含默认的创建、绑定、解绑和删除。

1. 创建默认值

在查询编辑器中，创建默认对象的语法格式如下：

```
CREATE DEFAULT default_name
AS  default_description
```

其中：

- default_name 指默认值名称，其必须符合 SQL Server 的标识符命名规则。
- default_description 是常量表达式，可以包含常量、内置函数或数学表达式。

2. 绑定默认值

默认对象建立以后，必须将其绑定到表字段上才能起作用。在查询编辑器中使用系统存储过程来完成绑定，其语法格式为：

```
[EXECUTE] sp_bindefault '默认名称','表名.字段名'
```

【例 7.18】 创建一个 df_xuefen 默认，将其绑定到“教学计划”表的“学分”字段，使其默认学分为 4。代码如下：

```
USE student
GO
CREATE DEFAULT def_xuefen
AS 4
GO
```

```
EXEC sp_bindefault 'def_xuefen','教学计划.学分'
GO
```

3．解绑默认值

对于表中的字段，如果认为其默认值没有存在的必要时，可以使用系统存储过程 sp_unbindefault 解除其绑定的默认值，其语法格式为：

```
[EXECUTE] sp_unbindefault '表名.字段名'
```

4．删除默认值

当默认值不再有用时，可以将其删除。删除默认值之前，必须将其从表中解绑。在查询编辑器中使用 DROP 语句删除默认值，其语法格式如下：

```
DROP DEFAULT default_name[,…n]
```

【例 7.19】从 student 数据库中删除 def_xuefen 默认值。代码如下：

```
USE student
GO
EXEC  sp_unbindefault '教学计划.学分'
GO
DROP DEFAULT def_xuefen
GO
```

7.5　使用 IDENTITY 列

IDENTITY 列是表中的一个字段，该字段的值不由用户输入，而是当用户为表添加新记录时，由系统按照某种规律自动为新增加的记录中的该列设置一个唯一的行序列号。在一个表中只能有一个 IDENTITY 列，并且其值是由系统提供的不重复的值，因此可用它来实现数据的实体完整性。IDENTITY 列的数据类型可以是任何整数类型，也可以是 decimal 或 numeric 数据类型，但是使用这样的数据类型时，不允许出现小数。

创建 IDENTITY 列需要涉及两个参数：标识种子和标识增量。标识种子是标识列的起始值，标识增量是每次增加的数。例如：设置一个种子值为 1，增量为 2，则该列的值依次为 1、3、5、7……。

1．使用 SQL Server Management Studio 创建 IDENTITY 列

【例 7.20】在 student 数据库，修改“课程”表，为其增加一个 IDENTITY 列，种子值为 100，增量为 1。操作步骤如下：

（1）启动 SQL Server Management Studio 中，在“对象资源管理器”窗口中，依次展开“数据库”、“student”、“表”节点。

（2）右键单击“课程”表，在弹出的快捷菜单中单击“设计”命令，打开“表设计器”。

（3）在“表设计器”中，添加一列，列名为 ID，数据类型为 int，然后，在表设计器下面展开“标识规范”，设置“是标识”属性值为“是”，修改“标识种子”属性值为“100”，“标识增量”属性值为“1”，这样即可创建一个 IDENTITY 列，如图 7.10 所示。

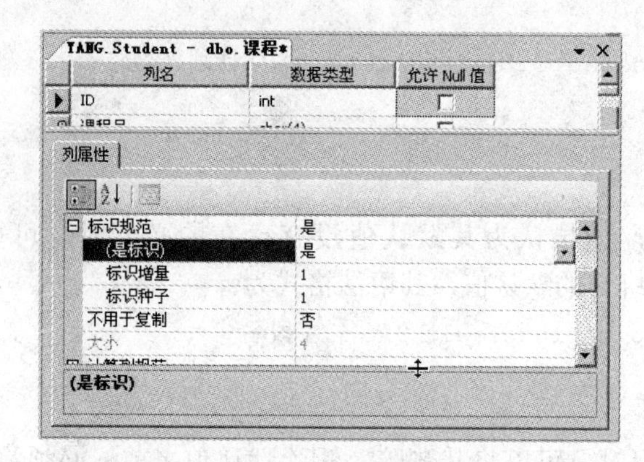

图 7.10　创建 IDENTITY 列

（4）保存设置，完成 IDENTITY 列创建。

2. 使用 T-SQL 语句创建 IDENTITY 列

使用 T-SQL 语句在 CREATE TABLE 或 ALTER TABLE 时都可以创建 IDENTITY 列，其语法格式为：

```
IDENTITY [ (标识种子,标识增量) ]
```

【例 7.21】 在 student 数据库，创建“学生选课”表，在其中创建 IDENTITY 列，种子值为 1，增量也为 1。代码如下：

```
USE student
GO
CREATE TABLE 学生选课
(注册号 INT IDENTITY(1,1) PRIMARY KEY NOT NULL,
学号    char(12)  NOT NULL,
课程号  char(4)   NOT NULL,
教师编号 char(12)  NOT NULL,
选课类型 char(4)   NULL,
成绩    tinyint   NULL,
学分    tinyint   NULL
)
GO
```

7.6　数据完整性强制选择方法

实现数据完整性，SQL Server 提供了许多有效方法。除了本章介绍的约束、默认和规则外，还有前面章节的数据类型和后面需要学习的功能强大的触发器等。对于某一个问题，可能存在多种有效的解决方法，该如何选择呢？可以根据系统的具体要求，从数据完整性方法的实现功能和性能开销综合考虑。下面先来看一看几种实现数据完整性方法的功能和性能开销：

触发器功能强大，既可以维护基础的完整性逻辑，又可以维护复杂的完整性逻辑，如多表的级联操作，但是其开销较多；约束功能比触发器弱，但是其开销非常少；默认和规则功能最弱，其开销也少；数据类型提供最低级别的数据完整性，其实现功能和性能开销最少。

在选择完整性方案时，应该遵循在完成同样任务的前提条件下，选择开销较少的方案。比如，约束和触发器都可以实现的功能，尽量用约束去实现，而不用触发器实现。

7.7 案例中数据完整性实现

1. 使用约束

（1）用 T-SQL 语句为“教学计划”表设定主键，主键由课程号、专业代码和专业学级三个字段组成，其名称为 pk_kzx。代码如下：

```
USE student
GO
ALTER  TABLE  教学计划
ADD  CONSTRAINT  pk_kzx
PRIMARY  KEY  CLUSTERED （课程号,专业代码,专业学级）
GO
```

（2）用 T-SQL 语句为“系部”表中的系部名称字段设置唯一约束，其名称为 uk_xbmz。代码如下：

```
USE student
GO
ALTER  TABLE 系部
ADD  CONSTRAINT  uk_xbmz
UNIQUE  NONCLUSTERED （系部名称 ）
GO
```

（3）用 T-SQL 语句为“专业”表中的系部代码字段添加名称为 ck_xbdm 检查约束，使该字段输入值只能是 01、02、03、04。代码如下：

```
USE  student
GO
ALTER  TABLE 专业
ADD  CONSTRAINT  ck_xbdm
CHECK  （系部代码 IN('01','02','03', '04'))
GO
```

（4）用 T-SQL 语句将“教师”表中的学历字段的默认值设置为“研究生”。代码如下：

```
USE  student
GO
ALTER  TABLE  教师   ADD CONSTRAINT def_xueli
DEFAULT '研究生'  FOR  学历
GO
```

（5）用 T-SQL 语句在“专业”表中为系部代码字段创建一个名称为 fk_zyxb 外键约束，保证在专业表中输入有效的系部代码。代码如下：

```
USE  student
GO
ALTER  TABLE  专业
ADD  CONSTRAINT  fk_zyxb  FOREIGN KEY （系部代码）
```

```
REFERENCES 系部(系部代码)
GO
```

（6）用 T-SQL 语句在 student 数据库中创建一张“人事信息”表，表中包含职工编号、职工姓名、性别、出生日期、系部代码、联系电话，在创建时根据需要定义约束。代码如下：

```
USE student
GO
CREATE  TABLE  人事信息
(
  职工编号 CHAR(12) NOT NULL CONSTRAINT pk_zgbh PRIMARY KEY,
  职工姓名 CHAR(8)  NOT  NULL CONSTRAINT uk_zgxm UNIQUE,
  性别   CHAR(2)  NOT NULL  CONSTRAINT df_xybx  DEFAULT '男',
  出生日期 DATETIME NOT NULL CONSTRAINT  ck_csrq CHECK(出生日期>
'01/01/1950'),
  系部代码 CHAR(2)  NOT NULL CONSTRAINT  fk_xbdm  FOREIGN KEY(系部代码)
REFERENCES 系部(系部代码),
  联系电话 CHAR(15)
)
GO
```

2．使用规则

（1）用 T-SQL 语句创建一个 xbdm_rule 规则，将其绑定到“系部”表的系部代码字段上，用来保证输入的系部代码只能是数字字符，最后显示规则的文本信息。代码如下：

```
USE student
GO
IF EXISTS(SELECT name FROM sysobjects WHERE name ='xbdm_rule' AND TYPE='R')
 BEGIN
   EXEC sp_unbindrule  '系部.系部代码'
   DROP RULE  xbdm_rule
END
GO
CREATE RULE  xbdm_rule
AS
@ch like '[0-9][0-9]'
GO
EXEC sp_bindrule  'xbdm_rule','系部.系部代码'
GO
EXEC sp_helptext xbdm_rule
GO
```

（2）用 T-SQL 语句创建一个 nl_rule 规则，用来限制“教师”表输入的出生日期，使在职教师的年龄限制在 20～60 岁之间。代码如下：

```
USE student
GO
```

```
CREATE RULE nl_rule
AS
getdate()-@CSRQ>=20 AND getdate()-@CSRQ<=60
GO
SP_BINDRULE nl_rule,'教师.出生日期'
GO
GO
```

3. 使用默认

用 T-SQL 语句创建一个 def_jtzz 默认对象，将其绑定到“学生”表的家庭住址字段上，使其默认值为“河北省保定市”。最后查看默认对象定义的文本信息。代码如下：

```
USE student
GO
IF EXISTS(SELECT name FROM sysobjects WHERE name ='def_jtzz' AND TYPE='D')
 BEGIN
  EXEC sp_unbindefault '学生.家庭住址'
  DROP DEFAULT def_jtzz
END
GO
CREATE DEFAULT def_jtzz
AS '河北省保定市'
GO
EXEC sp_bindefault 'def_jtzz','学生.家庭住址'
GO
EXEC sp_helptext def_jtzz
GO
```

7.8 思考题

1. 什么是数据完整性？数据完整性分为哪几种类型？
2. 什么是实体完整性？实现实体完整性的方法有哪些？
3. 什么是域完整性？实现域完整性的方法有哪些？
4. 什么是引用完整性？实现引用完整性的方法有哪些？
5. 什么是约束？常用的约束有哪些？
6. 什么是主键约束？
7. 什么是唯一约束？
8. 什么是 CHECK 约束？
9. 什么是默认约束？
10. 什么是外键约束？
11. 什么是规则？规则与 CHECK 约束有什么区别？
12. 什么是默认对象？默认对象与默认约束有什么区别？

第 8 章　视图及其应用

视图是 SQL Server 中重要的数据库对象。视图常用于集中、简化和定制显示数据库中的数据信息，为用户以多种角度观察数据库中的数据提供方便。为了屏蔽数据的复杂性，简化用户对数据的操作或者控制用户访问数据，保护数据安全，常为不同的用户创建不同的视图。

8.1　视图综述

8.1.1　视图的基本概念

视图是从一个或多个表中导出（视图也可以从视图中导出）的表。相对于基表（因为视图是由表派生出来的，所以涉及视图时，将表称为基表），视图是一个虚拟表，其内容由查询语句定义生成。除索引视图外，视图在数据库中并不是以数据值存储集形式存在，其数据来自定义视图的查询所引用的数据表，并且在引用视图时动态生成。

视图的内容可以是基表的投影或选择，也可以是两个或多个基表的连接，还可以是基表和视图的组合。视图中的数据是视图在被使用时动态生成的，它随着基表数据的变化而发生变化。通过视图可以查看基表中的数据，还可以在一定条件下修改基表的数据。

在 SQL Server 2008 中，包含三种类型的视图：标准视图、分区视图和索引视图。

1. 标准视图

从表面上看，标准视图和表一样，具有结构和数据，包含一系列带有名称的列和行数据。实质上，表是标准视图的基础，数据库中只存储了标准视图的定义，而不存放标准视图所对应的数据，标准视图所对应的数据仍存放在标准视图所引用的基表中。

2. 分区视图

分区视图与标准视图相似，只是分区视图在一台或多台服务器间水平连接一组成员表中的分区数据，使数据看起来就像来自一个表。

3. 索引视图

索引视图是被具体化的视图，是带存储数据的视图。对视图创建唯一聚集索引后，结果集将存储在视图中，就像带有聚集索引的表一样。

8.1.2　视图的作用

视图是在基表的基础上，通过查询语句生成的。对视图的操作最终要转化为对基表的操作。那么，为什么要定义、使用视图呢？这是因为使用视图有很多优点：

（1）视图可以集中数据，满足不同用户对数据的不同要求。用户使用数据库中的数据时，一般情况下，最关心对自己有用的信息。当数据表中的数据量太大时，用户就可以根据自己的需求建立视图，使视图中只包含需要的数据，对于那些无关的数据则不在其中。这样，就可以集中精力处理有用数据。例如，某班主任只希望查看自己班学生的成绩，则可以以全校学生成绩表为基础创建“某班学生成绩”视图。

（2）视图可以简化复杂查询的结构，从而方便用户对数据的操作。当需要查询的信息涉及多张表时，编写查询语句就相当烦琐。例如：教师要查询某个班学生的各门课程的成绩，需要输入以下查询语句：

```
SELECT   A.学号,A.姓名,C.课程名称,B.成绩
FROM     学生 AS A JOIN 课程注册 AS B   ON A.学号=B.学号
                   JOIN 课程 AS C   ON B.课程号=C.课程号
WHERE    A.班级代码='06101001'
```

这条查询语句比较复杂。如果查询多遍，就要编写多次，这给教师带来麻烦。这时，就可以把上述查询语句定义为一个视图，简化查询。以后教师再进行查询时直接使用“SELECT * FROM 视图”语句即可得到需要的信息。通常情况，对于连接、投影、联合查询等复杂查询，都可以生成视图。

（3）视图能够对数据提供安全保护。视图可以定制显示数据库中的数据信息。因此，数据库管理者为用户创建视图时，就可以只将允许用户使用的数据加入视图。再通过权限设置，使用户不能访问基表。这样，用户只能使用被允许使用的数据，那些不希望用户看到的数据将被保护起来。

（4）便于组织数据导出。当需要将多个表中的相关数据导出时，可以将数据集中到一个视图内，通过视图将相关数据导出，从而简化了数据的交换操作。

（5）跨服务器组合分区数据。在视图中可以使用 union 集合运算符，将两个或多个查询结果组合到一个单一的结果集中，方便用户使用。

8.2 视图的操作

8.2.1 创建视图

在 SQL Server 2008 创建视图，创建者必须拥有创建视图的权限，并且对视图中引用的基表或视图有许可权。此外，创建视图前还应该注意以下几点：

- 只能在当前数据库中创建视图。如果使用分布式查询，视图所引用的基表和视图可以存在于其他数据库或其他服务器中。
- 在一个视图中最多引用 1024 列，视图中记录的行数限制由基表中记录数目决定。
- 视图的名称必须遵循标识符的命名规则，且对每个架构都必须唯一，并且该名称不得与该架构包含的任何表的名称相同。
- 视图中列的名称一般继承其基表中列的名称，如果视图中某一列是算术表达式、函数、常量或者来自多个表的列名相同，必须要为视图中的列定义名称。
- 可以将视图创建在其他视图上，SQL Server 2008 中允许 32 层的视图嵌套。
- 不能在视图上创建全文索引，不能将规则、默认绑定在视图上。
- 不能在临时表上创建视图，也不能创建临时视图。
- 定义视图的查询语句中不能包含 ORDER BY 、COMPUTE、COMPUTE BY 子句和 INTO 关键字。

对创建视图有了基本了解后，就可以根据不同的目的，创建视图了。在 SQL Server 2008 中，可以使用 SQL Server Management Studio 或 T-SQL 语句创建视图。

1．使用 SQL Server Management Studio 创建视图

【例 8.1】 在 student 数据库中，创建一个名称为“V_某班成绩”视图，使用此视图可以从“学生”表、“课程注册”表和“课程”表中查询出某班学生的学号、姓名、课程名称和成绩。其操作步骤如下：

（1）启动 SQL Server Management Studio，在“对象资源管理器”窗口中，依次展开“数据库”、“student”节点。

（2）右键单击“视图”节点，在弹出的快捷菜单中单击“新建视图”命令，打开如图 8.1 所示的“视图设计器”窗口和“添加表”对话框。

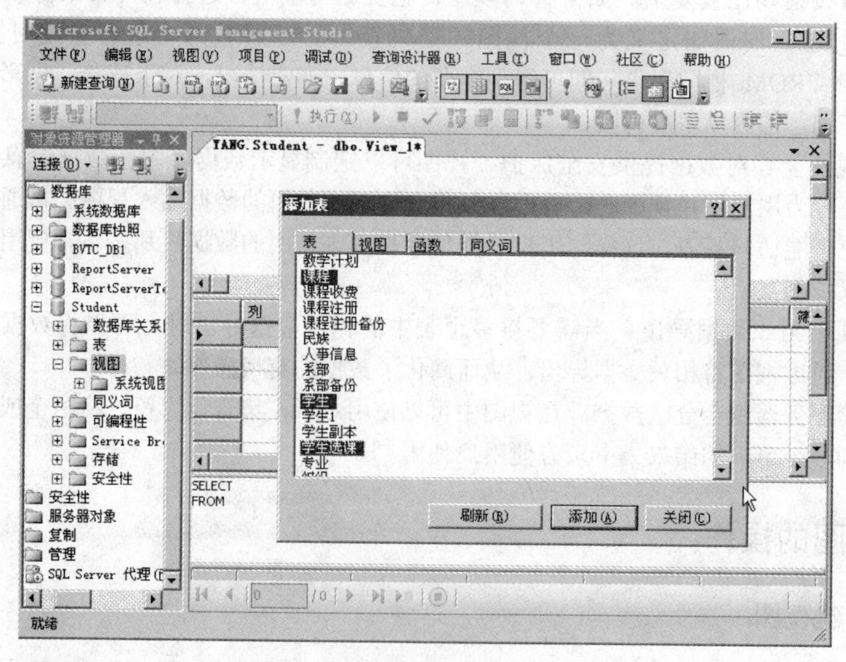

图 8.1 “视图设计器”窗口之一

（3）从“添加表”对话框中选择建立新视图的基表、视图和函数。现在，从中选择“课程”、“课程注册”、“学生”三张表，单击“添加”按钮（在这里可以选择一张表单击一次添加，也可以按住 Ctrl 键将需要的表选择好后，然后单击“添加”按钮），将表添加到视图设计器中。添加完毕后，关闭“添加表”对话框，回到如图 8.2 所示的“视图设计器”窗口。如果关闭“添加表”对话框后，仍需要添加表，单击“视图设计器”工具栏上的“添加表”按钮，即可打开“添加表”对话框。

（4）这时，所选的表出现在“视图设计器”的关系图窗格中。根据新建视图的需要，从表中选择视图引用的列。将列加入视图有三种方式，可以在关系图窗格中，勾选相应表的相应列左边的复选框来完成；也可以通过选择条件窗格中的“列”栏上的列名来完成，还可以在 SQL 窗格中输入 SELECT 语句来选择视图需要的列。在此，依次勾选“学生”表中的“学号”、“姓名”和课程表中的“课程名称”和课程注册中的“成绩”列，其结果显示如图 8.2 所示。

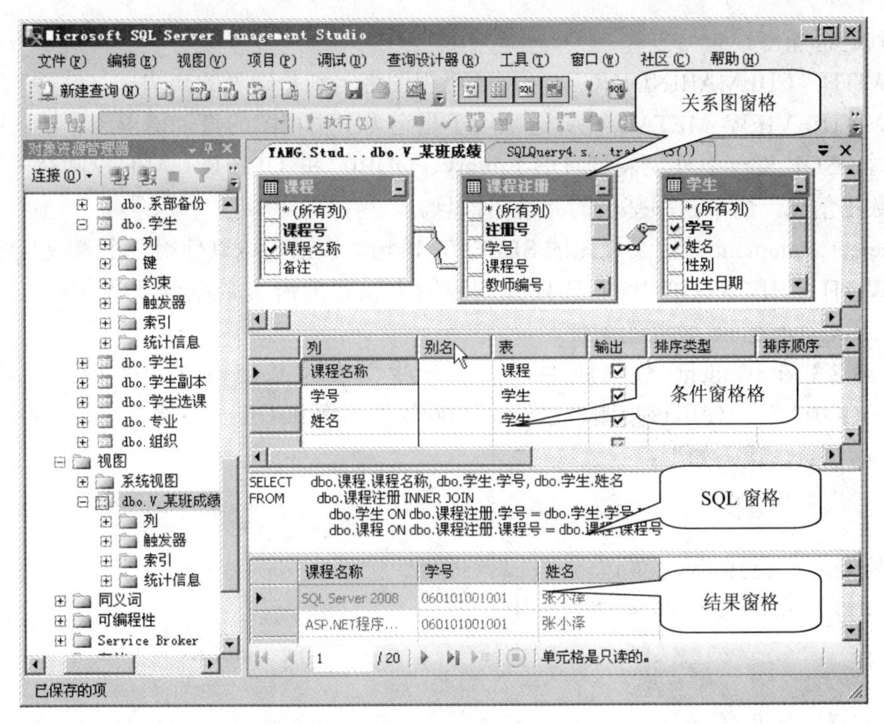

图 8.2 “视图设计器”窗口之二

（5）在条件窗格中的“筛选器”栏中设置过滤记录的条件。本例中需要的条件为“班级代码='060101001'”，但是结果并不包含它。可以在条件窗格中的列中选择“班级代码”，在“筛选器”列中输入“='060101001'”，然后将其所对应的“输出”列的勾选去掉。

（6）设置完毕后，在“视图设计器”窗口中，单击工具栏中的“验证 T-SQL 句法”按钮，检查 T-SQL 语法。语法正确后，单击“执行 T-SQL”按钮，预览视图返回的结果，如图 8.2 中的结果窗格所示。

（7）一切测试正常之后，在工具栏上，单击“保存”按钮，弹出“选择名称”对话框，在该对话框中为视图命名，如“V_某班成绩”，单击“确定”按钮，将视图保存到数据库中。

2．使用 T-SQL 语言创建视图

使用 T-SQL 语言中的 CREATE VIEW 语句可以创建视图，其语法格式如下：

```
CREATE VIEW [ schema_name . ] view_name [ (column [ ,...n ] ) ]
[ WITH   ENCRYPTION] [ , SCHEMABINDING ] [ , VIEW_METADATA ]
AS
select_statement [ ; ]
[ WITH CHECK OPTION ]
```

其中：

- schema_name 是视图所属架构的名称。
- view_name 是新建视图的名称。视图名称必须符合标识符命名规则，其名称前可以包含数据库名和所有者名。
- column 是视图中的列名。如果没有指定列名，其列名由 SELECT 语句指派。
- WITH ENCRYPTION 选项对包含 CREATE VIEW 语句文本的系统表（syscomments）

列进行加密。

- WITH CHEMABINDING 选项用于将视图绑定到基础表的架构。
- WITH VIEW_METADATA 选项用于指定为引用视图的查询请求浏览模式的元数据时，SQL Server 实例将向 DB-Library、ODBC 和 OLE DB API 返回有关视图的元数据信息，而不返回基表的元数据信息。
- select_statement 是定义视图的 SELECT 语句。该语句可以使用多个表或其他视图。
- WITH CHECK OPTION 选项强制视图上执行的所有数据修改语句都必须符合由 select_statement 设置的条件。

【例 8.2】 在 student 数据库中，以“学生”表为基础建立一个视图，其名称为“V_06RJGG001XS”。使用该视图可以查看“06 软件工程 001 班（班级代码为 060101001）”所有学生的信息。代码如下：

```
USE student
GO
CREATE VIEW  V_06RJGG001XS
WITH  ENCRYPTION  /*加密视图*/
AS
SELECT *
FROM  学生
WHERE 班级代码='060101001'
GO
```

【例 8.3】 在 student 数据库中，创建一个“V_课程计划”视图，使用该视图可以从“教学计划”表和“课程”表中查询某个专业所开设的课程名称、课程类型、开课学期与学分。代码如下：

```
USE student
GO
CREATE VIEW  V_课程计划
AS
SELECT 课程.课程名称,教学计划.课程类型,教学计划.开课学期,教学计划.学分
FROM 课程 JOIN 教学计划
ON 课程.课程号=教学计划.课程号 AND 教学计划.专业代码='0101'
GO
```

【例 8.4】 在 student 数据库中，以“V_某班成绩”视图为基础，创建“V_某班 SQL 成绩”视图，使用此视图可以查询某班学生的“SQL Server 2008”课程的成绩。该视图包含学号、姓名、成绩字段。

```
USE student
GO
CREATE VIEW V_某班SQL成绩
AS
SELECT 学号,姓名,成绩
FROM V_某班成绩
WHERE 课程名称='SQL Server 2008 '
GO
```

【例 8.5】 在 student 数据库中，以“V_某班成绩”视图为基础，创建“V_某班成绩汇

总”视图。使用此视图可以查询某班学生的学号、姓名和总成绩。

```
USE student
GO
CREATE VIEW V_某班成绩汇总
AS
SELECT 学号,姓名,SUM(成绩) AS 总成绩
FROM V_某班成绩
GROUP BY 学号,姓名
GO
```

8.2.2 使用视图

视图定义后，可以对视图进行查询，在一定条件下还可以通过视图修改数据。

1. 通过视图查询数据信息

对于视图，可以像使用基表一样对其进行查询。

【例 8.6】查询“V_某班成绩汇总”视图中学生的成绩总和情况。代码如下：

```
USE student
GO
SELECT * FROM V_某班成绩汇总
GO
```

在查询编辑器中执行以上代码，得到如下结果：

```
学号          姓名     总成绩
------------ -----   ----
060101001001 张小泽    327
060101001002 刘永辉    275
060101001003 孙辉      324
060101001004 李洪普    288
(4 行受影响)
```

【例 8.7】查询“V_某班成绩”视图中“ASP.NET 程序设计”的成绩。代码如下：

```
USE student
GO
SELECT *
FROM V_某班成绩
WHERE 课程名称= 'ASP.NET 程序设计'
GO
```

在查询编辑器中执行以上代码，得到如下结果：

```
学号          姓名     课程名称           成绩
------------ ----   --------------   ----
060101001001 张小泽  ASP.NET 程序设计    68
060101001002 刘永辉  ASP.NET 程序设计    45
060101001003 孙辉    ASP.NET 程序设计    88
060101001004 李洪普  ASP.NET 程序设计    69
(4 行受影响)
```

2．通过视图修改数据

通过视图来修改基表中的数据，包含数据插入、数据删除和数据修改。由于视图本身不实际存储数据，它只是显示一个或多个基表的查询结果，修改视图中的数据的实质是在修改视图引用的基表中的数据，因此，在使用视图修改数据时，要注意下列一些事项：

- 不能在一个语句中对多个基表使用数据修改语句。如果要修改由两个或两个以上基表得到的视图，必须进行多次修改，每次修改只能影响一个基表。
- 对于基表中需更新而又不允许空值的所有列，它们的值在 INSERT 语句或 DEFAULT 定义中指定。这将确保基表中所有需要值的列都可以获取值。
- 不能修改那些通过计算得到结果的列。
- 在视图定义中使用了 WITH CHECK OPTION 子句，则所有在视图上执行的数据修改语句都必须符合定义视图的 SELECT 语句中所设定的条件。
- 在基表的列中修改的数据必须符合对这些列的约束条件，如是否为空、约束、DEFAULT 定义等。

【例 8.8】为“V_06RJGG001XS”视图中添加一条新的学生记录。

```
USE student
GO
INSERT INTO  V_06RJGG001XS
VALUES('060101001005','李菲','女','1986/02/8','2006/09/18','060101001','')
GO
```

【例 8.9】将“V_06RJGG001XS”视图中姓名为“李菲”的同学改为“李飞”。

```
USE student
GO
UPDATE  V_06RJGG001XS  SET 姓名='李飞'  WHERE 姓名='李菲'
GO
```

【例 8.10】删除“V_06RJGG001XS”视图中姓名为“李飞”的同学。

```
USE student
GO
DELETE  FROM  V_06RJGG001XS  WHERE 姓名='李飞'
GO
```

8.2.3 修改视图

1．重命名视图

视图被定义后，如果对其名称不满意，可以通过 SQL Server Management Studio 或存储过程 sp_rename 对视图重新命名。

（1）使用 SQL Server Management Studio。启动 SQL Server Management Studio，在“对象资源管理器”窗口中，依次展开数据库、视图所属数据库、视图节点，选择需要重命名的视图右键单击，从弹出的快捷菜单中选择“重命名”命令，视图名变为可修改状态，输入新视图名，回车完成视图更名。

（2）使用系统存储过程 sp_rename。使用系统存储过程 sp_rename 可以很方便地重命名视图，其语法格式如下：

```
sp_rename  old_name ,new_name
```

其中：

- old_name 为原视图名称。
- new_name 为新视图名称。

【例 8.11】将视图 “V_某班成绩”重命名为“V_成绩查询”。

程序清单如下：

```
USE  student
GO
sp_rename  V_某班成绩, V_成绩查询
GO
```

2. 修改视图定义

视图被定义后，如果对其定义内容不满意，可以使用 T-SQL 语句中的 ALTER VIEW 语句对其进行修改，对于没加密的视图还可以使用 SQL Server Management Studio 修改。

（1）使用 ALTER VIEW 语句。ALTER VIEW 语句可以修改视图的定义，其语法格式如下：

ALTER VIEW   view_name [(column [,...n])]
[WITH ENCRYPTION]
AS   select_statement
[WITH CHECK OPTION]

其中，参数的含义与创建视图语法中的参数一致。

对于加密的与不加密的视图，都可以通过此语句进行修改。

【例 8.12】将上面的“V_课程计划”视图中的筛选条件变为“专业代码='0102'”。代码如下：

```
USE  student
GO
ALTER VIEW  V_课程计划
AS SELECT 课程.课程名称, 教学计划.课程类型,教学计划.开课学期,教学计划.学分
FROM  课程 JOIN 教学计划
ON 课程.课程号=教学计划.课程号 and 专业代码='0102'
GO
```

（2）使用 SQL Server Management Studio。启动 SQL Server Management Studio，在“对象资源管理器”窗口中，依次展开数据库、视图所属数据库、视图节点，右击需要修改的视图，从弹出的快捷菜单中选择“修改”命令，打开“视图设计器”窗口。根据需要，修改视图定义即可。

8.2.4 删除视图

对于不需要的视图，可以使 SQL Server Management Studio 或 T-SQL 语句中的 DROP VIEW 语句将其删除。删除视图后，其所对应的数据不会受到影响。如果有其他数据库对象是以此视图为基础建立的，仍可删除此视图，但是再使用那些数据库对象时，将会发生错误。

1. 使用 DROP VIEW 语句

使用 DROP VIEW 语句删除视图的语法格式如下：

```
DROP VIEW  { view_name } [ ,...n ]
```

使用该语句可以同时删除多个视图，视图名称之间用逗号分隔即可。

【例 8.13】删除视图“V_成绩查询”。代码如下：

```
USE student
GO
DROP VIEW  V_成绩查询
GO
```

2. 使用 SQL Server Management Studio

启动 SQL Server Management Studio，在“对象资源管理器”窗口中，依次展开数据库、视图所属数据库、视图节点，选择需要删除的视图右键单击，从弹出的快捷菜单中选择“删除”命令，打开“删除对象”对话框。在“删除对象”对话框中单击“确定”按钮，即可删除选定的视图。

8.3 视图定义信息的查询

为了修改视图的定义或者了解视图是从哪些表中得到数据的，需要查看视图的定义。如果视图定义没有加密，即可获得视图定义的有关信息。使用系统存储过程 sp_helptext 可以查看视图定义信息。其语法格式如下：

```
[EXEC] sp_helptext  objname
```

其中：objname 指用户需要查看的视图名称。

【例 8.14】使用 sp_helptext 查看视图“V_课程计划”的定义信息。代码如下：

```
USE student
GO
sp_helptext  V_课程计划
GO
```

在查询编辑器中执行以上代码，得到如下结果：

```
Text
----------------------------------------------------------
CREATE VIEW  V_课程计划
AS SELECT 课程.课程名称, 教学计划.课程类型,教学计划.开课学期,教学计划.学分
FROM  课程 JOIN 教学计划
ON 课程.课程号=教学计划.课程号 AND 专业代码='0102'
```

8.4 案例中的视图应用

1. 建立学生基本信息视图

该视图从“学生表”、“系部表”、“班级表”、“专业表”中查询学生详细信息。

```
USE Student
GO
IF  EXISTS (SELECT * FROM sys.views WHERE object_id = OBJECT_ID
(N'[dbo].[V_学生信息]'))
DROP VIEW V_学生信息
GO
CREATE VIEW V_学生信息
AS
SELECT  学生.学号, 学生.姓名, 学生.性别, 学生.出生日期, 学生.入学时间, 学
生.班级代码, 学生.家庭住址, 班级.班级名称, 班级.系部代码, 班级.专业代码, 专
业.专业名称, 系部.系部名称
FROM  系部 INNER JOIN 专业
   ON 系部.系部代码 = 专业.系部代码 AND 系部.系部代码 = 专业.系部代码
INNER JOIN  班级
   ON 系部.系部代码 = 班级.系部代码 AND 专业.专业代码 = 班级.专业代码 AND 专
业.专业代码 = 班级.专业代码
INNER JOIN  学生 ON 班级.班级代码 = 学生.班级代码
GO
```

2. 建立教师授课信息（开课清单）的视图

该视图从“教师表”、“教师任课表”、“教学计划表”、“课程表”查询教师、选修课、学分等信息。

```
USE [Student]
GO
IF  EXISTS (SELECT * FROM sys.views WHERE object_id =
OBJECT_ID(N'[dbo].[V_教师授课]'))
DROP VIEW [dbo].[V_教师授课]
GO
CREATE VIEW V_教师授课
AS
SELECT 教师任课.教师编号, 教师任课.课程号, 教师任课.专业学级,
       教师任课.专业代码, 教师任课.学时数, 课程.课程名称, 教学计划.课程类型,
       教师任课.学期, 教师任课.学年,教师任课.学生数,
       教师.姓名, 教师.职称
FROM 教师任课  LEFT OUTER JOIN 教师
        ON 教师任课.教师编号 = 教师.教师编号
        LEFT OUTER JOIN 课程 ON 教师任课.课程号 = 课程.课程号
        LEFT OUTER JOIN 教学计划
          ON  教师任课.课程号 = 教学计划.课程号
          AND 教师任课.专业代码 = 教学计划.专业代码
          AND 教师任课.专业学级 = 教学计划.专业学级

GO
```

3. 建立学生成绩（学生选课清单）视图

该视图从“学生表”、“课程注册表”、“教师任课表”中查询所有学生的选课信息。

```
USE [Student]
GO
IF  EXISTS (SELECT * FROM sys.views WHERE object_id = OBJECT_ID
(N'[dbo].[V_学生成绩]'))
DROP VIEW [dbo].[V_学生成绩]
GO
CREATE VIEW  V_学生成绩
AS
SELECT   课程.课程名称, 教学计划.课程类型 ,学生.姓名, 课程注册.注册号,
         课程注册.学号,  课程注册.课程号 , 课程注册.教师编号 ,
         课程注册.专业代码 , 课程注册.专业学级 ,  课程注册.选课类型,
         课程注册.学期,  课程注册.学年,  课程注册.收费否,  课程注册.注册,
         课程注册.成绩,  课程注册.学分,  教师任课.学生数, 教师任课.学时数
FROM    学生 INNER JOIN  课程注册
        ON 学生.学号  =  课程注册.学号
        LEFT OUTER JOIN 课程
          ON  课程.课程号 = 课程注册.课程号
        LEFT OUTER JOIN 教师任课
          ON 教师任课.教师编号 =  课程注册.教师编号 AND
                    教师任课.专业代码 =  课程注册.专业代码 AND
                    教师任课.专业学级 =  课程注册.专业学级 AND
                    教师任课.课程号 =  课程注册.课程号
        LEFT OUTER JOIN 教学计划
          ON  教师任课.课程号 = 教学计划.课程号
          AND 教师任课.专业代码 = 教学计划.专业代码
          AND 教师任课.专业学级 = 教学计划.专业学级
GO
```

4. 建立没有获得学分的学生的视图

该视图从“学生表”、“课程注册表”、“课程表”查询学生的学号、姓名、课程名称和成绩信息。

```
USE student
GO
CREATE VIEW V_未获学分
AS
SELECT A.学号,A.姓名,C.课程名称,B.成绩
FROM 学生 AS A JOIN 课程注册 AS B  ON A.学号=B.学号
           JOIN 课程 AS C  ON B.课程号=C.课程号
AND  B.成绩< 60
GO
```

5. 建立学生表中全体学生年龄的视图

该视图从“学生表”中查询学生的学号、姓名和年龄信息。

```
USE student
GO
CREATE VIEW  V_学生年龄
AS
SELECT 学号,姓名,YEAR(GETDATE())-YEAR(出生日期) AS 年龄 FROM 学生
GO
```

8.5 思考题

1. 什么是视图？
2. 为什么要使用视图？
3. 创建视图需要注意哪些事项？
4. 通过视图修改数据，要注意什么？
5. 如何查看视图的定义信息？

第 9 章　索引及应用

9.1　索引综述

索引是一种特殊类型的数据库对象，它保存着数据表中一列或几列组合的排序结构。为数据表增加索引，可以大大提高数据的检索效率。索引是数据库中一个重要的对象，本章将详细介绍索引的基本概念、使用索引的意义、创建索引的方法以及对索引的操作。

9.1.1　数据存储

在 SQL Server 2008 中，数据存储的基本单位是页，其大小是 8KB。每页的开始部分是 96 字节的页首，用于存储系统信息，如页的类型、页的可用空间量、拥有页的对象 ID 等。在 SQL Server 2008 数据库的数据文件中包含八种页类型，见表 9.1 所示。

表 9.1　数据文件中的页类型

页　类　型	内　　容
数据	包含数据行中除 text、ntext 和 image 数据外的所有数据
索引	索引项
文本/图像	text、ntext 和 image 数据
全局分配映射表、辅助全局分配映射表	有关已分配的扩展盘区的信息
页的可用空间	有关页上可用空间的信息
索引分配映射表	有关表或索引所使用的扩展盘区的信息
大容量更改映射表	有关自上次执行 BACKUP LOG 语句后大容量操作所修改的扩展盘区的信息
差异更改映射表	有关自上次执行 BACKUP DATABASE 语句后更改的扩展盘区的信息

9.1.2　索引

1．索引的概念

索引是以表列为基础建立的数据库对象，它保存着表中排序的索引列，并且记录了索引列在数据表中的物理存储位置，实现了表中数据的逻辑排序。SQL Server 2008 将索引组织为 B 树，索引内的每一页包含一个页首，页首后面跟着索引行。每个索引行都包含一个键值以及一个指向较低级页或数据行的指针。索引的每个页称为索引节点。B 树的顶端节点称为根节点，索引的底层节点称为叶节点，根和叶之间的任何索引级统称为中间级。

2．索引分类

在 SQL Server 数据库中，根据索引的存储结构不同将其分为两类：聚集索引和非聚集索引。

（1）聚集索引。聚集索引是指表中数据行的物理存储顺序与索引列顺序完全相同。聚集索引由上下两层组成（如图 9.1 所示），上层为索引页，包含表中的索引页面，用于数据检索，下层为数据页，包含实际的数据页面，存放着表中的数据。当为一个表的某列创建聚集索引时，表中的数据会根据索引列的顺序再进行重新排序，然后再存储到磁盘上。因此，每个表只能创建一个聚集索引。聚集索引一般创建在表中经常搜索的列或者按顺序访问的列上。因为聚集索引对表中的数据进行了排序，当使用聚集索引找到包含的第一个值后，其他连续的值就在附近了。除个别表外，数据表都应该创建聚集索引，提高数据的查询性能。默认情况下，SQL Server 为主键约束自动建立聚集索引。

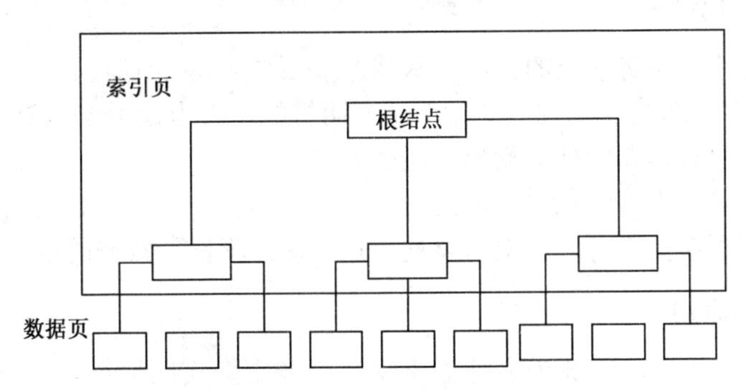

图 9.1　聚集索引的结构示意图

（2）非聚集索引。非聚集索引不改变表中数据行的物理存储位置，数据与索引分开存储，通过索引带有的指针与表中的数据发生联系（如图 9.2 示例所示）。下面举一个例子，来加深对非聚集索引的了解。假设“系部”表的数据是按表（b）中数据的顺序存储，表（a）是为系部表“系部代码”列建立的索引，其中第一列为索引系部代码，后一列是每条记录在表中的存储位置（通常称作指针）。现在查找系部代码为 01 的信息。如果全表扫描需要从第一行记录扫描到最后一条记录；如果利用索引，先在索引表中找到系部代码 01，然后根据索引表中的指针地址（假设为 8）到系部表中直接找到第 8 条记录，这样提高了检索速度。

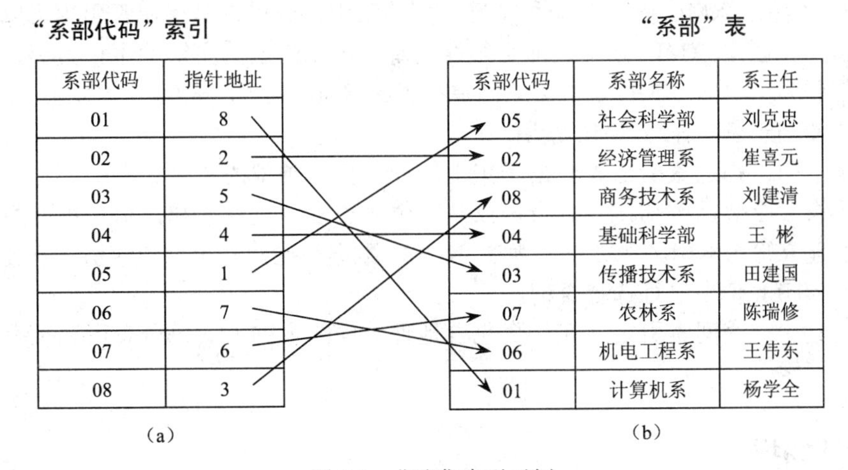

“系部代码”索引

系部代码	指针地址
01	8
02	2
03	5
04	4
05	1
06	7
07	6
08	3

（a）

“系部”表

系部代码	系部名称	系主任
05	社会科学部	刘克忠
02	经济管理系	崔喜元
08	商务技术系	刘建清
04	基础科学部	王 彬
03	传播技术系	田建国
07	农林系	陈瑞修
06	机电工程系	王伟东
01	计算机系	杨学全

（b）

图 9.2　非聚集索引示例

3．使用索引的意义

数据库中的索引与书籍中目录的作用类似，用来提高查找信息的速度。众所周知，从一本书中查找需要的内容，可以从第一页开始，一页一页地去找，也可以利用书中的目录

（一个词语列表，包含各个关键词和页码），在目录中找到相关内容的页码，然后按照页码迅速找到内容。两种方法比较，使用目录查找内容要比一页一页的查找速度快很多。在数据库中查找数据，也存在两种方法，一种是全表扫描，与一页一页的翻书查找信息类似，用这种方法查找数据要从表的第一行开始逐行扫描，直到找到所需信息；另一种是使用索引查找数据，用这种方法查找数据是先从索引对象中获得索引列信息的存储位置，然后再直接去其存储位置查找所需信息，这样就无须对整个表进行扫描，可以快速找到所需数据。

4．使用索引的代价

使用索引虽然可以提高系统的性能，大大加快数据检索的速度，是不是可以为表中的每一列都建立索引呢？为每一列都建立索引是不明智的，因为使用索引要付出一定的代价：

- 索引需要占用数据表以外的物理存储空间。
- 创建索引和维护索引要花费一定的时间。
- 当对表进行更新操作时，索引需要被重建，这样降低了数据的维护速度。

5．建立索引的原则

使用索引要付出代价，因此为表建立索引时，要根据实际情况，认真考虑哪些列应该建索引，哪些列不该建索引。一般原则是：

- 主键列上一定要建立索引。
- 外键列可以建索引。
- 在经常查询的字段上最好建立索引。
- 对于那些查询中很少涉及的列、重复值比较多的列不要建索引。
- 对于定义为 text，Image 和 bit 数据类型的列上不要建立索引。

6．SQL Server 2008 支持的几种特殊类型索引

除了上述聚集索引和非聚集索引以外，SQL Server 2008 还支持下面几种特殊类型的索引。

- XML 索引：XML 索引是一种特殊类型的索引，既可以是聚集索引也可以是非聚集索引，在创建 XML 索引之前必须存在基于该用户表的主键的聚集索引，并且这个键限制为 15 列。XML 索引必须创建在表的 XML 列上，先创一个 XML 主索引，然后才能创建多个辅助 XML 索引。
- 筛选索引：筛选索引是表数据子集上的一种特殊类型的非聚集索引。如果一个表的表列有多个数据类别，并且查询仅从特定的类别中进行选择，那么可以为这个特定类别建立筛选索引。例如可以为非 NULL 数据行创建一个筛选索引，它使用一个仅从非 NULL 值中进行选择查询。
- 空间索引：空间索引定义在一个包含地理数据的表列上。每个表可以拥有多达 249 个空间索引。

9.2 索引的操作

9.2.1 创建索引

SQL Server 2008 在创建主键约束或唯一约束时，自动创建唯一索引，以强制实施 PRIMARY KEY 和 UNIQUE 约束的唯一性要求。如果需要创建不依赖于约束的索引，可以

使用 SQL Server Management Studio 或者使用 T-SQL 语句创建索引。

创建索引时要注意：

- 只有表或视图的所有者才能创建索引，并且可以随时创建。
- 在创建聚集索引时，将会对表进行复制，对表中的数据进行排序，然后删除原始的表。因此，数据库上必须有足够的空闲空间，以容纳数据复本。
- 在使用 CREATE INDEX 语句创建索引时，必须指定索引名称、表以及索引所应用的列的名称。
- 在一个表中最多可以创建 249 个非聚集索引。默认情况下，创建的索引是非聚集索引。
- 复合索引的列的最大数目为 16，各列组合的最大长度为 900 字节。

1．使用 SQL Server Management Studio 创建索引

【例 9.1】 在 student 数据库中，为“班级”表创建基于“班级名称”列的唯一、非聚集索引 bj_bjmc_index。

（1）启动 SQL Server Management Studio，在“对象资源管理器”窗口中，依次展开数据库、student、表、班级节点。这时，如果展开索引节点，将看到表中存在的索引，由于“班级”表设置了主键，所以存在了一个聚集索引，如图 9.3 所示。

（2）右键单击“索引”节点，在弹出的如图 9.4 所示快捷菜单中单击“新建索引”命令，打开如图 9.5 所示的“新建索引”对话框，默认进入“常规”界面。

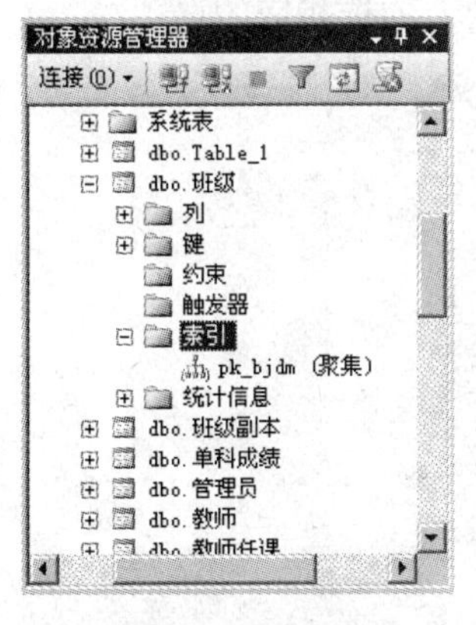

图 9.3 表中已有的索引

图 9.4 新建索引

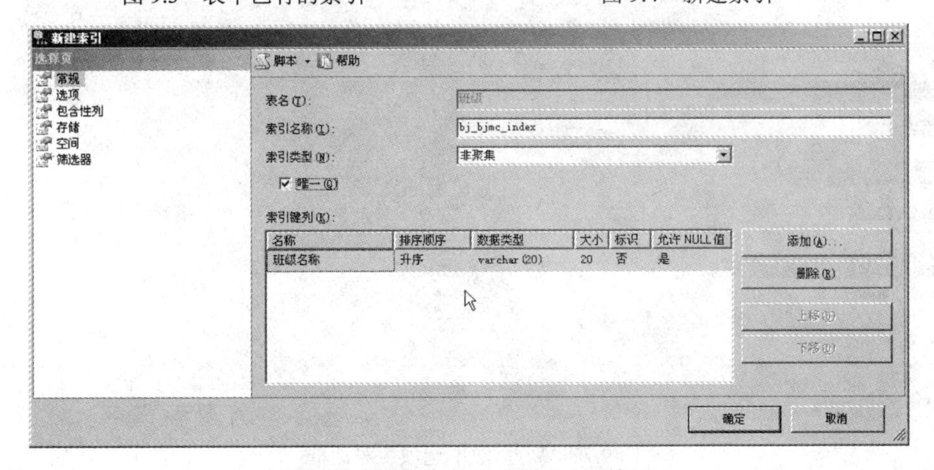

图 9.5 “新建索引-常规”对话框

（3）根据题意，在其“索引名称”对应的文本框中输入索引名称，如“bj_bjmc_index”，从“索引类型”对应的下拉列表框中选择索引类型为“非聚集”，勾选“唯一”复选框。

（4）单击“添加”按钮，弹出如图 9.6 所示的“选择索引列”窗口，从中选择要添加到索引键的表列。在此，选择“班级名称”表列，单击“确定”按钮，返回“新建索引”窗口。

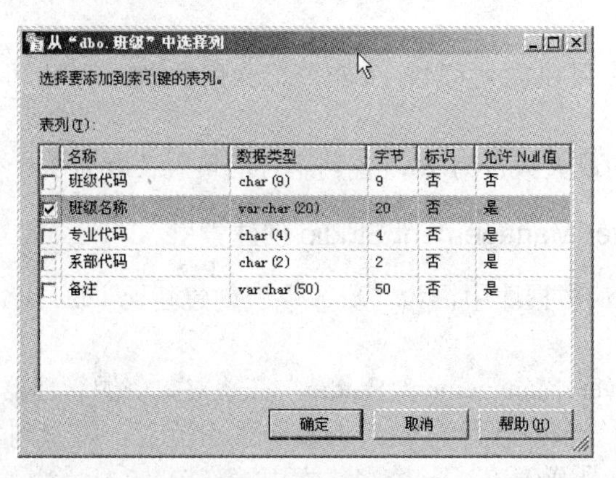

图 9.6 “选择索引列”窗口

（5）如果要设置其他选项，可以单击“新建索引”对话框左上角的“选项”，进入“选项”界面，如图 9.7 所示。在此，可以根据实际需要，勾选相应的选项。

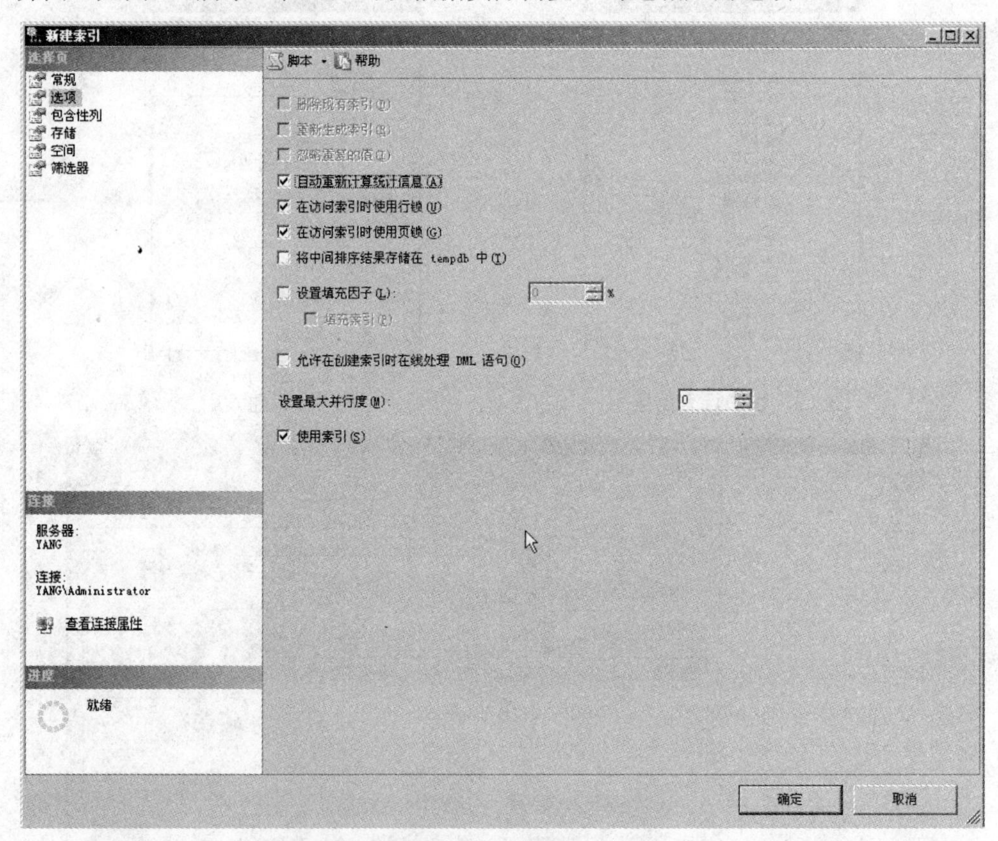

图 9.7 “新建索引-选项”对话框

（6）全部设置完成后，单击“确定”按钮，完成索引创建。

2. 使用 T-SQL 语句创建索引

使用 T-SQL 语句中的 CREATE INDEX 命令可以创建索引，其语法格式如下：

```
CREATE [ UNIQUE ] [ CLUSTERED | NONCLUSTERED ] INDEX  索引名
    ON   { 表名 | 视图名 }( 列名  [ ASC | DESC ] [ ,...n ] )
[ WITH
[PAD_INDEX ]
  [[,]FILLFACTOR =填充因子]
  [[,]IGNORE_DUP_KEY]
  [[,]DROP_EXISTING]
  [[,]STATISTICS_NORECOMPUTE]
  [[,]SORT_IN_TEMPDB]
]
[ON  文件组]
```

其中：

- [UNIQUE] [CLUSTERED | NONCLUSTERED]用来指定创建索引的类型，其依次为唯一索引、聚集索引和非聚集索引。当省略 UNIQUE 选项时，建立的是非唯一索引，省略[CLUSTERED | NONCLUSTERED]，建立的是非聚集索引。
- ASC | DESC 用来指定索引列的排序方式，ASC 是升序，DESC 是降序。如果省略则按升序排序。
- PAD_INDEX 用来指定索引中间级中每个页（节点）上保持开放的空间。
- FILLFACTOR （填充因子）指定在 SQL Server 创建索引的过程中，各索引页叶级的填满程度。
- IGNORE_DUP_KEY 选项控制当尝试向属于唯一聚集索引的列插入重复的键值时所发生的情况。如果为索引指定了 IGNORE_DUP_KEY，并且执行了插入重复键的 INSERT 语句，SQL Server 将发出警告消息并忽略重复的行。
- DROP_EXISTING 用来指定应除去并重建已命名的先前存在的聚集索引或非聚集索引。
- STATISTICS_NORECOMPUTE 用来指定过期的索引统计会不会自动重新计算。创建索引时，查询优化器自动存储有关索引列的统计信息。随着列中数据发生变化，索引和列的统计信息可能会过时，从而导致查询处理方法不是最佳的，这时，可以从新计算索引信息。当该选项值为 ON 时，不会自动重新计算。为 OFF 时会自动重新计算。默认值为 OFF。
- SORT_IN_TEMPDB 指定用于生成索引的中间排序结果将存储在 tempdb 数据库中。
- ON 文件组用来在给定的文件组上创建指定的索引。该文件组必须已经通过执行 CREATE DATABASE 或 ALTER DATABASE 创建。

【例 9.2】为“班级”表创建基于“系部代码”列的非聚集索引 bj_xb_index。代码如下：

```
USE student
GO
CREATE  INDEX bj_xb_index ON 班级(系部代码)
GO
```

9.2.2 查询索引信息

在对表创建了索引之后，可以根据实际情况，查看表中索引信息。使用 SQL Server Management Studio 或系统存储过程 sp_helpindex tablename 或 sp_help tablename 都可以查看到索引信息。

1. 使用 SQL Server Management Studio 查询索引信息

启动 SQL Server Management Studio，在“对象资源管理器”窗口中，依次展开数据库、索引所属数据库、表、索引，右键单击需要查看索引信息的索引名称，从弹出的快捷菜单中选择“属性”命令或双击打开“索引属性”对话框，从中可以看到当前索引的详细信息。

2. 使用系统存储过程看索引信息

除了使用 SQL Server Management Studio 可以查看索引信息，还可以在查询编辑器中执行系统存储过程 sp_helpindex 或 sp_help 查看数据表的索引信息，sp_helpindex 只显示表的索引信息，sp_help 除了显示索引信息外，还有表的定义、约束等其他信息。二者的语法格式基本相同，下面以 sp_helpindex 为例介绍，其语法格式如下：

```
[EXEC ] sp_helpindex 表名
```

【例 9.3】查看 student 数据库中“班级”表的索引信息。代码如下：

```
USE student
GO
EXEC sp_helpindex '班级'
GO
```

在查询编辑器中的运行以上代码结果如图 9.8 所示。

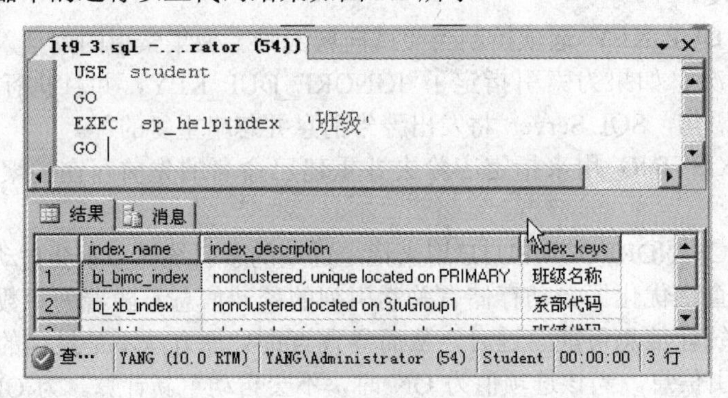

图 9.8 索引信息查询

9.2.3 索引更名

为索引更名，可以使用 SQL Server Management Studio 或系统存储过程。

1. 使用 SQL Server Management Studio 更改索引名称

启动 SQL Server Management Studio，在“对象资源管理器”窗口中，依次展开数据库、索引所属数据库、表、索引，右键单击需要修改名称的索引，从弹出的快捷菜单中选择“重命名”命令，索引名变为可修改状态，输入新索引名，回车完成索引更名。

2. 使用系统存储过程更改索引名称

系统存储过程 sp_rename 可以用来更改索引的名称，其语法格式如下：

```
sp_rename  old_name ,new_name
```

其中：

old_name 是原索引名称。

new_name 是新索引名称。

【例 9.4】将 student 数据库中"班级"表的 bj_xb_index 索引名称更改为 banji_xibu_index。代码如下：

```
USE  student
GO
EXEC  sp_rename  '班级.bj_xb_index','班级.banji_xibu_index'
GO
```

9.2.4 删除索引

使用索引虽然可以提高查询效率，但是对一个表来说，如果索引过多，当修改表中记录时会增加服务器维护索引的时间。当不再需要某个索引的时候，应该把它从数据库中删除。对于通过设置 PRIMARY KEY 约束或者 UNIQUE 约束创建的索引，可以通过删除约束的方法删除索引。对于用户创建的其他索引可以使用 SQL Server Management Studio 或用 T-SQL 语句删除。

1. 使用 SQL Server Management Studio 删除索引信息

启动 SQL Server Management Studio，在"对象资源管理器"窗口中，依次展开数据库、索引所属数据库、表、索引节点，右键单击需要删除的索引，从弹出的快捷菜单中执行"删除"命令，打开"删除对象"对话框。在"删除对象"对话框中单击"确定"按钮，即可删除选定的索引。

2. 使用 T-SQL 语句删除索引

使用 T-SQL 语句中的 DROP INDEX 命令可以删除表中的索引，其语法格式如下：

```
DROP INDEX 表名.索引名[,…n]
```

【例 9.5】删除 student 数据库中"班级"表的 bj_bjmc_index 索引。代码如下：

```
USE  student
GO
DROP  INDEX  班级. bj_bjmc_index
GO
```

9.3 设置索引的选项

在学习 CREATE INDEX 语句时，应该注意到了创建索引的一些选项，如 FILLFACTOR、PAD_INDEX、SORTED_DATA_REOGR。使用这些选项可以加快创建索引的过程，增强索引的性能。下面就来详细了解几个选项。

9.3.1 设置 FILLFACTOR 选项

当向一个已满的索引页添加新行时，SQL Server 要把该页进行拆分，将大约一半的行移到新页中，以便为新的记录行腾出空间，这种操作需要很大的开销。为了尽量减少页拆分，在创建索引时，可以设置 FILLFACTOR（称为填充因子）选项，此选项用来指定各索引页叶级的填满程度，这样在索引页上就可以保留一定百分比的空间，供将来表的数据存储容量进行扩充和减少页拆分。

设置 FILLFACTOR 值时，应考虑如下因素：

- 填充因子的值是从 1 到 100 之间的整数值，用百分比来指定在创建索引后对数据页的填充比例。注意，填充因子值 0 和 100 意义相同。
- 值为 100 时表示页将填满，所留出的存储空间量最小。只有当不会对数据进行更改时（例如，在只读表中）才会使用此设置。
- 值越小则数据页上的空闲空间越大，这样可以减少在索引增长过程中对数据页进行拆分的需要，但需要更多的存储空间。当表中数据容易发生更改时，这种设置比较适当。
- 使用 sp_configure 系统存储过程可以在服务器级别设置默认的填充因子。
- 只有在创建或重新生成了索引后，才会应用填充因子。

【例 9.6】为 studnet 数据库中“班级”表创建基于“系部代码”列的非聚集索引 bj_xb_index，其填充因子值为 60。代码如下：

```
USE student
GO
CREATE  INDEX bj_xb_index ON 班级(系部代码)
WITH  FILLFACTOR=60
GO
```

9.3.2 设置 PAD_INDEX 选项

FILLFACTOR 选项用来指定各索引页叶级的填满程度，对于非叶级索引页需要使用 PAD_INDEX 选项设置其预留空间的大小。PAD_INDEX 选项只有在指定了 FILLFACTOR 选项时才有用，因为 PAD_INDEX 使用由 FILLFACTOR 所指定的百分比。默认情况下，根据中间级页上的键集，SQL Server 将确保每个索引页上的可用空间至少可以容纳一个索引允许的最大行。如果为 FILLFACTOR 指定的百分比不够大，无法容纳一行，SQL Server 将在内部使用允许的最小值替代该百分比。

【例 9.7】为 student 数据库中“班级”表创建基于“系部代码”列的非聚集索引 banji_xibu_index，其 FILLFACTOR 和 PAD_INDEX 选项值均为 60。代码如下：

```
USE student
  GO
  CREATE  INDEX banji_xibu_index ON 班级(系部代码)
  WITH  PAD_INDEX , FILLFACTOR =60
  GO
```

9.4 索引的分析与维护

索引创建之后，由于数据的增加、删除和修改等操作会使索引页发生碎块，因此必须对索引进行分析和维护。

9.4.1 索引分析

SQL Server 提供了多种分析索引和查询性能的方法，常用的有 SHOWPLAN 和 STATISTICS IO 语句。

1. SHOWPLAN

SHOWPLAN 语句用来显示查询语句的执行信息，包含查询过程中连接表时所采取的每个步骤以及选择哪个索引。其语法格式为：

```
SET SHOWPLAN_ALL { ON | OFF } 和 SET SHOWPLAN_TEXT { ON | OFF }
```

其中：

ON 为显示查询执行信息，OFF 为不显示查询执行信息（系统默认）。

【例 9.8】 在 student 库中的“学生”表上查询所有男生的姓名和年龄，并显示查询处理过程。代码如下：

```
USE student
GO
SET SHOWPLAN_ALL ON
GO
SELECT 姓名,YEAR(GETDATE())-YEAR(出生日期) AS 年龄
FROM 学生
WHERE 性别='男'
GO
SET SHOWPLAN_ALL OFF
GO
```

2. STATISTICS IO

STATISTICS IO 语句用来显示执行数据检索语句所花费的磁盘活动量信息，可以利用这些信息来确定是否重新设计索引。其语法格式为：

```
SET STATISTICS IO {ON|OFF}
```

其中：

ON 为显示信息，OFF 为不显示信息（系统默认）。

【例 9.9】 在 student 库中的“学生”表上查询所有男生的姓名和年龄，并显示查询处理过程中的磁盘活动统计信息。代码如下：

```
USE student
GO
SET STATISTICS IO ON
GO
SELECT 姓名,YEAR(GETDATE())-YEAR(出生日期) AS 年龄
FROM 学生
```

```
WHERE 性别='男'
GO
SET STATISTICS IO OFF
GO
```

9.4.2 索引维护

SQL Server 提供了多种维护索引的方法，常用的有 DBCC SHOWCONTIG、DBCC INDEXDEFRAG 语句。

1．使用 DBCC SHOWCONTIG 语句

该语句用来显示指定表的数据和索引的碎片信息。当对表进行大量的修改或添加数据之后，表中会产生碎片，页的顺序被打乱，从而引起查询性能降低。这时，应该执行此语句来查看碎片情况，是不是需要整理碎片。其语法格式如下：

```
DBCC SHOWCONTIG  [{ table_name | table_id | view_name | view_id },
index_name | index_id ] ) ]
```

其中：

table_name | table_id | view_name | view_id：是要对其碎片信息进行检查的表或视图。如果未指定任何名称，则对当前数据库中的所有表和索引视图进行检查。

当执行此语句时，重点看其扫描密度，其理想值为 100%，如果小于这个值，表示表上已有碎片。如果表中有索引碎片，可以使用 DBCC　INDEXDEFRAG 对碎片进行整理。

【例 9.10】查看 student 库中所有表的碎片情况。代码如下：

```
USE student
GO
DBCC SHOWCONTIG
GO
```

2．使用 DBCC INDEXDEFRAG 语句

该语句的作用是整理表中索引碎片，其语法格式为：

```
DBCC INDEXDEFRAG
    ( { database_name | database_id | 0 }
        , { table_name | table_id | view_name | view_id }
        , { index_name | index_id }
    )
```

其中：

- database_name | database_id | 0：指对其索引进行碎片整理的数据库。数据库名称必须符合标识符的规则。如果指定 0，则使用当前数据库。
- table_name | table_id | view_name | view_id：指对其索引进行碎片整理的表或视图。

index_name | index_id：需要进行碎片整理的索引名称。

【例 9.11】清除 student 库中“学生”表中的碎片。代码如下：

```
USE student
GO
```

```
DBCC  INDEXDEFRAG(student,学生)
GO
```

9.5 索引视图

对于视图而言，系统为它们动态生成结果集的开销很大，尤其是对于那些涉及大量行进行复杂处理（如聚合大量数据或联接许多行）的视图。如果在查询中频繁地使用这类视图，应该对视图创建唯一聚集索引，形成索引视图。索引视图中存放着查询得到的结果集，它在数据库中的存储方式与具有聚集索引的表的存储方式相同，从而提高查询性能。

创建索引视图除要遵照创建标准视图的要求外，还应该注意以下几点：

- 索引视图只能引用基表，不能引用其他视图。
- 索引视图引用的所有基表必须与视图位于同一数据库中，并且所有者也与视图相同。
- 索引视图中引用的基表名称必须由两部分组成，即架构名.对象名。
- 创建索引视图时必须使用 SCHEMABINDING 选项。
- 如果索引视图定义使用聚合函数，SELECT 列表还必须包括 COUNT_BIG (*)。
- 视图中的表达式引用的所有函数必须是确定的。

【例 9.12】在 student 数据库中，创建一个“V_选课门数”的索引视图。使用该视图可以查询每个学生选课的数量。该视图包含学号、姓名、选课门数字段。代码如下：

```
USE student
GO
/*使用 SCHEMABINDING 选项创建视图。*/
CREATE VIEW dbo.V_选课门数 WITH SCHEMABINDING
AS
SELECT dbo.学生.学号,dbo.学生.姓名,COUNT_BIG(*) AS 选课门数
FROM dbo.学生 INNER JOIN dbo.课程注册 ON dbo.学生.学号=dbo.课程注册.学号
GROUP BY dbo.学生.学号, dbo.学生.姓名
GO
/*为视图创建唯一聚集索引，形成索引视图*/
CREATE UNIQUE CLUSTERED INDEX XKMS ON dbo.V_选课门数(学号,姓名)
GO
/*使用索引视图，查看学生选课情况*/
SELECT * FROM dbo.V_选课门数
GO
```

9.6 案例中的索引

1. 创建一个复合索引

在 student 数据库中，为“课程”表创建一个基于“课程号，课程名称”组合列的非聚集、复合索引 khh_kcmc_index。代码如下：

```
USE student
GO
```

```
IF  EXISTS (SELECT * FROM sys.indexes WHERE object_id = OBJECT_ID
(N'[dbo].[课程]') AND name = N'xb_zy_index')
DROP INDEX [xb_zy_index] ON [dbo].[课程] WITH ( ONLINE = OFF )
GO
CREATE  INDEX xb_zy_index ON 课程(课程号, 课程名称)
GO
```

2. 创建一个聚集、复合索引

在 student 数据库中，为“教师任课”表创建一个基于“教师编号，课程号，专业代码，专业学级”组合列的聚集、复合索引 jsrk_index。代码如下：

```
USE student
GO
IF  EXISTS (SELECT * FROM sys.indexes WHERE object_id = OBJECT_ID
(N'[dbo].[教师任课]') AND name = N'jsrk_index')
DROP INDEX [jsrk_index] ON [dbo].[教师任课] WITH ( ONLINE = OFF )
GO
CREATE CLUSTERED  INDEX  jsrk_index  ON 教师任课 (教师编号, 课程号)
GO
```

3. 创建一个唯一、聚集、复合索引

在 student 数据库中，为“教学计划”表创建一个基于“课程号，专业代码，专业学级”组合列的唯一、聚集、复合索引 kc_zy_index。代码如下：

```
USE [Student]
GO
IF  EXISTS (SELECT * FROM sys.indexes WHERE object_id = OBJECT_ID
(N'[dbo].[教学计划]') AND name = N'pk_kzx')
ALTER TABLE [dbo].[教学计划] DROP CONSTRAINT [pk_kzx]
GO
IF  EXISTS (SELECT * FROM sys.indexes WHERE object_id = OBJECT_ID
(N'[dbo].[教学计划]') AND name = N'kc_zy_index')
DROP INDEX [kc_zy_index] ON [dbo].[教学计划] WITH ( ONLINE = OFF )
GO
CREATE UNIQUE CLUSTERED INDEX kc_zy_index ON 教学计划(课程号,专业代码,专业
学级) WITH  PAD_INDEX,FILLFACTOR=80,IGNORE_DUP_KEY
GO
```

9.7 思考题

1. 什么是索引？使用索引有什么意义？
2. 聚集索引和非聚集索引的区别是什么？
3. 创建索引时要注意什么？
4. 如何查看索引信息？
5. 如何查看表中的碎片信息？如何清除索引碎片？

第 10 章　SQL Server 程序设计

SQL Server 使用 Transact-SQL 作为编程语言。SQL 是结构化查询语言（Structure Query Language）的英文缩写，是关系型数据库的标准语言，所有应用程序必须使用 SQL 语言才能访问关系型数据库。Transact-SQL（简称 T-SQL）是在 SQL 语言的基础上添加了流程控制语句，专门用于 SQL Server 的数据库语言。用户可以使用 T-SQL 语言定义过程，编写程序，完成 SQL Server 数据库的管理。

10.1　程序中的批处理、脚本、注释

当要完成的任务不能由单独的 T-SQL 语句来完成时，SQL Server 使用批处理、脚本、存储过程、触发器等来组织多条 T-SQL 语句。本章主要介绍批处理、脚本，下一章介绍存储过程、触发器。

10.1.1　批处理

批处理是一条或多条 T-SQL 语句的集合，这些语句作为一个整体一起提交给 SQL Server，SQL Server 将一个批处理作为一个整体进行分析、编译和执行。使用批处理可以节省系统开销，但是如果在一个批处理中包含任何语法错误，则整个批处理就不能被成功地编译和执行。

建立批处理时，使用 GO 语句作为批处理的结束标记。GO 语句本身不是 T-SQL 语句的组成部分，当编译器读取到 GO 语句时，它会把 GO 语句前面所有的语句当做一个批处理，并将这些语句打包发送给服务器。

建立批处理时，有以下一些限制：

- 不能在一个批处理中引用其他批处理中所定义的变量。
- 不能在同一个批处理中修改表中某一列后，立即引用该列。
- 不能在删除一个对象之后，在同一批处理中再次引用这个对象。
- 不能把规则和默认值绑定到表字段之后，立即在同一个批处理中使用它们。
- 不能定义一个 CHECK 约束之后，立即在同一个批处理中使用该约束
- 不能将 CREATE DEFAULT，CREATE PROCEDURE，CREATE RULE，CREATE TRIGGER 及 CREATE VIEW 语句与其他语句放在一个批处理中。含这些语句的批处理必须以 CREATE 语句开始，其他语句将被解释为第一个 CREATE 语句定义的一部分。
- 如果一个批处理中的第一个语句是执行某个存储过程的 EXECUTE 语句，则 EXECUTE 关键字可以省略；如果该语句不是第一个语句，则必须使用 EXECUTE 关键字，或者简写为“EXEC”。

【例 10.1】利用查询编辑器执行两个批处理，用来显示“课程表”中的信息及课程门数。代码如下：

```
USE student
GO
PRINT '课程表包含信息如下：'
SELECT * FROM 课程
PRINT '课程表中课程门数为：'
SELECT COUNT(*) AS 课程门数 FROM 课程
GO
```

该例子中包含两个批处理，前者仅包含一条语句，后者包含四条语句，其中，PRINT 语句用于显示 char 类型、varchar 类型，或可自动转换为字符串类型的数据。

10.1.2 脚本

脚本是存储在文件中的一系列 T-SQL 语句，即一系列按顺序提交的批处理。一个脚本文件（其扩展名为.sql）中可以包含一个或多个批处理。使用脚本文件，可以建立起可重复使用的模块化代码，还可以在不同计算机之间传送 T-SQL 语句，方便两台计算机执行同样的操作。

10.1.3 注释

注释是指程序中用来对程序内容解释说明的语句，编译器在编译程序时会忽略注释语句。在程序中使用注释是一个程序员良好的编程习惯，使用注释不仅能增强程序的可读性，而且有助于日后的管理和维护。

SQL Server 支持两种形式的注释语句：

- --（双连字符）：用于单行注释，从双连字符开始到行尾均为注释。
- /*注释语句*/：主要用于多行（块）注释。对于多行注释，必须使用开始注释字符对（/*）开始注释，使用结束注释字符对（*/）结束注释，/*和*/之间的全部内容都是注释部分。注意多行注释不能跨越批处理，整个注释必须包含在一个批处理中。

【例 10.2】注释语句的使用方法举例。代码如下（标有下画线的为注释语句）：

```
--下面这个例子用来演示注释语句的使用方法
USE student - -打开 student 数据库
GO
SELECT  学号,姓名,性别  FROM 学生
/* 以上检索语句的功能是：
从学生表中检索出所有
学生的学号、姓名和性别*/
GO
```

10.2 SQL Server 变量

变量是程序语言最基本的角色，用来存放数据。SQL Server 的变量是用来在语句之间传递数据的方式之一。SQL Server 中的变量分为两种，即全局变量和局部变量，其中，全局变量的名称以两个@@字符开始，由系统定义和维护；局部变量的名称以一个@字符开始，由用户自己定义和赋值。

10.2.1 全局变量

全局变量是 SQL Server 2008 系统提供并赋值的变量，其实质是一组特殊的系统函数，它们的名称是以@@开始，而且不需要任何参数，在调用时无须在函数名后面加上一对圆括号，这些函数也称为无参函数。用户不能建立全局变量，也不能修改全局变量。SQL Server 提供的全局变量共有 30 多个，表 10.1 列出了一些全局变量的用途。

表 10.1　SQL Server 中的全局变量

全局变量	作　用
@@CONNECTIONS	返回从 SQL Server 启动以来连接或试图连接的次数
@@CPU_BUSY	返回从 SQL Server 启动以来 CPU 的工作时间，单位为毫秒
@@CURSOR_ROWS	返回连接中最后打开的游标中当前包含的合格记录的数量
@@DATEFIRST	返回 Set DATEFIRST 参数的当前值。Set DATEFIRST 参数用于指定每周第一天：1 表示每周的第一天是星期一，2 表示每周的第一天是星期二，依此类推
@@DBTS	返回当前 timestamp 数据类型的值，这个 timestamp 的值在数据库中是唯一的
@@ERROR	返回最后执行的一条 Transact-SQL 语句的错误号
@@FETCH_STATUS	返回被 FETCH 语句执行的最后游标的状态
@@Identity	返回最后插入的标识值。
@@IDLE	返回 SQL Server 启动后闲置的时间，单位为毫秒
@@IO_BUSY	返回 SQL Server 启动后用于执行输入和输出操作的时间，单位为毫秒
@@LANGID	返回当前所使用语言的本地语言标识符（ID）
@@LANGUAGE	返回当前使用的语言名称
@@LOCK_TIMEOUT	返回当前会话的锁超时设置，单位为毫秒
@@MAX_CONNECTIONS	返回 SQL Server 上允许的同时连接用户的最大值
@@MAX_PRECISION	返回 decimal 和 numeric 数据类型所使用的精度级别，也就是服务器当前设置的精度
@@NESTLEVEL	返回当前存储过程执行的嵌套层次（初始值为 0）
@@OPTIONS	返回当前 SET 选项的信息
@@PACK_RECEIVED	返回 SQL Server 启动后从网络上读取的输入数据包数目
@@PACK_SENT	返回 SQL Server 启动后写到网络上的输出数据包数目
@@PACKET_ERRORS	返回 SQL Server 启动以后，在 SQL Server 连接上发生的网络数据包错误的数目
@@PROCID	返回当前过程的存储过程标识符
@@REMSERVER	当远程 SQL Server 数据库服务器在登录记录中出现时，返回它的名称
@@ROWCOUNT	返回受上一语句影响的行数
@@SERVERNAME	返回运行 SQL Server 的本地服务器名称
@@SERVICENAME	如果当前实例为默认实例，那么@@SERVICENAME 将返回 MS SQL Server；如果当前实例是命名实例，那么该变量返回实例名称
@@SPID	返回当前用户进程的服务器进程标识符
@@TEXTSIZE	返回 SET 语句中 TEXTSIZE 选项的当前值
@@TIMETICKS	返回每个时钟周期的微秒数
@@TOTAL_ERRORS	返回 SQL Server 启动后，所遇到的磁盘读/写错误数
@@TOTAL_READ	返回 SQL Server 启动后读取磁盘，而不是读取高速缓存的次数
@@TOTAL_WRITE	返回 SQL Server 启动后写入磁盘的次数
@@TRANCOUNT	返回当前连接的活动事务数
@@VERSION	返回 SQL Server 当前安装的日期、版本和处理器类型

【例 10.3】使用全局变量查看 SQL Server 的版本、当前所使用的 SQL Server 服务器名称。代码如下：

```
PRINT '当前所用 SQL Server 版本信息如下：'
PRINT @@VERSION    --显示版本信息
PRINT  ' '              --换行
PRINT '目前所 SQL Server 服务器名称为：'+@@SERVERNAME--显示服务器名称
```

在查询编辑器中执行上述代码，结果如图 10.1 所示。

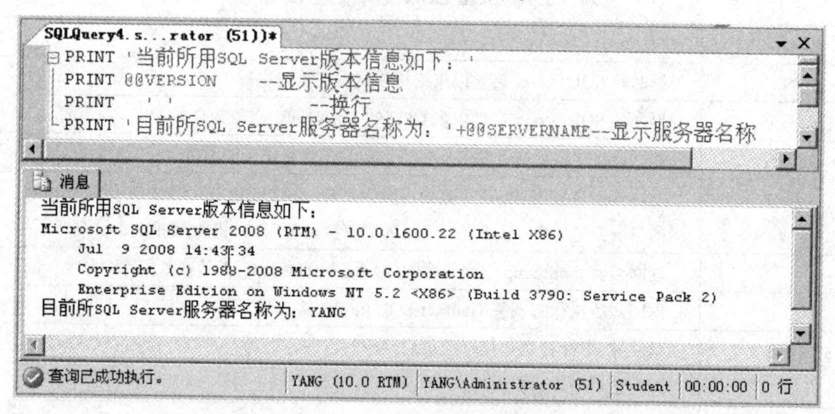

图 10.1　全局变量的使用

10.2.2　局部变量

局部变量是指在批处理或脚本中用来保存单个数据值的对象。局部变量常用于作为计数器计算循环执行的次数或控制循环执行的次数，也可以用于保存由存储过程代码返回的数据值。此外，还可以使用 Table 数据类型的局部变量来代替临时表。

1．声明局部变量

使用一个局部变量之前，必须使用 DECLARE 语句来声明这个局部变量，给它指定一个变量名和数据类型，对于数值变量，还需要指定其精度和小数位数。声明局部变量的语法格式为：

```
DECLARE @局部变量 数据类型[,…n]
```

其中：

- 局部变量名总是以@符号开始，变量名最多可以包含 128 个字符。
- 局部变量名必须符合标识符命名规则。
- 局部变量的数据类型可以是系统数据类型，也可以是用户自定义数据类型，但不能把局部变量指定为 TEXT，NTEXT 或 IMAGE 数据类型。
- 在一个 DECLARE 语句中可以声明多个局部变量，只需用逗点（,）分隔。
- 某些数据类型需要指定长度，如 CHAR 类型；某些数据类型不需要指定长度，如 DATETIME 类型；而某些数据类型还需要指定精度和小数位数，如 DECIMAL 类型。

2．给局部变量赋值

使用 DECLARE 语句声明一个局部变量之后，该变量的值将被初始化为 NULL，若赋其他的值，可以使用 SET 语句，语法格式如下：

SET @局部变量=表达式[,…n]

SET 语句的功能是将表达式的值赋给局部变量，其中表达式是 SQL Server 的任何有效的表达式。

除了可以使用 SET 语句对局部变量赋值外，还可以使用 SELECT 语句对局部变量赋值，即通过在 SELECT 语句的选择列表中引用一个局部变量而使它获得一个值，语法格式如下：

SELECT @局部变量=表达式[,…n]

如果使用 SELECT 语句对一个局部变量赋值时，这个语句返回了多个值，则这个局部变量将取得该 SELECT 语句所返回的最后一个值。此外，使用 SELECT 语句时，如果省略赋值号（=）及其后面的表达式，则可以将局部变量的值显示出来。

【例 10.4】 声明三个局部变量 SNAME,BIRTH,SCORE，并对它们赋值，然后将变量的值显示出来。代码如下：

```
DECLARE @SNAME CHAR(10),@SBIRTH DATETIME, @SCORE DECIMAL(5,1)
SET @SNAME='张杰'
SET @SBIRTH=GETDATE()
SET @SCORE=98.5
SELECT  @SNAME AS 'SNAME 变量值为', @SBIRTH AS 'SBIRTH 变量值为'
        , @SCORE AS 'SCORE 变量值为'
```

在查询编辑器中执行上述代码，结果如图 10.2 所示。

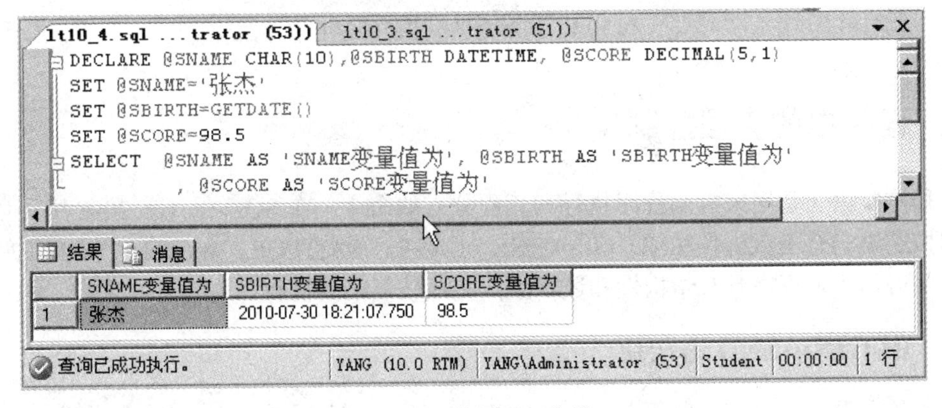

图 10.2　使用局部变量

3. 局部变量的作用域

局部变量的作用域指可以引用该变量的范围，局部变量的作用域从声明它们的地方开始到声明它们的批处理、存储过程、触发器的结束。也就是说，局部变量只能在声明它的批处理、存储过程或触发器中使用，一旦这些批处理或存储过程结束，局部变量将自动消除。

【例 10.5】 声明一个局部变量，把“教师”表中教师编号为“010000000001”的教师姓名赋给局部变量，并输出。代码如下：

```
USE student
GO
DECLARE @NAME CHAR(12)        --声明局部变量
SELECT @NAME=姓名 FROM 教师 WHERE 教师编号='010000000001' --用变量存储结果
```

```
PRINT '教师表中教师编号为"010000000001"的教师姓名为：'+@NAME --输出字符串
GO
--该批处理结束，局部变量@NAME 自动清除
PRINT '如果继续引用该变量，将会出现声明局部变量的错误提示'
GO
PRINT '教师表中教师编号为"010000000001"的教师姓名为：'+@NAME --输出字符串
GO
```

在查询编辑器中执行上述代码，结果如图 10.3 所示。

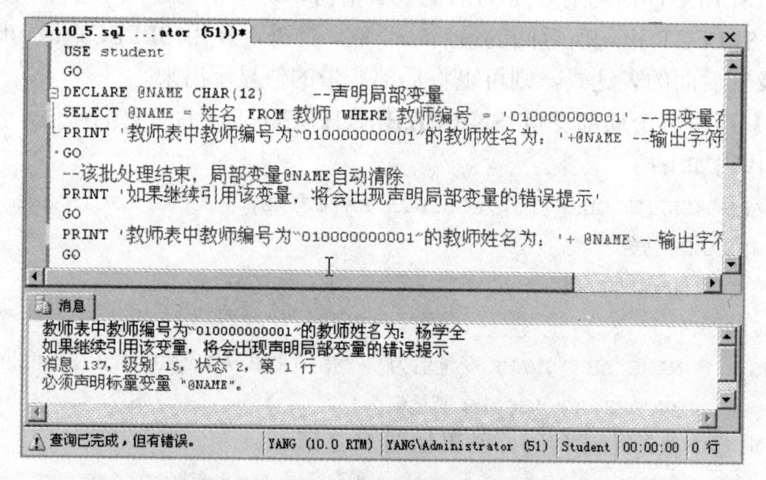

图 10.3　局部变量作用域的应用

10.3　程序中的流程控制

流程控制语句是用来控制程序执行和流程分支的命令。在 SQL Server 2008 中可以使用的流程控制语句有 BEGIN…END、IF…ElSE、CASE、WAITFOR、WHILE、RETURN 等。使用这些语句，使程序具有结构性和逻辑性，完成较复杂的操作。

10.3.1　BEGIN…END 语句块

在条件和循环等流程控制语句中，如果要执行两个或两个以上的 T-SQL 语句时，就需要使用 BEGIN…END 语句将这些语句组合在一起，形成一个整体，使得 SQL Server 可以成组的执行 T-SQL 语句。

BEGIN…END 语句的语法格式为：

```
BEGIN
    语句 1
    语句 2
…
END
```

其中：

- 位于 BEGIN 和 END 之间的各个语句既可以是单个的 T-SQL 语句，也可以是使用 BEGIN 和 END 定义的语句块，即 BEGIN…END 语句块可以嵌套。

- BEGIN 和 END 语句必须成对使用，不能单独使用。

BEGIN…END 语句通常用于下列情况：

- WHILE 循环需要包含的语句块。
- CASE 语句的元素需要包含的语句块。
- IF 或 ELSE 子句需要包含的语句块。

【例 10.6】使用 BEGIN…END 语句，显示“系部代码”为“02”的班级代码和班级名称。代码如下：

```
USE student
GO
IF EXISTS (SELECT * FROM 班级 WHERE 系部代码='02')
BEGIN
PRINT '满足条件的班级有：'
SELECT 班级代码,班级名称 FROM 班级 WHERE 系部代码='02'
END
GO
```

在查询编辑器中执行上述代码，以文本格式显示结果如图 10.4 所示。

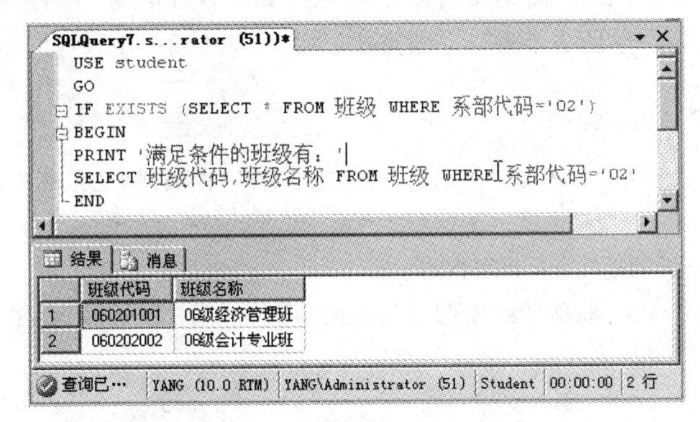

图 10.4　在查询编辑器中执行的结果

10.3.2　PRINT

PRINT 语句的作用是向客户端返回用户定义的消息。其语法格式为：

PRINT '字符串'|局部变量|全局变量

【例 10.7】PRINT 语句举例。代码如下：

```
USE student
GO
DECLARE @STR CHAR(20)
SET @STR='欢迎使用 PRINT 语句'
PRINT @STR
GO
```

10.3.3　IF…ElSE 语句

在程序设计中，为了控制程序的执行方向，引入了 IF…ELSE 语句，该语句使程序有不同的条件分支，从而完成各种不同条件环境下的操作。

IF…ELSE 语句的语法格式为：

```
IF 布尔表达式
语句 1
[ELSE
    语句 2]
```

其中：

- 布尔表达式表示一个测试条件，其取值为“真”或“假”。
- 如果布尔表达式中包含一个 SELECT 语句，则必须使用圆括号把这个 SELECT 语句括起来。
- 语句 1 和语句 2 可以是单个的 T-SQL 语句，也可以是用语句 BEGIN…END 定义的语句块。
- IF…ELSE 语句可以嵌套使用，最多可嵌套 32 层。
- ELSE 子句是可选项，最简单的 IF 语句可以没有 ELSE 子句。

该语句的执行过程是：如果布尔表达式为真，则执行语句 1，否则执行语句 2。若无 ELSE，如果测试条件成立，则执行语句 1，否则执行 IF 语句后面的其他语句。

【例 10.8】使用 IF…ELSE 语句实现以下功能：如果存在职称为副教授或教授的教师，那么输出这些教师的姓名、学历、职称，否则输出“没有满足条件的教师”信息。代码如下：

```
USE student
GO
IF EXISTS (SELECT * FROM 教师 WHERE 职称='副教授' OR 职称='教授')
BEGIN
PRINT '以下教师是具有高级职称的'
SELECT 姓名,学历,职称 FROM 教师 WHERE 职称='副教授' OR 职称='教授'
END
ELSE
BEGIN
     PRINT '没有满足条件的教师'
END
GO
```

在查询编辑器中执行上述代码，结果如图 10.5 所示。

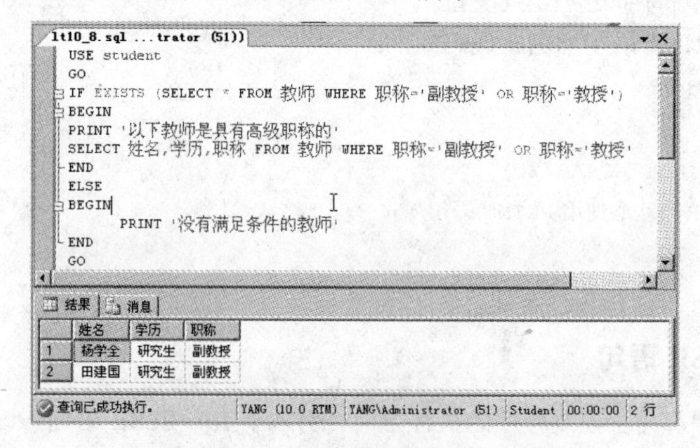

图 10.5　在查询编辑器中执行的结果

10.3.4 CASE 语句

CASE 语句是针对多个条件设计的多分支语句结构，它能够实现多重选择的情况。在 SQL Server 2008 中，CASE 语句分为简单 CASE 语句和搜索 CASE 语句两种类型。

1. 简单 CASE 语句

简单 CASE 语句的语法格式为：

```
CASE 测试表达式
WHEN 测试值 1 THEN 结果表达式 1
[WHEN 测试值 2THEN 结果表达式 2
[…n]]
[ELSE 结果表达式 n+1]
END
```

其中：

- 测试表达式可以是常量、列名、函数等。
- 测试表达式的值必须与测试值的数据类型相同。

简单 CASE 表达式的执行过程是：用测试表达式的值依次与 WHEN 子句的测试值进行比较，如果找到相匹配的测试值时，便返回该 WHEN 子句指定的结果表达式，并结束 CASE 语句；如果没有找到一个匹配的测试值时，SQL Server 将检查是否有 ELSE 子句，如果有 ELSE 子句，返回该子句之后的结果表达式的值；如果没有，返回一个 NULL 值。

注意，在一个简单 CASE 语句中，一次只能有一个 WHEN 子句指定的结果表达式返回。如果同时有多个测试值与测试表达式的值相同，则只有第一个与测试表达式的值相同的 WHEN 子句指定的结果表达式返回。

【例 10.9】使用简单 CASE 表达式实现以下功能：分别输出课程号和课程名称，而且在课程名称后添加备注。代码如下：

```
USE student
GO
SELECT 课程号,课程名称,备注=
CASE 课程名称
        WHEN 'SQL Server 2008 ' THEN '数据库应用技术'
        WHEN 'ASP.NET 程序设计' THEN 'WEB 程序设计'
        WHEN '计算机基础' THEN '计算机导论'
        WHEN '网络营销' THEN '电子商务'
END
FROM 课程
GO
```

在查询编辑器中执行上述代码，结果如图 10.6 所示。

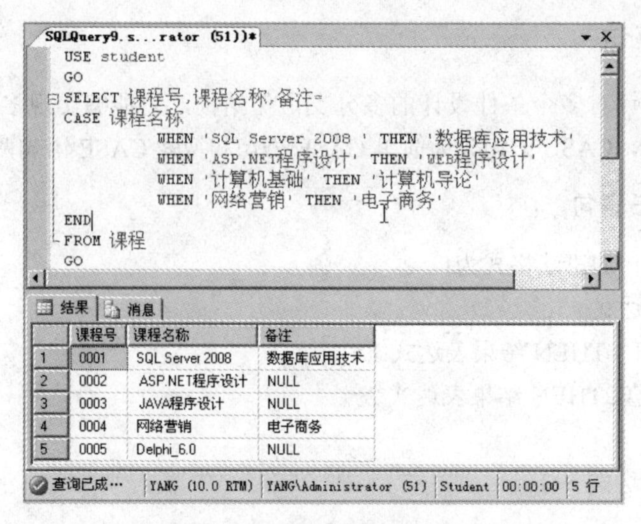

图 10.6 在查询编辑器中执行的结果

2. 搜索 CASE 语句

与简单 CASE 语句相比较，在搜索 CASE 语句中，CASE 关键字后面没有任何表达式，而各个 WHEN 子句后都是布尔表达式。搜索 CASE 语句的语法格式为：

```
CASE
WHEN 布尔表达式 1 THEN 结果表达式 1
[WHEN 布尔表达式 2 THEN 结果表达式 2
    [...n ]]
    [ELSE 结果表达式 n+1]
END
```

搜索 CASE 表达式的执行过程是：从上依次测试每个 WHEN 子句后的布尔表达式，找到第一个 WHEN 子句后的布尔表达式的值为真的分支，返回相应的结果表达式；如果所有的 WHEN 子句后的布尔表达式的结果都为假，则检查是否有 ELSE 子句存在，如果存在 ELSE 子句，便返回 ELSE 子句之后的结果表达式；如果没有 ELSE 子句，便返回一个 NULL 值。

注意：在一个搜索 CASE 表达式中，一次只能返回一个 WHEN 子句指定的结果表达式，即返回第一个为真的 WHEN 子句指定的结果表达式。

【例 10.10】使用搜索 CASE 表达式实现以下功能：分别输出班级代码、班级名称，并根据班级代码判别年级。代码如下：

```
USE student
GO
SELECT 班级代码,班级名称,年级=
CASE
        WHEN LEFT(班级名称,2)='04' THEN '三年级'
        WHEN LEFT(班级名称,2)='05' THEN '二年级'
        WHEN LEFT(班级名称,2)='06' THEN '一年级'
END
FROM 班级
GO
```

在查询编辑器中执行上述代码，结果如图 10.7 所示。

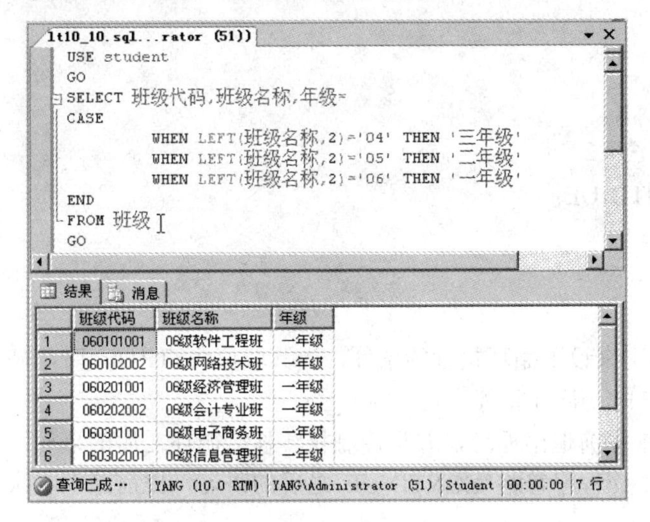

图 10.7　在查询编辑器中执行的结果

10.3.5　WAITFOR 语句

WAITFOR 语句可以暂停程序的执行，在达到指定时间或时间间隔后继续执行程序。其语法格式为：

WAITFOR　DELAY '时间' |TIME '时间'

其中 DELAY 选项用来指定一段时间间隔，TIME 选项用来指定某个时间。时间参数的数据类型为 DATETIME，格式为 HH:MM:SS。

【例 10.11】设置在 22:00 查看一次 SQL Server 自上次启动以来所执行的磁盘写入次数。代码如下：

```
USE master
GO
WAITFOR TIME  '22:00:00'
SELECT @@TOTAL_WRITE
GO
```

【例 10.12】设置在输出系部代码为“01”的班级信息后 5 秒钟输出系部代码为“02”的班级信息。代码如下：

```
USE student
GO
SELECT * FROM 班级 WHERE 系部代码='01'
GO
WAITFOR DELAY '00:00:05'
SELECT * FROM 班级 WHERE 系部代码='02'
GO
```

10.3.6　WHILE 语句

在程序设计中，使用 WHILE 语句重复执行一组 SQL 语句，完成重复处理的某项工作。其语法格式为：

WHILE 布尔表达式

BEGIN

语句序列 1

[BREAK]

语句序列 2

[CONTINUE]

语句序列 3

END

其中：

- 布尔表达式用来设置循环执行的条件，当其取值为 TRUE 时，循环将重复执行；取值为 FALSE 时，循环将停止。
- BREAK 用来提前退出循环，并将控制权转移给循环之后的语句。
- CONTINUE 使程序忽略 CONTINUE 之后的语句，提前结束本次循环，重新开始下一次循环。

【例 10.13】使用 WHILE 语句实现以下功能：求 2～300 之间的所有素数。代码如下：

```
DECLARE @I INT, @J INT
SET @I=2
WHILE @I<=300
    BEGIN
        SET @J=2
        WHILE @J<=@I-1
            BEGIN
              IF @I%@J=0
                 BREAK
              ELSE
                 SET @J=@J+1
            END
        IF @I=@J
            PRINT CONVERT(VARCHAR,@I)+'是素数！'
        SET @I=@I+1
    END
```

10.3.7 RETURN 语句

RETURN 的作用是无条件中止查询、存储过程或批处理等。可以在任意位置使用 RETURN 语句，以便从语句块中退出。使用 RETURN 语句时要注意，该语句后面存在的语句都不会被系统执行。当 RETURN 语句用于存储过程时，它不能返回空值。如果某个过程试图返回空值，则将生成警告消息并返回 0 值。

10.4 SQL Server 函数

函数在数据库管理和维护中经常被使用。正确地使用函数，可以为用户操作提供很大方便，如查看系统信息、进行数学计算、简化数据查询和前面用到的字符串截取等。一般情况下，在允许使用变量、字段和表达式的地方都可以使用函数。在使用函数时，只要提供正确的参数，就可以得到想要的结果。

函数可以由系统提供，也可以由用户创建。系统提供的函数称为内置函数，它为用户方便快捷地执行某些操作提供帮助。用户创建的函数称为用户自定义函数，它是用户根据自己的特殊需求而创建的，用来补充和扩展内置函数。

10.4.1 常用内置函数

SQL Server 2008 系统提供了上百个内置函数，用来帮助用户获得系统信息、进行数学计算、字符处理和转换数据类型等。通常将这些函数分为四类：标量值函数、聚合函数、行集函数和排名函数。下面主要介绍常用的标量值函数和聚合函数。

1．标量值函数

标量值函数对单一值操作，返回单一值。只要在能够使用表达式的地方，就可以使用标量函数。标量值函数有很多，下面介绍一些常用的标量值函数，如数学函数、日期和时间函数、字符串函数和数据类型转换函数，其他标量值函数的使用请参考 SQL Server 帮助。

（1）数学函数。数学函数对数字表达式进行数学运算并返回运算结果。组成数字表达式的数据类型有：decimal、integer、float、real、money、smallmoney、smallint 和 tinyint。SQL Server 提供了二十几个数学函数，常用的数学函数如表 10.2 所示。

表 10.2 数学函数

函 数	功 能
ABS（数值型表达式）	返回给定数值表达式的绝对值
CEILING（数值型表达式）	返回大于或等于所给数字表达式的最小整数
FLOOR（数值型表达式）	返回小于或等于所给数字表达式的最大整数
EXP（float 表达式）	返回所给的 float 表达式的指数值
LOG（float 表达式）	返回给定 float 表达式的自然对数
LOG10（float 表达式）	返回给定 float 表达式的以 10 为底的对数
SQRT（float 表达式）	返回给定表达式的平方根
SQUARE(float 表达式)	返回给定表达式的平方值
POWER（数值型表达式 1，数值型表达式 2）	返回给定表达式乘指定次方的值。
SIGN（数值型表达式）	返回给定表达式的正（+1）、零（0）或负（−1）号
RAND（整型表达式）	返回 0 到 1 之间的随机 float 值
ROUND(数值表达式，长度)	返回数字表达式并四舍五入为指定的长度或精度的值
ACOS(float 表达式)	返回以弧度表示的三角反余弦值
ASIN(float 表达式)	返回以弧度表示的三角反正弦值
ATAN(float 表达式)	返回以弧度表示的反正切值
SIN(float 表达式)	返回输入表达式的三角正弦值
COS(float 表达式)	返回输入表达式的三角余弦值
TAN(float 表达式)	返回输入表达式的三角正切值
COT(float 表达式)	返回输入表达式的三角余切值
DEGREES(数值表达式)	此函数将弧度转换为角度
RADIANS(数值表达式)	此函数将角度转换为弧度

以下例题均以文本格式显示结果

【例 10.14】使用 ABS 函数。

在查询编辑器中输入如下代码：

```
SELECT  ABS(-1), ABS(0), ABS(1)
```

执行代码得到如下结果：

```
------ ------ -------
1        0       1
(1 行受影响)
```

【例 10.15】使用 FLOOR 函数。

在查询编辑器中输入如下代码：

```
SELECT FLOOR(123.45),CEILING(123.45), FLOOR(-123.45), CEILING(-123.45)
```

执行代码得到如下结果：

```
----- ----  ------- -----
123    124   -124   -123
(1 行受影响)
```

【例 10.16】使用 EXP、LOG、、LOG10、SQRT 函数。

在查询编辑器中输入如下代码：

```
SELECT  EXP(1),LOG(2.7183),LOG10(10),SQRT(4)
```

执行代码得到如下结果：

```
------------------    -------------------  -----     -----
2.7182818284590451    1.0000066849139877   1.0       2.0
(1 行受影响)
```

【例 10.17】使用 POWER 函数。

在查询编辑器中输入如下代码：

```
SELECT POWER(2,-3),POWER(2.0,-3),POWER(2.000,-3)
```

执行代码得到如下结果：

```
-------  ---------       ------------
0             .1             .125
(1 行受影响)
```

【例 10.18】使用 SIGN 函数。

在查询编辑器中输入如下代码：

```
SELECT SIGN(34),SIGN(0),SIGN(-123)
```

执行代码得到如下结果：

```
----  -----  ------
1       0      -1
(1 行受影响)
```

【例 10.19】使用 RAND 函数，产生 4 个不同的随机数。

代码如下：

```
DECLARE @counter smallint
SET @counter = 1
WHILE @counter < 5
```

```
  BEGIN
     SELECT RAND(@counter) Random_Number
     SET NOCOUNT ON
     SET @counter = @counter + 1
     SET NOCOUNT OFF
  END
GO
```

【例 10.20】使用 ROUND 函数。

在查询编辑器中输入如下代码：

```
SELECT ROUND(789.34,1),ROUND(789.34,0),ROUND(789.34,-1),ROUND(789.34,-2)
```

执行代码得到如下结果：

```
-------  -------  -------  -------
789.30   789.00   790.00   800.00
(1 行受影响)
```

（2）日期和时间函数。日期和时间函数用于处理 datetime 和 smalldatetime 类型的数据，常用的日期和时间函数如表 10.3 所示。

表 10.3　日期和时间函数

函　　数	功　　能
GETDATE（）	返回当前系统日期和时间
DATEADD（datepart , number, date）	在 date 值上加上 datepart 和 number 参数指定的时间间隔，返回新的 datetime 值
DATEDIFF（datepart , startdate , enddate）	返回跨两个指定日期的日期和时间边界数
DATENAME（datepart , date）	返回代表指定日期的指定日期部分的字符串
DATEPART（datepart , date）	返回代表指定日期的指定日期部分的整数
YEAR（date）	返回表示指定日期中的年份的整数
MONTH（date）	返回代表指定日期月份的整数
DAY（date）	返回代表指定日期的天的日期部分的整数
GETUTCDATE（）	返回表示当前的世界时间坐标或格林尼治标准时间的 datetime 值

其中 datepart 是指定要返回的日期部分的参数，可以是 year（YY）、month（MM）、day（DD）、hour（HH）、minute（MI）、second（SS）、week（WK 或 WW）、weekday（DW）等。

【例 10.21】查看当天的年月日，并以格式化的形式显示。

在查询编辑器中输入以下代码：

```
SELECT  '今天是' +  DATENAME (YY,GETDATE()) + '年' +
DATENAME(MM,GETDATE())+'月'+DATENAME(DD,GETDATE())+'日'
```

执行代码得到如下结果：

```
-----------------------------------------
今天是 2010 年 07 月 31 日
(1 行受影响)
```

【例 10.22】用日期函数计算教师表中教师的年龄。

在查询编辑器中输入以下代码：

```
USE  student
GO
```

```
SELECT 姓名,DATEDIFF(YY,出生日期,GETDATE()) AS 年龄 FROM 教师
GO
```

执行代码得到如下结果：

```
姓名      年龄
----- ---------
杨学全    40
李英杰    35
陈素羡    27
刘辉      39
张红强    29
田建国    43
(6 行受影响)
```

（3）字符串函数。字符串函数方便用户对字符数据进行处理，它可以实现字符串的查找、转换等操作。常用的字符串函数如表 10.4 所示。

表 10.4　字符串函数

函　数	功　能
ASCII (字符型表达式)	返回字符表达式最左端字符的 ASCII 代码值
CHAR (整型表达式)	将整型的 ASCII 代码转换为字符
CHARINDEX (字符型表达式 1,字符型表达式 2 [, 开始位置])	返回字符串中指定表达式的起始位置
LOWER(字符型表达式)	将大写字符数据转换为小写字符
UPPER (字符型表达式)	将小写字符数据转换为大写字符
STR (float 型表达式[,长度[,小数点后长度]])	将数字数据转换为字符数据
LEFT (字符型表达式, 整型表达式)	返回字符串中从左边开始指定个数的字符
RIGHT (字符型表达式,整型表达式)	返回字符串中从右边开始指定个数的字符
LTRIM (字符型表达式)	删除起始空格后返回字符表达式
RTRIM (字符型表达式)	截断所有尾随空格后返回一个字符串
LEN (字符串表达式)	返回给定字符串表达式的字符（而不是字节）个数其中不包含尾随空格。
SUBSTRING (字符型表达式 , 开始位置 , 长度)	返回字符表达式、二进制表达式、文本表达式或图像表达式的一部分

【例 10.23】将“学生”表中某学生的出生日期的月份转化为字符串，并测试其长度。代码如下：

```
SELECT LEN(STR(MONTH(出生日期))) FROM 学生 WHERE 学号='060101001001'
```

执行结果：10

【例 10.24】使用字符串函数查找姓刘的同学，并格式化显示其出生年月。

在查询编辑器中输入以下代码：

```
USE  student
GO
SELECT 姓名,STR(YEAR(出生日期))+'年'+ LTRIM(STR(MONTH(出生日期)))+'月'
AS 出生年月
```

```
FROM  学生
WHERE LEFT(姓名,1)='刘'
GO
```

执行代码得到如下结果：

```
姓名          出生年月
--------  ------------------
刘永辉          1986年9月
刘雅丽          1986年12月
刘云            1986年5月
(3 行受影响)
```

在上例中，由于两个日期函数返回的结果均为数值，如果要实现上例显示结果，必须将其转换为字符串，而从“例 10.22”知道出生日期取出月份值转化为字符串后的长度为10，所以需要加去空格函数。

（4）数据类型转换函数。对不同数据类型的数据进行运算时，需要将其转换为相同的数据类型。SQL Server 中有一些数据类型之间会自动进行转换，如整数除以实数时，都将转换为实数。而有一些数据类型必须进行强制转换。系统提供了 CAST 和 CONVERT 函数来实现数据类型的转换，这两个转换函数都可用于选择列表、WHERE 子句和允许使用表达式的任何地方。

CAST (expression AS data_type)：将某种数据类型的表达式显式转换为另一种数据类型。

CONVERT(data_type[(length)], expression [, style])：将表达式的值从一种数据类型转换为另一种数据类型。

【例 10.25】 使用 CAST 函数将数值转换为字符。

在查询编辑器中输入以下代码：

```
USE  student
GO
SELECT 学号+' 同学平均成绩为 '+CAST(AVG(成绩) AS CHAR(2))+'分'
FROM 课程注册
GROUP BY 学号
GO
```

执行代码得到如下结果：

```
--------------------------------
060101001001 同学平均成绩为 81 分
060101001002 同学平均成绩为 68 分
060101001003 同学平均成绩为 81 分
060101001004 同学平均成绩为 72 分
(4 行受影响)
```

2. 聚合函数

聚合函数对一组值进行计算后，向调用者返回单一的值。一般情况下，它经常与 SELECT 语句的 GROUP BY 子句一同使用。SQL Server 提供了十几个聚合函数，常用的聚合函数如表 10.5 所示。

表 10.5　聚合函数

函　数	功　能
COUNT(*)	返回对指定表达式的各值的计数
MIN(表达式)	返回指定表达式的所有非空值中的最小值
MAX(表达式)	返回指定表达式的所有非空值中的最大值
SUM(数值表达式)	返回指定表达式的值的总和
AVG(数值表达式)	返回指定表达式的所有非空值的平均值

对于 MIN 和 MAX 中的表达式类型，可以是数值型、日期时间型或字符型。

【例 10.26】使用聚合函数统计 student 数据库中学生的成绩情况。

在查询编辑器中输入以下代码：

```
USE student
GO
SELECT 学号,COUNT(*) AS 所学课程门数,MAX(成绩) AS 最高分数,MIN(成绩) AS 最低
分数, SUM(成绩) AS 总成绩 ,AVG(成绩) AS 平均成绩
FROM 课程注册
GROUP BY 学号
GO
```

执行代码得到如下结果：

```
学号            所学课程门数    最高分数最低分数 总成绩    平均成绩
-------------  -------------  -----  -----  -----  -----------
060101001001        4            96     68     327       81
060101001002        4            96     45     275       68
060101001003        4            88     63     324       81
060101001004        4            87     58     288       72
(4 行受影响)
```

3．排名函数

用户有时希望对数据进行简单的计算，以便按特定的次序结果排名，例如最先注册课程的前十位同学。SQL Server 2008 提供了 ROW_NUMBER、RANK、DENSE_RANK、NTILE、函数用于对数据的排名。

（1）ROW_NUMBER 函数。ROW_NUMBER 函数返回结果集分区内行的序列号，每个分区的第一行从 1 开始。其语法格式如下：

ROW_NUMBER ( )　OVER ([<partition_by_clause>] <order_by_clause>)

其中：

- 参数<partition_by_clause>将 FROM 子句生成的结果集进行了分区，PARTITION BY 类似于 GROUP BY 的作用。在每个分区应用 ROW_NUMBER 函数。
- 参数<order_by_clause> 将 ROW_NUMBER 值分配给分区中的行的顺序，ORDER BY 子句可确定在特定分区中为行分配唯一 ROW_NUMBER 的顺序。
- 返回类型 bigint

【例 10.27】返回学生表中学生的行号，并选择 1 至 3 行。代码如下：

```
use Student
go
WITH A_CTE
AS
( SELECT
    ROW_NUMBER() OVER (ORDER BY 学号 DESC) AS '行号',
    学号,姓名,出生日期,班级代码
   FROM 学生
   WHERE 姓名 IS NOT NULL AND 出生日期 <'1986-01-01'
 )
SELECT * FROM A_CTE  WHERE 行号 BETWEEN 1 AND 3;
go
```

执行代码得到结果如下：

```
行号    学号            姓名        出生日期      班级代码
---   ------------  --------   ----------   ---------
1     060301001001   田小宁     1985-08-06   060301001
2     060202002001   郭韩       1985-12-30   060202002
3     060102002001   付盘峰     1985-05-04   060102002
```

（2）RANK 函数。RANK 函数返回结果集的分区内每行的排名。行的排名是相关行之前的排名数加一。其语法格式如下：

RANK　()　　OVER ([< partition_by_clause >] < order_by_clause >)

其中：

- 参数< partition_by_clause> 将 FROM 子句生成的结果集划分成 RANK 函数适用的分区。
- < order_by_clause>参数将 RANK 值应用于分区中的行时所基于的顺序。如果两个或多个行与一个排名关联，则每个关联行将得到相同的排名，RANK 函数并不总返回连续整数。
- 用于整个查询的排序顺序决定了行在结果集中的显示顺序。
- 返回类型 bigint

【例 10.28】返回课程注册表中每门课程的学生成绩排名，成绩相同学生排名相同。代码如下：

```
USE Student
GO
SELECT A.成绩 ,A.课程号 ,A.学分,B.学号 ,B.姓名
    ,RANK()  OVER
    (PARTITION  BY  A.课程号 ORDER  BY  A.成绩 DESC) AS 'RANK'
FROM 课程注册 A
    INNER JOIN 学生 B
        ON A.学号 = B.学号
WHERE A.成绩 != 0
```

```
ORDER BY A.课程号
GO
```

执行代码得到结果的部分内容如下：

```
成绩  课程号  学分     学号          姓名      RANK
---   ----   ----  ------------  -------- -------
88    0002    3    060101001003   孙辉       1
69    0002    3    060101001004   李洪普     2
68    0002    3    060101001001   张小泽     3
45    0002    3    060101001002   刘永辉     4
87    0003    3    060101001004   李洪普     1
87    0003    3    060101001003   孙辉       1
78    0003    3    060101001001   张小泽     3
76    0003    3    060101001002   刘永辉     4
```

注意观察RANK的值

（3）DENSE_RANK 函数。DENSE_RANK 函数返回结果集分区中行的排名，在排名中没有任何间断。行的排名等于所讨论行之前的所有排名数加一。语法格式如下：

DENSE_RANK ( )　　OVER ([< partition_by_clause >] < order_by_clause >)

其中：

- 参数< partition_by_clause> 将 FROM 子句生成的结果集划分为数个应用 DENSE_RANK 函数的分区。
- 参数< order_by_clause>将 DENSE_RANK 值应用于分区中各行的顺序。整数不能表示排名函数中使用的 <order_by_clause> 中的列。如果有两个或多个行受同一个分区中排名的约束，则每个约束行将接收相同的排名。DENSE_RANK 函数返回的数字没有间断，并且始终具有连续的排名。
- 返回类型 bigint

【例 10.29】返回课程注册表中每门课程的学生成绩排名，成绩相同学生排名相同，不累加并列排名。代码如下：

```
USE Student
GO
SELECT A.成绩 ,A.课程号 ,A.学分,B.学号 ,B.姓名
    ,DENSE_RANK() OVER
    (PARTITION BY A.课程号 ORDER BY A.成绩 DESC) AS 'DENSERANK'
FROM 课程注册 A
    INNER JOIN 学生 B
        ON A.学号 = B.学号
WHERE A.成绩 != 0
ORDER BY A.课程号
GO
```

执行代码得到结果的部分内容如下：

```
成绩  课程号  学分     学号          姓名     DENSERANK
----  ----   ----  ------------  -------- ---------
88    0002    3    060101001003   孙辉        1
```

```
69      0002    3    060101001004    李洪普    2
68      0002    3    060101001001    张小泽    3
45      0002    3    060101001002    刘永辉    4
87      0003    3    060101001004    李洪普    1
87      0003    3    060101001003    孙辉      1
78      0003    3    060101001001    张小泽    2
76      0003    3    060101001002    刘永辉    3
```

注意观察 DENSERANK 的值，并与上例的 RANK 值比较，找出区别，理解 DENSE_RANK 函数。

（4）NTILE 函数。NTILE 函数将有序分区中的行分发到指定数目的组中，并从一开始为每个组编号。对于每一个行，NTILE 将返回此行所属的组的编号。语法格式如下：

NTILE (integer_expression)　　OVER ([<partition_by_clause>] < order_by_clause >)

其中：

- 参数 integer_expression 一个正整数常量表达式，用于指定每个分区必须被划分成的组数。integer_expression 的类型可以为 int 或 bigint。integer_expression 只能引用 PARTITION BY 子句中的列。integer_expression 不能引用在当前 FROM 子句中列出的列。
- <partition_by_clause> 将 FROM 子句生成的结果集划分成 NTILE 函数适用的分区。如果分区的行数不能被 integer_expression 整除，则将导致一个成员有两种大小不同的组。按照 OVER 子句指定的顺序，较大的组排在较小的组前面。例如，如果总行数是 53，组数是 5，则前三个组每组包含 11 行，其余两个组每组包含 10 行。另一方面，如果总行数可被组数整除，则行数将在组之间平均分布。例如，如果总行数为 50，有五个组，则每组将包含 10 行。
- < order_by_clause>确定 NTILE 值分配到分区中各行的顺序。当在排名函数中使用<order_by_clause> 时，不能用整数表示列。
- 返回类型 bigint

【例 10.30】 为 2010 年至 2011 年第一学期修 SQL Server 2008 课的学生按成绩分四类，排名前 25%的学生给予奖励。代码如下：

```
USE Student
GO
UPDATE 课程注册
SET 学年 ='1011',学期=1
GO
SELECT c.课程名称 , b.姓名, a.成绩
    ,NTILE(4) OVER(PARTITION BY a.课程号 ORDER BY
     a.成绩 DESC) AS '成绩百分点排名'
FROM 课程注册 a
    INNER JOIN 学生 b
        ON a.学号  = b.学号
    INNER JOIN 课程 c
        ON a.课程号  = c.课程号
```

```
WHERE a.学年 = '1011' AND a.学期 =1 and a.课程号 ='0001'
ORDER BY a.课程号 ;
GO
```

执行代码得到结果如下：

```
课程名称              姓名      成绩  成绩百分点排名
---------------   ------   ----  -----------
SQL Server 2008   张小泽     85      1
SQL Server 2008   李洪普     74      1
SQL Server 2008   孙辉       63      2
SQL Server 2008   刘永辉     58      2
SQL Server 2008   张小泽     0       3
SQL Server 2008   刘永辉     0       3
SQL Server 2008   孙辉       0       4
SQL Server 2008   李洪普     0       4
```

注意：成绩百分点排名为 1 的学生为前 25%名。

10.4.2 创建自定义函数

在 SQL Server 中，用户不仅可以使用标准的内置函数，也可以根据自己特殊的需求创建函数。在 SQL Server 2008 中，用户自定义函数可为三种类型：标量函数、内联表值函数、多语句表值函数。这三类函数都可以使用 CREATE FUNCTION 语句创建，也可以使用 SQL Server Management Studio 创建。在创建时需要注意：函数名在数据库中必须唯一，其可以有参数，也可以没有参数，其参数只能是输入参数，最多可以有 1024 个参数。

1. 使用 CREATE FUNCTION 语句创建用户自定义函数

在查询编辑器中，可以使用 CREATE FUNCTION 创建用户自定义函数，其语法格式如下：

```
CREATE FUNCTION [ schema_name. ] function_name
( [ { @parameter_name [ AS ][ type_schema_name. ] parameter_data_type
    [ = default ] }
    [ ,...n ]
  ]
)
RETURNS return_data_type
    [ WITH <function_option> [ ,...n ] ]
    [ AS ]
    BEGIN
                function_body
        RETURN scalar_expression
    END
```

其中：

- function_name 指用户自定义函数的名称。其名称必须符合标识符的命名规则，并且对其所有者来说，该名称在数据库中必须唯一。

- @parameter_name 是用户自定义函数的参数，其可以是一个或多个。使用@符号作为第一个字符来指定参数名称。每个函数的参数仅用于该函数本身；相同的参数名称可以用在其他函数中。参数只能代替常量；而不能用于代替表名、列名或其他数据库对象的名称。函数执行时每个已声明参数的值必须由用户指定，除非该参数的默认值已经定义。如果函数的参数有默认值，在调用该函数时必须指定 default 关键字才能获得默认值。
- parameter_data_type 是参数的数据类型，所有标量数据类型（包括 bigint 和 sql_variant）都可用做用户自定义函数的参数。
- return_data_type 是用户自定义函数的返回值。return_data_type 可以是 SQL Server 支持的任何标量数据类型（text、ntext、image 和 timestamp 除外）。
- function_body 是位于 begin 和 end 之间的一系列 T-SQL 语句，其只用于标量值函数和多语句表值函数。
- scalar_expression 是用户自定义函数中返回值的表达式。

（1）创建用户自定义标量值函数。用户自定义标量值函数与系统内置标量函数类似，返回在 RETURNS 子句中定义的类型的单个数据值。当需要在代码中的多个位置进行相同的数学计算时，用户自定义标量值函数十分有用。下面创建一个用户自定义标量值函数并且使用它。

【例 10.31】在 studenet 库中创建一个用户自定义标量值函数 xuefen，该函数通过输入成绩来判断是否取得学分，当成绩大于等于 60 时，返回取得学分，否则，返回未取得学分。代码如下：

```
USE student
GO
IF  OBJECT_ID(N'[dbo].[xuefen]') is not null
    DROP FUNCTION [dbo].[xuefen]
GO
CREATE FUNCTION xuefen(@inputxf int) RETURNS  nvarchar(10)
BEGIN
     declare @retrunstr nvarchar(10)
     if @inputxf >=60
        set  @retrunstr='取得学分'
     else
        set  @retrunstr='未取得学分'
     return @retrunstr
END
GO
```

在查询编辑器中执行以上代码，创建 xuefen 函数。

如果使用用户自定义函数，要在使用的时候指明函数的所有者和函数的名称。下面就来使用刚才定义的 xuefen 函数来查看课程号为“0004”的课程，学生获得学分的情况。

在查询编辑器中输入如下代码：

```
USE  studenet
```

```
GO
SELECT  学号,成绩,dbo.xuefen(成绩)  AS 学分情况
FROM 课程注册
WHERE 课程号='0004'
GO
```

执行代码得到如下结果：

```
学号           成绩  学分情况
------------ ---- -------
060101001001 96   取得学分
060101001002 96   取得学分
060101001003 86   取得学分
060101001004 58   未取得学分
(4 行受影响)
```

（2）创建用户自定义内联表值函数。用户自定义内联表值函数返回的结果是表，其表由单个 SELECT 语句形成。

下面通过以下例题来学习用户自定义的内联表值函数的建立和使用。

【例 10.32】 在 student 库中创建一个内联表值函数 xuesheng，该函数可以根据输入的系部代码返回该系学生的基本信息。代码如下：

```
USE student
GO
IF  OBJECT_ID(N'[dbo].[xuesheng]') is not null
    DROP FUNCTION [dbo].[ xuesheng]
GO
CREATE   FUNCTION xuesheng(@inputxbdm char(2)) RETURNS  table
AS
RETURN   SELECT 学号, 姓名, 入学时间 FROM 学生 WHERE 班级代码
IN (SELECT 班级代码 FROM 班级 WHERE 系部代码=@inputxbdm)
GO
```

在查询编辑器执行以上代码，创建内联表值函数。

建立好该内联表值函数后，可以像使用表一样来使用它。

在查询编辑器中输入如下代码：

```
USE student
GO
SELECT  *  FROM  DBO.xuesheng('02')
GO
```

执行代码得到如下结果：

```
学号            姓名          入学时间
------------ -------  -----------------------
060201001001  罗昭    2006-09-18 00:00:00.000
060202002001  郭韩    2006-09-18 00:00:00.000
(2 行受影响)
```

如果将参数 02 换成 01，则显示计算机系学生的情况。

（3）创建用户自定义多语句表值函数。和内联表值函数相同，多语句表值函数返回的结果也是表。如果 RETURNS 子句指定的 TABLE 类型带有列及其数据类型，则该函数是多语句表值函数。多语句函数的主体中允许使用以下语句。未在下面的列表中列出的语句不能用在函数主体中。

- 赋值语句。
- 控制流语句。
- DECLARE 语句，该语句定义函数局部的数据变量和游标。
- SELECT 语句，该语句包含带有表达式的选择列表，其中的表达式将值赋予函数的局部变量。
- 游标操作，该操作引用在函数中声明、打开、关闭和释放的局部游标。只允许使用以 INTO 子句向局部变量赋值的 FETCH 语句；不允许使用将数据返回到客户端的 FETCH 语句。
- INSERT、UPDATE 和 DELETE 语句，这些语句修改函数的局部 table 变量。
- EXECUTE 语句调用扩展存储过程。

多语句表值函数需要由 BEGING 和 END 限定函数体，并且在 RETURNS 子句中必须定义表的名称和表的格式。

下面建立一个多语句表值函数来学习其建立和使用方法。

【例 10.33】在 student 库中创建一个多语句表值函数 chengji，该函数可以根据输入的课程名称返回选修该课程的学生姓名和成绩。代码如下：

```
USE  student
GO
IF  OBJECT_ID(N'[dbo].[chengji]') is not null
    DROP FUNCTION [dbo].[chengji]
GO
CREATE  FUNCTION chengji( @inputkc as char(20) )
/*为 chengji 函数定义的表结构，名称变量为@chji */
RETURNS @chji TABLE
    (
    课程名称  char(20),
    姓名    char(8),
    成绩   tinyint
    )
AS
BEGIN
   INSERT @chji  /*该变量是上面定义的表名称变量*/
        SELECT c.课程名称,s.姓名 ,k.成绩
        FROM 学生 as s INNER JOIN 课程注册 as k
              ON s.学号 =k.学号 INNER JOIN 课程 as c
              ON c.课程号=k.课程号 AND  c.课程名称=@inputkc
   RETURN
```

```
END
GO
```

在查询编辑器中输入以下查询命令：

```
SELECT * FROM dbo.chengji('SQL Server 2008')
```

执行代码得到如下结果：

```
课程名称              姓名      成绩
--------------    --------  -----
SQL Server 2008   张小泽     85
SQL Server 2008   刘永辉     58
SQL Server 2008   孙辉       63
SQL Server 2008   李洪普     74
(4 行受影响)
```

2. 使用 SQL Server Management Studio 创建用户自定义函数

【例 10.34】 在 student 库中创建一个用户自定义函数 xuefenji，使用该函数通过输入学生成绩来计算学生的学分绩。此函数为标量值函数，创建该函数的操作步骤如下：

（1）启动 SQL Server Management Studio，在"对象资源管理器"窗口中，依次展开数据库、student、可编程性节点。

（2）右键单击"函数"节点，在弹出的快捷菜单中依次选择"新建"、"标量值函数"命令。

（3）执行"标量值函数"命令，系统文档窗口显示"创建标量值函数模板"，在模板中根据相应提示输入函数名称和 SQL 语句等。根据要求在适当位置输入建立标量值函数的程序代码：

```
IF  OBJECT_ID(N'[dbo].[xuefenji]') is not null
    DROP FUNCTION [dbo].[xuefenji]
GO
CREATE FUNCTION  xuefenji(@inputzz int) RETURNS  nvarchar(10)
AS
BEGIN
  declare @retrunstr nvarchar(10)
      if @inputzz >=60 AND  @inputzz <70
        set  @retrunstr='学分绩为 1.0'
      else if @inputzz >=70 AND  @inputzz <80
        set  @retrunstr='学分绩为 1.2'
      else if @inputzz >=80 AND  @inputzz <=100
        set  @retrunstr='学分绩为 1.5'
      else
        set @retrunstr='学分绩为 0'
      return @retrunstr
END
GO
```

输入完成后的模板如图 10.8 所示。

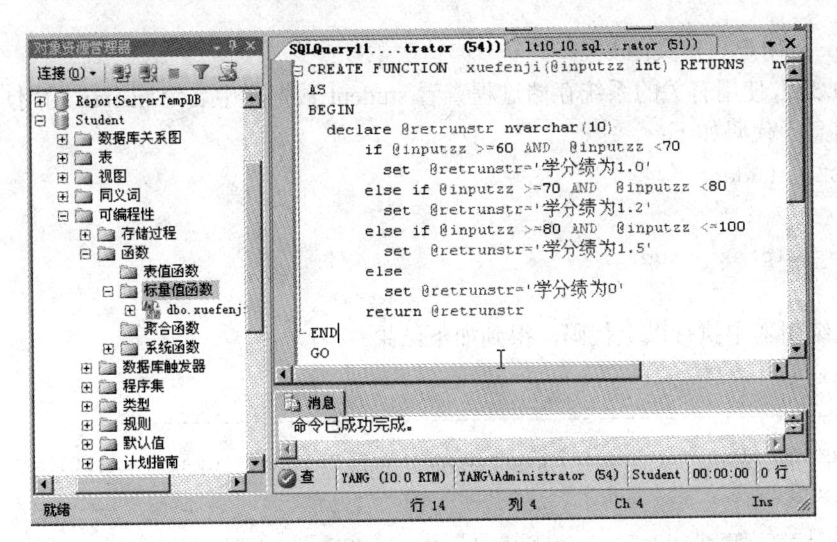

图 10.8 自定义函数

当需要查看“060101001001”号学生的课程学分绩时，在查询编辑器中输入如下代码：

```
USE student
GO
SELECT 课程号,成绩,dbo.xuefenji(成绩) AS 学分绩
FROM 课程注册
WHERE 学号='060101001001'
GO
```

执行该代码后，得到如下结果：

```
课程号  成绩   学分绩
----    ---- ----------
0001     85   学分绩为1.5
0002     68   学分绩为1.0
0003     78   学分绩为1.2
0004     96   学分绩为1.5
```

10.4.3 查看、修改和删除自定义函数

用户创建自定义函数后，可以根据需要查看其信息或者修改、删除该函数。

1. 查看用户自定义函数

使用系统存储过程或 SQL Server Management Studio 可以非常方便地查看用户自定义函数的相关信息。

（1）使用系统存储过程查看用户自定义函数。在 SQL Server 中，根据不同需要，可以使用 sp_helptext、sp_help 等系统存储过程来查看用户自定义函数的不同信息。每个系统存储过程的具体作用和语法如下：

- 使用 sp_helptext 查看用户自定义函数的文本信息，其语法格式为：

sp_helptext 用户自定义函数名

- 使用 sp_help 查看用户自定义函数的一般信息，其语法格式为：

sp_help　用户自定义函数名

【例 10.35】 使用有关的系统存储过程查看 student 数据库中名为 xuefen 的用户自定义函数的文本信息。代码如下：

```
USE  student
GO
sp_helptext  xuefen
GO
```

在查询编辑器中执行以上代码，得到如下结果：

```
Text
-----------------------------------------------------------
CREATE FUNCTION xuefen(@inputxf int) RETURNS  nvarchar(10)
BEGIN
declare @retrunstr nvarchar(10)
if @inputxf >=60
set  @retrunstr='取得学分'
else
set  @retrunstr='未取得学分'
return @retrunstr
END
```

（2）使用 SQL Server Management Studio 查看用户自定义函数。启动 SQL Server Management Studio，在“对象资源管理器”窗口中，依次展开数据库、student、可编程性、函数节点，选择需要查看的自定义函数的类型（如表值函数、标量值函数），展开类型后右击需要查看的用户自定义函数，在弹出的快捷菜单中选择“属性”命令，打开“函数属性”对话框，可以查看函数建立的时间、函数名称等。

2. 修改用户自定义函数

修改用户自定义函数，可以使用 T-SQL 命令，也可以使用 SQL Server Management Studio。

（1）使用 T-SQL 命令修改用户自定义函数。使用 ALTER FUNCTION 命令可以修改用户自定义函数。修改由 CREATE FUNCTION 语句创建的现有用户定义函数，不会更改权限，也不影响相关的函数、存储过程或触发器。其语法格式如下：

```
ALTER   FUNCTION [ schema_name. ] function_name
( [ { @parameter_name [ AS ][ type_schema_name. ] parameter_data_type [ = default ] }
    [ ,...n ] ])   RETURNS return_data_type
    [ WITH <function_option> [ ,...n ] ]
    [ AS ]
    BEGIN
        function_body
        RETURN scalar_expression
    END
```

其中的参数与建立用户自定义函数中的参数意义相同。

下面将用户自定义函数 xuefen 进行修改，使其判断取得学分的成绩为 50，当成绩大于等于 50 时，返回取得学分，否则，返回未取得学分。其代码如下：

```
ALTER  FUNCTION xuefen(@inputzz int) RETURNS  nvarchar(10)
BEGIN
    declare @retrunstr nvarchar(10)
    if @inputzz >=50
    set  @retrunstr='取得学分'
   else
   set  @retrunstr='未取得学分'
   return @retrunstr
END
```

（2）使用 SQL Server Management Studio 修改用户自定义函数。启动 SQL Server Management Studio，在“对象资源管理器”窗口中，依次展开数据库、student、可编程性节点、函数，选择需修改的自定义函数的类型（如表值函数、标量值函数），展开类型后右击需要修改的用户自定义函数，在弹出的快捷菜单中选择“修改”命令，根据需要，修改用户自定函数。

3. 删除用户自定义函数

删除用户自定义函数，可以使用 T-SQL 命令删除，也可以使用 SQL Server Management Studio。

（1）使用 T-SQL 命令删除用户自定义函数。使用 DROP 命令可以一次删除多个用户自定义函数，其语法格式为：

DROP FUNCTION [所有者名称.]函数名称[,…n]

【例 10.36】删除在 student 库上建立的 xuefen 函数。代码如下：

```
USE  student
GO
DROP  FUNCTION  dbo.xuefen
GO
```

（2）使用 SQL Server Management Studio 删除用户自定义函数。启动 SQL Server Management Studio，在“对象资源管理器”窗口中，依次展开数据库、student、可编程性、函数节点，选择需删除的自定义函数的类型（如表值函数、标量值函数），展开类型后右击需要删除的用户自定义函数，在弹出的快捷菜单中选择“删除”命令，弹出“删除对象”对话框，单击“确定”按钮，删除自定义函数。

10.5 程序中的事务

在数据操作过程中，作为一组整体应被执行的 T-SQL 语句，可能会出现一条或一组语句在因意外故障而被中断执行的情况，这有可能产生数据库中数据不一致的问题。解决这种问题的有效方法就是使用事务。

10.5.1 概述

事务（Transaction）是一组 T-SQL 语句的集合，这组语句作为一个整体来执行，要么成功完成所有操作，要么就是失败，并将所做的一切复原。例如，您带两个存折去银行转存，将 A 存折的 3 000 元钱转入 B 存折中，银行工作人员将从 A 存折中取出 3 000 元钱，然后将这 3 000 元存入 B 存折中。这两个操作应该作为一个事务来处理，存与取的操作要么都做，要么都不做，否则，就会使各方不安。事务通过四个特性可以确保数据的一致性，这四个特性提供了一组规则，为了使事务成功必须遵守这些规则。下面是事务的特性、类型和工作机制。

1．事务特性

事务是作为单个逻辑工作单元执行的一系列操作，它具有四个特性：原子性（Atomic）、一致性（ConDemoltent）、隔离性（Isolated）和持久性（Durability），简称为 ACID 特性。

- 原子性：事务是原子工作单元，要么完成整个操作，要么退出所有操作。如果任何语句失败，则所有作为事务的语句都不会运行。
- 一致性：在事务完成或失败时，要求数据库处于一致状态。由事务引发的从一种状态到另一种状态的变化是一致的。
- 隔离性：事务具有独立性，它不与数据库的其他事务交互或冲突。
- 持久性：事务是持久的，是因为在事务完成后它无须考虑和数据库发生的任何事情。如果系统掉电或数据库服务器崩溃，事务保证在服务器重启后数据库中的数据仍是完整的。

2．事务类型

事务可以分为三类：显式事务、隐式事务和自动提交事务。

- 显式事务。显式事务是指显式定义了其启动和结束的事务，即每个事务均以 BEGIN TRAN 语句显式开始，以 COMMIT TRAN 或 ROLLBACK TRAN 语句显式结束。一般把 DML 语句(SELECT，DELETE，UPDATE，INSERT 语句)放在 BEGIN TRAN...COMMIT TRAN 之间作为一个事务处理，当 SET XACT_ABORT 为 ON 时，如果执行 Transact-SQL 语句产生运行时错误，则整个事务将终止并回滚。当 SET XACT_ABORT 为 OFF 时，有时只回滚产生错误的 Transact-SQL 语句，而事务将继续进行处理。如果错误很严重，那么即使 SET XACT_ABORT 为 OFF，也可能回滚整个事务。
- 隐式事务。有时候看起来没有使用事务的明显标志，但它们可能隐藏在幕后，这种事务叫做隐式事务。要使用这种模式，必须使用 **SET IMPLICIT_TRANSACTIONS ON** 语句启动隐式事务模式。启动隐式事务模式后，当前一个事务完成时新事务就隐式启动，形成连续的事务链。事务链中的每个事物无须定义事务的开始，只需使用 COMMIT TRAN 或 ROLLBACK TRAN 语句提交或回滚每个事务。在 SQL Server 中，下列的任何一条语句都会自动启动事务：ALTER、CREATE、DELETE、DROP、FETCH、GRANT、INSERT、OPEN、REVOKE、SELECT、TRUNCATE TABLE、UPDATE。如果希望结束隐式事务模式，执行 **SET IMPLICIT_TRANSACTIONS OFF** 语句即可。

- 自动提交事务。自动提交事务是 SQL Server 默认的事务管理模式。每条单独的 T-SQL 语句都是一个事务，每条语句在完成时，都会提交或回滚。如果一条语句能够成功完成，则提交该语句，否则自动回滚该语句。只要自动提交事务模式没有被显示或隐式事务所代替，SQL Server 就以该模式进行操作。

3．事务工作机制

下面学习 SQL Server 内部事务的处理过程。

首先看一个事务：

```
BEGIN TRAN
INSERT INTO 课程(课程号,课程名称) VALUES('0005','VB.NET 程序设计')
UPDATE 教学计划 SET 启始周=2 WHERE 专业代码='0101'
DELETE 教师 WHERE 姓名 IS NULL
COMMIT TRAN
```

（1）当 BEGIN TRAN 语句到达数据库时，SQL Server 分析出这是显式事务的开始，SQL Server 找到下一个可用的内存日志页面，并给新事务分配一个事务 ID。

（2）接着运行 INSERT 语句，新的行被记录到事务日志中，数据页面在内存中进行修改，如果所需页面不在内存中，则从磁盘调入。

（3）接着运行 UPDATE 语句和 DELETE 语句，并记录到事务日志中。

（4）当 SQL Server 收到 COMMIT TRAN 时，日志页面被写到数据库的日志设备上，这样才能保证日志可以被恢复。由于日志变化写入了硬盘，它保证事务是可恢复的，即使掉电了或在数据页写入磁盘时数据库崩溃了，也能进行事务恢复。

10.5.2 编写事务

1．编写事务的原则

在实际程序设计和管理过程中，应尽可能使事务保持简短，以减少并发连接间的资源锁定争夺。在有少量用户的系统中，运行时间长、效率低的事务可能不会成为问题，但是在拥有成千上万用户的大型数据库系统中，这样的事务将导致无法预知的后果。

在进行事务设计时，需要遵循以下编写指导原则：

- 不要在事务处理期间要求用户输入，要在事务启动之前，获得所有需要的用户输入。
- 在浏览数据时，尽量不要打开事务，在所有预备的数据分析完成之前，不应启动事务。在知道了必须要进行的修改之后，启动事务，执行修改语句，然后立即提交或回滚。只有在需要时，才打开事务。
- 保持事务尽可能简短。
- 灵活使用更低的事务隔离级别。
- 灵活地使用更低的游标并发选项。

2．编写显式事务

在显式事务中可能使用的事务控制语句有如下。

（1）BEGIN TRANSACTION 语句。BEGIN TRANSACTION 定义显式事务开始，全局变量@@TRANCOUNT 递增 1 使用格式如下：

```
BEGIN {TRAN | TRANSACTION}
      [ {transaction_name | @tran_name_variable}
        [WITH MARK ['description]]
      ]
```

（2）COMMIT TRANSACTION 语句。COMMIT TRANSACTION：如果没有遇到错误，使用该语句使修改永久化，并成功结束事务，全局变量@@TRANCOUNT 递减 1。使用格式如下：

```
COMMIT [{ TRAN | TRANSACTION }
[ transaction_name | @tran_name_variable ] ]
```

（3）ROLLBACK TRANSACTION 语句。ROLLBACK TRANSACTION：用来清除遇到错误的事务。该事务修改的所有数据都返回到事务开始时的状态。事务占用的资源将被释放。使用的语法格式如下：

```
ROLLBACK { TRAN | TRANSACTION}
        [ transaction_name | @tran_anem_variable
        | savepoint_anem | @savepoint_variable ]
```

（4）SAVE TRANSACTION 语句。SAVE TRANSACTION：生成存储点，然后有选择性地恢复到那些点。事务内部存储点的数目没有明确的约束，而且可以在一个事务中出现重复的存储点名字。然而，只有最后那个存储点名字被视为 ROLLBACK TRANSACTION 的有效恢复点。使用的语法格式如下：

```
SAVE { TRAN | TRANSACTION } {savepoint_anem | @savepoint_variable }
```

（5）BEGIN TRY ---BEGIN CATCH 语句。自 SQL Server 2005 后可以使用 BEGIN TRY 和 BEGIN CATCH 来捕获和处理事务中的异常，语法格式如下：

```
BEGIN TRY
--SQL 语句
END TRY
BEGIN CATCH
--用于捕获错误的 sql 语句
END CATCH
```

BENGIN TRY 与 BEGIN CATCH 语句的执行机制是，如果 BENGIN TRY 语句块中的语句发生错误，立即终止其后面的语句，跳转到 BEGIN CATCH 语句块中处理错误。如果 BENGIN TRY 语句块中没有发生错误，则 BEGIN CATCH 语句块不执行。BENGIN TRY 只能捕获高于 10 级的错误，等于或低于 10 级的错误由数据库引擎处理。

【例 10.37】显式事务举例。代码如下：

```
USE student
GO
SET XACT_ABORT OFF;
GO
DECLARE @tran_name1 varchar(20)
SELECT @tran_name1 ='T1'
BEGIN TRAN @tran_name1
```

```
BEGIN TRY
  INSERT INTO 教师  (教师编号,姓名,性别, 出生日期,学历,职务,职称,系部代码,专业)
   VALUES('100000000011','李建','男','1971-12-09', '研究生','副主任','副教授','01','计算机')
  UPDATE 教师 SET 职称='教授'  WHERE 教师编号='100000000011'
  SAVE TRAN  @tran_name1
  DELETE 教师 WHERE 姓名 IS  NULL
  SELECT * FROM 教师
  SAVE TRAN  @tran_name1
  INSERT INTO 班级(班级代码,班级名称,专业代码,系部代码)
     VALUES( '060202003','06级会计专业班','0202','02')
END TRY
BEGIN CATCH
  SELECT
   ERROR_NUMBER() AS ErrorNumber ,ERROR_SEVERITY() AS ErrorSeverity ,
   ERROR_STATE() AS ErrorState ,ERROR_PROCEDURE() AS ErrorProcedure ,
   ERROR_LINE() AS ErrorLine  ,ERROR_MESSAGE() AS ErrorMessage;
   IF @@TRANCOUNT > 0
      ROLLBACK TRANSACTION  @tran_name1;
END CATCH
IF @@TRANCOUNT >0
  COMMIT TRAN  @tran_name1
GO
```

在上面例子中，BEGIN TRAN 命令指示事务的开始，COMMIT TRAN 命令指示事务的结束，SAVE TRAN 命令用来生成存储点，其中的@tran_name1 是存储点的名字，ROLLBACK TRAN 命令将恢复事务到存储点位置。在这个例子中有两个存储点，而且名字相同，ROLLBACK TRAN 命令使事务恢复到第二个存储点，第一个存储点由于名字被重用，所以被忽略了。

3．编写隐式事务

【例 10.38】隐式事务举例。代码如下：

```
USE student
GO
set xact_abort off
go
SET IMPLICIT_TRANSACTIONS ON
--第一个隐式事务
SELECT * INTO 系部备份 FROM 系部
DELETE  FROM 系部备份
INSERT 系部备份 VALUES('01','计算机系','杨学全')
--提交或回滚第一个隐式事务
IF @@ERROR!=0
```

```
        ROLLBACK TRAN
ELSE
        COMMIT TRAN
GO
--第二个隐式事务
DELETE  FROM 系部备份
INSERT 系部备份 VALUES('022','经济管理系','崔喜元') --问题语句，系部代码过长
--提交或回滚第二个隐式事务
IF @@ERROR!=0
        ROLLBACK TRAN
ELSE
        COMMIT TRAN
GO
--第三个隐式事务
SELECT *  FROM 系部备份
DROP TABLE 系部备份
--提交或回滚第三个事务
IF @@ERROR!=0
        ROLLBACK TRAN
ELSE
        COMMIT TRAN
GO
SET IMPLICIT_TRANSACTIONS OFF
GO
```

在查询编辑器中执行以上代码，得到如图 10.9 所示的结果。

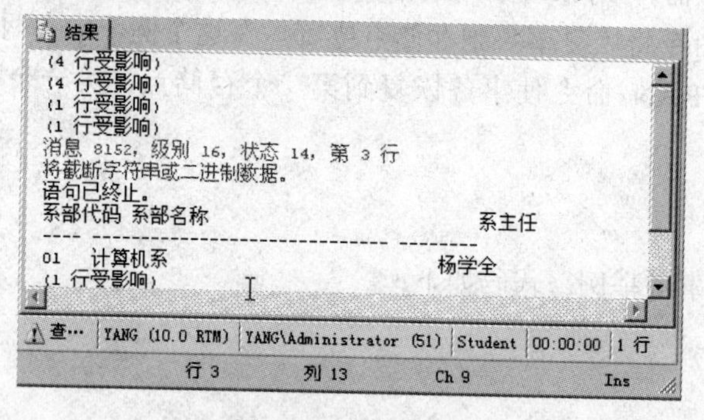

图 10.9　运行结果

在上面例子中，第一个隐式事务成功执行，它先创建了一个含有四条记录的表，然后删除所有记录，最后，向表中添加了一条记录。第二个隐式事务要完成删除表中所有记录和再添加一条记录的功能，由于添加记录语句有问题，不能正常执行，所以导致事务不能成功执行，导致删除语句执行被回滚，恢复到删除之前的状态。第三个事务正常执行，它验证了第一个事务和第二个事务的执行。

10.5.3 检查点处理

日志页面是在 COMMIT TRAN 时写入磁盘的，那么何时将数据页面写入磁盘呢?答案是在处理检查点 （CHECKPOINT）时，它是 SQL Server 将数据页面从内存复制到磁盘时的内部处理点。

SQL Server 中有两类检查点：自动检查点和手工检查点。

自动检查点是基于 SQL Server 计算的。可在 RECOVERY INTERVAL 配置选项中规定检查点处理的频率。该选项指出以分钟为单位的用来恢复系统中数据库的最大时间间隔。如果 SQL Server 认为恢复数据库要大量时间，它将发出自动检查点，这时，所有修改过的内存中的数据页面将写入磁盘（包括日志页面），自动检查点每 60 秒检查一次，并在各数据库之间循环，以决定该数据库是否需要赋予检查点。

手工检查点可在任何时候输入 T-SQL 命令 CHECKPOINT 来强制执行。只有 SA 或数据库的 DBA 才能执行该命令，CHECKPOINT 可创建一个检查点，在该点保证全部脏页（脏页指已输入缓冲区高速缓存且已修改但尚未写入磁盘的数据页）都已写入磁盘，从而在以后的恢复过程中节省时间。发出手工检查点指令后，内存中所有修改过的页面记入磁盘（不包括日志页面），就像自动检查点处理时所发生的情况一样。

10.5.4 锁

锁用来提供数据库的并发性控制。如果没有锁，SQL Server 就没有防止多个用户同时更新同一数据的机制。一个锁就是在多用户环境中对某一种正在使用中的资源的一个限制，它阻止其他用户访问或修改资源中的数据。SQL Server 为了保证用户操作的一致性，自动对资源设置和释放锁。例如，当用户正在更新一个表时，没有任何其他用户能修改甚至查看已经更新过的记录。当所有的与该用户相关的更新操作都完成后，锁便会释放，并且记录变成可访问的。

通常，SQL Server 中常用的锁如下。

- 共享锁：也称为读锁，是加在正在读取的数据上的。共享锁防止别的用户在加锁的情况下修改该数据，共享锁和别的共享锁是相容的。
- 更新锁：可以有效的防止死锁，因为一次只有一个事务可以获得资源的更新锁。
- 排他锁：可以防止并发事务对资源进行访问。使用排他锁时，任何其他事务都无法修改数据；仅在使用 NOLOCK 提示或未提交读隔离级别时才会进行读取操作。
- 意向锁：放置在锁层次结构的底层资源上，可以在较低级别的锁锁住资源之前，获取使用它们。
- 架构锁：执行表的数据定义语言（DDL）操作（例如添加列或删除表）时使用架构锁，可以防止对表的并发访问。
- 大容量更新锁：在向表进行大容量数据复制且指定了 TABLOCK 提示时使用，允许多个线程将数据并发地大容量加载到同一表，同时防止其他不进行大容量加载数据的进程访问该表。
- 键范围锁：当使用可序列化事务隔离级别时保护查询读取的行的范围。确保再次运行查询时其他事务无法插入符合可序列化事务的查询的行。

1. 锁粒度

锁在粒度上有不同的级别，它们可以对以下对象进行锁定。

- 行：用于锁定表中的一行。
- 页：数据库中的 8KB 页，例如数据页或索引页。
- 键：索引中用于保护可序列化事务中的键范围的行锁。
- 扩展盘区：一组连续的 8 个页，例如数据页或索引页。
- 表：包含所有数据和索引的整个表。
- 数据库：整个数据库。

SQL Server 自动获取在一个资源上适当粒度的锁。如果发现在执行过程中这个锁不再合适，它会动态地改变锁的粒度。

2．死锁

死锁是指两个事务阻塞彼此进程而互相冲突的情况。第一个事务在某个数据库对象 A 上有一把锁，它必须访问数据库对象 B 才能结束事务，并释放锁。而此时，第二个事务在数据库对象 B 上有一把锁，它必须访问对象 A 才能结束事务，并释放锁。两个事务都在等待对方释放锁，而让自己执行，所以发生阻塞，这种现象称为死锁。解决的唯一方法是取消其中一个事务。

死锁避免是很重要的，因为发生死锁时，浪费了许多时间和资源。避免死锁的一种方法是要按相同顺序访问表。

10.6 游标

在 SQL Server 中，使用 SELECT 语句生成的记录集合被作为一个整体单元来处理，无法对其中的一条或一部分记录单独处理。然而，在数据库应用程序中，特别是交互式联机数据库应用程序，常常需要对这些记录集合逐行操作。这样，就需要 SQL Server 提供一种机制，对记录集合进行逐行处理，满足数据应用程序每次处理一条或一部分记录的要求。游标就是 SQL Server 提供的这种机制。

游标是处理数据的一种方法，可以看做是一个表中的记录的指针，作用于 SELECT 语句生成的记录集，能够实现在记录集中逐行向前或者向后访问数据。使用游标，可以在记录集中的任意位置显示、修改和删除当前记录的数据。

10.6.1 游标的基本操作

游标的基本操作包含五部分内容：声明游标、打开游标、提取数据、关闭游标和释放游标。

1．声明游标

游标在使用之前需要声明，以建立游标。声明游标的语法格式为：

```
DECLARE cursor_name CURSOR
[ LOCAL | GLOBAL ] [ FORWARD_ONLY | SCROLL ]
[ STATIC | KEYSET | DYNAMIC | FAST_FORWARD ]
[ READ_ONLY | SCROLL_LOCKS | OPTIMISTIC ]   [ TYPE_WARNING ]
FOR    select_statement   [ FOR UPDATE [ OF column_name [ ,...n ] ] ]
```

其中：

- cursor_name 是游标名称。
- LOCAL|GLOBAL 用于定义的游标类型是局部（LOCAL）的还是全局（GLOBAL）的。
- FORWARD_ONLY 指定游标只能从第一行移动到最后一行。
- SCROLL 用于设置所有的提取数据的选项均可用。
- STATIC 用于设置使用 tempdb 数据库的临时表存储该游标的数据。在对该游标进行提取操作时返回的数据中不反映对基表所做的修改，并且该游标不允许修改。
- DYNAMIC 定义一个游标，以反映在滚动游标时对结果集内的各行所做的所有数据更改。行的数据值、顺序和成员身份在每次提取时都会更改。
- FAST_FORWARD 指定启用性能优化的 FORWARD_ONLY、READ_ONLY 游标。
- KEYSET 指定当游标打开时，游标中行的成员身份和顺序已经固定。
- READ_ONLY 设置只读游标。禁止通过该游标进行数据更新。在 UPDATE 或 DELETE 语句的 WHERE CURRENT OF 子句中不能引用该游标。
- SCROLL_LOCKS 指定通过游标进行的定位更新或删除保证会成功。
- OPTIMISTIC 指定如果行自从被读入游标以来已得到更新，则通过游标进行的定位更新或定位删除不会成功。
- TYPE_WARNING 当游标从所请求的类型隐式转换为另一种类型，向客户端发送警告消息。
- select_statement 是定义游标记录集的标准 SELECT 语句，其中不允许使用关键字 COMPUTE、COMPUTE BY、FOR BROWSE 和 INTO。
- UPDATE 定义游标中可更新的列。如果指定了 OF 字段参数，则只允许修改所列出的列。如果指定了 UPDATE，但未指定列的列表，则可以更新所有的列。
- column_name 是可以被修改的字段名称。

2．打开游标

创建游标之后，使用之前需要打开游标，才能从游标中提取数据。打开游标的语法格式为：

OPEN　cursor_name

游标在打开状态下，不能再被打开，也就是 OPEN 命令只能打开已声明但尚未打开的游标。打开一个游标以后，可以使用全局变量@@ERROR 判断打开操作是否成功，如果返回值为 0，表示游标打开成功，否则表示打开失败。当游标被成功打开时，游标位置指向记录集的第一行之前。游标打开成功后，可以使用全局变量@@CURSOR_ROWS 返回游标中的记录数。

3．提取数据

游标被成功打开后，就可以使用 FETCH 命令从中检索特定的数据。提取游标中数据的语法格式为：

FETCH[[NEXT|PRIOR|FIRST|LAST|ABSOLUTE{n}|RELATIVE{n}]FROM] cursor_name [INTO @Variable_name [,...n]]

其中：

- NEXT 表示提取当前行的下一行数据，并将下一行变为当前行。如果 FETCH NEXT

是对游标的第一次提取操作，则提取第一行记录。

- PRIOR 表示提取当前行的前一行的数据，并将前一行变为当前行。如果 FETCH PRIOR 为对游标的第一次提取操作，则没有行返回并且游标置于第一行之前。
- FIRST 表示提取第一行的数据，并将其作为当前行。
- LAST 表示提取最后一行数据，并将其作为当前行。
- ABSOLUTE 表示按绝对位置提取数据。如果 n 为正数，则返回从游标头开始的第 n 行，并将返回行变成新的当前行。如果 n 为负数，则返回从游标末尾开始的第 n 行，并将返回行变成新的当前行。
- RELATIVE 按相对位置提取数据。如果 n 为正数，则返回从当前行开始之后的第 n 行，并将返回行变成新的当前行。如果 n 为负数，则返回当前行开始之前第 n 行，并将返回行变成新的当前行。
- INTO @ Variable_name 将提取操作的列数据放到局部变量中。列表中的各个变量从左到右与游标结果集中的相应列相关联。各变量的数据类型必须与相应的结果集列的数据类型匹配，或是结果集列数据类型所支持的隐式转换，变量的数目必须与游标选择列表中的列数一致。

执行一次 FETCH 语句只能提取一条记录。如果希望在游标中提取所有的记录，就需要将 FETCH 语句放在一个循环体中，并使用全局变量@@FETCH_STATUS 判断上一次的记录是否提取成功，如果成功则继续进入下一次数据的提取，直到末尾，否则跳出循环。将记录提取完后，调处循环。全局变量@@FETCH_STATUS 有三个返回值 0、−1 和−2，其值为 0 时表示提取正常，−1 时表示已经到了记录末尾，−2 表示操作有问题。

4．关闭游标

游标使用完毕后，应该关闭游标，释放当前结果集，以便释放游标所占用的系统资源。关闭游标语法格式为：

CLOSE cursor_name

关闭游标后，系统删除了游标中所有的数据，所以不能再从游标中提取数据。但是，可以再使用 OPEN 命令重新打开游标使用。在一个批处理中，可以多次打开和关闭游标。

5．释放游标

如果一个游标确定不再使用时，可以将其删除，彻底释放游标所占系统资源。释放游标的语法格式为：

DEALLOCATE cursor_name

释放游标即将其删除，如果想重新使用游标就必须重新声明一个新的游标。

10.6.2 使用游标

【例 10.39】在 student 数据库，使用游标逐行显示“教师”表中的教师信息。代码如下：

```
USE student
GO
--定义游标
DECLARE c_jsxx  CURSOR KEYSET FOR SELECT 姓名,性别,学历 FROM 教师
OPEN c_jsxx  --打开游标
```

```
DECLARE @xm nvarchar(8),@xb char(2),@xl nvarchar(10)
IF @@ERROR=0  --判断游标打开是否成功
BEGIN
       IF @@CURSOR_ROWS>0
         BEGIN
         PRINT '共有教师'+RTRIM(CAST(@@CURSOR_ROWS AS CHAR(3)))+'名，分别是：'
         PRINT ''
         --提取游标中第一条记录，将其字段内容分别存入变量中
         FETCH NEXT FROM c_jsxx INTO @xm,@xb,@xl
         --检测全局变量@@FETCH_STATUS，如果有记录，继续循环
         WHILE (@@FETCH_STATUS=0)
           BEGIN
             PRINT @xm+', '+@xb+', '+@xl
             --提取游标中下一条记录，将其字段内容分别放入变量中
             FETCH NEXT FROM c_jsxx INTO @xm,@xb,@xl
         END
     END
END
ELSE
PRINT '游标存在问题！'
CLOSE c_jsxx         --关闭游标
DEALLOCATE c_jsxx    --删除游标
GO
```

在查询编辑器中运行以上代码，以文本显示的结果如图 10.10 所示。

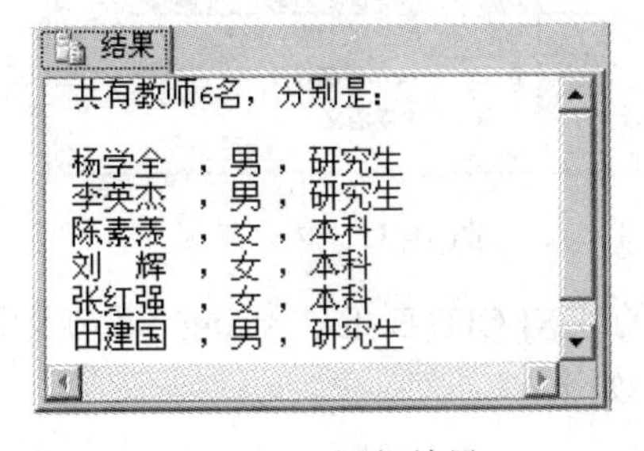

图 10.10　运行结果

【例 10.40】 在 student 数据库，生成一张备份课程表，使用游标删除一门课程，修改一门课程。代码如下：

```
USE student
GO
SELECT * INTO 课程备份 from 课程
SELECT * FROM 课程备份
GO
--定义游标
DECLARE c_xiugai  CURSOR  SCROLL  DYNAMIC  FOR SELECT * FROM 课程备份
OPEN c_xiugai --打开游标
```

```
--提取第一条记录的内容
FETCH FIRST  FROM c_xiugai
 --删除第一条记录
DELETE FROM 课程备份
WHERE CURRENT OF c_xiugai
--提取最后一条记录的内容
FETCH  LAST  FROM c_xiugai
--修改最后一条记录
UPDATE 课程备份 SET 课程名称='大学语文'
WHERE CURRENT OF c_xiugai
CLOSE c_xiugai         --关闭游标
DEALLOCATE c_xiugai  --删除游标
GO
SELECT * FROM 课程备份
GO
```

在查询编辑器中运行以上代码，结果如图 10.11 所示。

结果 | 消息

	课程号	课程名称	备注
1	0001	SQL Server 2005	
2	0002	ASP.NET程序设计	
3	0003	JAVA程序设计	
4	0004	网络营销	

	课程号	课程名称	备注
1	0001	SQL Server 2005	

	课程号	课程名称	备注
1	0004	网络营销	

	课程号	课程名称	备注
1	0002	ASP.NET程序设计	
2	0003	JAVA程序设计	
3	0004	大学语文	

图 10.11　运行结果

【例 10.41】使用带变量的 EXECUTE 'tsql_string' 语句及游标，为 Student 数据库所有用户创建的表重建索引。代码如下：

```
USE Student;
GO
DECLARE tables_cursor CURSOR  --定义游标
   FOR
   SELECT s.name, t.name
   FROM sys.objects AS t      --系统对象表
   JOIN sys.schemas AS s ON s.schema_id = t.schema_id
   WHERE t.type = 'U';        --用户表
OPEN tables_cursor;           --打开游标
DECLARE @schemaname sysname;
DECLARE @tablename sysname;
```

```
FETCH NEXT FROM tables_cursor INTO @schemaname, @tablename;
WHILE (@@FETCH_STATUS <> -1)
BEGIN;  --重建所有用户表的索引
   EXECUTE ('ALTER INDEX ALL ON ' +
           @schemaname + '.' + @tablename + ' REBUILD;');
   FETCH NEXT FROM tables_cursor INTO @schemaname, @tablename;
END;
PRINT   '所有表上的索引已经重建.';
CLOSE tables_cursor;
DEALLOCATE tables_cursor;
GO
```

说明：EXECUTE 'tsql_string' 语句允许用户动态生成 SQL 语句，这为动态传递数据库名、表名、字段名到'tsql_string' 语句提供了可能。EXECUTE ('ALTER INDEX ALL ON ' + @schemaname + '.' + @tablename + ' REBUILD;'); 代码为当前@tablename 变量中指定的表重建索引，使用 FETCH NEXT FROM tables_cursor 遍历所有的用户表。

10.7 案例中的程序设计

1. 创建脚本文件 CSRQCX.SQL

在 student 数据库中创建脚本文件 CSRQCX.SQL，用来输出所有学生各门课程的成绩，而且在成绩后添加关于课程的备注。操作步骤如下：

（1）在 SQL Server Management Studio 中，单击工具栏上的“新建查询”按钮，打开查询编辑器。

（2）在查询编辑器窗口中输入以下内容：

```
USE student
GO
/*下面的批处理是用来输出所有学生的学号、姓名、以及各门课程的课程名称和成绩，而且在
成绩后添加关于课程的备注。*/
SELECT A.学号,A.姓名,C.课程名称,B.成绩,备注=
--CASE 语句是用来添加课程的备注
CASE 课程名称
     WHEN 'SQL Server 2008' THEN '数据库应用技术'
     WHEN 'ASP.NET 程序设计' THEN 'C#程序设计'
     WHEN 'JAVA 程序设计' THEN 'C 程序设计'
     WHEN '网络营销' THEN '电子商务'
END
FROM 学生 AS A JOIN 课程注册 AS B
       ON A.学号=B.学号 JOIN 课程 AS C  ON B.课程号=C.课程号
ORDER BY A.学号
GO
```

（3）在“文件”菜单下单击“保存”，输入文件名：CSRQCX.SQL。

2．创建名称为 AGE 的标量值函数

在 student 数据库中创建一个名为 AGE 的标量值函数。调用函数时，输入出生日期和当前日期，函数将返回学生的年龄。

```
USE student
GO
CREATE FUNCTION  AGE
(@出生日期 DATETIME,@当前日期 DATETIME)
RETURNS TINYINT
AS
BEGIN
RETURN DATEDIFF(YY,@出生日期,@当前日期)
END
GO
SELECT 姓名,DBO.AGE(出生日期,GETDATE()) AS 年龄 FROM  学生
GO
```

3．创建名称为 XSCJ 的内联表值函数

在 student 数据库中创建一个名为 XSCJ 的内联表值函数。调用函数时，输入课程号，该函数将返回由学号、姓名、课程名和成绩组成的表。

```
USE student
GO
CREATE   FUNCTION XSCJ(@inputzz nvarchar(20))
    RETURNS  table
AS
RETURN
( SELECT A.学号, A.姓名, C.课程名称 ,B.成绩
         FROM   学生 AS A JOIN 课程注册 AS B
         ON A.学号=B.学号
         JOIN 课程 AS C
         ON B.课程号=C.课程号
     WHERE C.课程号=@inputzz)
GO
SELECT * FROM XSCJ('0001')
GO
```

4．创建名称为 KCXF 的多语句表值函数

在 student 数据库中创建一个名为 KCXF 的多语句表值函数，该函数可以根据输入的课程名称返回选修该课程的学生姓名、成绩和学分绩（其中学分绩的计算调用了 xuefenji 自定义函数）。

```
USE student
GO
CREATE  FUNCTION kcxf(@inputkc as char(20) )
```

```
RETURNS  @xfchji TABLE
   (
    课程名称  char(20),
    姓名    char(8),
    成绩    tinyint,
    学分绩  char(20)
   )
AS
BEGIN
     INSERT @xfchji
       SELECT c.课程名称,s.姓名 ,k.成绩,dbo.xuefenji(成绩)
       FROM 学生 as s INNER JOIN 课程注册 as k
            ON s.学号 =k.学号 inner join 课程 as c
            on c.课程号=k.课程号
       WHERE c.课程名称=@inputkc
   RETURN
END
GO
SELECT  *  FROM  KCXF('ASP.NET 程序设计')
GO
```

5. 编写事务实例

```
USE student
GO
SET XACT_ABORT ON;
GO
DECLARE  @tran_name1  varchar(20)
SELECT @tran_name1 ='T1'
BEGIN TRY
BEGIN TRAN  @tran_name1
   INSERT INTO 教师 (教师编号,姓名,性别, 出生日期,学历,职务,职称,系部代码,专业)
     VALUES('100000000012','李建','男','1971-12-09', '研究生','副主任','
副教授','01','计算机')
    UPDATE 教师 SET 职称='教授'  WHERE 教师编号='100000000012'
    DELETE 教师 WHERE 姓名 IS  NULL
    SELECT * FROM 教师
    INSERT INTO 班级(班级代码,班级名称,专业代码,系部代码)
       VALUES( '060202003','06 级会计专业班','0202','02')
    COMMIT TRAN @tran_name1
END TRY
BEGIN CATCH
    SELECT
```

```
  ERROR_NUMBER() AS ErrorNumber ,ERROR_SEVERITY() AS ErrorSeverity ,
  ERROR_STATE() AS ErrorState ,ERROR_PROCEDURE() AS ErrorProcedure ,
  ERROR_LINE() AS ErrorLine ,ERROR_MESSAGE() AS ErrorMessage;
 IF (XACT_STATE()) = -1
     BEGIN
         PRINT
             N'事务是不能提交状态' +
             '回滚事务.'
         ROLLBACK TRAN @tran_name1;
     END;
 IF (XACT_STATE()) = 1
 BEGIN
     PRINT
         N'事务是可提交状态.' +
         '提交事务.'
     COMMIT TRAN @tran_name1 ;
 END;
END CATCH
SET XACT_ABORT OFF;
GO
```

10.8 思考题

1. 什么是批处理？批处理的结束标志是什么？
2. 什么是脚本？执行脚本有几种方法？
3. 什么是事务？事务有什么特性？
4. 什么是游标？如何使用？
5. 常用的聚合函数有哪些？分别说出其作用。
6. 创建用户自定义函数需要注意哪些事项？
7. 用户自定义函数分为哪几类？
8. 内联表值函数与多语句表值函数的区别是什么？
9. 简单叙述简单 CASE 表达式执行的过程。

第 11 章　存储过程与触发器

存储过程（Storde Procedure）和触发器（Trigger）是 SQL Server 数据库系统重要的数据库对象，在以 SQL Server 2008 为后台数据库创建的应用程序中具有重要的价值。本章将介绍存储过程和触发器的概念、作用和基本操作。

11.1　存储过程综述

11.1.1　存储过程的概念

存储过程是一种数据库对象，是为了实现某个特定任务，以一个存储单元的形式存储在服务器上的一组 T-SQL 语句的集合。用户也可以把存储过程看成是以数据库对象形式存储在 SQL Server 中的一段程序或函数。存储过程既可以是一些简单的 SQL 语句，如 SELECT * FROM authors，也可以是由一系列用来对数据库表实现复杂商务规则的 SQL 语句或控制流语句所组成的。

存储过程同其他编程语言中的过程相似，有如下特点：

- 接收输入参数并以输出参数的形式将多个值返回至调用过程或批处理。
- 包含执行数据库操作（包括调用其他过程）的编程语句。
- 向调用过程或批处理返回状态值，以表明成功或失败以及失败原因。

使用存储过程有如下优点：

- 增强安全机制。SQL Server 可以只给用户访问存储过程的权限，而不授予用户访问存储过程引用的对象（表或视图）的权限。这样，可以保证用户通过存储过程操作数据库中的数据，而不能直接访问与存储过程相关的表，这样保证了数据的安全性。
- 提高执行速度。用户可以多次使用存储过程的名称调用存储过程。存储过程在第一次执行时进行编译，然后将编译好的代码保存在高速缓存中，当用户再次执行该存储过程时，调用的是高速缓存中的编译代码，因此，其执行速度要比执行相同的 T-SQL 语句快得多。
- 减少网络流量。存储过程中包含大量的 T-SQL 语句，但是它以一个独立的单元存放在服务器上。调用执行过程中，只需传递执行存储过程的调用命令即可将执行结果返回调用过程或批处理，从而减少了网络上数据的传输。

11.1.2　存储过程的类型

在 SQL Server 2008 中，存储过程可以分为三类：用户定义的存储过程、系统存储过程和扩展存储过程。

- 用户定义的存储过程：用户定义的存储过程是用户根据需要，为完成某一特定功能，在自己的普通数据库中创建的存储过程。

- 系统存储过程：系统存储过程以 sp_为前缀，主要用来从系统表中获取信息，为系统管理员管理 SQL Server 提供帮助，为用户查看数据库对象提供方便。比如用来查看数据库对象信息的系统存储过程 sp_help。从物理意义上讲，系统存储过程存储在资源数据库中。从逻辑意义上讲，系统存储过程出现在每个系统定义数据库和用户定义数据库的 sys 构架中。
- 扩展存储过程：扩展存储过程以 xp_为前缀，它是关系数据库引擎的开放式数据服务层的一部分，其可以使用户在动态链接库(DLL)文件所包含的函数中实现逻辑，从而扩展了 T-SQL 的功能，并且可以像调用 T-SQL 过程那样从 T-SQL 语句调用这些函数。

11.2 创建、执行、修改、删除简单存储过程

11.2.1 创建存储过程

在 SQL Server 2008 中通常可以使用两种方法创建存储过程：一种是使用 T-SQL 语句创建存储过程；另一种是使用图形化管理工具 SQL Server Management Studio 创建存储过程。创建存储过程时，需要注意下列事项：

- 只能在当前数据库中创建存储过程。
- 具有数据库的 CREATE PROCEDURE 权限，还必须具有对架构（在其下创建过程）的 ALTER 权限。
- 存储过程是数据库对象，其名称必须遵守标识符命名规则。
- 不能将 CREATE PROCEDURE 语句与其他 T-SQL 语句组合到一个批处理中。
- 创建存储过程时，应指定所有输入参数和向调用过程或批处理返回的输出参数、执行数据库操作的编程语句和返回至调用过程或批处理以表明成功或失败的状态值。

1. 使用 T-SQL 语句创建存储过程

使用 T-SQL 语句创建存储过程的语法格式如下：

```
CREATE PROC [ EDURE ] procedure_name [ ; number ]
    [ { @parameter data_type } [ VARYING ] [ = default ] [ OUTPUT ]]
[ ,...n ]
[ WITH { RECOMPILE | ENCRYPTION | RECOMPILE , ENCRYPTION } ]
[ FOR REPLICATION ]
AS
sql_statement [ ...n ]
```

其中：

- procedure_name 是新建存储过程的名称，其名称必须符合标识符命名规则，且对于数据库及其所有者必须唯一。
- number 是可选的整数，用来对同名的过程分组，以便用一条 DROP PROCEDURE 语句即可将同组的过程一起删除。例如，对于存储过程 orderproc1、orderproc2 等，可以使用 DROP PROCEDURE orderproc 语句将其全部删除。如果名称中包含定界标识符，则数字不应包含在标识符中，只应在存储过程名前后使用适当的定界符。

- parameter 是存储过程中的输入或输出参数。
- data_type 是参数的数据类型。
- VARYING 用于指定作为输出参数支持的结果集（由存储过程动态构造，内容可以变化）。该选项仅适用于游标参数。
- Default 指参数的默认值，必须是常量或 NULL。如果定义了默认值，不必指定该参数的值即可执行过程。
- OUTPUT 指示参数是输出参数。此选项的值可以返回给调用 EXECUTE 的语句。使用 OUTPUT 参数将值返回给过程的调用方。除非是 CLR 过程，否则 text、ntext 和 image 参数不能用做 OUTPUT 参数。使用 OUTPUT 关键字的输出参数可以为游标占位符，CLR 过程除外。
- RECOMPILE：表明 SQL Server 不保存存储过程的计划，该过程将在运行时重新编译。在使用非典型值或临时值而不希望覆盖缓存在内存中的执行计划时，最好使用 RECOMPILE 选项。
- ENCRYPTION 表示加密存储过程文本。
- FOR REPLICATION 用于指定不能在订阅服务器上执行为复制创建的存储过程。使用该选项创建的存储过程可用做存储过程筛选，且只能在复制过程中执行。本选项不能和 WITH RECOMPILE 选项一起使用。
- sql_statement 指存储过程中的任意数目和类型的 T-SQL 语句。

在创建存储过程时，一般情况下是先编写实现存储过程功能的 SQL 语句，然后进行调试，当得到预期的结果后，再按照存储过程的语法创建存储过程。如果存储过程带有参数，可以先用一个实参来代替调试。

【例 11.1】在 student 数据库中，创建一个查询存储过程 st_jsjbj，要求该存储过程列出计算机系的班级名称。创建过程如下：

（1）在创建本例存储过程时，可以先在查询编辑器中编写实现存储过程功能的 T-SQL 语句。代码如下：

```
USE student
GO
SELECT 班级名称 FROM 班级
WHERE 系部代码 = (SELECT 系部代码 FROM 系部
                  WHERE 系部名称='计算机系')
```

（2）调试该语句正确后，再创建存储过程。在查询编辑器中输入其完整程的代码如下：

```
USE student
GO
CREATE  PROC  dbo.st_jsjbj
AS
SELECT 班级名称 FROM 班级
WHERE 系部代码 = (SELECT 系部代码 FROM 系部
      WHERE 系部名称 = '计算机系')
GO
```

（3）单击“分析”按钮，进行语法检查；语法无误后，单击“执行”按钮，创建该存储过程。

2．使用 SQL Server Management Studio 创建存储过程

【例 11.2】在 student 数据库中，创建一个名称为 st_jsjxsxx 的存储过程，要求该存储过程列出计算机系学生的姓名、性别和年龄信息。其操作步骤如下：

（1）启动 SQL Server Management Studio，在“对象资源管理器”窗口中，依次展开数据库、student、可编程性节点。

（2）右键单击“存储过程”节点，在弹出的快捷菜单中选择“新建存储过程”命令。单击“新建存储过程”命令，系统将打开“创建存储过程模板”文档窗口，即包含一些与创建存储过程相关命令语句及提示信息的“查询编辑器”窗口，如图 11.1 所示。

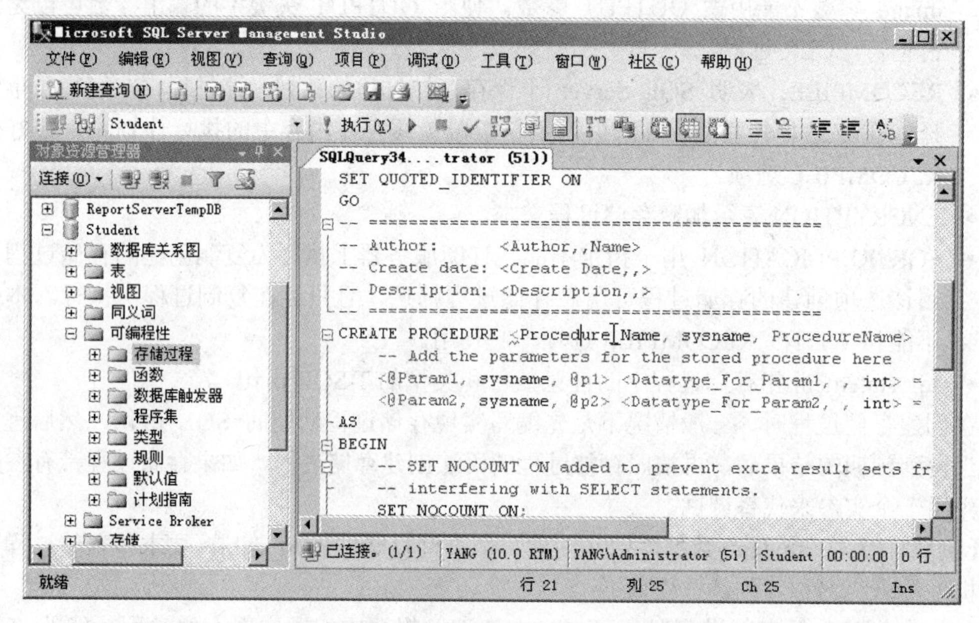

图 11.1　创建“存储过程”模板

（3）在模板中根据相应提示输入存储过程名称和 T-SQL 语句，由于此存储过程不需要参数，删除参数部分即可。输入完成后的“st_jsjxsxx”存储过程如图 11.2 所示。

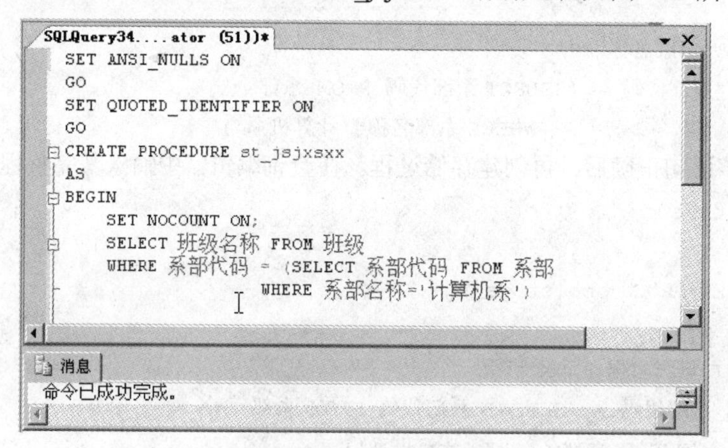

图 11.2　创建“存储过程”

（4）单击工具栏上的“执行”按钮，完成存储过程的创建。如果需要保存存储过程脚本，则单击工具栏上的“保存”按钮，保存 T-SQL 脚本文件。

11.2.2 执行存储过程

对于存储在服务器上的存储过程，可以使用 EXECUTE 命令来执行它，如果该存储过程是批处理中的第一条语句，则直接使用存储过程名称即可执行。其语法格式如下：

```
[ [ EXEC [ UTE ] ]
  {
      [ @return_status = ]
          { procedure_name [ ;number ] | @procedure_name_var
  }
  [ [ @parameter = ] { value | @variable [ OUTPUT ] | [ DEFAULT ] ]
      [ ,...n ]
[ WITH RECOMPILE ]
```

其中：

- 如果存储过程是批处理中的第一条语句，EXECUTE 命令可以省略，可以使用存储过程的名字执行该存储过程。
- @return_status 是一个可选的整型变量，用来保存存储过程的返回状态值。
- @procedure_name_var 是局部定义变量名，用来代表存储过程的名称。

其他参数与创建存储过程命令中参数意义相同。

【例 11.3】执行存储过程 st_jsjbj。

新建查询，用来执行存储过程 st_jsjbj，代码如下：

```
USE STUDENT
GO
EXECUTE st_jsjbj
GO
```

在查询编辑器中执行以上代码，结果如图 11.3 所示。

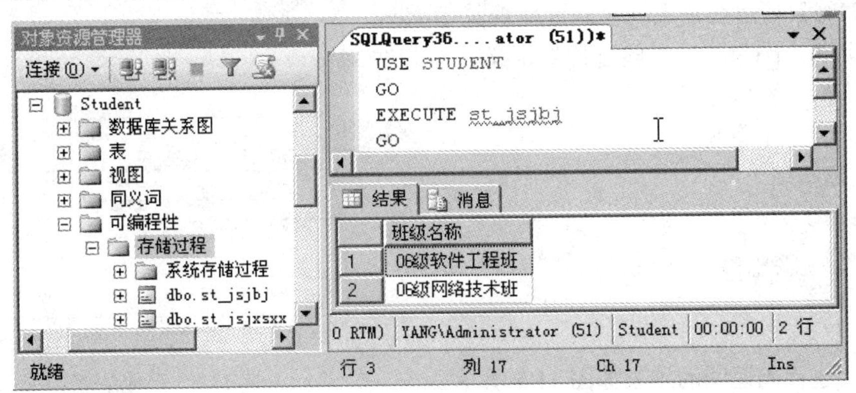

图 11.3　执行存储过程

11.2.3 查看存储过程

存储过程创建好后，其名称保存在系统表 sysobjects 中，其源代码保存在 syscomments 中，两表通过 ID 字段进行关联。如果需要查看存储过程相关信息，可以直接使用系统表，也可以使用系统存储过程，还可以使用 SQL Server Management Studio。

1．使用系统表查看存储过程信息

【例 11.4】使用系统表查看 student 数据库中名为 st_jsjbj 的存储过程的定义信息。代码如下：

```
USE student
GO
SELECT TEXT FROM  SYSCOMMENTS
     WHERE ID IN
     (SELECT  ID FROM SYSOBJECTS
      WHERE NAME ='st_jsjbj' AND
XTYPE='P')
GO
```

在查询编辑器中执行上述代码返回的文本结果如图 11.4 所示。

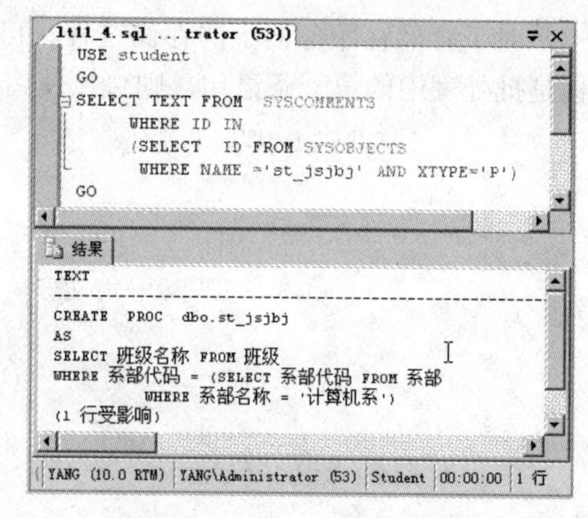

图 11.4　查看存储过程源代码

2．使用系统存储过程查看存储过程信息

对用户建立的存储过程，可以使用 SQL Server 2008 提供的系统存储过程来查看其相关信息。下面列举几个常用的系统存储过程：

- 使用 sp_help 查看存储过程的一般信息，包含存储过程的名称、拥有者、类型和创建时间，其语法格式为：
  sp_help　存储过程名
- 使用 sp_helptext 查看存储过程的定义信息，其语法格式为：
  sp_helptext　存储过程名
- 使用 sp_depends 查看存储过程的相关性，其语法格式为：
  sp_depends　存储过程名

【例 11.5】使用有关系统存储过程查看 student 数据库中名为 st_jsjbj 的存储过程的定义、相关性以及一般信息。代码如下：

```
USE student
GO
EXEC  sp_help st_jsjbj
EXEC  sp_helptext st_jsjbj
EXEC  sp_depends st_jsjbj
GO
```

执行上述代码返回的结果如图 11.5 所示。

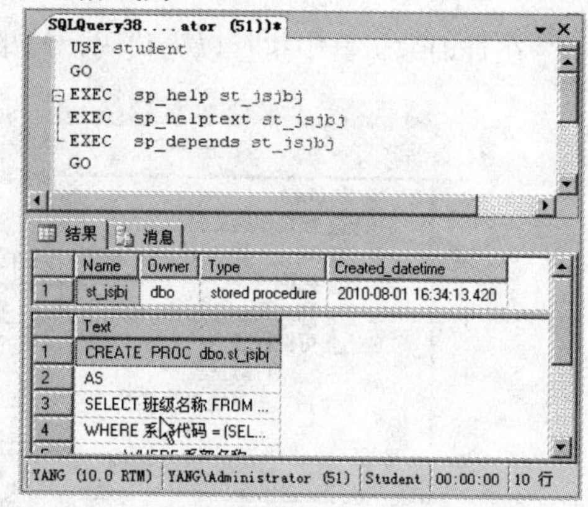

图 11.5　查看存储过程信息

3．使用 SQL Server Management Studio 查看存储过程信息

使用图形化管理工具 SQL Server Management Studio 查看存储过程的相关信息的操作步骤如下：

（1）启动 SQL Server Management Studio，在“对象资源管理器”窗口中，依次展开数据库、student、可编程性、存储过程节点。

（2）在展开的存储过程节点中右键单击需要查看的存储过程，在弹出的快捷菜单中右键单击“属性”命令，打开“存储过程属性”窗口，如图 11.6 所示。

（3）选择“选择页”中的“常规”选项，可以查看该存储过程的创建日期、属于哪个数据库和数据库用户等信息。

（4）选择“选择页”中的“权限”选项，可以查看该存储过程的名称，并且可以为该存储过程添加用户，授予其权限，如图 11.6 所示。

（5）选择“选择页”中的“扩展属性”选项，可以向数据库对象添加自定义属性。

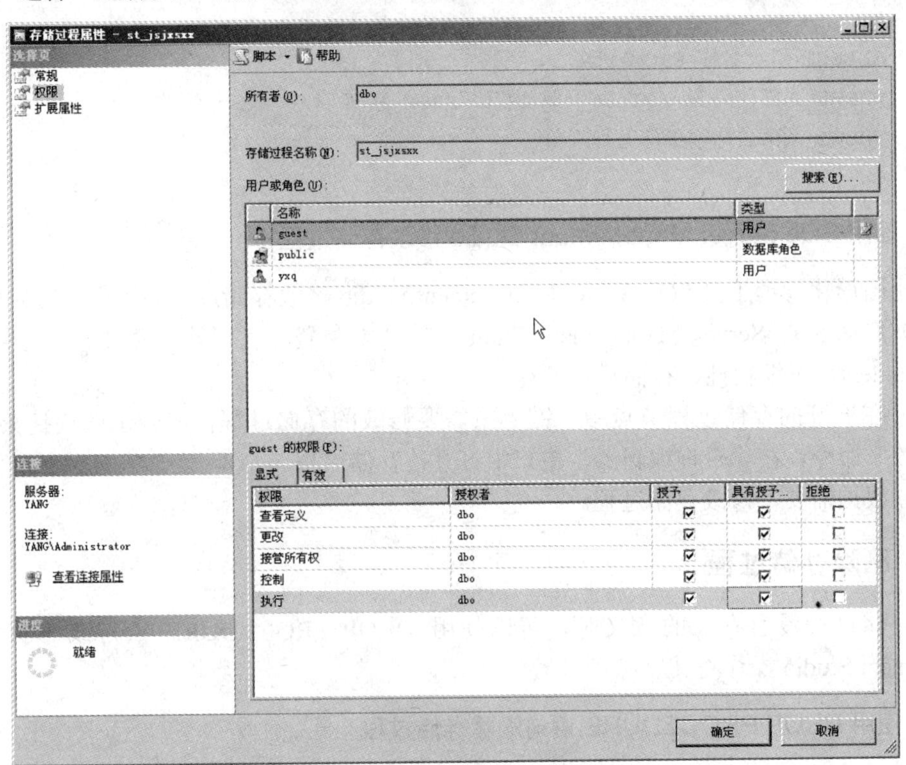

图 11.6　“存储过程属性-权限选项”窗口

11.2.4　修改存储过程

当存储过程所依赖的基本表发生变化或者根据需要，用户可以对存储过程的定义或参数进行修改。更改通过执行 CREATE　PROCEDURE 语句创建的过程，不会更改权限，也不影响相关的存储过程或触发器。

1. 使用 T-SQL 语句修改存储过程

修改存储过程的 T-SQL 语句为 ALTER PROCEDURE，其语法格式为：

```
ALTER PROC [ EDURE ] procedure_name [ ; number ]
    [ { @parameter data_type }[ VARYING ] [ = default ] [ OUTPUT ] ]
[ ,...n ]
[ WITH  { RECOMPILE | ENCRYPTION | RECOMPILE , ENCRYPTION}]
[ FOR REPLICATION ]
AS
    sql_statement [ ...n ]
```

其中各个参数与创建存储过程命令中参数意义相同。

【例 11.6】修改存储过程 st_jsjbj，使该存储过程列出经济管理系的班级名称。代码如下：

```
USE student
GO
ALTER  PROC dbo. st_jsjbj
AS
SELECT 班级名称 FROM 班级
WHERE 系部代码 = (SELECT 系部代码 FROM 系部
WHERE 系部名称='经济管理系')
GO
```

2．使用 SQL Server Management Studio 修改存储过程

使用图形化管理工具 SQL Server Management Studio 修改存储过程的操作步骤如下：

（1）启动 SQL Server Management Studio，在“对象资源管理器”窗口中，依次展开数据库、student、可编程性、存储过程节点。

（2）在展开的存储过程节点中右键单击需要修改的存储过程，在弹出的快捷菜单中选择“修改”命令，在“查询编辑器”窗口中打开该存储过程。

（3）根据需要，修改存储过程。

11.2.5 删除存储过程

当存储过程没有存在的意义时，可以使用 DROP PROCEDURE 语句或 SQL Server Management Studio 操作将其删除。

1．使用 DROP PROCEDURE 语句删除存储过程

DROP PROCEDURE 语句可以一次从当前数据库中将一个或多个存储过程或过程组删除，其语法格式如下：

DROP PROCEDURE 存储过程名称[,…n]

【例 11.7】删除存储过程 st_jsjbj。代码如下：

```
USE student
GO
DROP PROCEDURE  st_jsjbj
GO
```

2．使用 SQL Server Management Studio 删除存储过程

在 SQL Server Management Studio 中删除存储过程的操作步骤为：

（1）启动 SQL Server Management Studio，在“对象资源管理器”窗口中，依次展开数据库、student、可编程性、存储过程节点。

（2）在展开的存储过程节点中右键单击需要删除的存储过程，在弹出的快捷菜单中选择“删除”命令。

（3）在系统弹出的“删除对象”对话框中，单击“确定”按钮，删除该存储过程。

11.3 创建和执行含参数的存储过程

带参数的存储过程，可以扩展存储过程的功能。使用输入参数，可以将外部信息传入到存储过程。使用输出参数，可以将存储过程内的信息传到外部。

11.3.1 带简单参数的存储过程

创建带参数的存储过程时，参数可以是一个，也可以是多个。多个参数时，参数之间用逗号分隔。所有数据类型均可以作为存储过程的参数，一般情况下，参数的数据类型要与它相关的字段的数据类型一致。

1. 使用输入参数

【例 11.8】 在 student 数据库中，创建一个查询存储过程 st_bjmc，要求该存储过程带一个输入参数，用于接收系部名称。执行该存储过程时，将根据输入的系部名称列出该系部的班级名称。代码如下：

```
CREATE  PROC st_bjmc @xbmc varchar(30)
AS
SELECT 班级名称 FROM 班级
WHERE 系部代码=(SELECT 系部代码 FROM 系部
                WHERE 系部名称=@xbmc)
```

本例中，所用到的系部表中“系部名称”的数据类型为“varchar(30)”，所以定义输入参数“@xbmc”的数据类型也为“varchar(30)”。

执行带参数的存储过程，可以采用以下两种方式：

- 按位置传递：在调用存储过程时，直接给出参数值。如果多于一个参数，给出的参数值要与定义的参数的顺序一致。

如：执行存储过程 st_bjmc，查看“商务技术系”的班级名称，代码如下：

EXEC st_bjmc '商务技术系'

- 使用参数名称传递：在调用存储过程时，按“参数名=参数值”的形式给出参数值。采用此方式，参数如果多于一个时，给出的参数顺序可以与定义的参数顺序不一致。

如：执行存储过程 st_bjmc，查看“经济管理系”的班级名称，代码如下：

EXEC st_bjmc @xbmc='经济管理系'

在执行存储过程 st_bjmc 时，如果不给出参数值，系统将提示错误。如果希望在不给出参数时，则显示计算机系的班级名称，这可以设置参数默认值来实现。下面可以对存储过程 st_bjmc 进行修改，实现默认显示计算机系班级的功能。代码如下：

```
ALTER PROC st_bjmc @xbmc varchar(30)=  '计算机系'
AS
SELECT 班级名称 FROM 班级
WHERE 系部代码=(SELECT 系部代码 FROM 系部
                WHERE 系部名称=@xbmc)
```

现在，执行 st_bjmc，如果不带参数值，则显示计算机系的班级名称；如果为其指定参数，则显示指定系部的班级名称。

2. 使用输出参数

【例 11.9】在 student 数据库中，创建一个查询存储过程 st_kcpjf，要求该存储过程带一个输出参数，用于返回平均分数，一般情况下，输出参数的数据类型要与它接收的确定值的类型一致。执行该存储过程时，将把“SQL Server 2008”课程的平均分数传递出来。代码如下：

```
USE student
GO
CREATE  PROC  dbo.st_kcpjf  @pjf  tinyint  OUTPUT
AS
  SELECT @pjf=AVG(成绩)  FROM 课程注册
  WHERE 课程号= (SELECT 课程号 FROM 课程
WHERE  课程名称= 'SQL Server 2008 ')
GO
```

执行带有输出参数的存储过程时，需要声明变量接收存储过程的返回值。在使用该变量时，还必须为这个变量加上 OUTPUT 声明，一般情况下，声明的变量的数据类型要与存储过程的输出参数的数据类型一致。执行 st_kcpjf 的代码如下：

```
USE student
GO
DECLARE  @pj  tinyint
EXECUTE  st_kcpjf  @pj  OUTPUT
PRINT 'SQL server 2008课程学生的平均分数为'+STR(@pj)
GO
```

执行上述代码，其结果如图 11.7 所示。

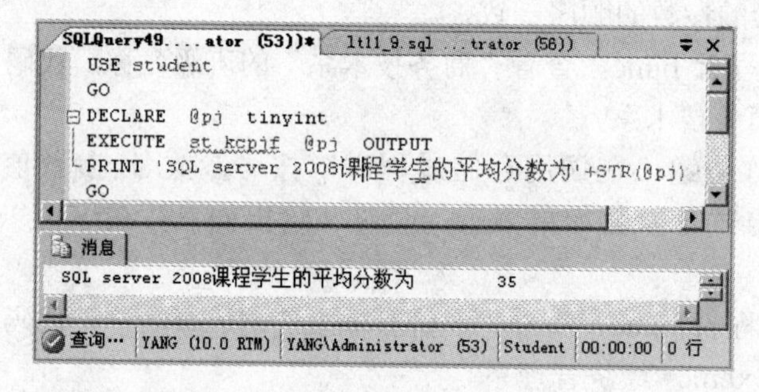

图 11.7　执行含有输出参数的存储过程

3. 使用多个参数

【例 11.10】在 student 数据库中，创建一个判断存储过程 st_sfyz，要求该存储过程带两个输入参数和一个输出参数，用于判断输入的身份是否正确，并给出相关信息提示。代码如下：

```
/*创建存储过程*/
CREATE PROC dbo.sfyz @user varchar(12),@password varchar(12),@zt
tinyint output
AS
```

```
    DECLARE @yhm varchar(12),@mim varchar(12)
    DECLARE yongh CURSOR FOR  SELECT 用户名,密码 FROM 管理员
    OPEN yongh
    SET @zt=2
FETCH next FROM yongh
    INTO @yhm,@mim
    IF(@user=@yhm and @password=@mim)
      SET @zt=1
    ELSE
    WHILE @@fetch_status=0 and @zt=2
       BEGIN
          FETCH  next FROM yongh
          INTO @yhm,@mim
         IF(@user=@yhm and @password=@mim)
           BEGIN
            SET @zt=1
           END
       END
   CLOSE yongh
   DEALLOCATE yongh
GO
/*执行存储过程*/
DECLARE @aa tinyint
EXEC sfyz 'lyj','lyj2008',@aa output
IF @aa=1
PRINT '身份验证成功'
ELSE
PRINT '输入的身份不正确'
GO
```

说明：执行该存储过程前，先查看管理员表的数据情况，用户也可以添加新用户。

4. cursor 数据类型用于 OUTPUT 参数

如果为存储过程的 OUTPUT 参数指定了 cursor 数据类型，也必须指定 VARYING。

【例 11.11】为课程表创建一个存储过程，该存储过程的 OUTPUT 参数为 Cursor 类型。下面是创建代码：

```
USE Student;
GO
IF OBJECT_ID ( 'dbo.outputCursor', 'P' ) IS NOT NULL
    DROP PROCEDURE dbo.outputCurrencyCursor;
GO
CREATE PROCEDURE dbo.outputCurrencyCursor
    @CurrencyCursor CURSOR VARYING OUTPUT
```

```
AS
    SET @CurrencyCursor = CURSOR
    FORWARD_ONLY STATIC FOR
      SELECT 课程号,课程名称,备注
      FROM 课程;
    OPEN @CurrencyCursor;
GO
```

下面是使用存储过程的代码：

```
USE Student;
GO
DECLARE @MyCursor CURSOR;
EXEC dbo.outputCurrencyCursor @CurrencyCursor = @MyCursor OUTPUT;
WHILE (@@FETCH_STATUS = 0)
BEGIN;
    FETCH NEXT FROM @MyCursor;
END;
CLOSE @MyCursor;
DEALLOCATE @MyCursor;
GO
```

注意：对于可滚动游标，在存储过程执行结束时，结果集中的所有行均会返回给调用批处理、存储过程或触发器。返回时，游标保留在过程中最后一次执行提取时的位置。对于任意类型的游标，如果游标关闭，则将空值传递回调用批处理、存储过程或触发器。如果将游标指派给一个参数，但该游标从未打开过，也会出现这种情况。

11.3.2 带表值参数的存储过程

表值参数 TVP 是 SQL Server 2008 中新的用户定义表类型，它描述了一组数据行的架构，可以将这些数据行传送给存储过程或用户定义的函数（UDF）。TVP 的真正好处在于它能将整个表（一组数据行）作为单一的参数在存储过程与用户函数之间传递，表变量和临时表则不能进行传递。TVP 比变量和 CTE 更适合处理大量的数据行。用户要使用 TVP 变量首先要定义“表类型架构”，然后声明 TVP 变量，才能够在存储过程和用户自定义函数中使用。

1. 定义“表类型架构”

下面是简单带描述的定义表类型架构的语法格式：

```
CREATE  TYPE  用户表类型名  AS  TABLE
    (  列名1  数据类型,
       列名2  数据类型,
       …
       列名n  数据类型
    )
```

详细的语法格式请参见 T-SQL 的 CREATE TABLE 语法格式。

【例 11.12】为创建带表值参数的存储过程做准备，定义“本地课程”表类型架构，定义代码如下：

```
use Student

go
create type 本地课程  as table(
    课程号 char(4) not null,
    课程名称 varchar(20) not null,
    备注 varchar (50) null)
go
```

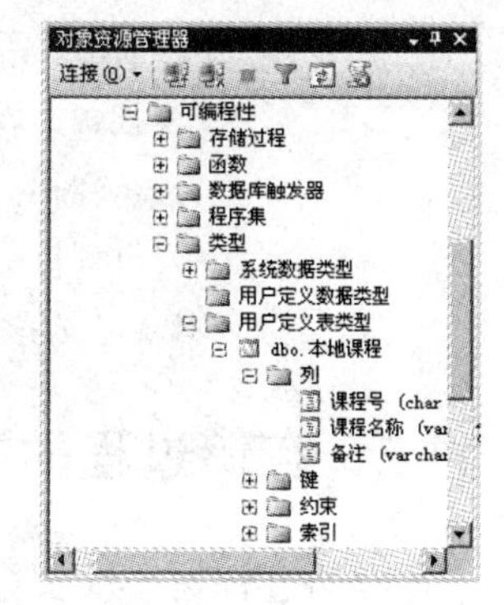

图 11.8 定义表类型

执行代码后，可以在 Student 数据库的“可编程性”对象的“类型”下的“用户定义表类型”对象中见到“本地课程”表类型。如图 11.8 所示。

2．使用 TVP 变量创建存储过程

创建了用户定义的表数据类型“本地课程”后，用户就可以声明一个“本地课程”表类型的 TVP 标量，也可以创建使用“本地课程”类型 TVP 变量的存储过程和用户自定义函数。为了演示 TVP 的用法，首先创建一个“课程备份”表，代码如下：

```
USE [Student]
GO
CREATE TABLE [dbo].[课程备份](
[课程号] [char](4) NOT NULL,
[课程名称] [varchar](20) NOT NULL,
[备注] [varchar](50) NULL,
[开课日期] [date] NULL
) ON [PRIMARY]
GO
```

【例 11.13】创建一个带 TVP 参数的存储过程，实现对“课程备份”表成批插入数据的的功能。

创建存储过程的代码如下：

```
USE Student
GO
CREATE  PROC tvpProcKcPiliang
   (@tvp  本地课程 READONLY)
AS
   INSERT  INTO 课程备份 (课程号,课程名称,备注,开课日期)
     SELECT  * ,GETDATE() FROM  @tvp
;
```

使用该存储过程的代码：

```
DECLARE  @localtionTVP  as 本地课程
INSERT INTO  @localtionTVP
   SELECT  * FROM  课程
EXEC  tvpProcKcPiliang  @localtionTVP
GO
```

```
SELECT TOP 1000 [课程号]
      ,[课程名称]
      ,[备注]
      ,[开课日期]
  FROM [Student].[dbo].[课程备份]
```

11.4 存储过程的重新编译

存储过程第一次执行后，其被编译的代码将驻留在高速缓存中，当用户再次执行该存储过程时，SQL Server 将其从缓存中调出执行。有时，在使用了存储过程后，可能会因为某些原因，必须向表中新增加数据列或者为表新添加索引，从而改变了数据库的逻辑结构，而 SQL Server 不自动执行优化，直到下一次重新启动后，再运行该存储过程。这时，需要对它进行重新编译，使存储过程能够得到优化。SQL Server 提供三种重新编译存储过程的方法，下面分别介绍。

1. 在建立存储过程时设定重新编译

创建存储过程时，在其定义中指定 WITH RECOMPILE 选项，使 SQL Server 在每次执行存储过程时都要重新编译。其语法格式如下：

```
CREATE  PROCEDURE  procedure_name
WITH  RECOMPILE
AS   sql_statement
```

当存储过程的参数值在每次执行时都有较大差异，导致每次均需创建不同的执行计划时，可使用 WITH RECOMPILE 选项。

2. 在执行存储过程时设定重编译

在执行存储过程时指定 WITH RECOMPILE 选项，可强制对存储过程进行重新编译。其语法格式如下：

```
EXECUTE  procedure_name  WITH  RECOMPILE
```

3. 通过使用系统存储过程设定重新编译

系统存储过程 sp_recompile 强制在下次运行存储过程时进行重新编译。其语法格式如下：

```
EXEC  sp_recompile  OBJECT
```

其中 OBJECT 是当前数据库中的存储过程、触发器、表或视图的名称。如果 OBJECT 是存储过程或触发器的名称，那么该存储过程或触发器将在下次运行时重新编译。如果 OBJECT 是表或视图的名称，那么所有引用该表或视图的存储过程都将在下次运行时重新编译。

【例 11.14】利用 sp_recompile 命令为存储过程 st_bjmc 设定重新编译标记。代码如下：

```
USE student
GO
EXEC  sp_recompile  st_bjmc
GO
```

运行后提示：“已成功地标记对象'st_bjmc'，以便对它重新进行编译。”

11.5 系统存储过程与扩展存储过程

在 SQL Server 中还有两类重要的存储过程：系统存储过程和扩展存储过程。这些存储过程为用户管理数据库、获取系统信息、查看系统对象提供了很大的帮助。下面分别对这两类存储过程做简单的介绍。

11.5.1 系统存储过程

在 SQL Server 2008 中存在上百个系统存储过程，这些系统存储过程可以帮助用户很容易地管理 SQL Server 的数据库。下面列举几个系统存储过程的例子，更多的存储过程的介绍及使用请参见联机帮助。

【例 11.15】使用系统存储过程 sp_helpdbfixedrole 返回固定数据库角色的列表。代码如下：

```
USE master
GO
EXEC sp_helpdbfixedrole
GO
```

【例 11.16】使用 sp_monitor 显示 CPU、I/O 的使用信息。代码如下：

```
USE  master
GO
EXEC sp_monitor
GO
```

返回如图 11.9 所示结果集，该结果报告了当时有关 SQL Server 繁忙程度的信息。

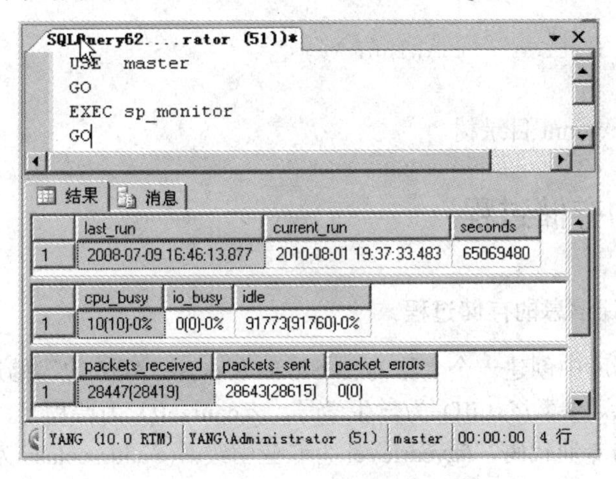

图 11.9 执行 sp_monitor 的运行结果

【例 11.17】使用系统存储过程 sp_tables 返回可在当前环境中查询的对象列表。代码如下：

```
USE master
GO
EXEC sp_tables
GO
```

11.5.2 扩展存储过程

扩展存储过程是允许用户使用一种编程语言（例如 C 语言）创建的应用程序，程序中使用 SQL Server 开放数据服务的 API 函数，它们直接可以在 SQL Server 地址空间中运行。用户可以像使用普通的存储过程一样使用它，同样也可以将参数传给它并返回结果和状态值。

扩展存储过程编写好后，可以由系统管理员在 SQL Server 中注册登记，然后将其执行权限授予其他用户。扩展存储过程只能存储在 master 数据库中。下面通过几个例子，介绍扩展存储过程的创建和应用实例。更多的扩展存储过程的使用，请参见联机帮助。

【例 11.18】使用 sp_addextendedproc 存储过程将一个编写好的扩展存储过程 xp_userprint.dll 注册到 SQL Server 中。代码如下：

```
USE  master
GO
EXEC  sp_addextendedproc  xp_userprint ,'xp_userprint.dll'
GO
```

其中：

sp_addextendedproc 为系统存储过程。

xp_userprint 为扩展存储过程在 SQL Server 中的注册名。

'xp_userprint.dll'为用某种语言编写的扩展存储过程动态链接库。

【例 11.19】使用扩展存储过程 xp_dirtree 返回本地操作系统的系统目录 c:\winnt 的目录树。代码如下：

```
USE master
GO
EXEC   xp_dirtree   "c:\winnt"
GO
```

执行结果返回 c:\winnt 目录树。

11.6 案例中的存储过程

1. 添加学生选课信息的存储过程

在 Student 数据库中创建一个名称为 p_StudentCourse_Add 的存储过程，该存储过程添加某学生的选课信息。参数@stuID 为学生学号，@courseID 为课程号，@teacherID 为教师编号，@subjectID 为专业代码，@yearlevel 为专业学级，@courseclass 为课程类型。

```
USE [Student]
GO
CREATE PROC [dbo].[p_StudentCourse_Add]
        @stuID char(12),@courseID char(4),@teacherID char(12),
    @subjectID char(4),@yearlevel char(4),@courseclass char(4)
AS
DECLARE  @term tinyint , @schoolyear char(4)
IF MONTH(GETDATE())>= 9
```

```
    begin
    set @term=1;
    set @schoolyear =str(year(getdate()),4,0);
    end
ELSE
    begin
    set @term=2;
    set @schoolyear =str(year(getdate()),4,0);
    end
INSERT INTO [Student].[dbo].[课程注册]
        ([学号] ,[课程号] ,[教师编号] ,[专业代码] ,[专业学级] ,
        [选课类型] ,[学期] ,[学年])
    VALUES
        (@stuID, @courseID, @teacherID ,@subjectID
        ,@yearlevel ,@courseclass ,@term
        ,@schoolyear)
GO
```

2. 删除学生选修课程的存储过程

在 Student 数据库中创建一个名称为 p_StudentCourse_Del 的存储过程，该存储过程删除某学生的指定学期选课信息。参数@stuID 为学生学号，@schoolyear 为课程的学年信息。

```
USE [Student]
GO
IF  EXISTS (SELECT * FROM sys.objects WHERE object_id =
     OBJECT_ID(N'[dbo].[p_StudentCourse_Del]') AND type in (N'P',
N'PC'))
DROP PROCEDURE [dbo].[p_StudentCourse_Del]
GO
CREATE PROC [dbo].[p_StudentCourse_Del]
       @stuID char(12),@schoolyear char(4)
AS
DELETE  [Student].[dbo].[课程注册]
WHERE
        课程注册.学号 = @stuID
        and 课程注册.课程号 = @schoolyear
GO
```

3. 处理学生登录的存储过程

在 Student 数据库中创建一个名为 p_student_login 的存储过程，该存储过程验证学生的合法性。参数@UserName、@Pwd 分别代表用户名和密码。当用户不存在时输出参数@Result 为 0；用户名和密码都正确时@Result 为 1；密码错误时@Result 为 2。当登录成功后参数@id 返回学生的学号。

```
USE Student
GO
CREATE PROC  p_student_login
@UserName  varchar(30),@Pwd  varchar(30) ,@Result int output,@id int
output
AS
declare @countx int ,@county int --用户名匹配个数，--用户、密码均匹配的个数
select  @countx=COUNT(*) from  学生  where 姓名=@UserName
if(@countx=0)  --无该用户，返回
begin
   set @Result=0
   return
end
select @county=COUNT(*) from 学生 where 姓名=@UserName and 学号=@Pwd
if @county =1  --有该用户，且密码正确
  begin
   set @Result =1
   set @id=@Pwd --返回学生号
  end
else   --有用户，密码不正确
  set @Result =2
```

说明：可参照 p_student_login 编写验证教师登录的存储过程 p_teacher_login。

4. 统计某课程的平均成绩、最高和最低成绩的存储过程

在 student 数据库中，创建一个存储过程 p_score_av_max_min，统计某门课程的平均成绩、最高成绩和最低成绩（本例题统计“sql server 2008”课程的成绩）。

```
USE student
GO
--如果存储过程 p_score_av_max_min 存在，将其删除
IF EXISTS ( SELECT name FROM SYSOBJECTS WHERE
name='p_score_av_max_min' AND type ='P')
 DROP PROCEDURE  p_score_av_max_min
GO
--创建存储过程 st_dkcjfx
--定义一个输入参数 kechengming
--定义三个输出参数 avgchengji，maxchengji 和 minchengji，用于接受平均成绩，最
高成绩和最低成绩
CREATE PROCEDURE  p_score_av_max_min
      @kechengming  varchar(20),@avgchengji  tinyint  OUTPUT,
      @maxchengji    tinyint  OUTPUT, @minchengji  tinyint  OUTPUT
AS
SELECT  @avgchengji =AVG(成绩),@maxchengji=MAX(成绩),@minchengji
```

```
=MIN(成绩)
FROM 课程注册 WHERE 课程号 IN
        (SELECT 课程号 FROM 课程 WHERE 课程名称=@kechengming )
GO
--执行存储过程p_score_av_max_min
USE student
GO
--声明四个变量，用于保存输入和输出参数
DECLARE @kechengming1  varchar(20)
DECLARE @avgchengji1    tinyint
DECLARE @maxchengji1    tinyint
DECLARE @minchengji1    tinyint
--为输入参数赋值
SELECT @kechengming1='SQL Server 2008'
--执行存储过程
EXEC p_score_av_max_min @kechengming1, @avgchengji1  OUTPUT,
   @maxchengji1  OUTPUT, @minchengji1  OUTPUT
--显示结果
SELECT @kechengming1 AS 课程名称,@avgchengji1 AS 平均成绩,
@maxchengji1 AS 最高成绩,@minchengji1 AS 最低成绩
GO
```

5. 管理学生基本信息的存储过程

在 student 数据库中，创建 P_StudentInfo_Add、P_StudentInfo_Del 和 P_StuentInfo_Update 三个存储过程，分别用于为学生表添加记录、删除记录和修改记录。

```
--添加记录存储过程
CREATE PROCEDURE P_StudentInfo_Add
@stuID char (12),
@stuName varchar(8),
@stuSex char(2),
@stuBirthday datetime,
@stuEnterDay datetime,
@stuClassID char(9)
AS
INSERT INTO 学生(学号,姓名,性别,出生日期,入学时间,班级代码)
VALUES(@stuID,@stuName,@stuSex,@stuBirthday,@stuEnterDay,@stuClassID)
GO
--删除记录存储过程
CREATE PROCEDURE P_StudentInfo_Del
@stuID char (12)
AS
DELETE 学生 WHERE 学生.学号=@stuID
```

```
GO
--修改记录存储过程
CREATE PROCEDURE P_StuentInfo_Update
@stuID char (12),
@stuName varchar(8),
@stuSex char(2),
@stuBirthday datetime,
@stuEnterDay datetime,
@stuClassID char(9)
AS
UPDATE 学生 SET 学号=@stuID,姓名=@stuName,性别=@stuSex,出生日期
=@stuBirthday,入学时间=@stuEnterDay,班级代码=@stuClassID WHERE 学号
=@stuID
GO
```

6. 修改学生课程成绩的存储过程

在 Student 数据库中创建修改某学生某门课程成绩的存储过程 p_updateScore，参数@id 为“课程注册”表的注册号，参数@score 为修改后的成绩。

```
USE  Student
GO
IF  EXISTS (SELECT * FROM sys.objects WHERE object_id =
OBJECT_ID(N'[dbo].[p_updateScore]') AND type in (N'P', N'PC'))
DROP PROCEDURE  p_updateScore
GO
CREATE PROC p_updateScore
    @id bigint ,@score int
AS
   UPDATE 课程注册 SET 课程注册.成绩 =@score
   WHERE 课程注册.注册号 =@id
GO
```

7. 修改学生学分的存储过程

在 Student 数据库中创建一个修改“课程注册表”学分的存储过程 p_updateCredit，参数@stuId 为注册号，参数@flag 为 1 时用“教学计划表”中的学分值为“课程注册表”的学分赋值，否则清零。

```
USE Student
GO
IF  EXISTS (SELECT * FROM sys.objects WHERE object_id =
OBJECT_ID(N'[dbo].[p_updateCredit]') AND type in (N'P', N'PC'))
DROP PROCEDURE [dbo].[p_updateCredit]
GO
CREATE PROC p_updateCredit @stuID bigint,@flag int
```

```
AS
 DECLARE  @credit int
 DECLARE  @strCourseid varchar(12)
 DECLARE  @strSubjectid varchar(20)
 DECLARE  @stryearlevel varchar(30)
 if(@flag =1)
     begin
          select @strCourseid =课程号 ,@strSubjectid =专业代码
                  ,@stryearlevel =专业学级
          from 课程注册
          where  注册号=@stuID

          select @credit =学分
          from 教学计划
          where  课程号=@strCourseid and 专业代码= @strSubjectid
                 and  专业学级 =@stryearlevel
     end
 else
     begin
       set @credit=0
     end
 UPDATE  课程注册
 SET  学分 = @credit
 WHERE  注册号=@stuID
GO
```

8. 一个加密存储过程

在 student 数据库中，创建一个名称为 p_student_encryption 的加密存储过程，该过程查询未选修任何课程的学生信息。

```
USE student
GO
--如果存储过程 st_jiami 存在，将其删除
IF EXISTS(SELECT name FROM SYSOBJECTS WHERE name ='st_jiami' AND 
type='P')
   DROP PROCEDURE p_student_encryption
GO
--建立一个加密的存储过程
CREATE PROCEDURE p_student_encryption
--加密选项
WITH ENCRYPTION
AS
SELECT 学号,姓名 FROM 学生
```

```
WHERE 学号 NOT IN (SELECT 学号  FROM 课程注册)
GO
--执行p_student_encryption
EXEC p_student_encryption
GO
```

11.7 触发器综述

触发器是一种特殊类型的存储过程。与存储过程类似，它也是由 T-SQL 语句组成的，可以实现一定的功能。不同的是，触发器的执行不能通过名称调用来完成，而是当用户对数据库发生事件时，如 INSERT、DELETE、UPDATE 数据时，将会自动触发与该事件相关的触发器，使其自动执行。触发器不允许带参数，它的定义与表紧密相连，可以作为表的一部分。

在 SQL Server 2008 中，触发器可分为两大类：DML 触发器和 DDL 触发器。

1．DML 触发器

DML 触发器是对表或视图进行了 INSERT、UPDATE 和 DELETE 操作而激活的触发器，该类触发器有助于在表或视图中修改数据时强制业务规则，扩展数据完整性。

根据引起触发器自动执行的操作，DML 触发器分为三种类型：INSERT、UPDATE 和 DELETE 触发器。

根据触发器被激活的时机，DML 触发器分为两种类型：AFTER 触发器和 INSTEAD OF 触发器。

AFTER 触发器又称为后触发器，当引起触发器执行的操作成功完成之后激发该类触发器。如果因操作错误（如违反约束或语法错误）而执行失败，触发器将不会执行。此类触发器只能定义在表上，不能创建在视图上。可以为每个触发操作（INSERT、UPDATE 或 DELETE）创建多个 AFTER 触发器。如果表上有多个 AFTER 触发器，可使用 sp_settriggerorder 定义哪个 AFTER 触发器最先激发，哪个最后激发。除第一个和最后一个触发器外，所有其他的 AFTER 触发器的激发顺序不确定，并且无法控制。

INSTEAD OF 触发器又称为替代触发器，该类触发器代替触发操作执行，即触发器在数据发生变动之前被触发，取代变动数据的操作（INSERT、UPDATE 或 DELETE 操作），执行触发器定义的操作。该类触发器既可在表上定义，也可在视图上定义。对于每个触发操作（INSERT、UPDATE 和 DELETE）只能定义一个 INSTEAD OF 触发器。

DML 触发器包含复杂的处理逻辑，能够实现复杂的数据完整性约束。同其他约束相比，它主要有以下优点：

- 触发器自动执行。系统内部机制可以侦测用户在数据库中的操作，并自动激活相应的触发器执行，实现相应的功能。
- 触发器能够对数据库中的相关表实现级联操作。触发器是基于一个表创建的，但是可以针对多个表进行操作，实现数据库中相关表的级联操作。
- 触发器可以实现比 CHECK 约束更为复杂的数据完整性约束。在数据库中为了实现数据完整性约束，可以使用 CHECK 约束或触发器。CHECK 约束不允许引用其他表中的列来完成检查工作，而触发器可以引用其他表中的列。例如，在 student 数据库中，向学生表中插入记录时，当输入系部代码时，必须先检查系部表中是否存在该代码的系部。这可以通过触发器实现，而不能通过 CHECK 约束完成。

- 触发器可以评估数据修改前后表的状态，并根据其差异采取对策。
- 一个表中可以同时存在三种不同操作的触发器（INSERT、UPDATE 或 DELETE），对于同一个修改语句可以有多个不同的对策以响应。

2. DDL 触发器

像 DML 触发器一样，DDL 触发器将激发存储过程以响应事件。但与 DML 触发器不同的是，它们不会为响应针对表或视图的 UPDATE、INSERT 或 DELETE 语句而激发，相反，它们会为响应多种数据定义语言（DDL）语句而激发。这些语句主要是以 CREATE、ALTER 和 DROP 开头的语句。DDL 触发器可用于管理任务，例如审核和控制数据库操作。如果要执行以下操作，可以使用 DDL 触发器：

- 要记录数据库架构中的更改或事件。
- 防止用户对数据库的架构进行某些修改。
- 希望数据库中对数据库架构的更改做出某种响应。

由于 DDL 触发器和 DML 触发器可以使用相似的 SQL 语法创建、修改和删除方法，它们还具有其他相似的行为，所以本书只介绍 DML 触发器的创建与使用，下面所涉及的触发器均是 DML 触发器。

11.8 触发器的创建执行

11.8.1 Inserted 表和 Deleted 表

在创建触发器前，需要了解两个与触发器密切相关的专用临时表：Inserted 表和 Deleted 表。系统为每个触发器创建专用临时表，其表结构与触发器作用的表结构相同。专用临时表被存放在内存中，由系统进行维护，用户可以对其查询，不能对其修改。触发器执行完成后，与该触发器相关的临时表被删除。

当向表中插入数据时，如果该表存在 INSERT 触发器，触发器将被触发而自动执行。此时，系统将自动创建一个与触发器表具有相同表结构的 Inserted 临时表，新的记录被添加到触发器表和 Inserted 表中。Inserted 表中保存了所插入记录的副本，方便用户查找当前的插入数据。

当从表中删除数据时，如果该表存在 DELETE 触发器，触发器将被触发而自动执行。此时，系统将自动创建一个与触发器表具有相同表结构的 Deleted 临时表，用来保存触发器表中被删除的记录，方便用户查找当前的删除的数据。

当修改表中的数据时，就相当于删除一条旧的记录，添加一条新的记录，其中被删除的记录放在 Deleted 表中，同时添加的新记录放在 Inserted 表中。

11.8.2 创建触发器

创建触发器可以使用 T-SQL 语句，也可以使用 SQL Server Management Studio。在创建触发器前，必须注意以下几点：

- CREATE TRIGGER 必须是批处理中的第一条语句，批处理中随后的其他所有语句解释为 CREATE TRIGGER 语句定义的一部分。

- 触发器只能在当前的数据库中创建，但是可以引用当前数据库的外部对象。
- 表的所有者具有创建触发器的默认权限，其不能将该权限转给其他用户。
- 不能在临时表或系统表上创建触发器，但是触发器可以引用临时表而不能引用系统表。
- 如果指定了触发器架构名称来限定触发器，则将以相同的方式限定表名称。
- 如果一个表的外键包含对定义的 DELETE/UPDATE 操作的级联，则不能为表上定义 INSTEAD OF DELETE/UPDATE 触发器。
- 虽然 TRUNCATE TABLE 语句类似于不带 WHERE 子句的 DELETE 语句（用于删除所有行），但它并不会触发 DELETE 触发器，因为 TRUNCATE TABLE 语句没有记录。
- WRITETEXT 语句不会触发 INSERT 或 UPDATE 触发器。

在创建触发器时，必须指明在哪一个表上定义触发器以及触发器的名称、激发时机、激活触发器的修改语句（INSERT、UPDATE 或 DELETE）。

1．使用 T-SQL 语句创建触发器

使用 T-SQL 语句创建触发器的语法格式为：

```
CREATE TRIGGER trigger_name
ON { table | view }
[ WITH ENCRYPTION ]
{
   { { FOR | AFTER | INSTEAD OF } { [ INSERT ] [ , ]
[DELETE][,][ UPDATE ] }
      [ NOT FOR REPLICATION ]
      AS
      [ { IF UPDATE ( column )
          [ { AND | OR } UPDATE ( column ) ]
              [ ...n ]
      | IF ( COLUMNS_UPDATED ( ) { bitwise_operator }
updated_bitmask )
              { comparison_operator } column_bitmask [ ...n ]
      } ]
      sql_statement [ ...n ]
   }
}
```

其中：

- trigger_name 是触发器名称，其必须符合命名标识规则，并且在当前数据库中唯一。
- table | view 是被定义触发器的表或视图。
- WITH ENCRYPTION 对 CREATE TRIGGER 语句文本进行加密。
- AFTER 是默认的触发器类型，后触发器。此类型触发器不能在视图上定义。
- INSTEAD OF 表示建立替代类型的触发器。
- NOT FOR REPLICATION 表示当复制进程更改触发器所涉及的表时，不应执行该触

发器。

- IF UPDATE 指定对表中字段进行增加或修改内容时起作用，不能用于删除操作。
- sql_statement 是定义触发器被触发后，将执行的 T-SQL 语句。

【例 11.20】在 student 数据库中，为“班级”表建立一个名为 del_banji 的 DELETE 触发器，其作用是当删除“班级”表中的记录时，检查“学生”表中是否存在该班级的学生，如果存在则提示不允许删除该班级的信息。代码如下：

```
USE student
GO
IF EXISTS (SELECT name  FROM  sysobjects
             WHERE  name = 'del_banji' AND type = 'TR')
   DROP  TRIGGER  del_banji
GO
CREATE TRIGGER del_banji ON 班级
FOR DELETE
AS
DECLARE  @banjidaima char(9)
SELECT  @banjidaima=班级代码  FROM Deleted
IF EXISTS (SELECT * FROM  学生 WHERE 班级代码=@banjidaima)
BEGIN
PRINT  '班级正在使用，不能被删除！'
ROLLBACK TRANSACTION
END
GO
```

【例 11.21】删除班级表中的班级代码为“060101001”的“06 级软件工程 001 班”，观察触发器 del_banji 的作用。代码如下：

```
USE student
GO
DELETE 班级 WHERE 班级代码='060101001'
GO
```

运行以上代码，结果如图 11.10 所示。

注意：如果触发器表上存在约束，则在 INSTEAD OF 触发器执行后，在 AFTER 触发器执行前检查这些约束。如果违反了约束，则回滚 INSTEAD OF 触发器操作并且不执行 AFTER 触发器。如果学生表“班级代码”有对班级表外键约束，则首先起作用的是外键约束。删除和创建学生表“班级代码”外键约束的代码如下：

```
USE [Student]
GO
ALTER TABLE [dbo].[学生]  WITH CHECK ADD
        CONSTRAINT [fk_xsbjdm] FOREIGN KEY([班级代码])
REFERENCES [dbo].[班级] ([班级代码])
GO
ALTER TABLE [dbo].[学生] CHECK CONSTRAINT [fk_xsbjdm]
GO
```

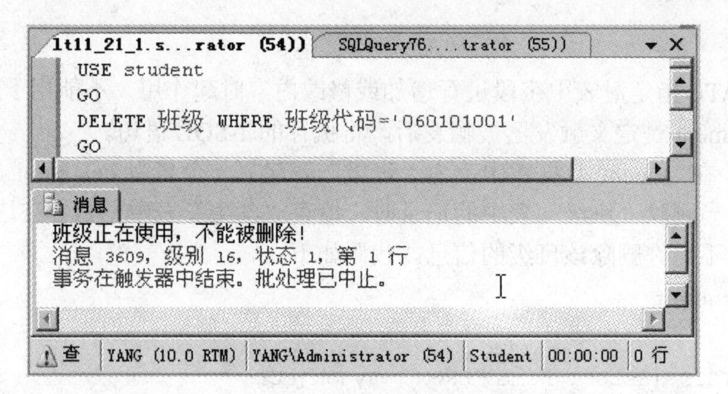

图 11.10　测试触发器

2．使用 SQL Server Management Studio 创建触发器

在 SQL Server Management Studio 中创建触发器的操作步骤为：

（1）启动 SQL Server Management Studio，在“对象资源管理器”窗口中，依次展开数据库、student、表节点。

（2）在表节点中，展开需要建立触发器的表（如班级），右键单击触发器，在弹出的快捷菜单中选择“新建触发器”命令。

（3）单击“新建触发器”命令，打开“创建触发器模板”，在模板中输入触发器创建文本。

（4）单击工具栏上的“执行”按钮，完成触发器的创建。

11.8.3　查看触发器信息

触发器创建好后，其名称保存在系统表 sysobjects 中，其源代码保存在 syscomments 中。如果需要查看触发器信息，既可以使用系统存储过程，也可以使用 SQL Server Management Studio。

1．使用系统存储过程查看触发器信息

触发器是特殊的存储过程，查看存储过程的系统存储过程都可以适用于触发器。可以使用 sp_help 查看触发器的一般信息，如名称、所有者、类型和创建时间，使用 sp_helptext 查看未加密的触发器的定义信息，使用 sp_depends 查看触发器的依赖关系。除此以外，SQL Server 提供了一个专门用于查看表的触发器信息的系统存储过程——sp_helptrigger，其语法格式如下：

```
sp_helptrigger 表名，[ INSERT ] [ , ] [DELETE][,][ UPDATE ]
```

【例 11.22】使用系统存储过程 sp_helptrigger 查看班级表上存在的触发器的信息。代码如下：

```
USE STUDENT
GO
EXEC sp_helptrigger 班级
GO
```

在查询编辑器中运行上面的程序，将在其结果窗口中返回班级表上所定义的触发器的信息，从中可以了解当前表中触发器的名称、所有者以及触发条件，如图 11.11 所示。

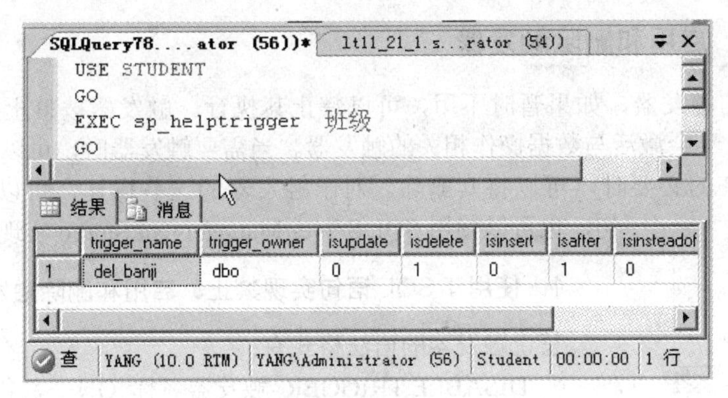

图 11.11 班级表上定义的触发器信息

2．使用 SQL Server Management Studio 查看触发器信息

在 SQL Server Management Studio 中查看触发器的相关信息的操作步骤为：

（1）启动 SQL Server Management Studio，在“对象资源管理器”窗口中，依次展开数据库、student、表（如班级）、触发器节点。

（2）在触发节点中，右键单击需要查看的触发器（如 del_banji），在弹出的快捷菜单中选择“查看依赖关系”命令。

（3）打开“对象依赖关系”对话框，查看完毕后，单击“确定”按钮。

11.9 修改和删除触发器

11.9.1 修改触发器

对于建立好的触发器，可以根据需要对其名称以及文本进行修改。通常，使用系统存储过程对其进行更名，用 SQL Server Management Studio 或 T-SQL 命令修改其文本。

1．使用系统存储过程修改触发器名称

对触发器进行重命名，可以使用系统存储过程 sp_rename 来完成，其语法格式如下：

```
[EXECUTE] sp_rename 触发器原名,触发器新名
```

2．使用 T-SQL 语句修改触发器定义

修改触发器的定义，可以使用 ALTER TRIGGER 语句。ALTER TRIGGER 语句与 CREATE TRIGGER 语句的语法相似，只是语句的第一个关键字不同。

3．使用 SQL Server Management Studio 修改触发器文本

在 SQL Server Management Studio 中修改触发器的操作步骤为：

（1）启动 SQL Server Management Studio，在“对象资源管理器”窗口中，依次展开数据库、student、表（如班级）、触发器节点。

（2）在触发节点中，右键单击需要修改的触发器（如 del_banji），在弹出的快捷菜单中选择“修改”命令。

（3）根据需要，修改触发器。

11.9.2 禁止、启用和删除触发器

对于创建的触发器，如果暂时不用，可以禁止其执行。触发器被禁止执行后，对表进行数据操作时，不会激活与数据操作相关的触发器。当需要触发器时，可以再启用它。如果触发器没有存在的必要时，可以将其删除。对于触发器的这些操作，可以使用 T-SQL 语句，也可以使用 SQL Server Management Studio 实现。

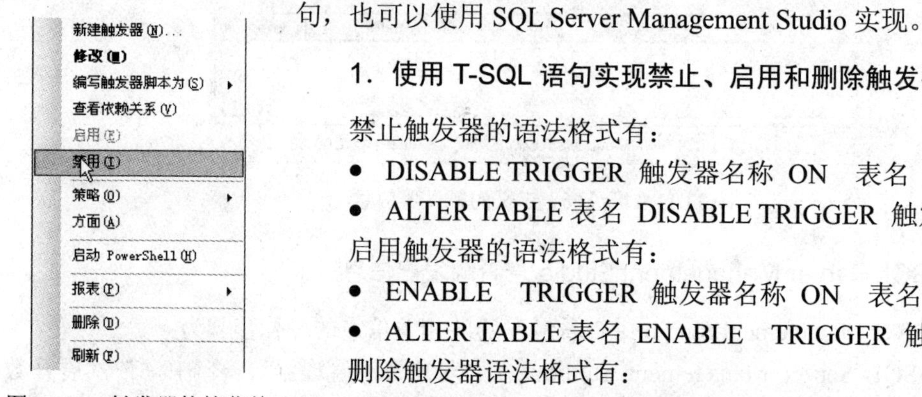

图 11.12 触发器快捷菜单

1．使用 T-SQL 语句实现禁止、启用和删除触发器

禁止触发器的语法格式有：

- DISABLE TRIGGER 触发器名称 ON 表名
- ALTER TABLE 表名 DISABLE TRIGGER 触发器名称

启用触发器的语法格式有：

- ENABLE TRIGGER 触发器名称 ON 表名
- ALTER TABLE 表名 ENABLE TRIGGER 触发器名称

删除触发器语法格式有：

- DROP TRIGGER { 触发器名称 } [,...n]

2．使用 SQL Server Management Studio 实现禁止、启用和删除触发器

（1）启动 SQL Server Management Studio，在“对象资源管理器”窗口中，依次展开数据库、student、表（如班级）、触发器节点。

（2）在触发节点中，右键单击需要修改的触发器（如 del_banji），弹出如图 11.12 所示的快捷菜单，选择相应的命令即可。

11.10 嵌套触发器

在触发器中可以包含影响另外一个表的 INSERT、UPDATE 或者 DELETE 语句，这就是嵌套触发器，具体来说就是，如果表 A 上的触发器在执行时引发了表 B 上的触发器，而表 B 上的触发器又激活了表 C 上的触发器，表 C 上的触发器又激活了表 D 上的触发器……所有触发器依次触发。这些触发器不会形成无限循环，SQL Server 规定触发器最多可嵌套至 32 层。如果允许使用嵌套触发器，且链中的一个触发器开始一个无限循环，如果超出嵌套级，触发器将被终止执行。正确地使用嵌套触发器，可以执行一些有用的日常工作，但是嵌套触发器比较复杂，使用时要注意技巧，比如，由于触发器在事务中执行，如果在一系列嵌套触发器的任意层中发生错误，则整个事务都将取消，且所有的数据修改都将回滚。一般情况下，在触发器中包含 PRINT 语句，用以确定错误发生的位置。

在默认情况下，系统允许嵌套，但是可以使用 sp_configure 系统存储过程修改是否允许嵌套。其语法格式如下：

```
EXEC  sp_configure 'nested trigger',0|1
```

其中，如果设置为 0，则允许嵌套，设置为 1，禁止嵌套。

11.11 案例中的触发器

本案例中的触发器主要实现学生选课系统的一些业务规则，例如成绩大于等于 60 分的课程自动赋学分。下面是按触发器类型给出的示范。

1. 创建一个 INSERT 触发器

在 student 数据库中建立一个名为 insert_xibu 的 INSERT 触发器，存储在“专业”表中。当用户向“专业”表中插入记录时，如果插入了在“系部”表中没有的系部代码，则提示用户不能插入记录，否则提示记录插入成功。

```
USE  student
GO
IF EXISTS (SELECT name  FROM   sysobjects
      WHERE  name = ' insert_xibu ' AND type = 'TR')
  DROP  TRIGGER  insert_xibu
GO
CREATE  TRIGGER  insert_xibu ON [dbo].[专业]
FOR  INSERT
AS
DECLARE  @XIBU CHAR(2)
  SELECT  @XIBU=系部.系部代码
  FROM  系部, inserted
  WHERE  系部.系部代码 =inserted.系部代码
IF  @XIBU<>''
  PRINT('记录插入成功')
ELSE
BEGIN
  PRINT ('系部代码不存在系部表中，不能插入记录，插入将终止！')
  ROLLBACK  TRANSACTION
END
GO
```

2. 创建一个 DELETE 触发器

在 student 数据库中建立一个名为 delete_zhye 的 DELETE 触发器，存储在“专业”表中。当用户删除“专业”表中的记录时，如果“班级”表引用了此记录的专业代码，则提示用户不能删除记录，否则提示记录已删除。

```
USE  student
GO
IF EXISTS (SELECT name  FROM   sysobjects
           WHERE  name = 'delete_zhye'  AND type = 'TR')
        DROP  TRIGGER  delete_zhye
GO
CREATE  TRIGGER  delete_zhye
ON  专业
FOR  DELETE
AS
  IF(SELECT COUNT(*)  FROM 班级 INNER JOIN DELETED
  ON  班级.专业代码=DELETED.专业代码)>0
BEGIN
  PRINT ('该专业被班级表所引用，你不可以删除此条记录，删除将终止')
  ROLLBACK  TRANSACTION
```

```
END
ELSE
  PRINT '记录已删除'
GO
```

3．创建一个 UPDATE,INSERT 触发器

为 Student 数据库中的“课程注册”表建立一个名为 update_credit 的 UPDATE，INSERT 触发器，当更新该表的成绩或插入新行时，自动依据“教学计划表”为学分赋值或清零。该触发器调用了 p_updateCredit 存储过程。

```
USE  student
GO
IF EXISTS (SELECT name  FROM   sysobjects
    WHERE  name = 'update_credit'  AND type = 'TR')
        DROP  TRIGGER  update_credit
GO
CREATE  TRIGGER  update_credit
ON  课程注册
FOR  UPDATE,INSERT
AS
DECLARE  @score int,@stuId bigint
IF  UPDATE(成绩)
BEGIN
  select @score = inserted.成绩,@stuID=inserted.注册号
    from inserted,课程注册
    where 课程注册.注册号=inserted.注册号
  if(@score >=60)
     exec p_updateCredit @stuId ,1
  else
     exec p_updateCredit @stuId , 0
END
GO
```

11.12　思考题

1．什么是存储过程？存储过程有什么特点？

2．什么是触发器？触发器有什么特点？

3．使用触发器有哪些优点？

4．触发器有几种类型？

5．创建存储过程时，应该注意什么？

6．创建触发器时，应该注意的事项有哪些？

7．创建存储过程有哪些方法？执行存储过程的命令是什么？用哪个命令可以删除存储过程？

8．查看存储过程和触发器信息的系统存储过程有哪些？

第 12 章　SQL Server 安全管理

数据的安全性是指保护数据以防止因非法使用而造成数据的泄密、破坏。对于数据库来说，因其集中存放大量数据并为用户共享，所以数据的安全性显得非常重要。为了实现数据的安全性，SQL Server 2008 提供了很有效的管理方法：系统先对用户进行身份验证，合法的用户才能登录数据库系统；再用检查用户权限的手段来检查用户是否有权访问服务器上的数据。这种安全模式既可以很容易地实现用户的合法操作，也能防止数据受到未授权的访问或恶意破坏。

12.1　SQL Server 2008 的安全机制

为了实现数据安全，每个网络用户在访问 SQL Server 数据库之前，都必须经过两个阶段的检验。

- 身份验证阶段：用户要想访问 SQL Server 2008 服务器，必须以合法的账号和密码登录。SQL Server 或者操作系统对用户身份进行验证。
- 权限验证阶段：用户通过身份验证后，登录到 SQL Server 服务器上，系统将验证用户是否具有访问服务器上数据的权限。

12.1.1　SQL Server 2008 的身份验证模式

SQL Server 2008 有两种登录身份验证模式：Windows 身份验证模式、混合身份验证模式（Windows 身份验证和 SQL Server 身份验证）。

1．Windows 身份验证模式

Windows 身份验证模式是指当用户登录 SQL Server 系统时，用户身份使用 Windows 操作系统进行验证。SQL Server 数据库运行于基于 NT 架构的 Windows 2003 及以上版本的操作系统上，这类操作系统具备管理登录、验证用户合法性的能力，并且也允许 SQL Server 使用 NT 的用户名和密码。在该模式下，用户只要通过 Windows 的验证就可以连接 SQL Server 了。

Windows 验证模式主要有以下优点：

- 数据库管理员的工作集中在管理数据库方面，而不是管理用户账户。对用户账户的管理可以交给 Windows 服务器去完成。
- Windows 服务器有着更强的用户账户管理工具。可以设置账户锁定、密码期限等。如果不是通过定制来扩展 SQL Server，SQL Server 是不具备这些功能的。
- Windows 服务器的组策略支持多个用户同时被授权访问 SQL Server。

该模式是默认的身份验证模式，比混合模式更为安全。请尽可能使用 Windows 身份验证。

2．SQL Server 和 Windows 混合身份验证模式

SQL Server和Windows身份验证模式简称混合验证模式，是指允许以SQL Server验证模式或者Windows验证模式对登录的用户账号进行验证。其工作模式是：客户机的用户账号和密码首先进行SQL Server身份验证，如果通过验证，则登录成功。否则，再进行Windows身份验证，如果通过，则登录成功。如果都不能通过验证，则无法使用SQL Server服务器。

混合验证模式具有以下优点：

- 创建了Windows服务器之外的一个安全层次。
- 支持更大范围的用户，如Novell网用户等。
- 一个应用程序可以使用单个的SQL Server登录账号和口令。

提供混合身份验证模式是为了兼容，一方面是Windows客户端以外的其他客户必须使用混合身份验证模式，使用SQL Server账户和密码连接服务器，另一方面SQL Server早期的应用程序可能使用的是SQL Server账户和密码连接的服务器。如果必须选择混合模式身份验证并且需要使用SQL Server登录信息来适应早期应用程序，则必须为所有SQL Server账户设置强密码（强密码是指长度必须至少是六个字符，并且至少要满足下列四个条件中的三个：必须包含大写字母；必须包含小写字母；必须包含数字；必须包含非字母数字字符，例如，#、%或^）。这对于作为sysadmin角色成员的账户尤为重要，特别是对于sa账户更是如此。

3．设置验证模式

在SQL Server 2008中，设置服务器的身份验证模式可以使用“已注册的服务器”设置，也可以使用“对象资源管理器”设置。

（1）使用“已注册的服务器”设置。

① 启动SQL Server Management Studio，在“已注册的服务器”窗口中右键单击服务器，在弹出的快捷菜单中，选择“属性”命令。

② 单击“属性”命令，打开“编辑服务器注册属性”窗口，如图12.1所示，在其“常规”选项卡中的“服务器名称”下拉列表框中选择或输入要注册的服务器名称，在“身份验证”下拉列表框中选择要使用的身份验证方式：“Windows身份验证”或“SQL Server身份验证”。如果选择“SQL Server身份验证”，必须输入登录名和强密码。

③ 设置完成后，单击“测试”按钮，验证设置是否正确。

④ 测试正确后，单击“保存”按钮，完成身份验证设置。

（2）使用“对象资源管理器”设置。

① 启动SQL Server Management Studio，在“对象资源管理器”窗口中右键单击服务器，在弹出的快捷菜单中，选择“属性”命令。

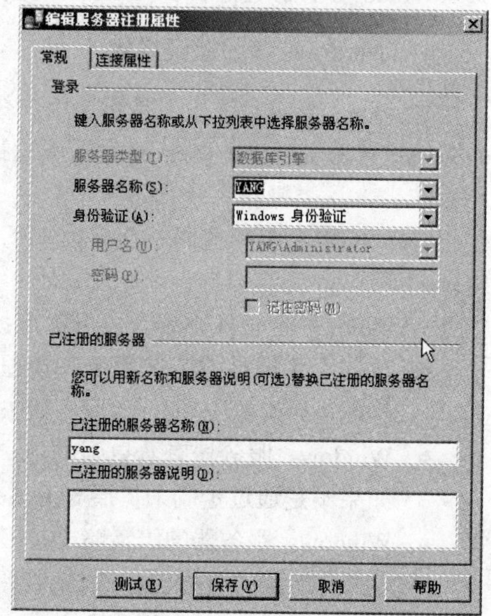

图12.1 “编辑服务器注册属性”窗口

② 单击“属性”命令，打开“服务器属性”对话框，选择“安全性”选项，打开如图 12.2 所示的“服务器属性-安全性”对话框。

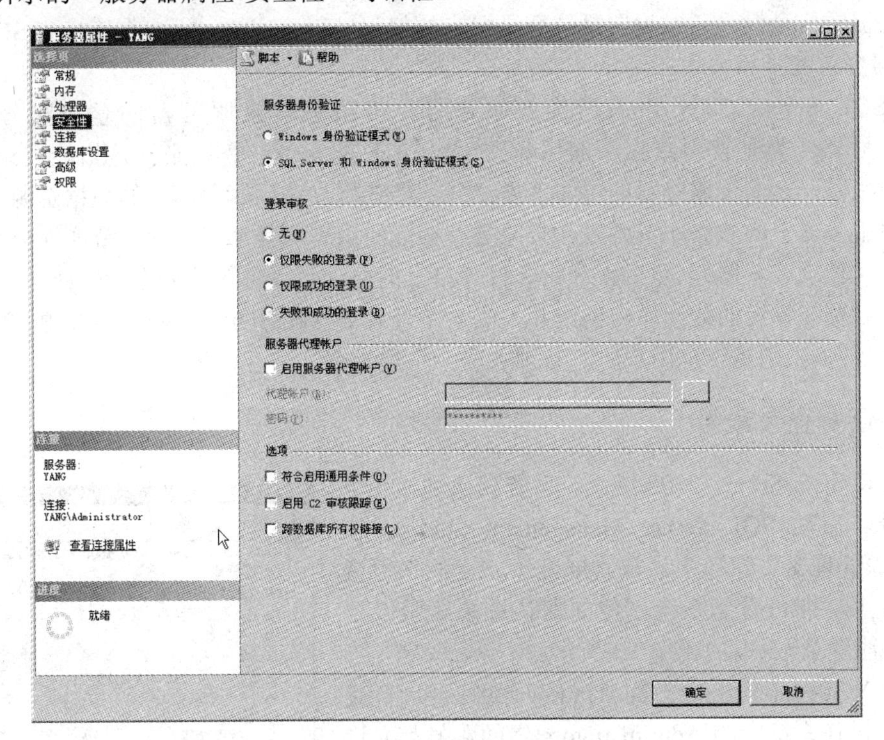

图 12.2　设置 SQL Server 的验证模式

③ 在“服务器身份验证”区域可以选择“Windows 身份验证模式”单选按钮，或选择“SQL Server 和 Windows 身份验证模式”单选按钮，设置服务器身份验证。

④ 设置完成后，单击“确定”按钮即可。

注意：修改验证模式后，应重新启动 SQL Server 服务，使设置生效。

12.1.2　权限验证

用户通过身份验证，登录到 SQL Server 之后，必须使用特定的用户账号（User Name）才能对数据库进行访问，而且只能查看经授权可以查看的表和视图，只能执行经授权可以执行的存储过程和管理功能。为了防止一个用户在登录到 SQL Server 之后，对服务器上的所有数据库资源进行访问，当用户登录到 SQL Server 之后，并没有权限对数据库进行操作。系统管理员必须在用户可以访问的数据库中设置登录账号并赋予一定的权限。例如有两个数据库 student 和 person，如果只在 student 数据库中创建了用户账号，这个用户只能访问 student 而不能访问 person 数据库。

用户连接到 SQL Server 之后，对数据库进行的每一项操作，都需要对其权限进行确认，SQL Server 采取三个步骤来确认权限。

（1）当用户执行一项操作时，例如用户执行了一条插入记录的指令，客户端将用户 T-SQL 语句发给 SQL Server。

（2）当 SQL Server 接收到该命令语句后，立即检查该用户是否有执行这条指令的权限。

（3）如果用户具备这个权限，SQL Server 将完成相应的操作，如果用户没有这个权限，SQL Server 系统将返回一个错误给用户。

12.2 管理服务器的安全性

服务器的安全性是通过设置系统登录账户的权限进行管理的。用户在连接到 SQL Server 2008 时与登录账号相关联。

在 SQL Server 2008 中有两类登录账号：一类是登录服务器的登录账号（Login Name），另外一类是使用数据库的用户账号（User Name）。登录账号是指能登录到 SQL Server 的账号，它属于服务器的层面，本身并不能让用户访问服务器中的数据资源，而登录者要使用服务器中的数据库资源时，必须要有相应的用户账号才能使用。就如同公司门口先刷卡进入（登录服务器），然后再拿钥匙打开自己的办公室（进入数据库）一样。

用户名要在特定的数据库内创建并关联一个登录名（在 SQL Server 2008 中，登录账号也叫登录名），当创建一个用户时，必须关联一个登录名。

12.2.1 查看登录账号

在安装 SQL Server 2008 以后，系统默认创建几个登录账号。启动 SQL Server Management Studio，在“对象资源管理器”窗口中，依次展开“安全性”、“登录名”节点，即可看到系统创建的默认登录账号及已建立的其他登录账号，如图 12.3 所示。

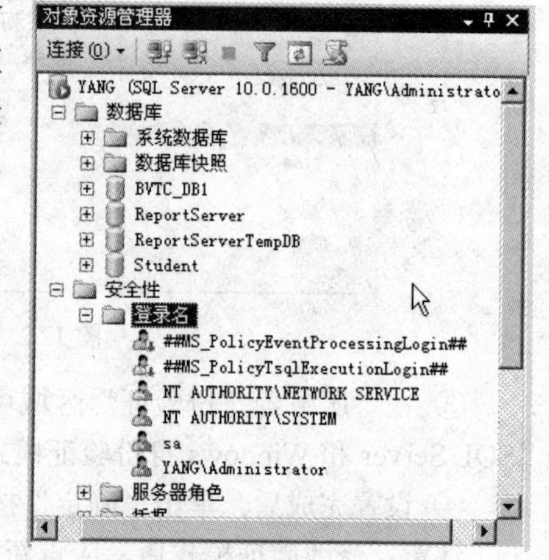

图 12.3 系统登录账号

其中：YANG\Administrators 是 Windows 组账号，凡是 Windows 操作系统中的 Administrators 组的账号都允许作为 SQL Server 登录账号使用；sa 是 SQL Server 系统管理员登录账号，该账号拥有最高的管理权限，可以执行服务器范围内的所有操作。

12.2.2 创建登录账号

要登录到 SQL Server 必须具有一个登录账号，用户可以使用系统默认的几个账号，也可以创建新的登录账号。创建登录时，可以创建一个 SQL Server 登录账号，也可以将 Windows 账号添加到 SQL Server 中。创建一个登录账号的操作步骤如下：

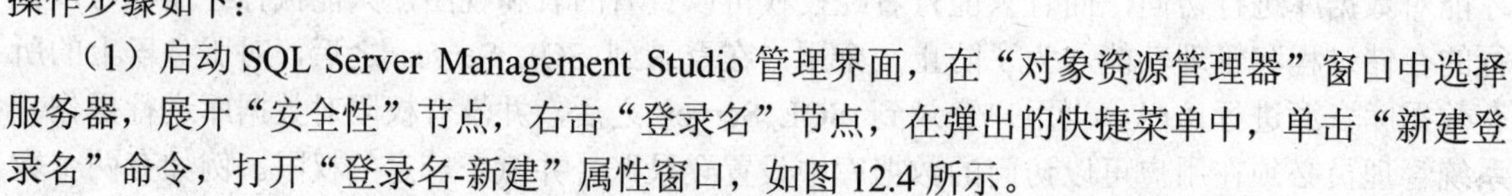

（1）启动 SQL Server Management Studio 管理界面，在“对象资源管理器”窗口中选择服务器，展开“安全性”节点，右击“登录名”节点，在弹出的快捷菜单中，单击“新建登录名”命令，打开“登录名-新建”属性窗口，如图 12.4 所示。

（2）在默认的“常规”选项界面中，为“登录名”文本框中输入名称，如“stu_login”，然后，选择“SQL Server 身份验证”单选按钮，并输入“密码”和“确认密码”。

（3）如果选择“强制实施密码策略”复选框，表示按照一定的密码策略来检验设置的密码。强制密码策略可以确保密码达到一定的复杂性。

（4）选择“强制实施密码策略”选项后，可以选择“强制密码过期”选项，表示使用密码过期策略来检验密码。还可以选择“用户在瑕疵登录时必须更改密码”选项，表示每次使用该登录名都必须更改密码。

（5）在“默认数据库”选项中，选择列表中的某个数据库，如“student”，表示登录账号 stu_login 默认的工作数据库是 student 数据库。

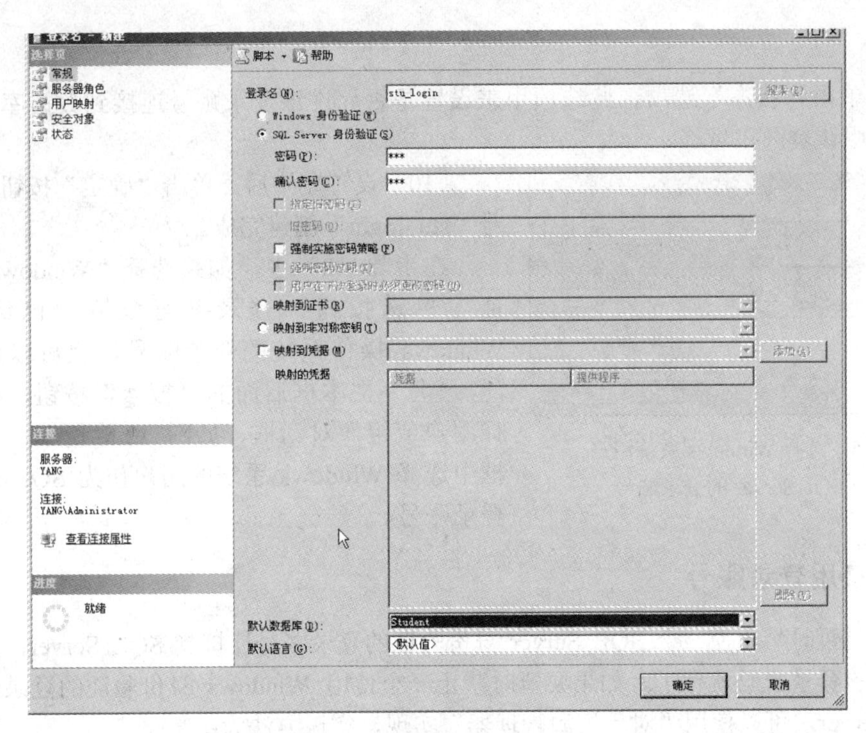

图 12.4　新建登录账号属性窗口

（6）在如图 12.4 所示的对话框中，单击“服务器角色”选项，在此选项中，可设置登录账号所属的服务器角色。

角色（Role）是 SQL Server 的一种权限机制，是一组用户所构成的组，可分为服务器角色与数据库角色。以下先介绍服务器角色，数据库角色放在后面讲解。

服务器角色是执行服务器级管理操作的用户权限的集合，一般需要指定管理服务器的登录账号所属服务器角色。SQL Server 在安装过程中定义几个固定的服务器角色，其具体权限如表 12.1 所示。

（7）单击“用户映像”选项，此选项用来设置服务器的登录账号将使用什么数据库用户名访问各个数据库。

注意：登录账号（也就是登录名）和用户名可以相同，也可以不同。但是为了管理方便，一般情况下应选择名称相同。

表 12.1　内建服务器角色

固定服务器角色	描　述
Sysadmin（系统管理员）	全称为 System Administrators，可在 SQL Server 中执行任何活动
Serveradmin（服务器管理员）	全称为 Server Administrators，可设置服务器范围的配置选项，关闭服务器
Setupadmin（安装管理员）	全称为 Setup Administrators，可管理连接服务器和启动过程
Securityadmin（安全管理员）	全称为 Security Administrators，可管理服务器登录，读取错误日志和更改密码
Processadmin（进程管理员）	全称为 Process Administrators，可以管理在 SQL Server 中运行的进程
Dbcreator（数据库创建者）	全称为 Database Creators，可以创建、更改和删除数据库
Diskadmin（磁盘管理员）	全称为 Disk Administrators，可以管理磁盘文件
Bulkadmin（批量管理员）	全称为 Bulk Insert Administrators，可以执行大容量插入

（8）单击“安全对象”选项，此选项用来设置对特定对象（服务器、登录名等）的

权限。

（9）单击“状态”选项，此选项用来设置是否允许该登录账号连接到数据库引擎，以及是否启用该登录账号等。

（10）设置完毕后，单击“确定”按钮，登录账号“stu_login”创建完成。

在步骤（2）中，如果选择“Windows 身份验证”单选按钮，登录名可以输入已经存在于 Windows 操作系统的登录账号，也可以通过单击“登录名”文本框后面的“搜索”按钮，打开“选择用户或组”对话框，如图 12.5 所示，从该对话框中选择 Windows 系统的用户作为 SQL Server 的登录账号。

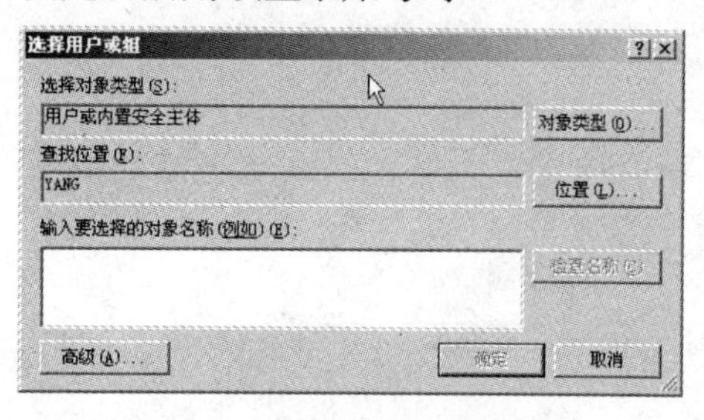

图 12.5　选择 Windows 系统用户作为 SQL Server 的登录账号

12.2.3　禁用登录账号

如果要暂时禁止使一个 SQL Server 身份验证的登录账号连接到 SQL Server，只需要修改该账户的登录密码就行了。如果要暂时禁止一个使用 Windows 身份验证的登录账户连接到 SQL Server，可以使用“对象资源管理器”实现，实现方法为：

（1）启动 SQL Server Management Studio 管理界面，在“对象资源管理器”窗口中选择服务器，依次展开“安全性”、“登录名”节点。

（2）选择要操作的登录账号，双击左键打开“登录属性”窗口；或单击右键，在弹出的快捷菜单中执行“属性”命令，打开“登录属性”窗口。

（3）在“登录属性-状态”窗口中，选择“状态”选项，如图 12.6 所示。

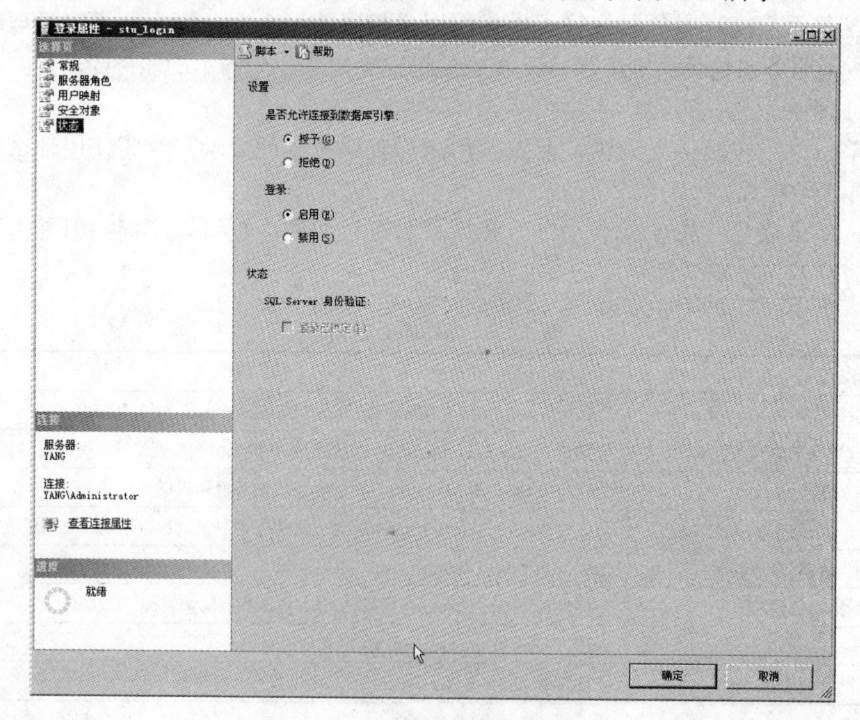

图 12.6　“登录属性-状态”窗口

（4）在“状态”选项右边的窗口中，“设置”项下面有两个相关参数。

- 是否允许连接到数据库引擎：如果选择“拒绝”单选按钮，则拒绝该登录账号连接到数据库引擎。
- 登录：如果选择“禁用”单选按钮，则禁用该登录账号。

（5）设置完成后，单击“确定”按钮，使设置生效。

12.2.4 删除登录账号

如果要永久禁止使用一个登录账号连接到 SQL Server，就应当将该登录账号删除，这可以通过以下方法来完成：

（1）启动 SQL Server Management Studio 管理界面，在“对象资源管理器”窗口中选择服务器，依次展开“安全性”、“登录名”节点，可看到系统创建的默认登录账号及已建立的其他登录账号。

（2）右键单击要删除的登录账户，在弹出的快捷菜单中选择“删除”命令，或者直接按下 Delete 键，弹出如图 12.7 所示的“删除对象”对话框。

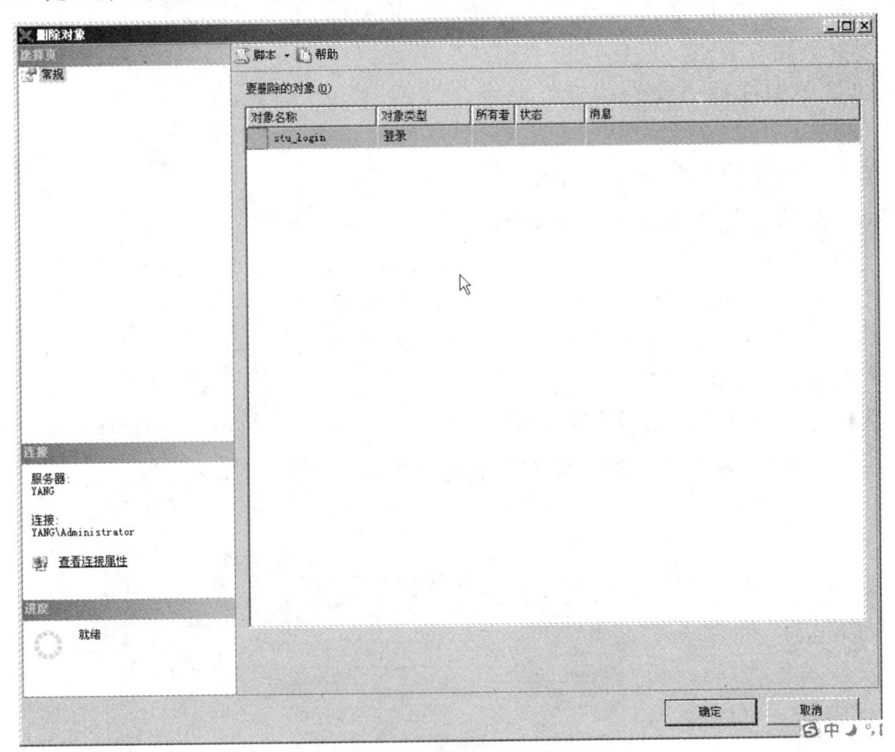

图 12.7 “删除对象”对话框

（3）单击“确定”按钮，弹出一个提示信息对话框如图 12.8 所示，用来提示删除登录账号之前应该先删除该登录账号在数据库中的关联用户名。

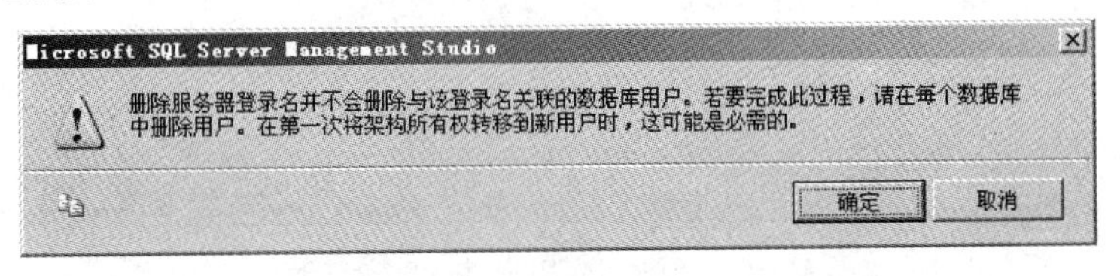

图 12.8 “删除对象”提示信息

（4）单击提示信息对话框中的“确定”按钮，确认登录账号的删除操作。

12.3 管理权限

12.3.1 数据库用户

一个 SQL Server 的登录账号只有成为该数据库的用户时，对该数据库才有访问权限。每个登录账号在一个数据库中只能有一个用户账号，但每个登录账号可以在不同的数据库中各有一个用户账号。如果在新建登录账号过程中，指定映射到此登录名的用户，则在相应的数据库中将自动创建一个与该登录账号同名的用户账号。

1．创建数据库的用户

（1）启动 SQL Server Management Studio 管理界面，在“对象资源管理器”窗口中选择服务器，依次展开“数据库”、需要创建数据库用户的数据库（如 student）、“安全性”节点，右键单击“用户”节点，在弹出的快捷菜单中选择“新建用户”命令，如图 12.9 所示。

（2）单击“新建用户”命令，打开“数据库用户-新建”对话框，如图 12.10 所示。在默认的“常规”选项界面中，为“用户名”文本框中输入名称，如“my_user1”，在“登录名”文本框中输入关联的登录名，输入的登录名必须是已经存在的。也可以单击“登录名”文本框后面的[...]命令按钮，打开“选择登录名”对话框，选择存在 SQL Server 系统中的登录名。

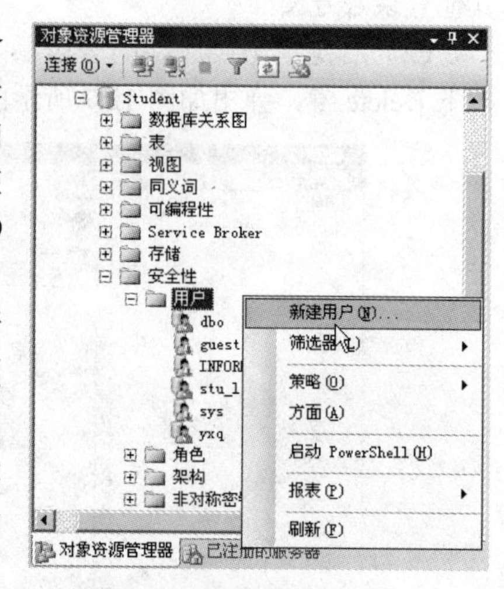

图 12.9 创建数据库用户

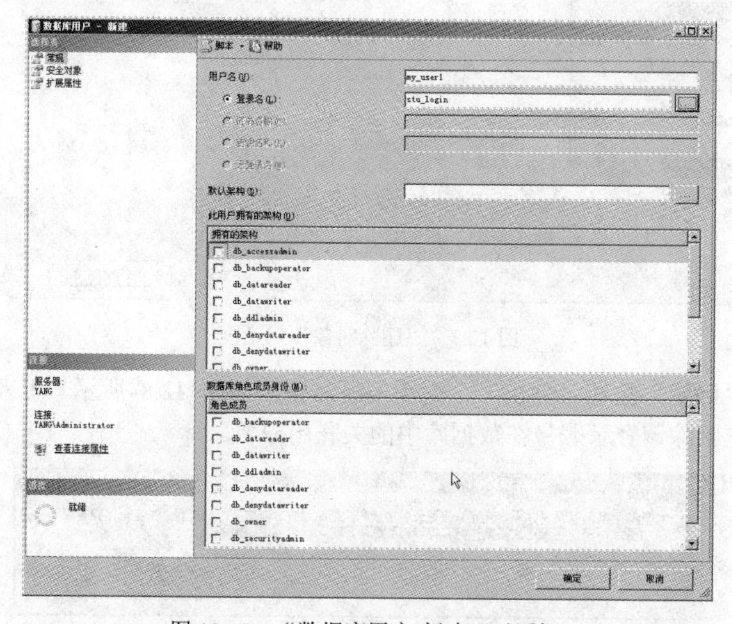

图 12.10 “数据库用户-新建“对话框

（3）在“默认架构”列表框中，选择该数据库用户的默认架构。

（4）在“数据库角色成员身份”列表框中，选择赋予用户什么样的数据库角色。

（5）单击“安全对象”选项，进入“安全对象”界面，添加数据库用户能访问的数据库对象。

（6）单击“确定”按钮，完成数据库用户创建。

2. 修改数据库的用户

在数据库中建立一个数据库用户账号时，要为该账号设置某种权限，可以通过为它指定适当的数据库角色来实现。修改所设置的权限时，可以通过修改该账号所属的数据库角色实现。其过程为：

（1）启动 SQL Server Management Studio 管理界面，在“对象资源管理器”窗口中选择服务器，依次展开“数据库”、需要创建数据库用户的数据库（如 student)、“安全性”、“用户”节点。

（2）右击一个目标用户（如 my_user1），在弹出的快捷菜单中，执行“属性”命令，打开“数据库用户-my_user1”窗口。

（3）在“默认架构”列表框中和在“数据库角色成员身份”列表框中重新选择即可。

（4）单击“安全对象”选项，进入“安全对象”界面，修改数据库用户能访问的数据库对象。

（5）单击“确定”按钮，完成数据库用户修改。

3. 删除数据库的用户

如果一个数据库没有存在的必要时，可以将其删除。其过程为：

（1）启动 SQL Server Management Studio 管理界面，在“对象资源管理器”窗口中选择服务器，依次展开“数据库”、需要创建数据库用户的数据库（如 student)、“安全性”、“用户”节点。

（2）右击一个目标用户（如 my_user1），在弹出的快捷菜单中，执行“删除”命令，或者直接按<Delete>键，打开“删除对象”对话框。

（3）单击“确定”按钮，删除数据库用户。

12.3.2 架构管理

架构是形成单个命名空间（命名空间是一个集合，其中每个元素的名称都是唯一的）的数据库实体的集合，可以包含如表、视图、存储过程等数据库对象。架构独立于创建它们的数据库用户而存在。可以在不更改架构名称的情况下转让架构的所有权，并且可以在架构中创建具有用户友好名称的对象，明确指示对象的功能。多个用户可以通过角色成员身份或 Windows 组成员身份拥有一个架构。这扩展了允许角色和组拥有对象的用户熟悉的功能。

在 SQL Server 2008 中，架构是一个重要的内容，完全限定的对象名称中就包含架构，即服务器.数据库.架构.对象（server.database.schema.object)。在创建数据库对象时如果没有设置或更改其架构，系统将把 dbo 作为其默认架构。

在 SQL Server 2008 中允许用户创建和使用自定义的架构，来更好地管理数据库的安全。下面介绍架构的创建和使用。

1. 创建自定义的架构

（1）启动 SQL Server Management Studio，选择服务器，依次展开“数据库”、需要创建

架构的数据库（如 student)、“安全性”节点，右击“架构”节点，在出现的快捷菜单中单击“新建架构”命令项，出现“架构-新建”对话框，如图 12.11 所示。

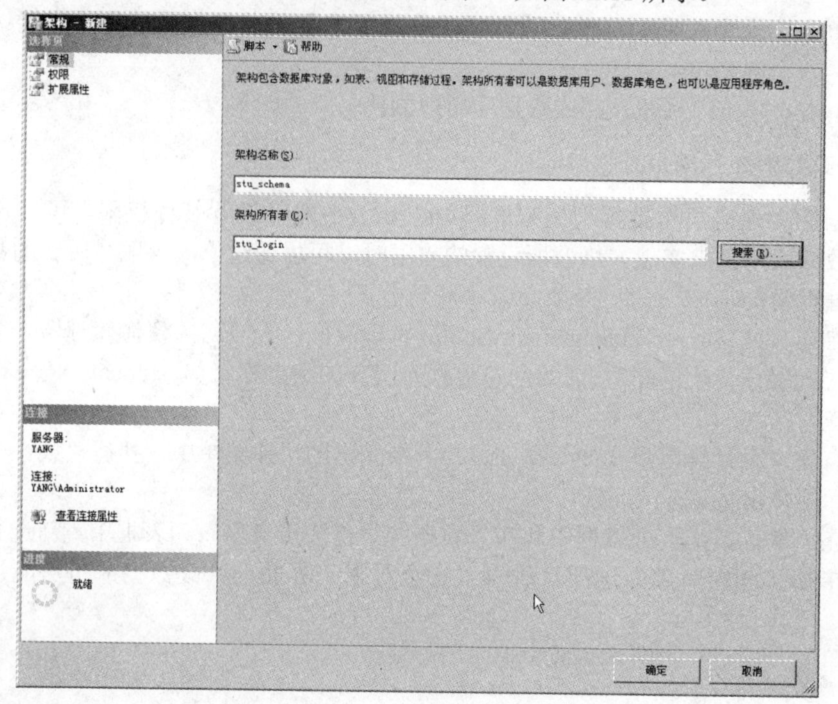

图 12.11　“架构-新建”对话框

（2）在“架构-新建”属性窗口的“常规”选项界面中，为“架构名称”文本框中输入名称，如“stu_schema”。

（3）在“架构所有者”文本框中输入架构所有者的名称，架构所有者可以是数据库用户、数据库角色、也可以是应用程序角色。这些概念见后面讲解。也可以通过单击“搜索”按钮，直接从 SQL Server 系统中添加架构所有者。

（4）单击“权限”选项，进入“权限”界面，可以设置数据库用户或数据库角色或应用程序角色对架构的操作权限。

（5）单击“确定”按钮，完成架构的创建。

2．修改、删除自定义的架构

启动 SQL Server Management Studio，在“对象资源管理器”窗口中选择服务器，依次展开“数据库”、具体数据库（如 student)、“安全性”、“架构”节点，双击要修改的数据库架构名称，弹出“架构属性”对话框，即可修改架构的相关属性了。例如，可以进行修改架构的所有者等操作。

在“对象资源管理器”窗口中选择服务器，依次展开“数据库”、具体数据库（如 student)、“安全性”、“架构”节点，右击要删除的数据库架构名称进行删除即可。

3．管理架构的权限

（1）启动 SQL Server Management Studio，在“对象资源管理器”窗口中选择服务器，依次展开“数据库”、具体数据库（如 student)、“安全性”、“架构”节点，双击要管理的架构名称（如 stu_schema)，弹出“架构属性”对话框，从“常规”界面切换到“权限”选项界面如图 12.12 所示。在这里可以设置数据库用户或角色对架构的操作权限。

（2）在“用户或角色”选项内，单击“添加”按钮，弹出“选择用户或角色”对话框，如图 12.13 所示，单击“浏览”按钮，弹出“查找对象”对话框，如图 12.14 所示，选择要添加的用户或角色，在这里添加用户“my_user1”，如图 12.15 所示。

（3）在图 12.15 的“my_user1 显式权限”选项内，列出了用户“my_user1”对架构的所有权限。在这里只授予用户“my_user1”对架构“stu_schema”的“insert”权限，拒绝对架构“stu_schema”的“delete”权限。

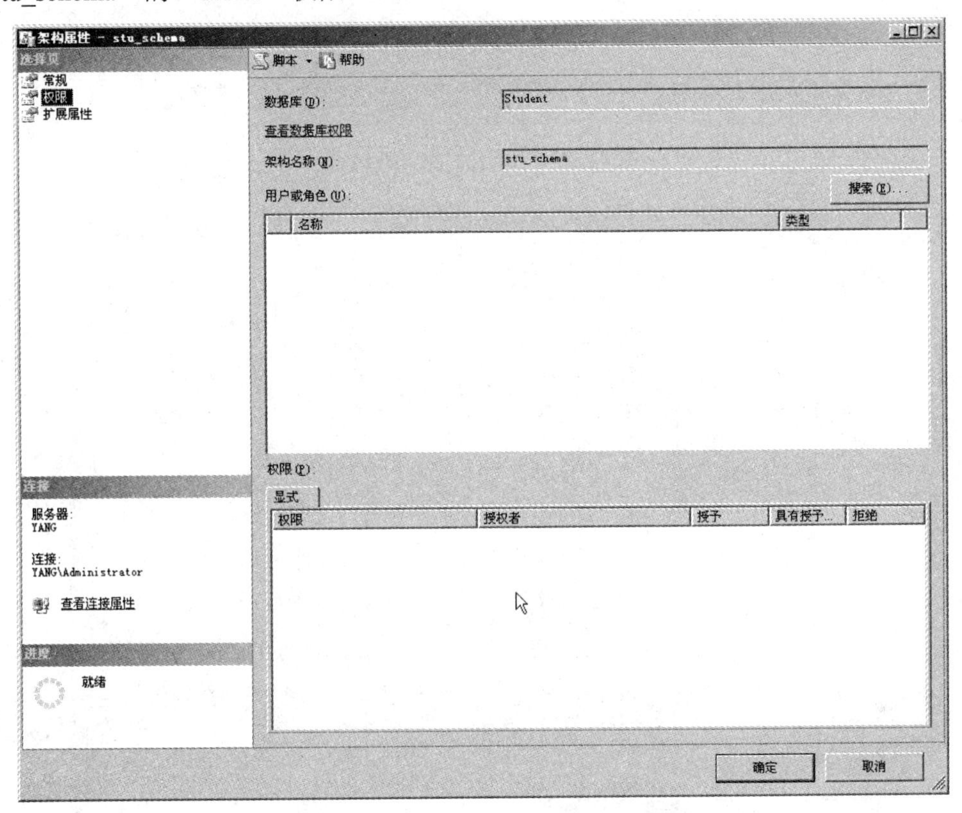

图 12.12 “架构属性”对话框的权限界面

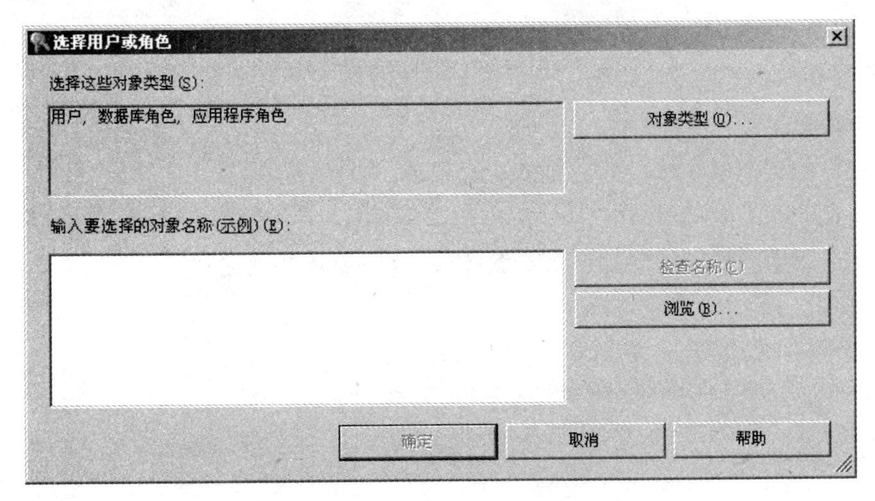

图 12.13 “选择用户或角色”对话框

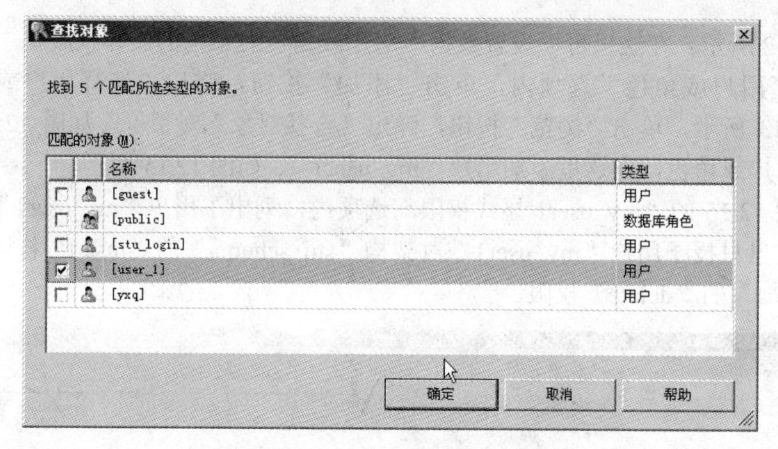

图 12.14 “查找对象”对话框

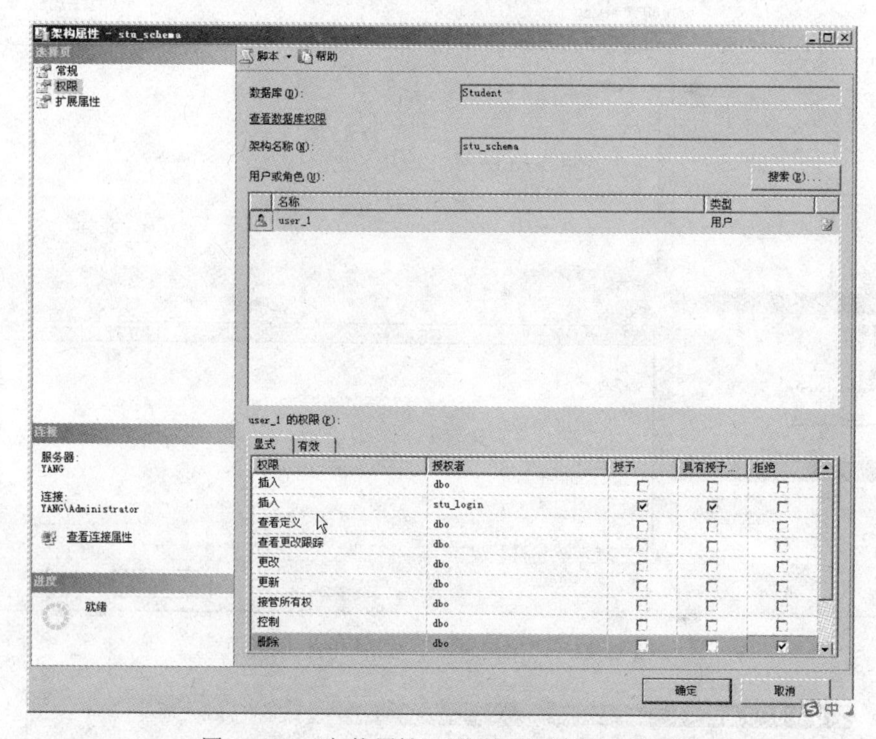

图 12.15 “架构属性”对话框的“权限”界面

（4）设置完成后，进行验证，以“my_user1”用户名登录数据库服务器，打开属于架构“stu_schema”的某个表（如表 1），插入一行记录，操作成功完成。

（5）对表 1 进行 delete 操作，由于已经拒绝该权限，弹出如图 12.16 的错误指示对话框。

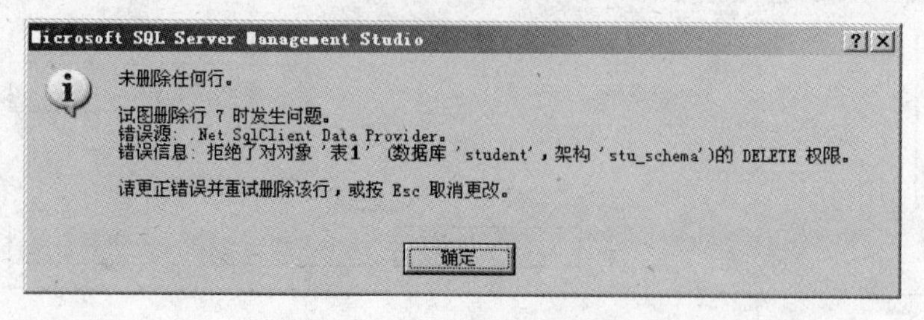

图 12.16 错误提示对话框

12.3.3 数据库角色

角色是一个强大的工具，它可以将用户集中到一个单元中，然后对该单元应用权限。对一个角色授予、拒绝或废除权限适用于该角色中的任何成员。可以建立一个角色来代表单位中—类工作人员所执行的工作，然后给这个角色授予适当的权限。

和登录账号类似，用户账号也可以分成组，称为数据库角色（Database Roles）。数据库角色应用于单个数据库。在 SQL Server 中，数据库角色可分为两种：标准角色和应用程序角色。标准角色是由数据库成员所组成的组，此成员可以是用户或者其他的数据库角色，分为固定的标准角色和用户自定义的角色。应用程序角色用来控制应用程序存取数据库，它本身并不包括任何成员。

1．固定的标准角色

在创建一个数据库时，系统默认创建 10 个固定的标准角色。

启动 SQL Server Management Studio，在“对象资源管理器”窗口中，选择服务器，依次展开“数据库”、具体数据库（如 student）、“安全性”、“角色”、“数据库角色”节点，可在下拉列表中或“摘要”窗口中显示出默认的 10 个标准角色，见表 12.2。

表 12.2 SQL Server 中的固定标准角色及其描述

固定数据库角色	描　述
Db_accessadmin	可以添加或删除用户 ID
Db_backupoperator	可以发出 DBCC、CHECKPOINT 和 BACKUP 语句
Db_datareader	可以选择数据库内任何用户表中的所有数据
Db_datawriter	可以更改数据库内任何用户表中的所有数据
Db_ddladmin	可以发出所有 DDL 语句，但不能发出 GRANT、REVOKE 或 DENY 语句
Db_owner	在数据库中有全部权限
Db_denydatawriter	不能更改数据库内任何用户表中的任何数据
Db_denydatareader	不能选择数据库内任何用户表中的任何数据
Db_securityadmin	可以管理全部权限、对象所有权、角色和角色成员资格
Public	最基本的数据库角色，每个用户都属于该角色

2．用户自定义的角色

启动 SQL Server Management Studio，在“对象资源管理器”窗口中选择服务器，依次展开“数据库”、具体数据库（如 student）、“安全性”、“角色”节点，右键单击“数据库角色”节点，在弹出的快捷菜单中单击“新建数据库角色”命令，打开“数据库角色-新建”对话框，如图 12.17 所示。在该对话框中“角色名称”文本框中输入新建角色的名称，在“所有者”文本框中设置角色的所有者信息。在“此角色拥有的架构”选项内，选择拥有的架构。在“此角色的成员”选项内，单击“添加”按钮，添加角色成员。切换到该对话框的“安全对象”选项窗口，设置该角色的“安全对象”和“显示权限”。

如果某个数据库角色不在被使用，可以将其删除。在“对象资源管理器”中右击要删除的数据库角色，选择“删除”命令项即可。

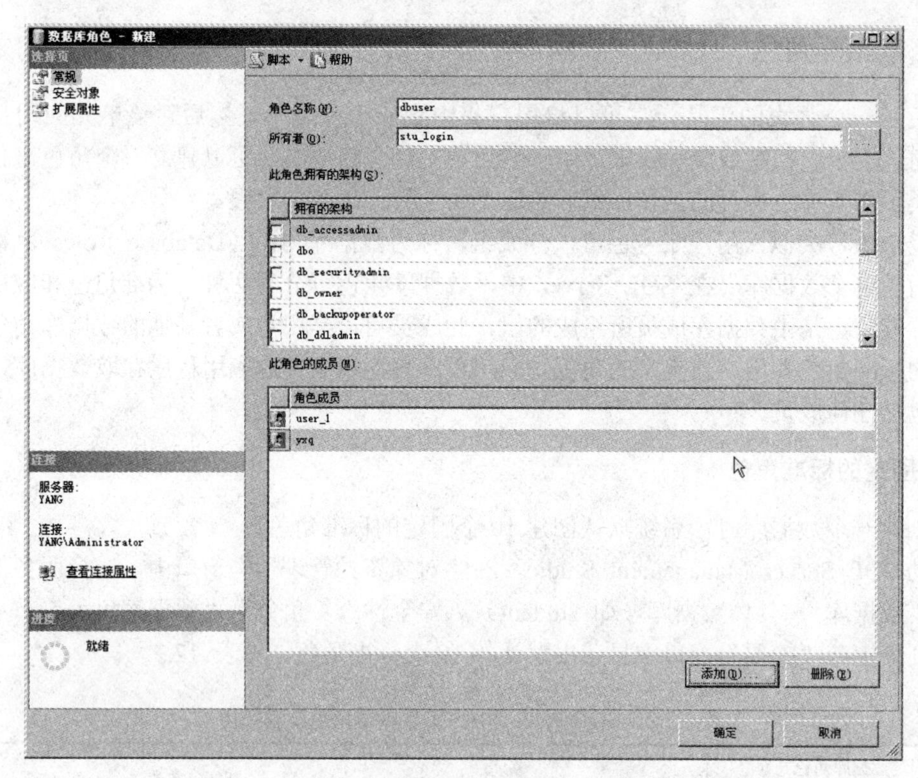

图 12.17 “数据库角色-新建”对话框

3．应用程序角色

编写数据库应用程序时，可以定义应用程序角色，让应用程序的操作者能用该应用程序来存取 SQL Server 的数据。也就是说，应用程序的操作者本身并不需要在 SQL Server 上有登录账号以及用户账号，仍然可以存取数据库，这样可以避免操作者自行登录 SQL Server。

使用“对象资源管理器”创建应用程序角色的过程与标准角色的创建过程基本相同，就是在“角色”节点下选择“应用程序角色”，右键单击，在出现的快捷菜单中单击“新建应用程序角色”命令即可。

4．public 数据库角色

public 数据库角色是每个数据库最基本的数据库角色，每个用户可以不属于其他九个固定数据库角色，但是至少属于 public 数据库角色。当在数据库中添加新用户账号时，SQL Server 会自动将新用户账号加入 public 数据库角色中。

12.3.4 管理权限

用户是否具有对数据库存取的权力，要看其权限设置而定。但是，它还要受其角色的权限的限制。

1．权限的种类

在 SQL Server 2008 中，权限分为三类：对象权限、语句权限和隐含权限。

（1）对象权限。对象权限是指用户对数据库中的表、视图、存储过程等对象的操作权限，相当于数据库操作语言的语句权限，例如是否允许查询、添加、删除和修改数据等。

对象权限的具体内容包括以下三个方面：

对于表和视图，是否允许执行 SELECT，INSERT，UPDATE 以及 DELETE 语句。

对于表和视图的字段，是否可以执行 SELECT 和 UPDATE 语句。

对于存储过程，是否可以执行 EXECUTE 语句。

（2）语句权限。语句权限相当于数据定义语言的语句权限，这种权限专指是否允许执行下列语句：CREATE TABLE，CREATE DEFAULT，CREATE PROCEDURE，CREATE RULE，CREATE VIEW，BACKUP DATABASE，BACKUP LOG。

（3）隐含权限。隐含权限是指由 SQL Server 预定义的服务器角色、数据库所有者（dbo）和数据库对象所有者所拥有的权限，隐含权限相当于内置权限，并不需要明确地授予这些权限。例如，服务器角色 sysadmin 的成员可以在整个服务器范围内从事任何操作，数据库所有者（dbo）可以对本数据库进行任何操作。

2．权限的管理

在上面介绍的三种权限中，隐含权限是由系统预定义的，这类权限是不需要、也不能够进行设置的。因此，权限的设置实际上就是指对对象权限和语句权限的设置。权限可以由数 据库所有者和角色进行管理。权限管理的内容包括以下三个方面的内容。

授予权限：即允许某个用户或角色对—个对象执行某种操作或某种语句。

拒绝权限：即拒绝某个用户或角色访问某个对象。即使该用户或角色被授予这种权限，或者由于继承而获得这种权限，仍然不允许执行相应的操作。

具有授予的权限：是否允许用户将授予自己的权限再授予其他的数据库用户。

3．用户和角色的权限规则

（1）用户权限继承角色的权限。数据库角色中可以包含许多用户，用户对数据库对象的存取权限也继承自该角色。假设用户 Userl 属于角色 Rolel，角色 Rolel 已经取得了对表 Tablel 的 SELECT 权限，则用户 Userl 也自动取得对表 Tablel 的 SELECT 权限。如果 Rolel 对 Tablel 没有 INSERT 权限，而 Userl 取得了对表 Tablel 的 INSERT 权限，则 Rolel 最终也取得对表 Tablel 的 INSERT 权根。但是拒绝是优先的，只要 Rolel 和 Userl 中的之一有拒绝权限，则该权限就是拒绝的。

（2）用户分属不同角色。如果一个用户分属于不同的数据库角色，如用户 User1 既属于角色 Rolel，又属于角色 Role2，则用户 Userl 的权限基本上是以 Rolel 和 Role2 的并集为准。但是只要有一个拒绝，则用户 User1 的权限就是拒绝的。

12.4 案例中的安全管理

前面介绍了 SQL Server 的安全管理机制。本节将以实际的“student”数据库的安全管理为案例，来加深 SQL Server 在安全管理方面的理解，从而巩固 SQL Server 的安全管理技能。

在 SQL Server 下创建登录账号为：StudentAmd，对于 STUDENT 数据库建立新的用户，用户名为：StudentAmd，操作步骤如下：

（1）启动 SQL Server Management Studio，在“对象资源管理器”窗口中选择服务器，展开“安全性”节点，在“登录名”选项上右键单击，在出现的快捷菜单中单击“新建登录名”命令项，出现“登录名-新建”对话框，如图 12.18 所示。

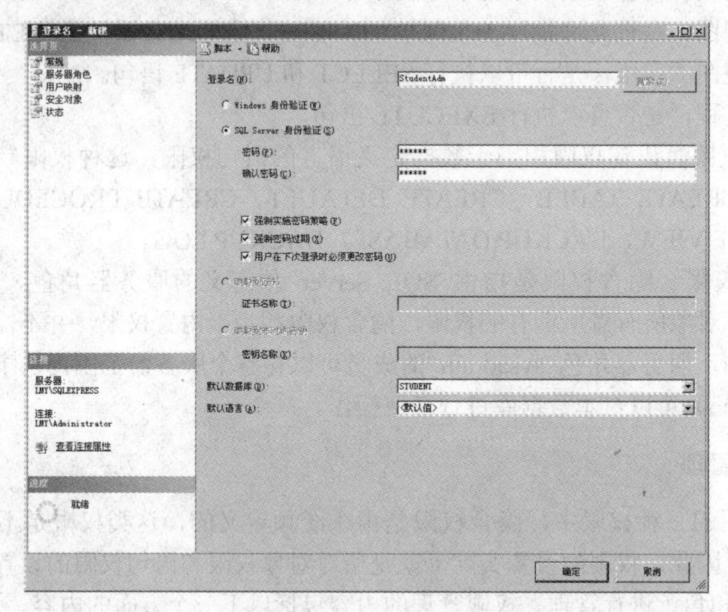

图 12.18　“登录名-新建”对话框的“常规”界面

（2）在“登录名”文本框中输入名称，如“StudentAmd”，在“身份验证”选项组中，选择“SQL Server 身份验证”选项，并输入“密码”和“确认密码”。

（3）在“默认数据库”选项中，选择“student”数据库，表示该登录账号默认登录的是 student 数据库。

（4）将图 12.18“常规”选项界面切换到“用户映射”选项界面，如图 12.19 所示。

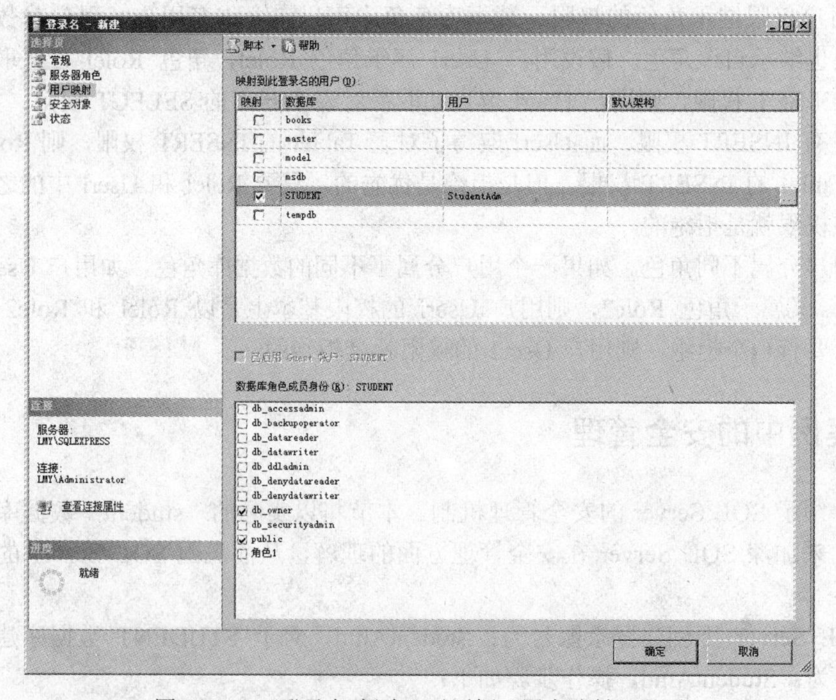

图 12.19　“登录名-新建”对话框“用户映射”界面

（5）在图 12.19 中的“映射到此登录名的用户”选项栏内，选“student”数据库，自动生成名为“StudentAmd”的用户。

（6）设置完毕后，单击“确定”按钮，则创建登录账号“StudentAmd”，并在 student 数据库中创建了名为“StudentAmd”的用户。

12.5 思考题

1．简述 SQL Server 2008 的登录验证模式。

2．简述数据库用户的作用及其与服务器登录账号的关系。

3．简述 SQL Server 2008 中的三种权限。

4．怎样才能撤销 Windows NT 系统管理员以 sa 身份登录 SQL Server 的权利。

第 13 章　备份与还原

在数据库管理系统中，数据是非常重要的。尽管 SQL Server 2008 提供了内置安全性和数据保护，但是，这种安全管理主要是为防止非法登录者或非授权用户对 SQL Server 数据库或数据造成破坏。在有些情况下这种安全管理机制显得力不从心，例如，合法用户操作失误、病毒攻击、磁盘损毁等，一旦发生这样的事故，将会造成严重的数据损失，因此，SQL Server 2008 提供了完善的数据库备份和还原组件，使用它们可以制定一个良好的备份和还原策略，定期备份数据库，以便在事故发生后还原数据库，尽可能避免由于各种事故造成的数据损失。

13.1　数据备份与还原综述

13.1.1 备份和还原基本概念

1. 备份

备份是指制作数据库的副本，即将数据库中的部分或全部内容复制到其他的存储介质（如磁盘）上保存起来的过程，以便在数据库遭到破坏的时候能够修复数据库。造成数据库被破坏，从而使数据丢失的原因包括：

- 存储媒体损坏。例如存放数据库数据的硬盘损坏。
- 用户操作错误。例如误删除了某些表和数据。
- 整个服务器崩溃。例如操作系统被破坏，造成计算机无法启动或服务器报废。
- 自然灾难。

通过适当的备份，可以从多种故障中恢复数据。另外，将数据库从一台服务器复制到另一台服务器、设置数据库镜像、政府机构文件归档等也需要对数据库进行备份。

2. 还原

还原指将数据库备份加载到服务器中，使数据库恢复到备份时的正常状态。这一状态是由备份决定的，但是为了维护数据库的一致性，在备份中未完成的事务不能进行还原。

进行备份和还原的工作主要是由数据库管理员来完成的，数据库管理员日常比较重要和频繁的工作就是对数据库进行备份和还原。因此，数据库管理员应该设计有效的备份和还原策略，提高工作效率，减少数据丢失。设计有效的备份和还原策略需要仔细计划、实现和测试。需要考虑各种因素，包含：

- 系统对数据库的生产目标，尤其是对可用性和防止数据丢失的要求。
- 每个数据库的特性，如大小、使用模式、内容特性及其数据要求等。
- 对资源的约束，例如硬件、人员、存储备份媒体的空间以及存储媒体的物理安全性等。

13.1.2 数据备份的类型

在 SQL Server 2008 中有四种备份类型：完整数据库备份、差异数据库备份、事务日志备份以及文件和文件组备份。

1．完整数据库备份

完整数据库备份是指对整个数据库的备份，包括所有的数据以及数据库对象。实际上，备份数据库的过程就是首先将事务日志写到磁盘上，然后根据事务日志创建相同的数据库和数据库对象以及复制数据的过程。这种备份类型速度较慢，并且占用大量磁盘空间，因此创建完整备份的频率通常要比创建差异备份的频率低，而且在进行完整备份时，常将其安排在晚间，因为此时整个数据库系统几乎不进行其他事务的操作，从而可以提高数据库备份的速度。

在对数据库进行完整备份时，所有未完成的事务或者发生在备份过程中的事务都不会被备份。如果使用完整备份类型，则从开始备份到开始还原这段时间内发生的任何针对数据库的修改将无法还原。完整备份一般在下列条件下使用：

- 数据不是非常重要，尽管在备份之后还原之前数据被修改，但这种修改是可以忍受的。
- 通过批处理或其他方法，在数据库还原之后可以很轻易地重新实现在数据损坏前发生的修改。
- 数据库变化的频率不大。

2．差异数据库备份

差异数据库备份是指将最近一次数据库备份以来发生的数据变化备份起来，因此，差异备份实际上是一种增量数据库备份。与完整数据库备份相比，差异备份由于备份的数据量较小，所以备份速度快。通过增加差异备份的备份次数，可以降低丢失数据的风险，但是它无法像事务日志备份那样提供到失败点的无数据损失备份。

3．事务日志备份

事务日志备份是以事务日志文件作为备份对象，记录了上一次完整备份、差异备份、或事务日志备份之后的所有已经完成的事务。事务日志记录的是某段时间内的数据库的变动情况，因此在做事务日志备份之前，必须先做完整备份。在以下情况下常选择事务日志备份：

- 数据非常重要，不允许在最近一次数据库备份之后发生数据丢失或损坏的情况。
- 存储备份文件的磁盘空间很小或者留给进行备份操作的时间有限。
- 数据库变化较为频繁，要求恢复到事故发生时的状态。

在实际中为了最大限度地减少数据库还原时间以及降低数据损失数量，一般经常综合使用完整备份、差异备份和事务日志备份。

例如：

（1）有规律地进行数据库备份，比如每晚进行备份。

（2）较小的时间间隔进行差异备份，比如三个小时或四个小时。

（3）在相临的两次差异备份之间进行事务日志备份，可以每 10 分钟或 30 分钟一次。

这样在进行还原时，就可以先还原最近一次的数据库备份，接着进行差异备份的还原，最后进行事务日志备份的还原。

4．数据库文件和文件组备份

数据库文件和文件组备份是指单独备份组成数据库的文件和文件组，在恢复时用户可以恢复已损坏的文件，而不必恢复整个数据库，从而提高恢复速度。该备份方法一般应用于数据库文件存储在多个磁盘上的情况，当其中一个磁盘发生故障时，只需还原故障磁盘上的文件。在使用文件和文件组进行还原时，要求有一个自上次备份以来的事务日志备份来保证数据库的一致性。所以，在进行完文件和文件组备份后，应再进行事务日志备份，否则在文件和文件组备份中的所有数据库变化将无效。

13.1.3 恢复模式

1．恢复模式的类型

备份和还原操作是在某种“恢复模式”下进行的。恢复模式是一个数据库属性，它用于控制数据库备份和还原操作基本行为，它控制了将事务记录在日志中的方式、事务日志是否需要备份以及可用的还原操作等。选择不同的恢复模式可以简化恢复计划，简化备份和恢复的过程。

在 SQL Server 2008 中可以使用的“恢复模式”有三种：

（1）简单恢复模式。在简单恢复模式下，简略地记录大多数事务，所记录的信息只是为了确保在系统崩溃或还原数据备份之后数据库的一致性。在简单恢复模式下，每个数据备份后日志将被截断，截断日志将删除备份和还原事务日志，所以没有事务日志备份。这虽然简化了备份和还原，但是，没有事务日志备份，便不可能恢复到失败的时间点。通常，只有在对数据安全要求不高的数据库中使用改恢复模式。

（2）完整恢复模式。在完整恢复模式下，完整地记录了所有的事务，并保留所有事务的日志记录。完整恢复模式可在最大范围内防止出现故障时丢失数据，并提供全面保护，使数据库免受媒体故障影响。通常，对数据可靠性要求比较高的数据库需要使用该恢复模式，如银行、邮电等部门的数据库系统，任何事务日志都是必不可少的。使用该模式，应定期做事务日志备份，以免日志文件会变得很大。

（3）大容量日志恢复模式。与完整恢复模式（完全记录所有事务）相反，大容量日志恢复模式只对大容量操作（例如索引创建和大容量加载）进行最小记录，这样可以大大提高数据库的性能，常用做完整恢复模式的补充。由于该模式事务日志不完整，一旦出现问题，数据库有可能无法恢复，因此，一般只有在需要进行大容量操作时才使用该恢复模式，操作完后，应改用其他的恢复模式。

2．在 SQL Server Management Studio 中设置恢复模式

（1）启动 SQL Server Management Studio，在“对象资源管理器”窗口中选择服务器，展开“数据库”节点，右击目标数据库，在弹出的快捷菜单中选择“属性”命令项。

（2）单击“属性”命令，打开“数据库属性”对话框，单击“选项”页，如图 13.1 所示。

（3）在“恢复模式”列表框中，可以选择“完整”、“大容量日志”或“简单”来更改恢复模式。

（4）选择完毕后，单击“确定”按钮，完成恢复模式设置。

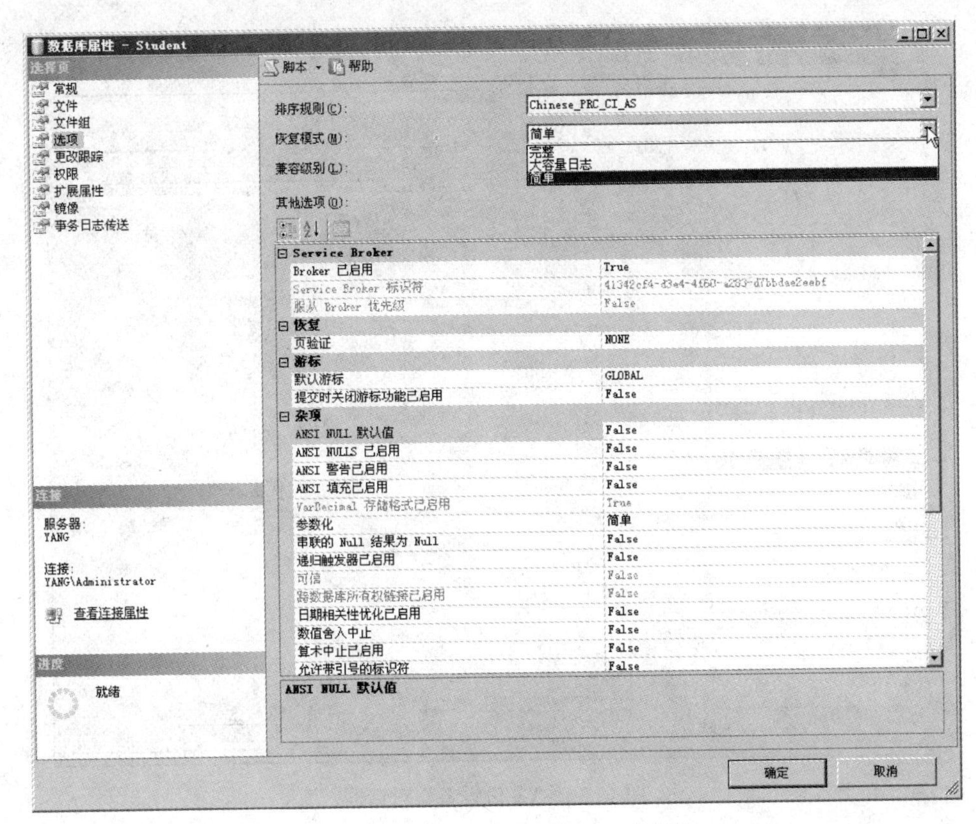

图 13.1 “数据库属性-选项”对话框

13.2 备份与还原操作

13.2.1 数据库的备份

在 SQL Server 2008 中，数据库可以备份到备份设备和备份文件中。备份设备是指备份或还原操作中使用的磁带或磁盘。备份文件是指存储完整或部分数据库、事务日志、文件和文件组备份的文件。使用备份设备备份数据库时，需要先创建备份设备与一个物理的存储设备联系起来，这样，以后执行备份的时候直接指定备份设备就可以了。

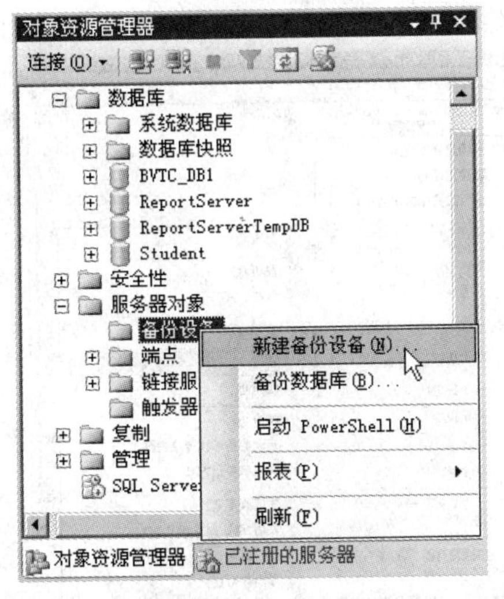

图 13.2 新建备份设备

1. 管理备份设备

（1）使用“对象资源管理器”创建备份设备。

① 启动 SQL Server Management Studio，在“对象资源管理器”窗口中选择服务器，展开“服务器对象”节点，右击“备份设备”，在弹出的快捷菜单中单击“新建备份设备”命令，如图 13.2 系统数据库所示，打开“备份设备”对话框，如图 13.3 所示。

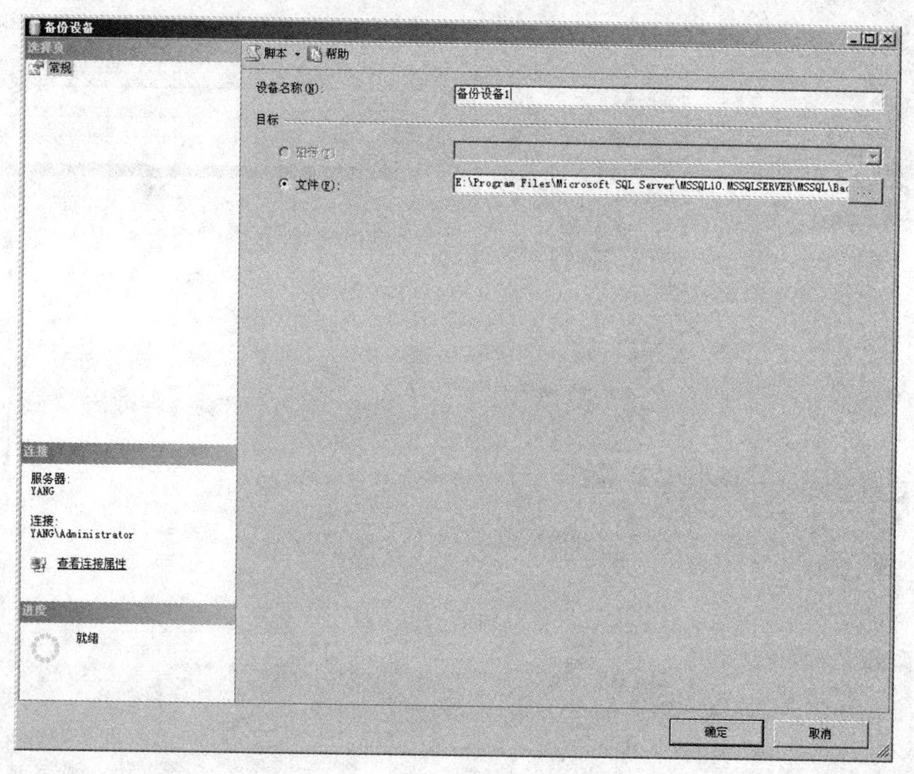

图 13.3 “备份设备”对话框

② 在“设备名称”文本框中输入名称，如“备份设备 1”，在“文件”文本框中，输入或更改备份设备的路径和文件名。

③ 单击“确定”，完成备份设备的创建。

（2）使用“对象资源管理器”删除备份设备。

① 启动 SQL Server Management Studio，在“对象资源管理器”窗口中选择服务器，展开“服务器对象”节点。

② 选择“备份设备”选项，在“对象资源管理器”窗口中出现已创建备份设备列表，右击要删除的备份设备，在弹出的快捷菜单中单击“删除”命令。

③ 弹出“删除对象”窗口，单击“确定”按钮，完成备份设备的删除。

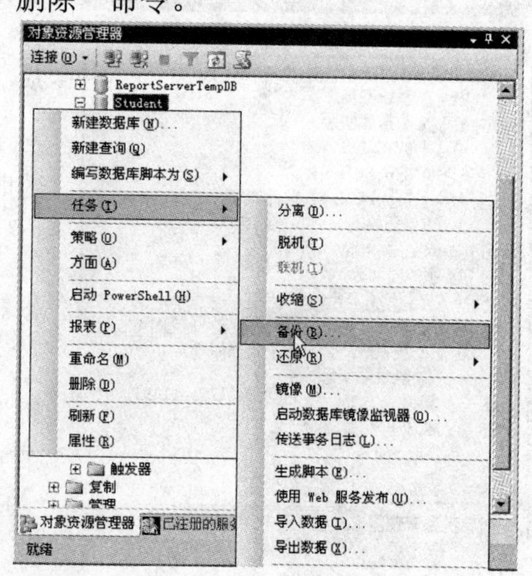

图 13.4 备份数据库

2. 用户数据库备份操作

在 SQL Server 2008 中可以使用 BACKUP DATABASE 语句创建数据库备份，也可以在 SQL Server Management Studio 中以图形化的方法进行备份，这里只介绍图形化的方式进行备份。

【例 13.1】完整备份“student”数据库。

在 SQL Server Management Studio”中，无论是进行完整数据库备份，还是事务日志备份、差异数据库备份、文件和文件组备份都执行相似的步骤，步骤如下：

（1）启动 SQL Server Management Studio，在“对象资源管理器”窗口中选择服务器，展开“数据库”节点，右击需要进行备份的数据库 student，在弹出的快捷菜单中选择“任务”→“备份”命令，如图 13.4 所示。

（2）单击“备份”命令，打开“备份数据库”对话框，在“备份数据库”对话框的“常规”选项界面中，从“源”选项栏的“备份类型”下拉列表中选择备份的类型，可以选择“完整”、“差异”、“事务日志”三种备份类型，在此，选择“完整”备份类型，如图 13.5 所示。

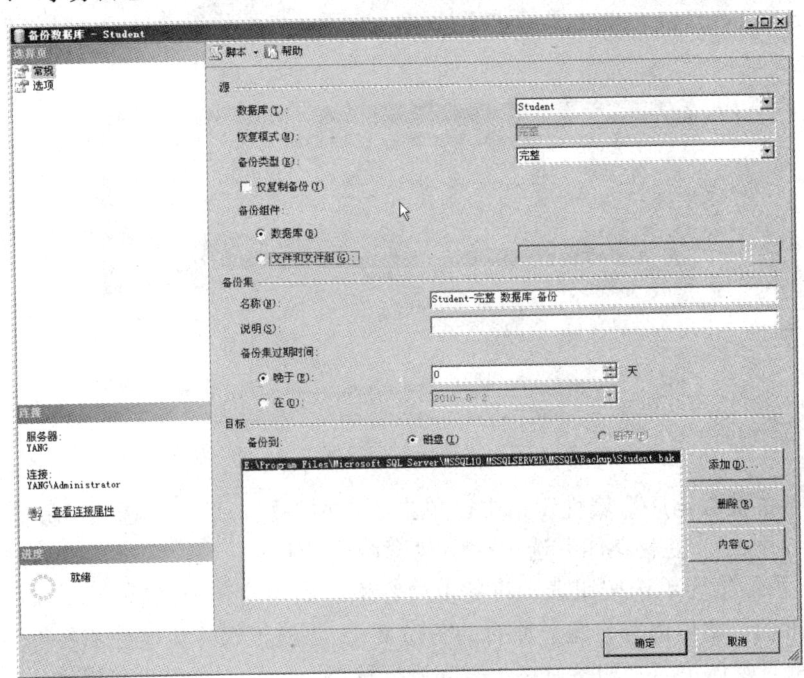

图 13.5　“备份数据库-常规”对话框

（3）如果需要备份“文件和文件组”，单击“文件和文件组”单选按钮，打开如图 13.6 所示的“选择文件和文件组”对话框，选择需要备份的文件和文件组，然后，单击“确定”按钮返回“备份数据库”对话框的“常规”选项页界面。

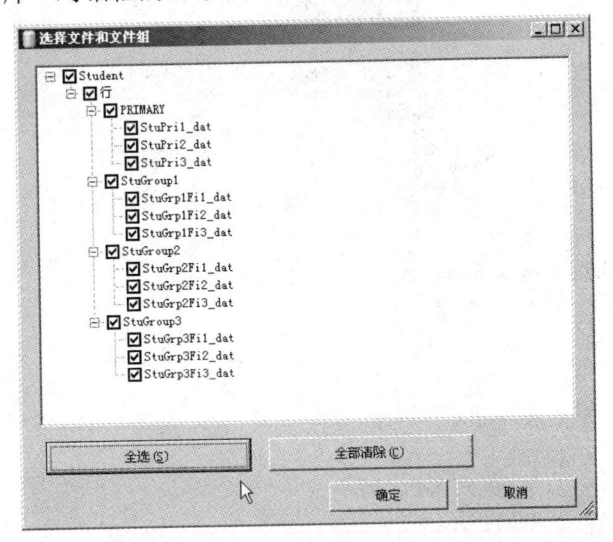

图 13.6　“选择文件和文件组”对话框

（4）在“备份集”选项栏内“名称”文本框内设置备份集的名称，“说明”文本框内输入对备份集的说明内容。在“备份集过期时间”下可以设置本次备份在多少天后过期或设置本次备份在哪个时间过期。

（5）在“目标”选项栏内可以设置数据库备份到磁盘或磁带上。其中，将数据库备份到磁盘上有两种方式，一种是文件方式，一种是备份设备方式。单击“添加”按钮，弹出“选择备份目标”对话框，如图 13.7 所示。在该对话框中，输入文件名或选择设备，在此，输入文件名：student.bak，单击“确定”按钮，返回“备份数据库”的“常规”选项界面，如图 13.5 所示。

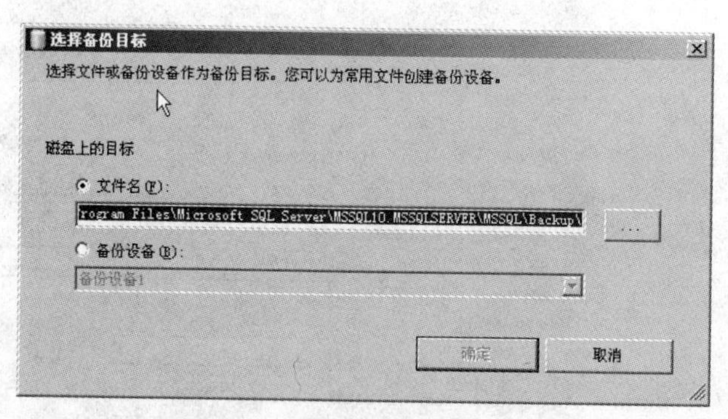

图 13.7 “选择备份目标”对话框

（6）在“备份数据库”属性窗口中，单击“选项”页，进入“选项”界面，如图 13.8 所示。在该界面的“覆盖媒体”选项栏中包含两类选项：一是“备份到现有媒体”，其中“追加到现有备份集”单选按钮表示将备份内容添加到当前备份之后。“覆盖所有现有备份集”单选按钮表示备份内容将覆盖原有的备份文件。“检查媒体集名称和备份集过期时间”复选按钮表示对媒体集名字和备份终止时间进行核对。二是“备份到新媒体集并清除所有现有备份集”，要求分别输入新的媒体集名称和媒体集说明。

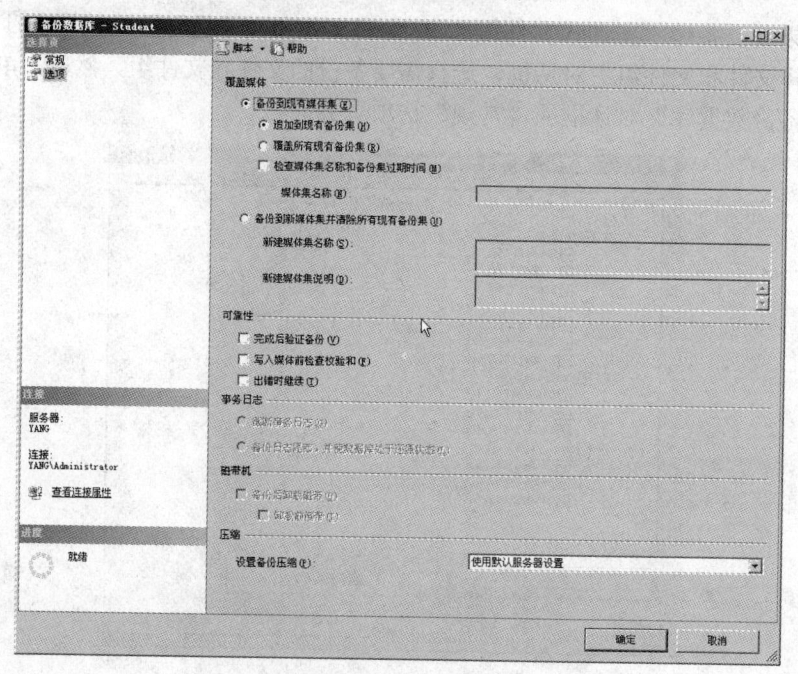

图 13.8 “备份数据库”对话框“选项”界面

（7）在“可靠性”选项栏部分，包括两个复选框，选择“完成后验证备份”表示要验证备份集是否完整。选择“写入媒体前检查校验和”表示写入备份媒体前验证校验和，激活“出错时继续”选项，表示如果备份数据库时发生错误，将继续进行。

（8）如果在图 13.5 所示的“备份类型”中选择“事务日志”，则激活图 13.8 中的“事务日志”区域，选择“截断事务日志”表示备份事务日志并将其截断，以便释放更多的日志空间。

（9）所有设置完成后，单击“确定”按钮，开始数据库备份。如果没有错误，备份完成后，将弹出如图 13.9 所示的提示消息，表示备份成功。

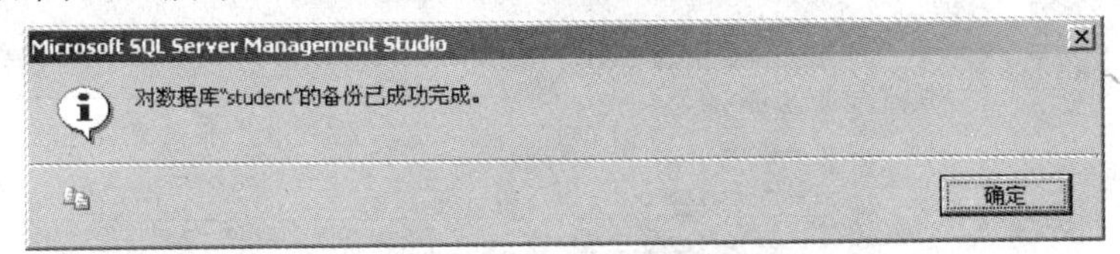

图 13.9　备份成功消息框

3．系统数据库备份操作

备份数据库，不仅要备份用户数据库，降低数据损失，而且也要备份系统数据库，用来在系统或数据库发生故障（例如硬盘发生故障）时重建系统，因此，需要定期备份下列系统数据库：master 数据库、msdb 数据库、model 数据库。

注意：不需要备份 Resource 系统数据库，因为它是 SQL Server 2008 附带的所有系统对象副本的只读数据库。无法备份 tempdb 数据库，因为每次启动 Microsoft SQL Server 实例时都重建 tempdb，SQL Server 实例在关闭时将永久删除 tempdb 中的所有数据。

系统数据库备份的操作方法与用户数据库备份的操作方法相似，这里不再介绍。

13.2.2　数据库的还原

在还原数据库之前，需要注意检查要还原的备份文件或备份设备的有效性。再就是检查数据库使用状态，限制其他用户对数据库的访问。否则，无法还原数据库。

【例 13.2】将“student”数据库的完整备份进行还原。

在 SQL Server Management Studio 中还原数据库的方法如下：

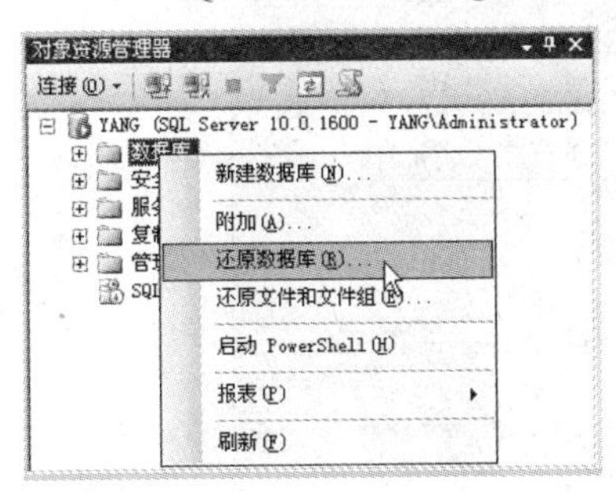

图 13.10　还原数据库

（1）启动 SQL Server Management Studio，在“对象资源管理器”窗口中选择服务器。

（2）右击“数据库”节点，在弹出的快捷菜单上选择“还原数据库”命令，如图 13.10 所示。

（3）单击“还原数据库”命令，打开“还原数据库”对话框的“常规”界面，如图 13.11 所示。在“目标数据库”旁的下拉列表中，可以输入或选择要还原的数据库，如果备份文件或备份设备里的备份集很多，可以选择还原的“目标时间点”，只要有事务日志备份支持，可以将数据库还原到某个时间的状态。默认情况是“最近状态”。

（4）在“还原的源”的选项中，如果选择“源数据库”单选按钮，则通过右边的下拉列表可以选择历史备份记录，并自动显示在下面的“选择用于还原的备份集”选项区域。如果选择“源设备”单选按钮，则需要指定还原的备份文件或备份设备。

（5）在“选择用于还原的备份集”选项栏内可以选择要还原的备份集，SQL Server 2008 支持一次性选择多个备份集来还原数据库。SQL Server 2008 还十分智能，用户只要选择要恢复到的备份集即可，系统会自动选择要恢复到这个备份集所需的其他备份集。

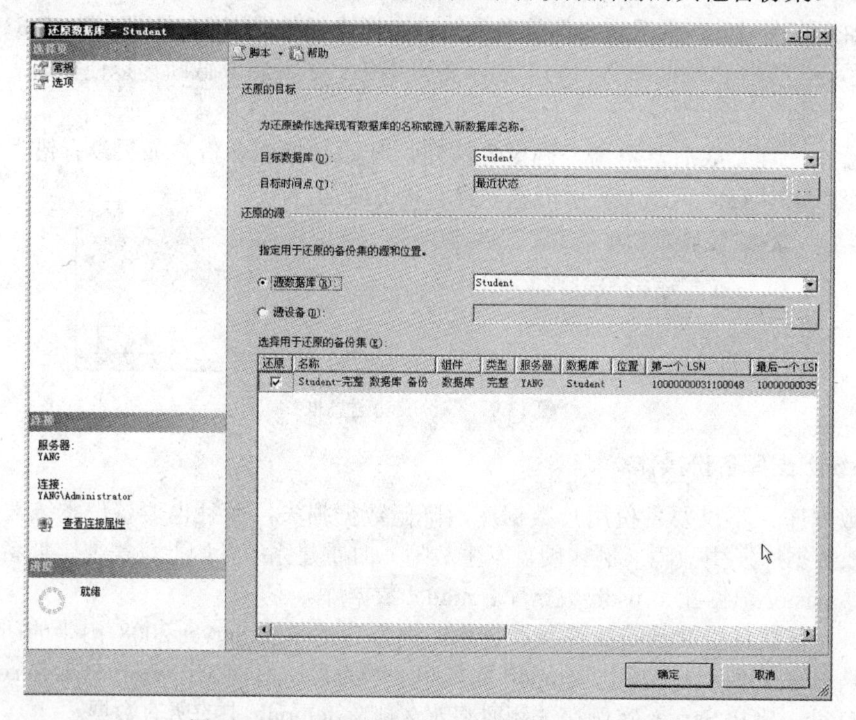

图 13.11 “还原数据库”对话框“常规”界面

（6）切换到“选项”界面，如图 13.12 所示，进行其他选项的设置，主要包含如下内容。

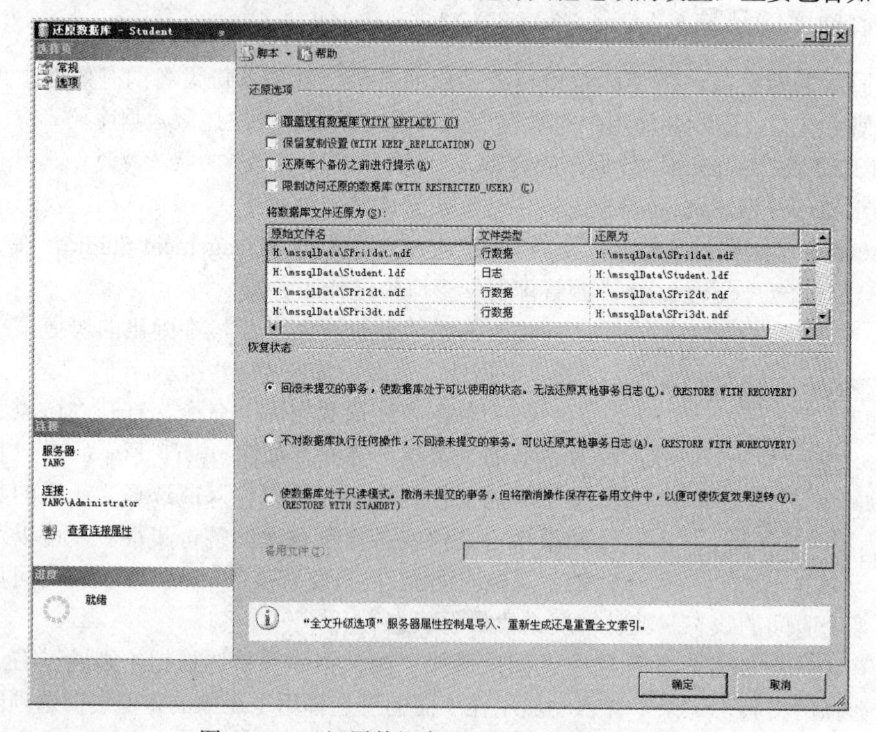

图 13.12 “还原数据库”对话框“选项”界面

- 覆盖现有数据库：指定还原操作应覆盖所有现有数据库及其相关文件，即使已存在同名的其他数据库或文件。
- 保留复制设置：将已发布的数据库还原到创建该数据库的服务器之外的服务器时，保留复制设置。
- 还原每个备份之前进行提示：在还原每个备份设置前要求进行确认。
- 限制访问还原的数据库：使还原的数据库仅供 db_owner、dbcreator 或 sysadmin 的成员使用。
- 将数据库文件还原为：显示数据库的原始文件名。在此可以更改要还原到的任意目的文件的路径及名称。

在此，设置“还原选项”为“覆盖现有数据库”。

（7）设置完后，单击“确定”按钮，开始并完成数据库还原。

13.3 备份与还原计划

通常，选择哪种类型的备份是依赖所要求的还原能力（如将数据库还原到失败点）、备份文件的大小（如完成完整备份、只进行事务日志的备份或是差异数据库备份）以及留给备份的时间等来决定。常用的备份方案有：仅进行完整备份，或在进行完整备份的同时进行事务日志备份，或使用完整备份和差异备份。

选用何种备份方案将对备份和还原产生直接影响，而且决定了数据库在遭到破坏前后的一致性水平。所以在做决策时，必须考虑到以下问题：

- 如果只进行完整备份，那么将无法还原最近一次完整备份以来数据库中所发生的所有事务。这种方案的优点是简单，而且在进行数据库还原时操作也很方便。
- 如果在进行完整备份时也进行事务日志备份，那么可以将数据库还原到失败点。那些在失败前未提交的事务将无法还原，但如果在数据库失败后立即对当前处于活动状态的事务进行备份，则未提交的事务也可以还原。

从以上问题可以看出，对数据库一致性的要求程度成为选择备份方案的主要原因。但在某些情况下，对数据库备份提出了更为严格的要求，例如在处理重要业务的应用环境中，常要求数据库服务器连续工作，至多只留有一小段时间来执行系统维护任务，在这种情况下一旦出现系统失败，则要求数据库在最短时间内立即还原到正常状态，以避免丢失过多的重要数据，由此可见备份或还原所需时间往往也成为选择何种备份方案的重要影响因素。

SQL Server 提供了以下几种方法来减少备份或还原操作的执行时间。

- 使用多个备份设备来同时进行备份。同理，可以从多个备份设备同时进行数据库还原操作。
- 综合使用完整数据库备份、差异备份或事务日志备份来减少每次需要备份的数据量。
- 使用文件和文件组备份以及事务日志备份，这样可以只备份或还原那些包含相关数据的文件，而不是整个数据库。

另外，需要注意的是在备份时还要决定使用哪种备份设备，如磁盘或磁带，并且决定如何在备份设备上创建备份，比如将备份添加到备份设备上或将其覆盖。

总之，在实际应用中备份策略和还原策略的选择不是相互孤立的，而是有着紧密联系的。不能仅仅因为数据库备份为数据库还原提供了原材料，在采用何种数据库还原模式的决策中，只考虑该怎样进行数据库备份。另外，在选择使用哪种备份类型时，应该考虑到当使用该备份进行数据库还原时，它能把遭到损坏的数据库返回到怎样的状态，是数据库失败的时刻，还是最近一次备份的时刻。备份类型的选择和还原模式的确定，都应该以尽最大可能以最快速度减少或消灭数据丢失为目标。

13.4 数据的导入与导出

SQL Server 2008 提供了数据的导入导出服务，实现在不同的数据源和目标之间的复制与转换数据。使用 SQL Server 2008 的导入导出向导可以在 SQL Server 之间，SQL Server 与 ODBC 数据源、与 OLE DB、与文本文件之间进行数据的导入导出操作。数据的导入是指从其他数据源里把数据复制到 SQL Server 的数据库中。数据的导出是指把 SQL Server 数据库中的数据复制到其他的数据源中。其他的数据源可以是：通过 OLE DB 或 ODBC 来访问的数据源，SQL Server 数据源，Excel，Access，Oracle 及纯文本文件等。

13.4.1 导出数据

【例 13.3】将“student”数据库中的“系部”、“专业”和“班级”数据导入到 Access 数据库 student1.mdb 中。

在 SQL Server Management Studio 中导出 SQL Server 数据的步骤为：

（1）启动 SQL Server Management Studio，在“对象资源管理器”窗口中选择服务器，展开“数据库”节点，右击要进行“导入或导出”操作的数据库名（如 student），在弹出的快捷菜单中选择“导出数据”命令，如图 13.13 所示。

（2）单击“导出数据”命令，打开“SQL Server 导入和导出向导”欢迎界面，如图 13.14 所示。

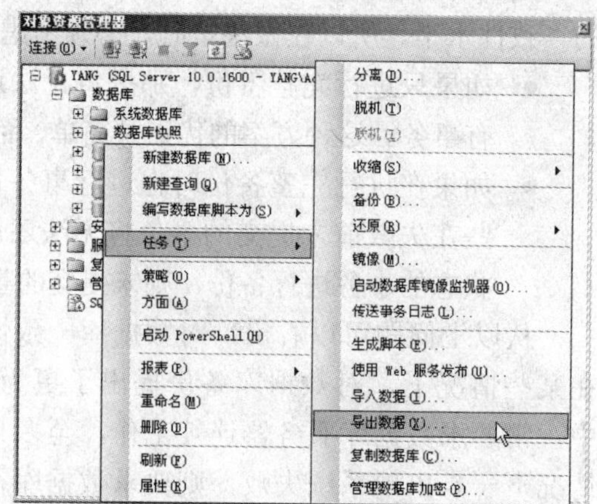

图 13.13 导出数据

（3）单击“下一步”命令按钮，打开“选择数据源”对话框，如图 13.15 所示。在“数据源”下拉列表框中选择数据源，因为要导出 SQL Server 数据，所以选择“Microsoft OLE DB Provider for SQL Server”；在“服务器名称”下拉列表框中选择或输入数据库服务器；选择适当的身份验证方式；在“数据库”下拉列表框中选择或输入数据库名称，在此选择“student”数据库。

（4）单击“下一步”命令按钮，打开“选择目标”对话框，指定将数据复制到何处。在“目标”列表框中选择目标表类型，此时，界面随选择的导出的数据表类型的不同而不同，如图 13.16 所示为选择了 EXCEL 后“选择目标”对话框界面，在此，单击“浏览”按钮，打开“打开”EXCEL 数据文件的对话框，选择一个已经创建好的 EXCEL 数据文件（如 student1.xls）。

（5）单击“下一步”命令按钮，打开“指定表复制或查询”对话框，如图 13.17 所示。指定要传输的数据的方式。可以选择复制现有数据库中表或视图的全部数据，也可以选择用一个 T-SQL 查询语句来指定要传输的数据。

SQL Server 导入和导出向导
欢迎使用 SQL Server 导入和导出向导
此向导可帮助您创建简单包，以便在多种常用数据格式(包括数据库、电子表格和文本文件)之间导入和导出数据。此向导还可创建目标数据库和用于插入数据的表。
若要将数据库及其对象从一个服务器实例移动或复制到另一个服务器实例，请取消此向导，改为使用复制数据库向导。SQL Server Management Studio 中提供了复制数据库向导。
不再显示此起始页(D)。
帮助(H)
< 上一步(B)
下一步(N) >
完成(F) >>|
取消

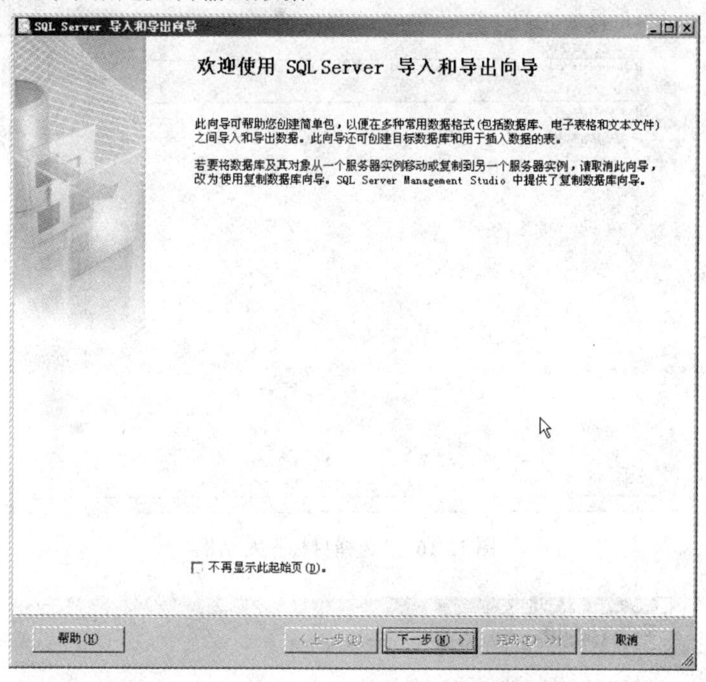

图 13.14　导入和导出向导欢迎界面

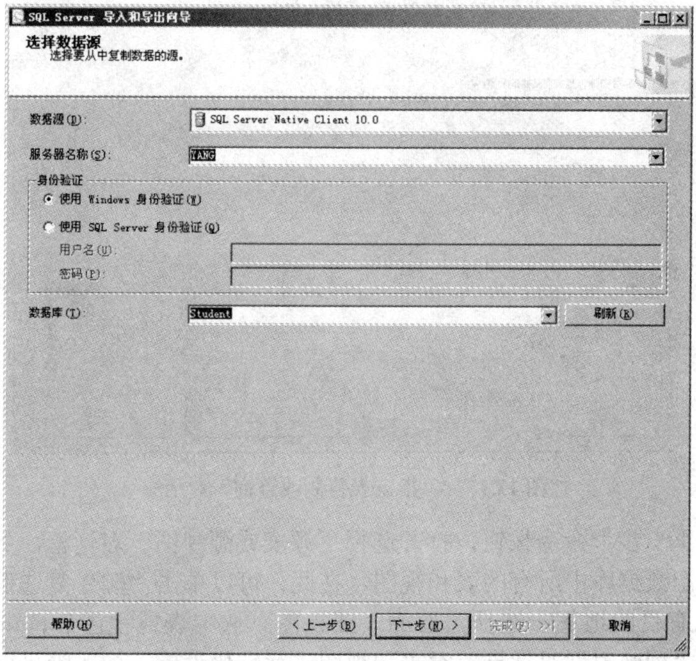

SQL Server 导入和导出向导
选择数据源
选择要从中复制数据的源。
数据源(D):
SQL Server Native Client 10.0
服务器名称(S):
YANG
身份验证
使用 Windows 身份验证(W)
使用 SQL Server 身份验证(Q)
用户名(U):
密码(P):
数据库(T):
Student
刷新(R)
帮助(H)
< 上一步(B)
下一步(N) >
完成(F) >>|
取消

图 13.15　“选择数据源”对话框

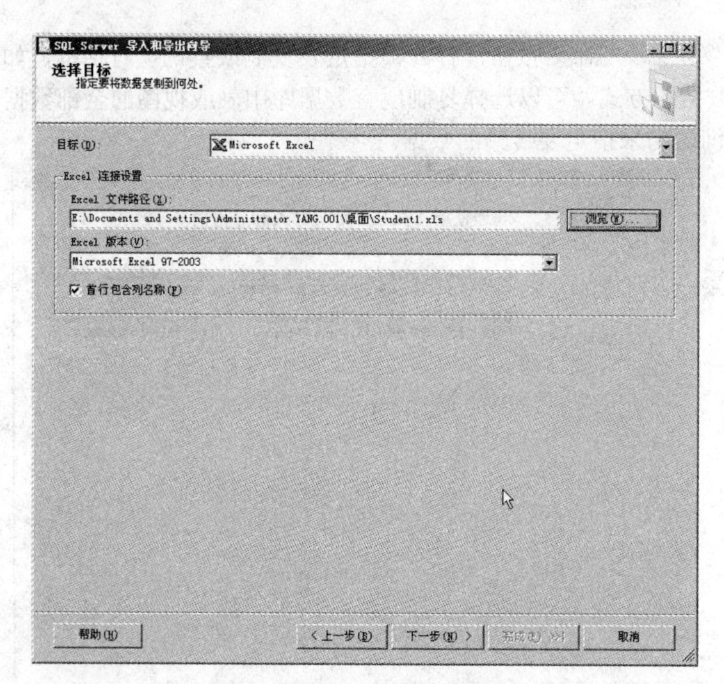

图 13.16 “选择目标”对话框

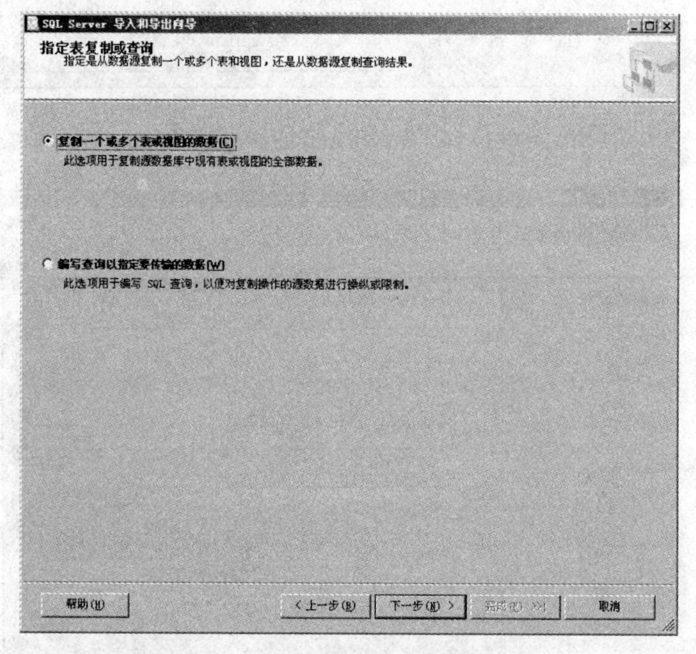

图 13.17 “指定表复制或查询”对话框

（6）单击“下一步”命令按钮，打开选择“源表或源视图”对话框，如图 13.18 所示。该对话框列出了源数据库中所有的表和视图，在此，可以单击“源”复选框，选择所有的表和视图，也可以有目的地逐一选择需要的表或视图。选中表或视图后，可以单击“编辑映射”按钮，打开“列映射”对话框，对表和视图进行转化设置，如删除目标表中的记录设置等。单击“预览”按钮，可以查看选择表转换后的结果。

（7）单击“下一步”命令按钮，打开“查看数据类型映射”对话框，如图 13.19 所示。在此，可以查看表映射和列数据类型映射。

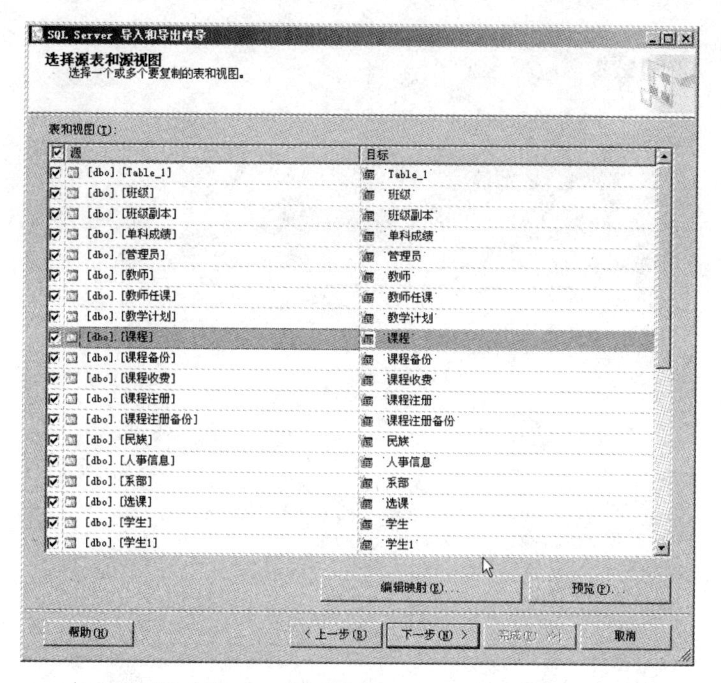

图 13.18 “选择源表或源视图”对话框

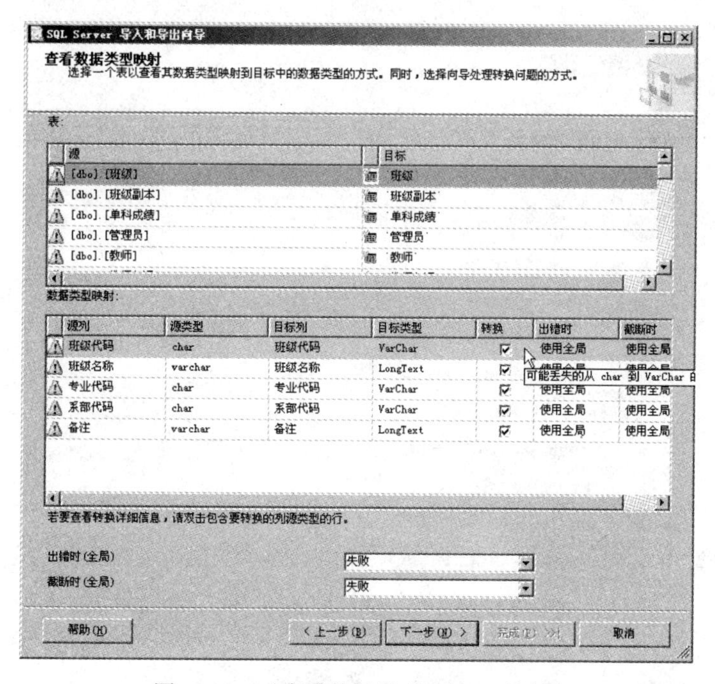

图 13.19 “查看数据类型映射”对话框

（8）单击“下一步”按钮，打开“保存并运行包”对话框，如图 13.20 所示，选择“立即执行”复选框。单击“下一步”命令按钮，进入“完成该向导”对话框，如图 13.21 所示。

（9）单击“完成”命令按钮，进行数据复制。导出完成后，显示“执行成功”报告信息。

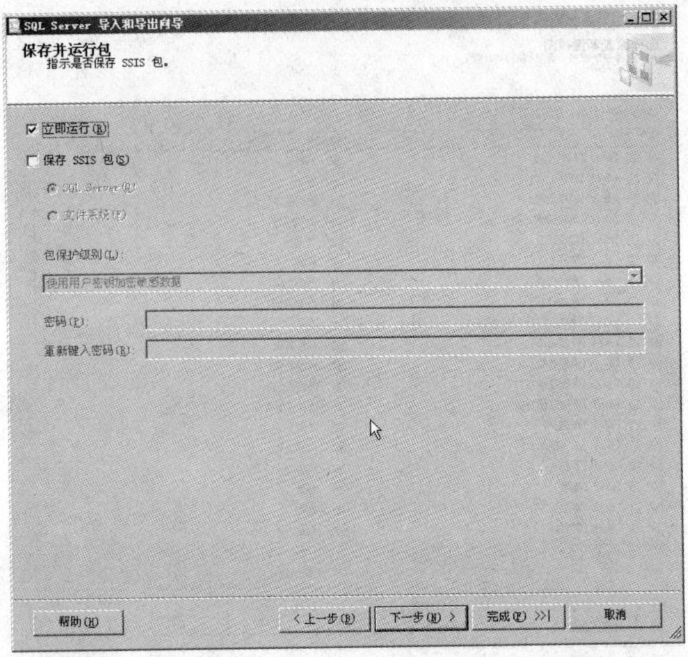

图 13.20 “保存并运行包”对话框

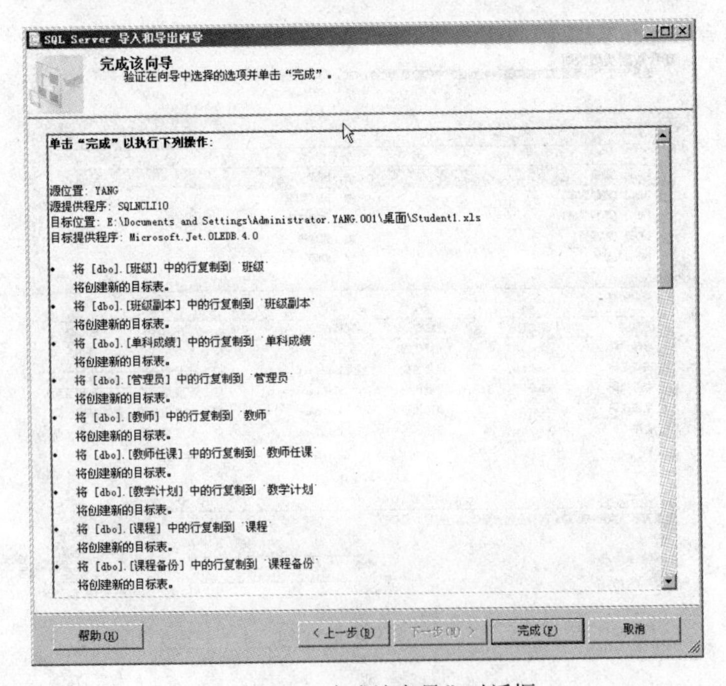

图 13.21 “完成该向导”对话框

13.4.2 导入数据

数据的导入与导出基本相似，也是使用“导入和导出向导”。下面简单介绍导入数据的过程。

【例 13.4】将 Access 数据库 student1.mdb 中的“教材”表导入 SQL Server 数据库 student 中（需要先在 student1.mdb 中创建“教材”表）。

在 SQL Server Management Studio 中导入数据的步骤为：

（1）启动 SQL Server Management Studio，在“对象资源管理器”窗口中选择服务器，展开“数据库”节点，右击要进行“导入或导出”操作的数据库名（如 student），在弹出的快捷菜单中选择“导入数据”命令。

（2）单击“导入数据”命令，打开“SQL Server 导入和导出向导”欢迎界面。

（3）单击“下一步”按钮，打开“选择数据源”对话框，在“数据源”下拉列表框中选择数据源，因为要导入 Access 数据，所以选择“Microsoft Access”；单击“文件名”文本框对应的“浏览”命令按钮，选择“student1. mdb”数据库。

（4）单击“下一步”命令按钮，打开“选择目标”对话框，指定将数据复制到何处。在“目标”列表框中选择“Microsoft OLE DB Provider for SQL Server”，选择服务器，选择数据库“student”。

（5）单击“下一步”命令按钮，打开“指定表复制或查询”对话框，选择“复制一个或多个表或视图的数据”单选按钮。

（6）单击“下一步”命令按钮，打开“源表或源视图”对话框，如图 13.22 所示，选择“教材”对应的复选框。

（7）单击“下一步”命令按钮，打开“保存并执行包”对话框，选择“立即执行”复选框。

（8）单击“下一步”命令按钮。进入“完成该向导”对话框，单击“完成”命令按钮，完成数据导入。

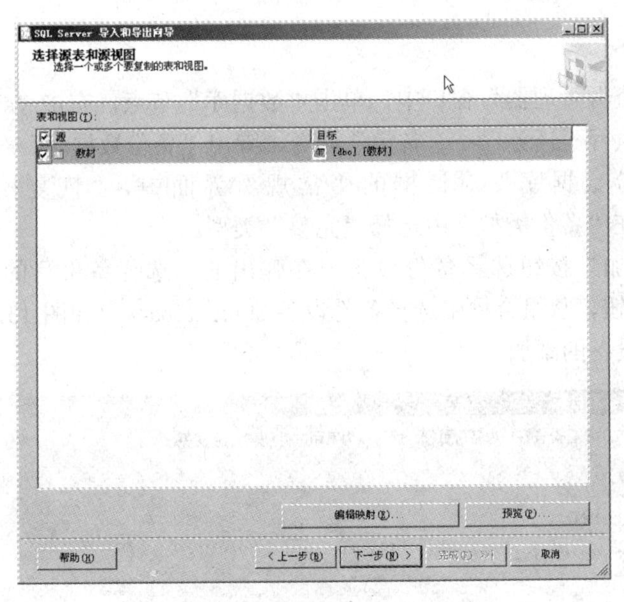

图 13.22　“源表或源视图”对话框

13.5　案例中的备份和还原操作

前面介绍了 SQL Server 中的备份与还原的概念和操作。本节以实际的“student”数据库的备份与还原为案例，来加深对 SQL Server 在备份与还原方面的理解，从而巩固 SQL Server 的备份与还原技能。

13.5.1 备份操作

在“student”中，考虑到该数据库中的数据表一般在每学期开学前进行数据的添加、修改、删除等操作，所以数据库更新频率缓慢，因此适合完整类型数据库备份策略。操作步骤如下。

1．创建备份设备

（1）启动 SQL Server Management Studio，在“对象资源管理器”窗口中选择服务器。

（2）展开“服务器对象”节点，右击“备份设备”选项，在出现的快捷菜单中单击“新建备份设备”命令。

（3）在弹出的窗口中的“设备名称”文本框中输入名称，如“student_back”，在“文件”文本框中，可以输入或更改备份设备的路径和文件名。

（4）设置完毕后，单击“确定”命令按钮，完成备份设备的创建。

2．设置恢复模式

（1）在“对象资源管理器”窗口中，单击“数据库”节点，右击“student”数据库，在弹出的快捷菜单上单击“属性”命令，弹出“数据库属性”对话框。

（2）在“数据库属性”对话框的“选择页”中，选择“选项”选项页，打开“选项”窗口，在“恢复模式”下拉列表框中选择“简单”选项。

（3）单击“确定”命令按钮，完成设置

3．备份数据库

（1）在“对象资源管理器”窗口中，单击“数据库”节点，右击“student”数据库，在弹出的快捷菜单上执行“任务”→“备份”命令，弹出“备份数据库”对话框。

（2）在“备份数据库”对话框的“常规”界面中，“恢复模式”中已默认为“SIMPLE”模式，在“备份类型”中选择“完整”类型。

（3）单击“添加”按钮选择备份设备，在弹出的“选择备份目的”对话框中，选择“备份设备”单选按钮，从组合框中选择备份设备 student_back，如图 13.23 所示，单击“确定”按钮完成备份设备的添加。

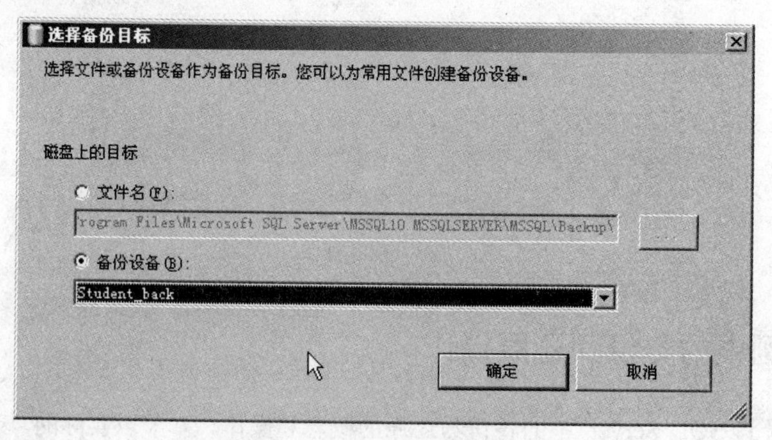

图 13.23 “选择备份目标”对话框

（4）在“备份数据库”对话框的“选项”选项卡可以进行附加设置，如图 13.24 所示。在“备份到现有媒体集”选项中选择“追加到现有备份集”选项。在“可靠性”选项栏中选择“完成后验证备份”。

（5）单击“确定”按钮，进行数据库备份。

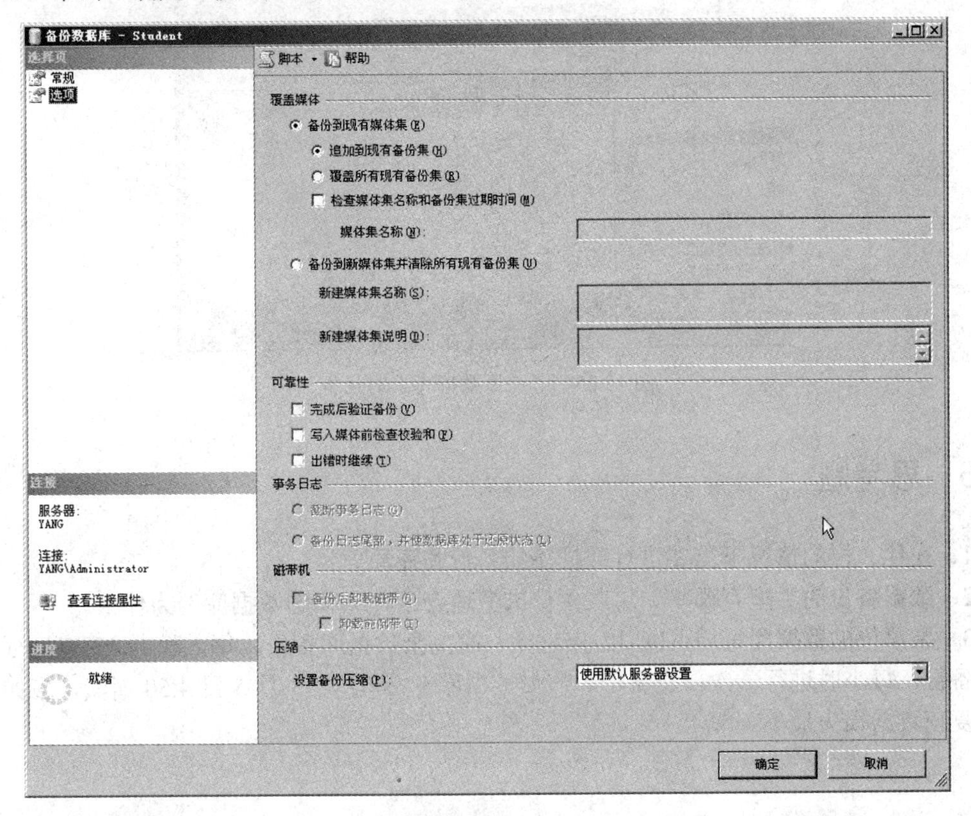

图 13.24　“备份数据库-选项”对话框

13.5.2　还原操作

还原数据库“student”的方法和步骤如下：

（1）启动 SQL Server Management Studio，在“对象资源管理器”窗口中选择服务器。

（2）右击“数据库”节点，在弹出的菜单上单击“还原数据库”命令，弹出“还原数据库”对话框。

（3）在“目标数据库”旁的下拉列表中，输入或选择要还原的数据库“student”，在“目标时间点”将数据库恢复的时间点设为“最近状态”。

（4）在“还原的源”的选项栏中，选择“源设备”单选按钮，指定还原的备份设备为“student_back”，将其添加到“选择用于还原的备份集”选项栏内，勾选“还原”复选框，如图 13.25 所示。

（5）切换到“选项”选项页，进行其他选项的设置。

（6）在设置完选项之后，单击“确定”按钮，还原“student”数据库。

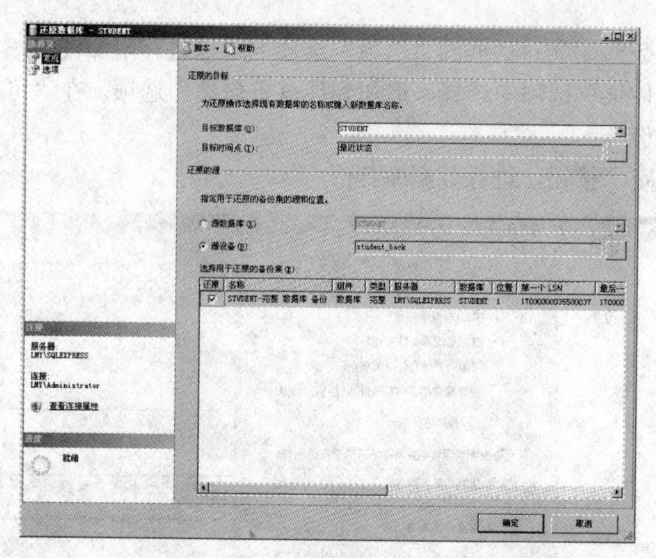

图 13.25 “还原数据库”对话框

13.6 思考题

1．在什么样的情况下需要进行数据库的备份和还原？

2．数据备份的类型有哪些？这些备份类型适合于什么样的数据库？为什么？

3．某单位的数据库每周五晚 12 点进行一次完全数据库备份，每天晚上 12 点进行一次差异备份，每小时进行一次日志备份。假如数据库在 2007 年 3 月 5 日 4:50 崩溃，应如何将其恢复使数据损失最小。

第 14 章　数据库与开发工具的协同使用

一个完整的数据库应用系统在逻辑上包括用户界面、业务逻辑和数据库访问链路。SQL Server 不具备图形用户界面的设计功能，一般把它作为整个数据库应用系统的后端数据库、满足客户端连接数据库和存储数据的需要。图形用户界面的设计工作通常使用可视化开发工具来完成，如 Visual Studio 2008、Eclipse 等。Visual Studio 2008 与 SQL Server 2008 都基于.NET，彼此结合紧密，便于发挥 SQL Server 2008 的特点。本章将主要以 Visual Studio 2008 中的 C#.Net 语言作为开发工具，介绍数据库与开发工具的协同使用。

14.1　常用的数据库连接方法

14.1.1　ODBC

开放式数据库互联（Opened Database Connectivity，ODBC）是一种用于访问数据库的统一界面标准，由 Microsoft 公司于 1991 年底发布，它应用数据通信方法、数据传输协议、DBMS 等多种技术定义了一个标准的接口协议，允许应用程序以 SQL 作为数据存取标准，来存取不同的 DBMS 管理的数据。ODBC 是基于 SQL 语言的，是一种在 SQL 和应用界面之间的标准接口，它解决了嵌入式 SQL 接口非规范核心问题，免除了应用软件随数据库的改变而改变的麻烦。

ODBC 是一个分层体系结构，由四部分构成：ODBC 数据库应用程序（Application）、驱动程序管理器（Driver Manager）、DBMS 驱动程序（DBMS Driver）、数据源（Data Source）。

（1）应用程序。应用程序利用 ODBC 接口中的 ODBC 功能与数据库进行操作，其主要功能有：调用 ODBC 函数，递交 SQL 语句给 DBMS，检索出结果，并进行处理。应用程序要完成 ODBC 外部接口的所有工作。

（2）驱动程序管理器。驱动程序管理器是一个动态连接库（DLL），用于连接各种 DBS 的 DBMS 驱动程序（如 SQL Server、Oracle、Sybase 等驱动程序），管理应用程序和 DBMS 驱动程序之间的交互作用。当一个应用程序与多个数据库连接时，驱动程序管理器能够保证应用程序正确地调用这些 DBS 的 DBMS，实现数据访问，并把来自数据源的数据传送给应用程序。

（3）DBMS 驱动程序。应用程序不能直接操作数据库，其各种操作请求要通过 ODBC 的驱动程序管理器提交给 DBMS 驱动程序，通过驱动程序实现对数据源的各种操作，数据库的操作结果也通过驱动程序返回给应用程序。应用程序通过调用驱动程序所支持的函数来操纵数据库。驱动程序也是一个动态连接库（DLL）。

（4）ODBC 的数据源。数据源（Data Source Name，DSN）是驱动程序与 DBS 连接的桥梁，数据源不是 DBS，而是用于表达一个 ODBC 驱动程序和 DBMS 特殊连接的命名。数据源分为以下三类。

● 用户数据源：用户创建的数据源，称为“用户数据源”。此时只有创建者才能使用，并且只能在所定义的机器上运行。任何用户都不能使用其他用户创建的用户数据源。

- 系统数据源：所有用户和在 Windows NT 下以服务方式运行的应用程序均可使用系统数据源。
- 文件数据源：文件数据源是 ODBC 3.0 以上版本增加的一种数据源，可用于企业用户，ODBC 驱动程序也安装在用户的计算机上。

创建数据源最简单的方法是使用 ODBC 驱动程序管理器。在连接中，用数据源名来代表用户名、服务器名、所连接的数据库名等，可以将数据源名看成是与一个具体数据库建立的连接。

14.1.2 JDBC

JDBC 是 Java 数据库连接（Java Data Base Connectivity）技术的简称，是 Java 同许多数据库之间连接的一种标准，这种连接独立于数据库。它是由 Sun 定义了技术规范，并由 Sun 及其 Java 合作伙伴开发的与平台无关的标准数据库访问接口。

JDBC 主要由两部分组成：一部分是访问数据库的高层接口，即通常所说的 JDBC API；另一部分是由数据库厂商提供的使 Java 程序能够与数据库连接通信的驱动程序，即 JDBC Database Driver（JDBC 数据库驱动程序）。

（1）JDBC API。JDBC 定义了表示数据库连接、SQL 句柄、预编译的 SQL 句柄、执行存储过程的 SQL 句柄、记录集、记录集元数据和数据库元数据的 Java 接口。这些接口提供了标准的数据库访问功能。这些 JDBC API 是高层的 API，它独立于数据库。

（2）JDBC 数据库驱动程序。JDBC 驱动程序可以分为以下四类。

- JDBC-ODBC 桥加 ODBC 驱动程序：该类驱动程序为 Java 应用程序提供了一种把 JDBC 调用映射为 ODBC 调用的方法。这种类型的驱动使 Java 应用可以访问所有支持 ODBC 的 DBMS。
- 部分用 Java 来编写的本地 API 驱动程序：该类驱动程序把客户机 API 上的 JDBC 调用转换为对特定的数据库如 Oracle、Sybase、DB2 等或其他 DBMS 的调用。
- JDBC 网络纯 Java 驱动程序：该类驱动程序将 JDBC 调用转换为与 DBMS 无关的网络协议。
- 本地协议纯 Java 驱动程序：该类驱动程序将 JDBC 调用直接转换为 DBMS 所使用的网络协议。这将允许从客户机机器上直接调用 DBMS 服务器。

14.1.3 ADO.NET

ADO.NET（ActiveX Data Objects.NET）是微软公司开发的访问数据库的新接口，其实质是一组向.NET 程序员公开数据访问服务的类，为创建分布式数据共享应用程序提供了一组丰富的组件。它具有对关系数据、XML 文档和应用程序数据的访问能力，是迄今为止最有效的数据库访问技术。ADO.NET 支持多种开发需求，包括创建应用程序、工具、语言或 Internet 浏览器使用的数据库客户端应用程序和中间层业务对象。目前最新版本是 2005 年 10 月与 SQL Server 2008 一起发布的 ADO.NET 2.0。

ADO.NET 主要由 DataSet 和.NET 框架数据提供程序两个核心组件组成，如图 14.1 所示。

DataSet 专门为独立于任何数据源的数据访问而设计的组件，用于多种不同的数据源和 XML 数据，它像一个内存数据库，可以包含一个表或多个表，表与表之间可以建立关系。

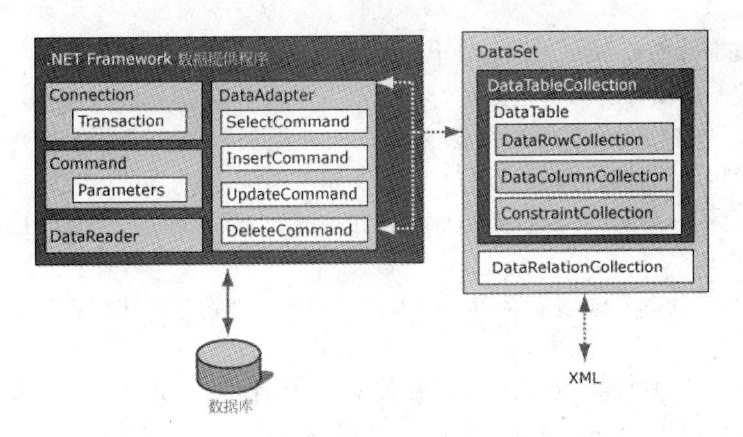

图 14.1　ADO.NET 结构

NET Framework 数据提供程序是专门为数据处理以及快速地只进、只读访问数据而设计的组件，它由 Connection、Command、DataReader 和 DataAdapter 对象组成。该组件的主要功能是将数据源中的数据取出，放入 DataSet 对象中，或将修改后的数据存回数据源。其中 Connection 对象用于连接数据源；Command 对象用于向数据源发出各种 SQL 命令，如返回数据、修改数据、运行存储过程以及发送或检索参数信息等；DataReader 对象从数据源中提供高性能的数据流；DataAdapter 提供连接 DataSet 对象和数据源的桥梁，它使用 Command 对象在数据源中执行 SQL 命令，以便将数据加载到 DataSet 对象中，使 DataSet 中数据的更改与数据源保持一致。

在 ADO.NET 2.0 版本中提供了 SQL Server.NET、OLEDB.NET、ODBC.NET 和 Oracle.NET 四组数据提供程序，分别访问不同类型的数据库。其中 SQL Server.NET Framework 数据提供程序专门用于访问 SQL Server 数据库。

14.2　在 Java 中的数据库开发

Java 是由 Sun 公司开发并广泛用于网络开发的主流开发语言之一，具有跨平台、简单、可移植性强、面向对象、解释型、分布式、高性能、健壮性、多线程、安全、动态等一系列优点。利用 JDBC 访问 SQL Server 数据库是 Java 数据库开发的主要方式之一。JDBC 与数据库连接最常见的一种方法是采用 JDBC-ODBC 桥连接。由于 ODBC 被广泛的使用，因此使用这种方式，可以使 JDBC 有能力访问几乎所有类型的数据库。

【例 14.1】 利用 JDBC-ODBC 桥连接数据库，查询“系部”表中的所有记录。

1. 创建 ODBC 数据源

使用 JDBC-ODBC 桥访问数据库，首先创建 ODBC 数据源。创建数据源最简单的方法是使用 ODBC 数据源管理器。在连接中，用数据源名来代表用户名、服务器名、所连接的数据库名等，可以将数据源名看成是与一个具体数据库建立的连接。下面创建一个连接 SQL

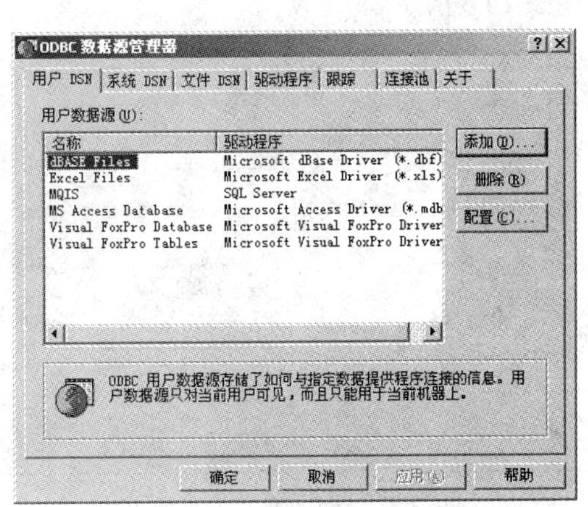

图 14.2　ODBC 数据源设置之一

Server 数据库 student 的 ODBC 数据源，其过程如下：

（1）在“控制面板”的“管理工具”中，双击“数据源(ODBC)”图标，启动“数据源 ODBC”程序如图 14.2 所示，数据源文件有三种类型，其中“用户 DSN”和“系统 DSN”是用户常用的两种数据源。“用户 DSN”和“系统 DSN”的区别是前者用于本地数据库的连接，后者是多用户和远程数据库的连接方式。下面以创建“用户 DSN”为例创建数据源。

（2）在“用户 DSN”选项卡界面下，单击“添加”按钮，弹出“创建新数据源”对话框，如图 14.3 所示。

（3）在“创建新数据源”对话框中选择数据库驱动程序 SQL Server，单击“完成”按钮，弹出“创建到 SQL Server 的新数据源”，如图 14.4 所示。在名称框中输入数据源名称：XSXK；在说明框中输入对数据源的说明：学生选课；在数据库服务器名称列表框中输入或选择服务器名，如果 SQL Server 系统安装有问题，将无法找到数据库服务器。在此输入数据库服务器名称 TEACHER。设置完成后，单击“下一步”按钮。

图 14.3　ODBC 数据源设置之二

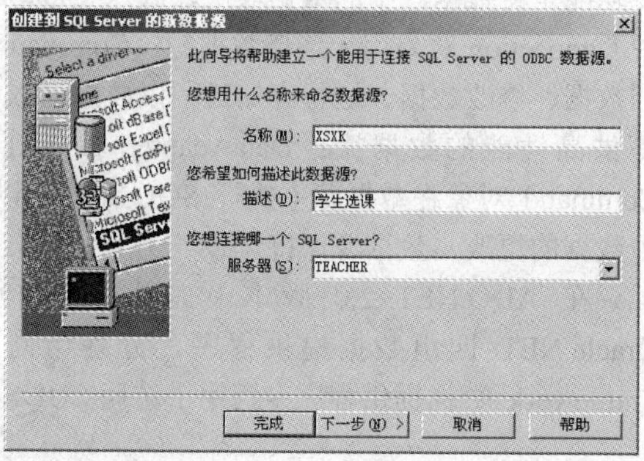

图 14.4　ODBC 数据源设置之三

（4）单击“下一步”按钮，出现登录 SQL Server 方式选择对话框，如图 14.5 所示。登录方式有两种：Windows 身份验证和 SQL Server 验证。在此，选择第二种方式“使用用户输入登录 ID 和密码的 SQL Server 验证”方式，并输入数据库的用户名称和密码。

（5）单击“下一步”按钮，在“更改默认的数据库为”列表框中选择 student 数据库，如图 14.6 所示。

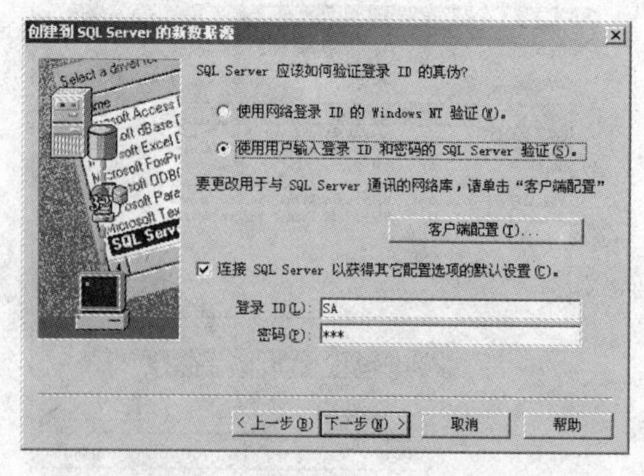

图 14.5　ODBC 数据源设置之四

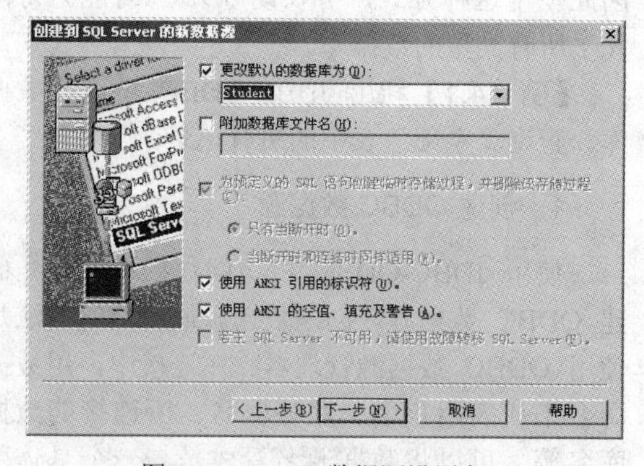

图 14.6　ODBC 数据源设置之五

（6）单击“下一步”按钮，选择 SQL Server 数据库支持的语言，以及其他一些选项，如图 14.7 所示。

（7）单击“完成”按钮，完成数据源的创建，如所图 14.8 示。数据源创建完成后，应该进行数据源的测试，测试成功信息如图 14.9 所示。到此为止，新的“用户 DSN”创建成功。同理，用同样的方法可以创建“系统 DSN”。

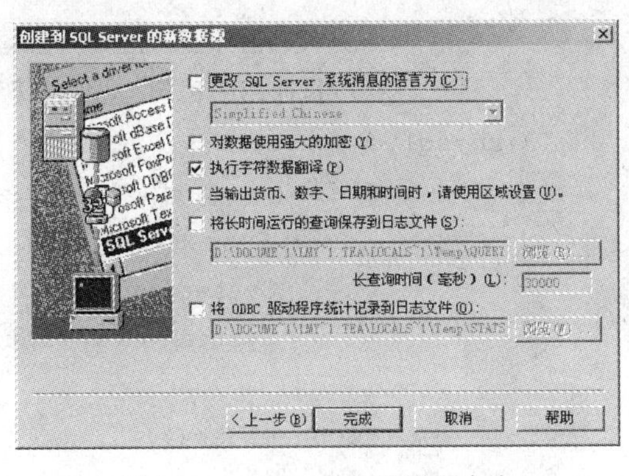

图 14.7　ODBC 数据源设置之六

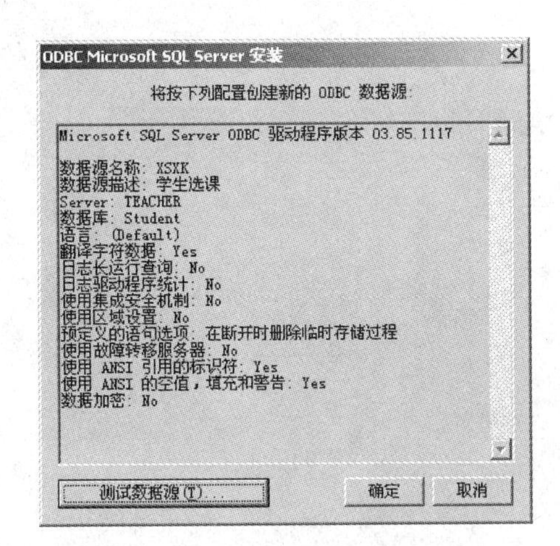

图 14.8　ODBC 数据源设置之七

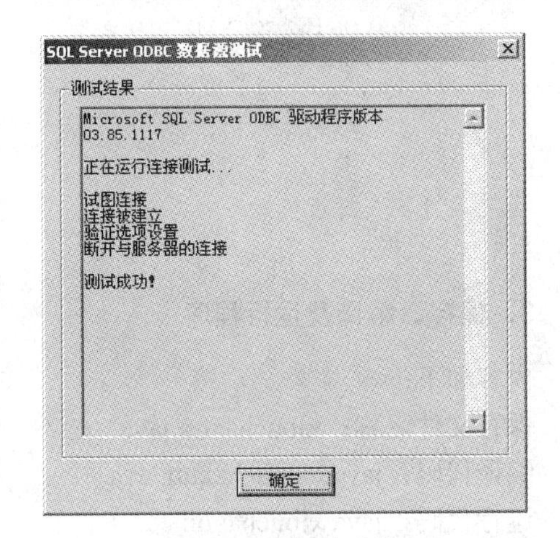

图 14.9　测试成功信息

2. 编写相应的程序

可以在任何文本编辑器中编写（如记事本），代码如下：

```
import java.sql.*;
public class xibuchaxun
{
 public static void main(String args[])
 {  Connection conn=null;
    Statement sql=null;
    ResultSet xb=null;
    try{//加载数据库驱动程序
        Class.forName("sun.jdbc.odbc.JdbcOdbcDriver");
        }
    catch(ClassNotFoundException e)
        {
         System.out.println(e.toString());
        }
    try{//和数据库建立连接
        conn=DriverManager.getConnection("jdbc:odbc:XSXK","sa","111");
```

```
            sql=conn.createStatement(); //创建 Statement 对象，用于执行 SQL 语句
            //执行 SQL 语句，返回结果集
    xb=sql.executeQuery("SELECT * FROM 系部");
            while(xb.next())
                { System.out.println("系部代码："+xb.getString(1));
                  System.out.println("系部名称："+xb.getString(2));
                  System.out.println("系部主任："+xb.getString(3));
                }
            conn.close();
          }
        catch(Exception e)
            {
            System.out.println(e.toString());
            }
      }
  }
```

3．保存、编译及运行程序

内容如下：

保存文件名称：xibuchaxun.java

编译代码：javac xibuchaxun.java

运行代码：java xibuchaxun

运行结果如图 14.10 所示。

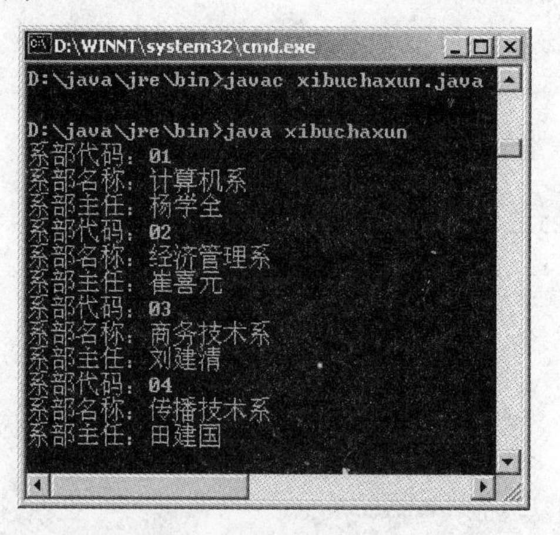

图 14.10　例 14.1 程序运行结果

14.3　在 Visual Studio.NET 中的数据库开发

Visual Studio.NET（简称 VS.NET）是 Microsoft 公司推出的一套开发工具，主要用于开发 Web 应用程序、桌面应用程序和移动应用程序。目前，最新的 Visual Studio.NET 版本是 Visual Studio 2008。SQL Server 2008 与 Visual Studio 2008 密切相关，数据库引擎中加入了.NET 的公共语言执行环境，方便了数据库应用程序的开发。下面介绍 Visual C#

2008.NET 开发环境下的数据库应用系统开发。

14.3.1 使用数据控件

数据控件是 Visual Studio.NET 的标准控件之一。在应用程序中，可以使用数据控件和各种数据绑定控件来显示和更新数据库中的信息。

【例 14.2】在 Visual C#.NET 环境中，使用数据数控件显示专业表中的所有记录。

1. 创建应用程序

启动 VS.NET 2008 开发环境，依次执行“文件”→“新建”→“项目”菜单命令，打开“新建项目”对话框，如图 14.11 所示。在左侧的“项目类型”列表中“Visual C#”选项，在右侧的“模板”选择“Windows 应用程序”，输入项目名称“xszyxx”，选择保存位置，单击“确定”按钮，创建一个用 Visual C#.NET 开发的 Windows 应用程序。

2. 配置数据源

（1）在 Visual C#环境中，依次执行“数据”→“显示数据源”菜单命令，打开“数据源”窗口，如图 14.12 所示。

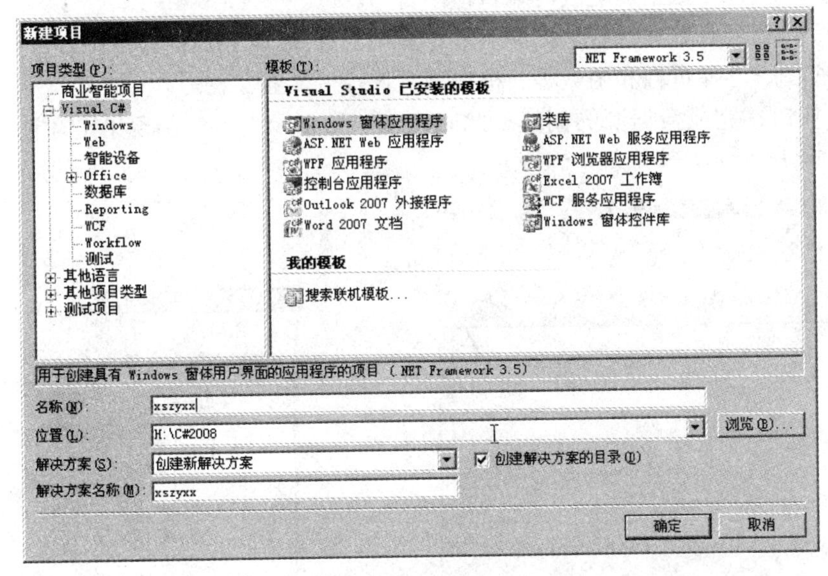

图 14.11 “新建项目”对话框

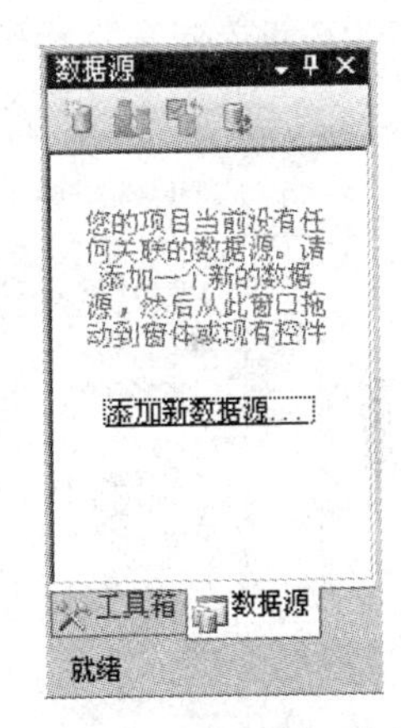

图 14.12 “数据源”窗口

（2）单击（添加新数据源）按钮，或者单击“添加新数据源...”命令，打开“数据源配置向导”对话框，如图 14.13 所示。

（3）选择“数据库”，单击“下一步”按钮，打开“选择您的数据连接”对话框。在该对话框中，单击“新建连接”按钮，打开“选择数据源”对话框，在此对话框中数据源选择“Microsoft SQL Server”，数据提供程序选择“用于 SQL Server 的.NET Framework 提供程序”，然后单击“继续”按钮，打开“添加连接”对话框，如图 14.14 所示。

（4）在“添加连接”对话框中输入或选择“服务器”，选择登录方式和要访问的数据，在此数据库服务器为“YANG”；登录方式为“使用 SQL Server 身份验证”，用户名为“sa”，密码为“111”；数据库为“student”。设置完毕后，单击“测试连接”按钮，如果测试连接成功，单击“确定”按钮，返回“选择您的数据连接”对话框。

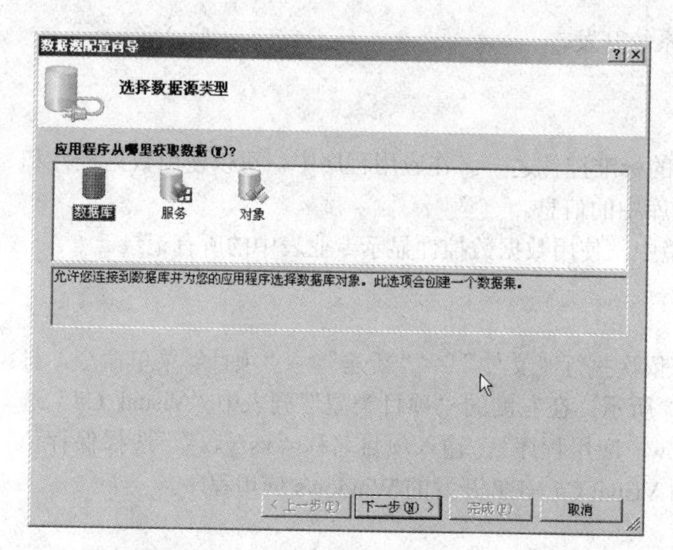

图 14.13 “数据源配置向导”对话框

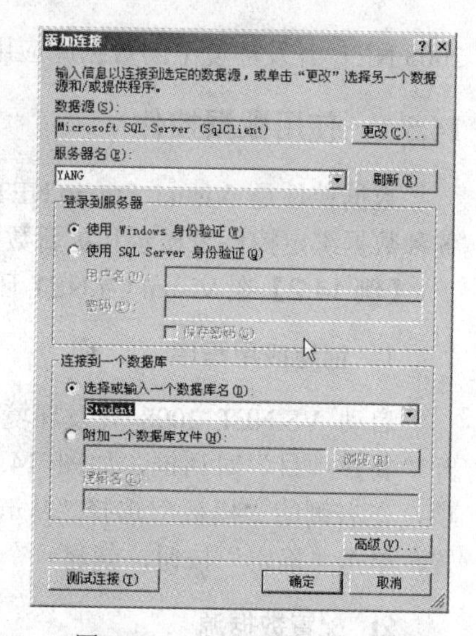

图 14.14 “添加连接”对话框

（5）单击“下一步”按钮，系统提示是否保存连接字符串“StudentConnectionString”。一般情况下，选择保存，方便以后数据库更改时编辑该字符串。

（6）单击“下一步”按钮，打开“选择数据库对象”窗口，如图 14.15 所示。可供选择的数据库对象包含表、视图、存储过程和函数等。根据题意选择“专业”表。

（7）单击“完成”按钮，完成数据源的创建。此时，在“数据源”窗口出现了刚才选择的数据库对象，如图 14.16 所示。

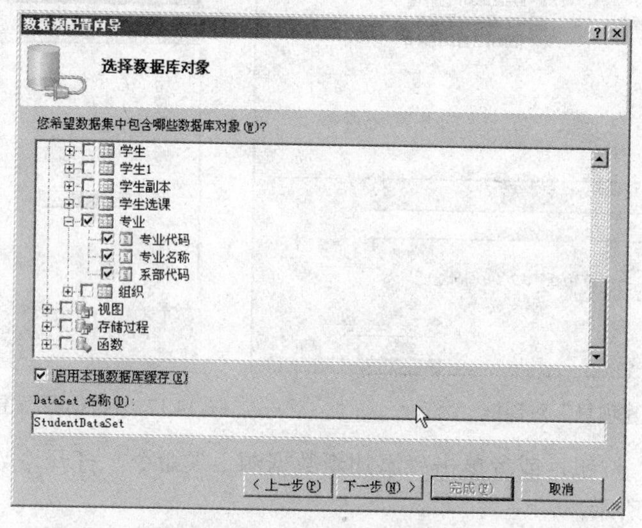

图 14.15 “数据源配置向导-选择数据库对象”对话框

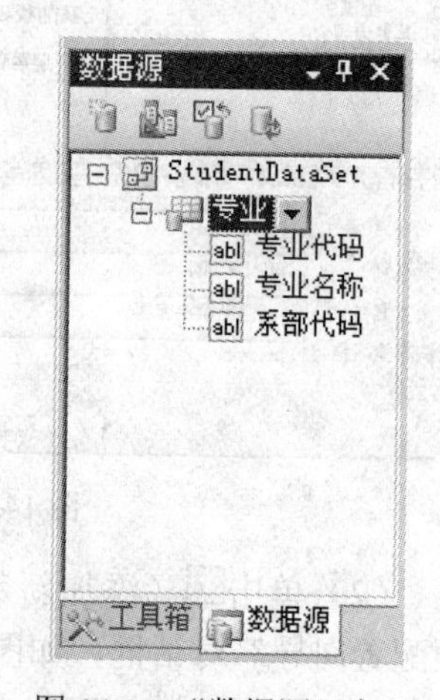

图 14.16 “数据源”窗口

3．显示数据

（1）实现数据的复杂绑定。在“数据源”窗口中，选中“专业”数据库对象，拖动到“Form1”窗体中，窗体上自动添加了专业 DataGridView 数据绑控件和 StudentDataSet、专业 BindingSource、专业 TableAdapter 和专业 TableAdapter 数据控件，并且自动实现了数据绑定，结果如图 14.17 所示。如果对每个控件的默认属性不满意，可以通过“属性”窗口进行修改。

绑定完成后，按 F5 即可运行程序，在窗体上显示专业的详细信息，如图 14.18 所示。

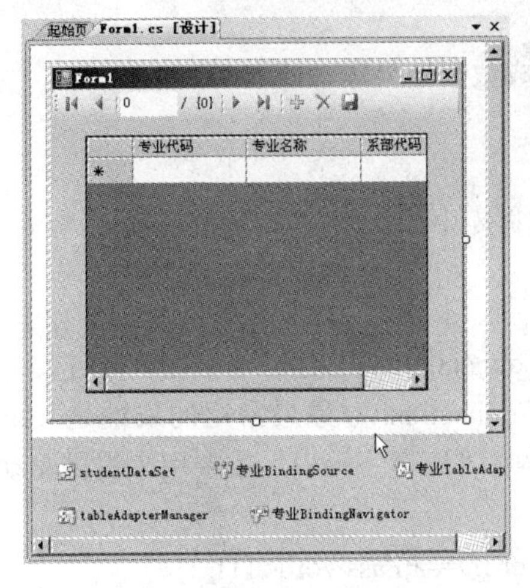

图 14.17　数据绑定设计视图

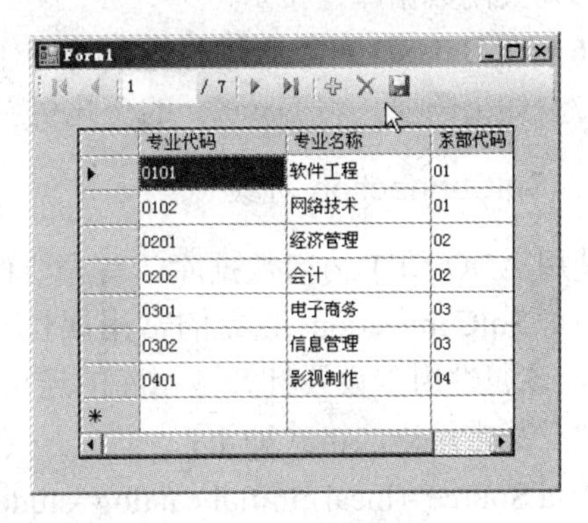

图 14.18　运行结果（一）

（2）实现数据的简单绑定。执行“项目”→“添加 Windows 窗体”菜单命令，打开“添加新项”对话框，添加一个名为“Form2”的窗体。然后，在“数据源”窗口中，选中“专业”对象，单击其“下拉箭头”，在弹出的下拉列表中选择“详细信息”命令，如图 14.19 所示。最后，在“数据源”窗口中，选中“专业”数据库对象，拖动到“Form2”窗体中，结果如图 14.20 所示。

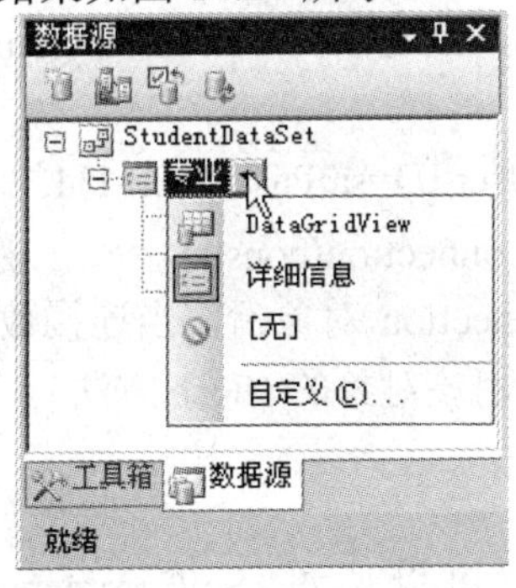

图 14.19　“详细信息”选项

图 14.20　数据简单绑定

修改启动对象为“Form2”窗体，按 F5 运行程序，即可显示专业表中第一条记录的信息，如图 14.21 所示，单击导航条按钮，可以查看专业其他记录信息。

在本例中，没有编一句代码就完成了一个数据库应用程序，但是如果要实现复杂的数据库程序就必须有代码的支持。

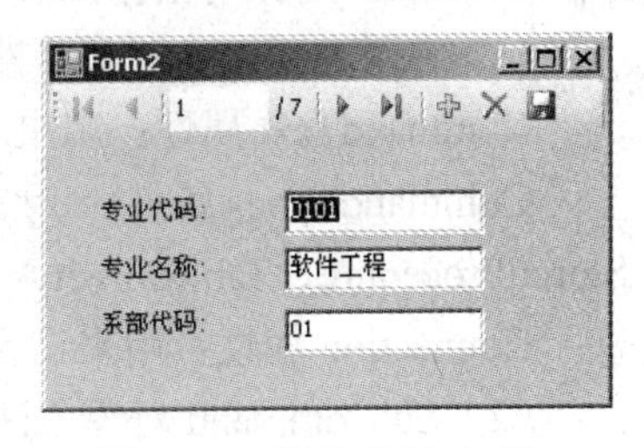

图 14.21　运行结果（二）

14.3.2　使用 ADO.NET 对象

使用 Visual Studio.NET 中的任何语言访问数据库的基本技术是相似的，下面以 Visual C#.NET 语言为例，介绍使用 ADO.NET 对象编写数据库应用程序的技术。其操作步骤如下：

（1）创建 SqlConnection 对象（数据连接对象），连接数据库。

（2）创建 SqlCommand 对象（命令对象），使用 SQL 命令对数据库进行操作。

（3）创建 SqlDataAdapter 对象（数据适配器对象），得到数据结果集，将其放入 DataSet 对象中。

（4）如果需要，可以反复执行 SQL 命令生成数据结果集，放入 DataSet 中。

（5）关闭数据库连接。

（6）在 DataSet 对象中进行需要的操作。

（7）如果需要，将 DataSet 的变化更新到数据库中。

1．SqlConnection 对象

使用 ADO.NET 访问数据库，首先要使用 Connection 对象建立与数据库的连接。

（1）SqlConnection 对象的常用属性。SqlConnection 对象最常用的属性是 Connection String，该属性用于设置打开数据库的连接字符串。“连接字符串”主要用来提供驱动程序和数据源，其常用语法格式如下：

Data Source=(local);Initial catalog=student;User ID=sa;Password=111

其中 Data Source 是服务器的地址，(local)表示使用本地机器，它也可以用计算机名或计算机 IP 地址或点来代替。Initial catalog 用来指定要连接的数据库，也可以用 database 来代替。User ID 和 Password 用来指定访问数据库时使用的用户名和密码。

（2）创建 SqlConnection 对象。使用 ADO.NET 访问 Sql Server 数据库，先要创建一个 SqlConnection 对象，其语法格式为：

Sqlconnection 对象名 = New System.Data.SqlClient.SqlConnection（连接字符串）

假设要使用密码为 111 的 sa 用户访问 student 数据库，创建名为 sqlcon 的 Connection 对象的语句为：

string constr =” Server=(local);Initial catalog=student;User ID=sa;Password=111”

SqlConnection sqlcon=New System.Data.SqlClient.SqlConnection(constr)

（3）SqlConnection 对象的常用方法。创建好 SqlConnection 对象后，当连接数据库时，需要调用该对象的 Open 方法；当关闭数据库连接时，调用该对象的 Close 方法。

2．SqlCommand 对象

当使用连接对象连接数据库成功后，接下来就可以通过 SqlCommand 对象或 SqlDtaAdapter 对象对数据源进行各种操作，如对数据表的查询、添加、更新和删除等。

（1）SqlCommand 对象属性。Command 对象常用的属性如下。

CommandText 属性：用来获取或设置要对数据源执行的 SQL 语句或存储过程。

CommandType 属性：用来获取或设置 CommandText 属性类型的值。其取值可为 StoredProcedure、TableDirect、Text，分别对应存储过程、数据表名称和 SQL 命令。

Connection 属性：用来设置要使用的数据库连接对象，属性值为 SqlConnection 对象。

（2）SqlCommand 对象方法。Command 对象常用的方法有如下。

ExecuteNonQuery 方法：该语句用于执行不返回结果的 SQL 语句，如 Insert 语句、Update 语句、Delete 语句。

ExecuteReader 方法：当使用 Select 语句时，使用 Command 对象执行该方法，返回数据流记录集。

ExecuteScalar 方法：执行 SQL 语句，返回查询结果集中第一行的第一列的数据，通常用于只返回一个值的查询。

Cancel 方法：取消 Command 对象的执行。

（3）创建 SqlCommand 对象。创建一个 SqlCommand 对象可采用如下方法：

SqlCommand 对象名 =New SqlCommand(SQL 字符串,SqlConnection 对象)

3．DataSet、DataTable 与 DataRow 对象

DataSet 对象是进行数据处理的核心部件，它可以将数据保存在缓存中，得到一个内存数据库，该数据库中的表可以来自不同的物理数据库；DataSet 对象的结构与数据库结构相似，由 DataTable、DataRelation 和 Constraint 对象组成。DataSet 对象可以被看成是一个内存数据库，一个 DataSet 中可以存在多个 DataTable。DataTable 对象用来表示内存中关系数据库中的一个表，可以独立创建和使用，也可以由其他.NET 框架对象使用，最常见的情况是作为 DataSet 的成员使用。DataRow 对象用来表示 DataTable 对象中的一条记录，用其 Item 属性表示记录中的字段。DataTable 对象中有一个 Rows 属性，是一个 DataRow 对象的集合，表示表中全部的记录。如果该属性加上索引值，可以表示一条特定的记录（如索引值为 0，指表中的第一条记录）。

4．SqlDataAdapter（数据适配器）对象

SqlDataAdapter 对象用于填充 DataSet 和更新数据源。它主要作为 DataSet 对象与数据源之间交换数据的桥梁，用来传递各种 SQL 命令，将命令执行结果填入 DataSet 对象。另外还可以将在 DataSet 对象中修改过的数据写回数据源。

SqlDataAdapter 对象通常包含 Fill 和 Update 方法。Fill 方法用于将数据从数据源加载到 DataSet 数据集中。Fill 方法的语法格式如下：

数据适配器.Fill（DataSet 对象，“数据表名”）

Update 方法用于将在 DataSet 中修改过的数据写回数据源。其语法格式为：

数据适配器.Update（DataSet 对象，“数据表名”）

5．数据绑定

在数据库应用程序中，为了方便管理数据，通常使用窗体控件来显示和处理数据库中的数据，需要将控件与数据绑定起来。C#.NET 中的数据绑定分为两种：复杂数据绑定和简单数据绑定。复杂数据绑定指将一个控件绑定到多个数据元素，支持复杂绑定的常用控件通常含有 DataSource 属性和 DataMember 属性，设置这两个属性值即可完成数据绑定。简单数据绑定一次只能绑定一个字段中的数据。这样的控件，可以使用 Add 的方法向控件的 DataBindings 属性集合添加新的 Binding 对象的方法实现数据绑定。其语法格式为：控件.DataBindings.Add（New Binding（属性，数据来源，数据成员））。

14.4 案例的客户端程序

在第 1 章至第 13 章的案例部分介绍了某高校学生选课系统的数据库设计、创建与管理，讲解数据的基本和高级操作以及数据的完整性，给出了视图、索引、自定义函数、存储过程、T-SQL 程序设计的代码，演示了数据库的权限管理与备份还原等。本节从软件开发及数据库与开发工具协同工作的角度介绍案例的客户端程序设计，为了便于学习，对程序做了适当的删减和提炼。该程序采用面向对象的分析方法，使用 C#.NET 2008 作为前端开发工具，SQL Server 2008 作为后台数据库。

14.4.1　系统分析与设计

1.系统需求

高校每个学期都要求学生选课，如何便捷高效地对学生选课进行管理，帮助学校、教师、学生及时准确地掌握授课、选课信息，就是“学生选课管理系统”需要完成的功能。系统要求提供：学生信息管理、教师信息管理、课程信息管理、教学计划管理等基本信息管理，以及授课、选课、成绩等管理功能。

2．分析问题领域

（1）确定系统范围和系统边界。“学生选课管理信息系统”涉及系部、专业、班级、学生、教师、课程、任课、选课、成绩等数据的管理。

（2）定义活动者。根据系统的职责范围和需求，确定系统中的在三个活动者：学生、教师、管理员。对于每一个活动者，明确其业务活动的内容如下：

- “学生”使用该系统查询新学期授课信息，依据开课清单（教师任课信息）选课，系统根据教学计划检查应修的必修课并自动选择；检查是否存在未取得学分的必修课，如果存在，则要求重选；学生按选修课选课规则选课（例如 4 组选修课中选 3 门）；查询本人特定学期或大学全程课程成绩、学分信息。
- “教师”使用系统查询新学期开设的课程信息，依据教学计划信息任课，查询学生选课信息，录入和查询学生成绩信息。
- “管理员”负责系部、专业、班级、教师、学生、课程、教学计划等基本信息的管理和维护，教师任课、学生选课的确认管理，统计、查询和生成数据报表等。

（3）定义用例图（Use Case)，用例图是活动者与系统在交互中执行的有关事物序列。根据系统需求，学生选课管理信息系统的用例图如图 14.22 所示。

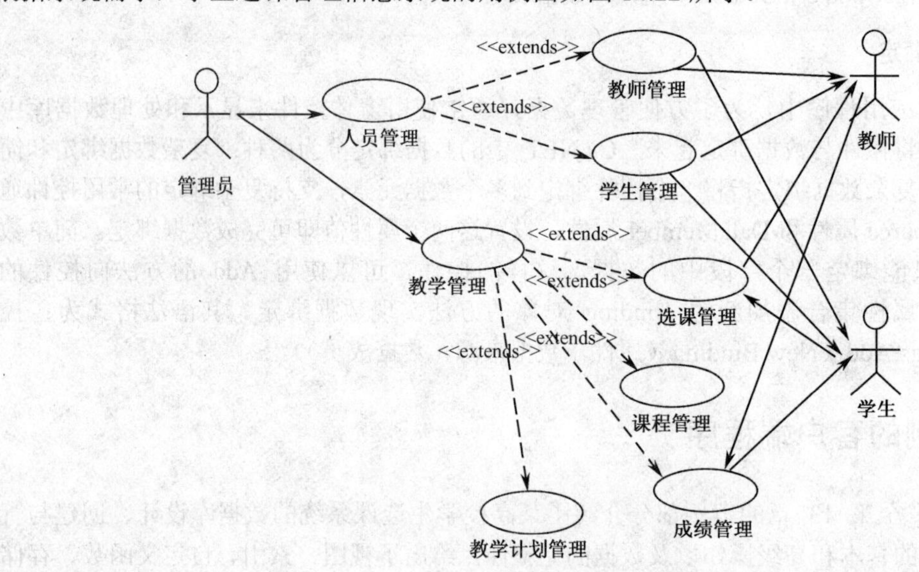

图 14.22　“学生选课管理信息系统”Use Case 图

（4）绘制交互图（顺序图和协同图）。交互图用于描述用例图如何实现对象之间的交互，用于建立系统的动态行为模型。下面仅绘制出对活动者“学生”与用例“选课注册”的交互图（课程注册顺序图），如图 14.23 所示。

（5）建立分析模型。分析模型即系统的静态模型，由对象类图表示，用来描述系统的结构和组成。根据用户需求，建立“学生选课管理信息系统”对象类图，如图 14.24 所示。

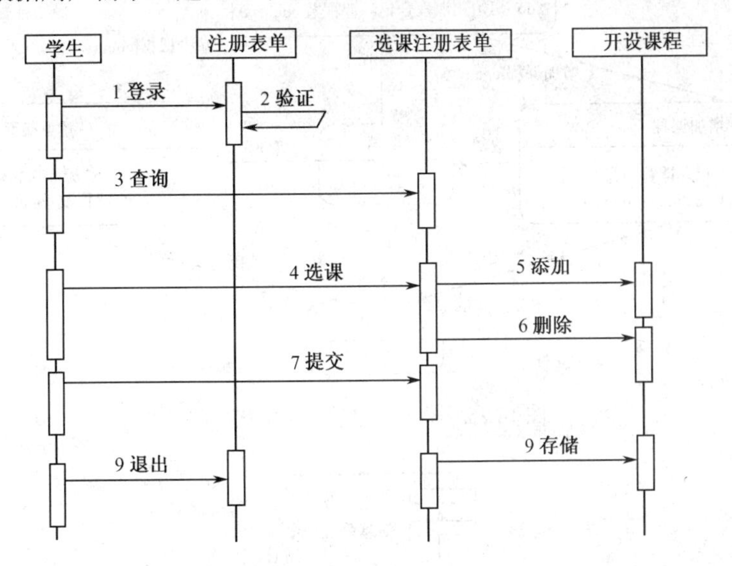

图 14.23　选课注册顺序图

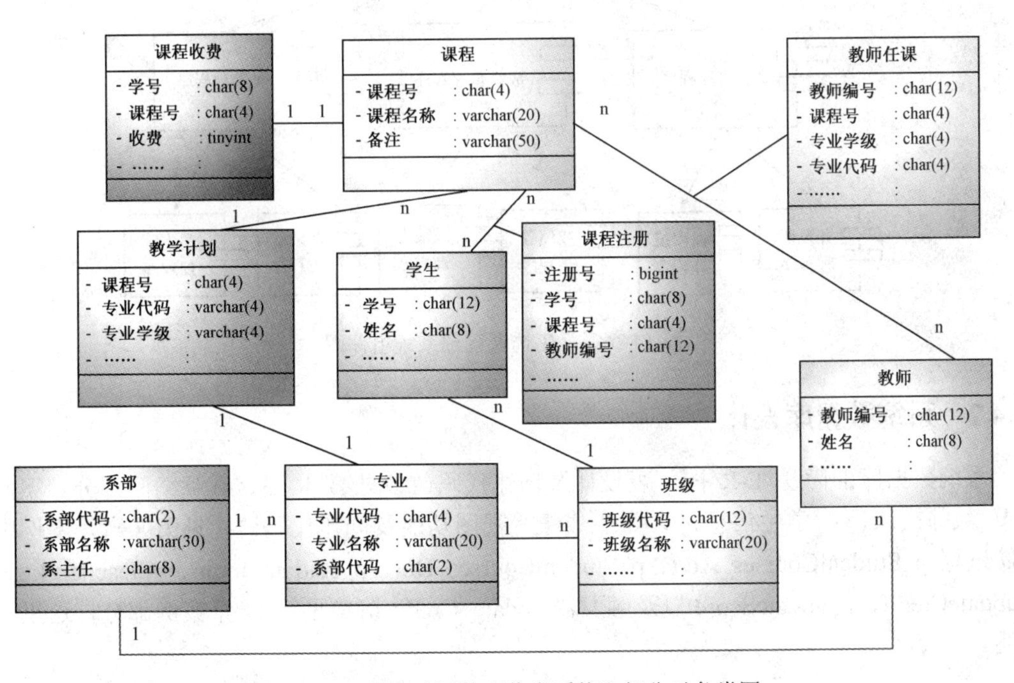

图 14.24　“学生选课管理信息系统”部分对象类图

（6）建立动态行为模型。静态模型得到的类信息不完整，任何实际的系统都是活动的。动态行为模型用来定义并描述系统结构元素的动态特征及行为。下面以“学生”对象为例，绘制学生选课学生登记状态图（一个学生最多选 3 门课），如图 14.25 所示。

（7）建立物理模型。物理设计的单位是组件，组件图表示组件与组件之间的关系。学生选课管理系统组件图如图 14.26 所示。

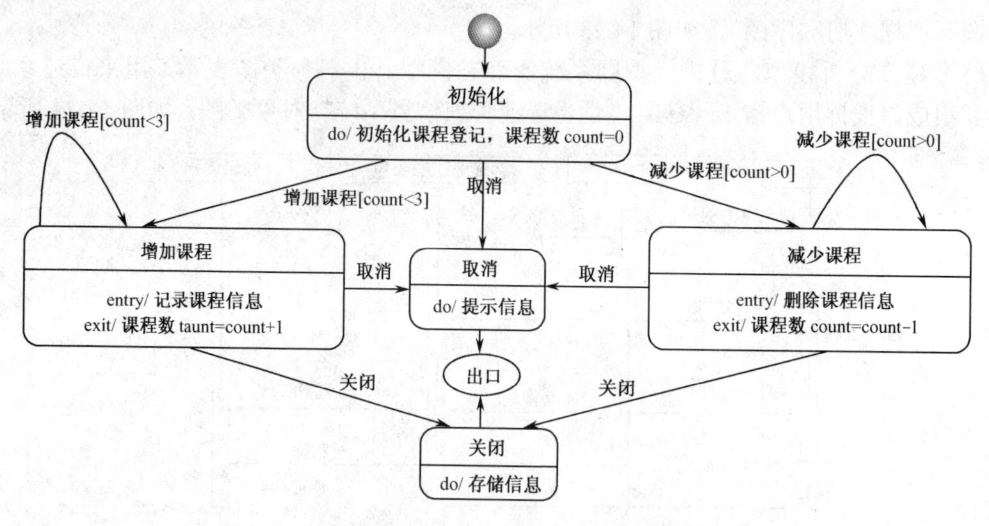

图 14.25　学生选课学生登记状态图

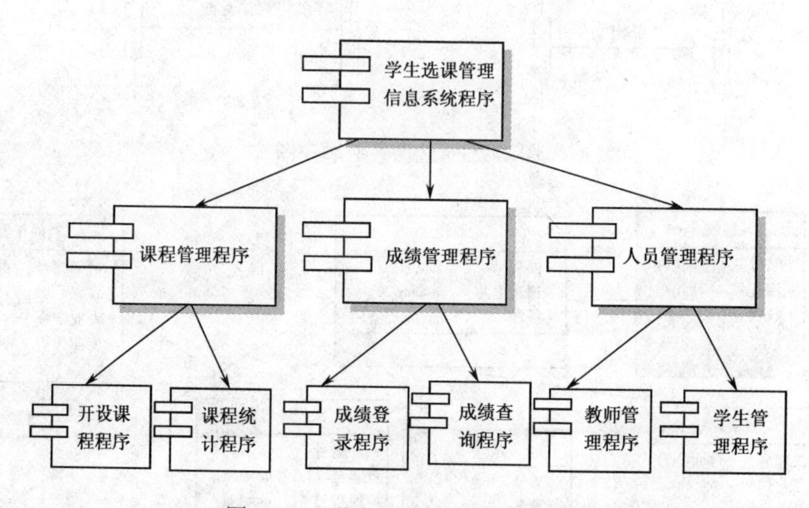

图 14.26　学生选课管理系统组件图

14.4.2　系统数据库设计

系统数据库的简易 E-R 图、表设计及创建代码请参见第 1、3、4 章案例部分。案例中的 V_教师授课、V_学生信息、V_学生成绩等视图功能及创建代码请参见第 8 章，案例中的存储过程 p_StudentCourses_Add、p_StudentCourses_Del、p_student_login、p_teacher_login、p_updateCredit、p_updateScore 以及触发器 update_Credit 请参见第 11 章案例部分，这里不再赘述。

14.4.3　系统实现

1.运行效果

登录窗体效果如图 14.27 所示，学生和教师分角色登录，记录登录角色信息和 ID，系统根据提供不同功能，用户名为姓名，密码为教师编号或学号，学期为本次登录要处理的学期。主窗体如图 14.28 所示，为多文档界面，根据角色不同显示学生或教师菜单及工具栏。

登录
学期 2011-2012学年2学期
用户名 张小泽
密码 ************
学生
教师
登录
退出

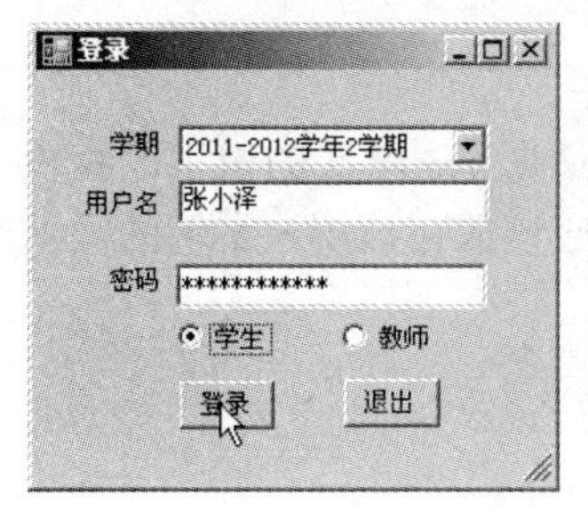

图 14.27　登录窗体

学生选课窗体如图 14.28 所示，上方显示本学期所开选修课，下方为已选课，“选择”、“删除”按钮选择和删除课程到已选，“提交”按钮提交保存选课信息。成绩录入窗体如图 14.29 所示，该窗体用于教师录入学生成绩，教师登录后根据该教师信息加载本学期所任课程，选择课程并单击查找，就会列出所教学生的信息，教师只能更改成绩一栏。更改成绩后提交保存，触发器 updateCredit 会根据成绩及规则自动赋予或清零该生该课程的学分，新成绩覆盖原有成绩。

学生选课管理系统
学生
学生选课
本学期开设选修课程
教师编号 课程号 专业学级 专业代码 学时数
040000000005 0004 2006 0101 0
选择
本次登录已选课程
课程名称 教师 课程类型 学时数 学期
JAVA程序设计 刘辉 专业选修 0 3
删除
提交
状态

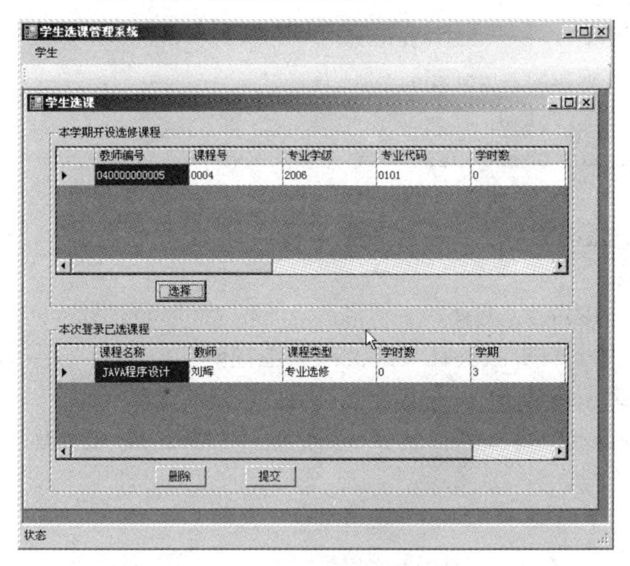

图 14.28　学生登录后的主窗体界面

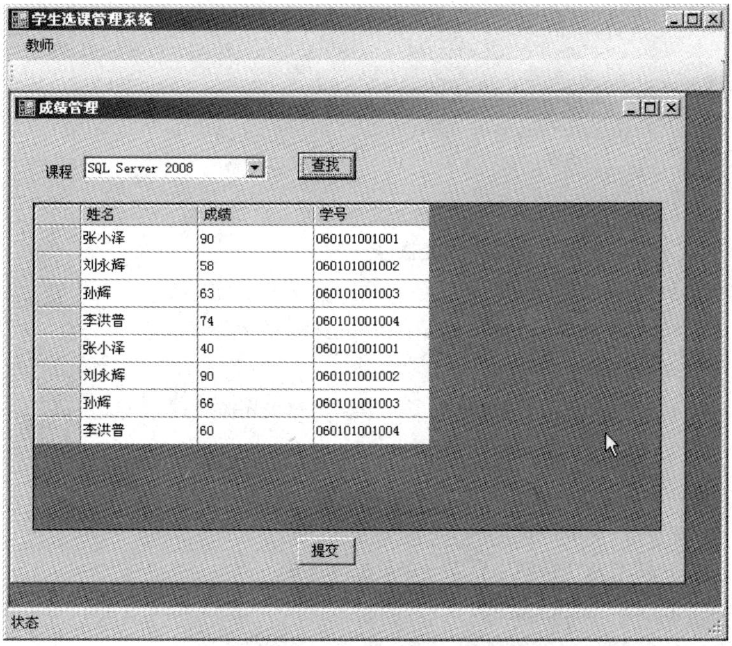

学生选课管理系统
教师
成绩管理
课程 SQL Server 2008
查找
姓名 成绩 学号
张小泽 90 060101001001
刘永辉 58 060101001002
孙辉 63 060101001003
李洪普 74 060101001004
张小泽 40 060101001001
刘永辉 90 060101001002
孙辉 66 060101001003
李洪普 60 060101001004
提交
状态

图 14.29　教师登录后的主窗体界面

2. 数据访问层代码

“数据访问”层实现对数据的保存和读取操作功能，用来响应业务逻辑层的请求。编程时与数据库代码 Select、Update、Delete 以及存储过程的调用都应该放在该层，案例的数据库访问层为 DataBaseAccess 类，功能及代码如下：

```
using System;
using System.Collections.Generic;
using System.Linq;
using System.Text;
using System.Data.SqlClient;
using System.Collections;
using System.Data;
namespace Mis_CourseStu
{
        public class DataBaseAccess
        {
            #region 属性
            public static readonly DataBaseAccess Instance = new
DataBaseAccess();
            private DataBaseAccess()  //构造函数，建立数据库连接
            {
                CreateConnection();
            }
            private SqlConnection conPartyManage;
            private SqlDataAdapter dadPartyManage;
            private SqlCommand cmdPartyManage;
            private DataSet dstPartyManage;
            #endregion
            #region 方法
            /// <summary>
            /// 创建一个数据库连接
            /// </summary>
            private void CreateConnection()
            {
                conPartyManage = new SqlConnection("Server=localhost;uid=sa;
                    pwd=111;database=student;Min Pool Size=1;");//连接字符串
            }
            /// <summary>
            /// 从连接池中获取一个数据库连接
            /// </summary>
            private bool OpenConnection()
            {
```

```
    try
    {
        conPartyManage.Open();
        return true;
    }
    catch (Exception ex)
    {
        return false;
    }
}
/// <summary>
/// 释放一个数据库连接
/// </summary>
private void CloseConnection()
{
    conPartyManage.Close();
}
/// <summary>
/// 执行指定 sql 语句，以 DataSet 形式返回执行结果
/// </summary>
/// <param name="Sql">SQL 语句</param>
/// <param name="TableName">DataSet 中的表名</param>
/// <returns>存放执行结果的 DataSet</returns>
public DataSet GetDataSet(string Sql, string TableName)
{
    dadPartyManage = new SqlDataAdapter(Sql, conPartyManage);
    dstPartyManage = new DataSet();
    try
    {
        dadPartyManage.Fill(dstPartyManage, TableName);
        return dstPartyManage;
    }
    catch (Exception ex)
    {
        return dstPartyManage;
    }
}
/// <summary>
/// 执行指定没有返回结果的 SQL 语句，并返回影响的记录数
/// </summary>
/// <param name="Sql">要执行的 Sql 语句</param>
/// <returns>SQL 语句执行后影响的记录条数</returns>
```

```
public int ExecSql(string Sql)
{
    int i;
    cmdPartyManage = new SqlCommand();
    cmdPartyManage.Connection = conPartyManage;
    cmdPartyManage.CommandText = Sql;
    if (OpenConnection())
    {
        try
        {
            i = cmdPartyManage.ExecuteNonQuery();
            CloseConnection();
            return i;
        }
        catch (Exception ex)
        {
            return -1;
        }
    }
    else
        return -1;
}
/// <summary>
/// 通过该方法可以执行指定 sql 语句，并返回数据表
/// </summary>
/// <param name="Sql">SQL 语句</param>
/// <param name="TableName">表名</param>
/// <returns>数据表</returns>
public DataTable GetDataTable(string Sql)
{
    dadPartyManage = new SqlDataAdapter(Sql, conPartyManage);
    DataTable dt = new DataTable();
    try
    {
        dadPartyManage.Fill(dt);
        dadPartyManage.Dispose();
        return dt;
    }
    catch (Exception ex)
    {
        return dt;
    }
```

```
}
/// <summary>
/// 执行 SQL 语句，返回第一行的第一列
/// </summary>
/// <param name="sql">sql</param>
/// <returns>第一行的第一列</returns>
public string GetFirst(string sql)
{
    object strRs = null;
    cmdPartyManage = new SqlCommand(sql);
    cmdPartyManage.Connection = conPartyManage;
    if (OpenConnection())
    {
        try
        {
            strRs = cmdPartyManage.ExecuteScalar();
            CloseConnection();
            if (strRs != null)
            {
                return strRs.ToString();
            }
            else
            {
                return "";
            }
        }
        catch (Exception ex)
        {
            return "";
        }
    }
    else
        return "";
}
/// <summary>
/// 通过该方法可以执行指定的存储过程,失败返回-1
/// </summary>
/// <param name="strProcName">存储过程名称</param>
/// <param name="strInputPars">输入参数名称列表</param>
/// <param name="alInputValues">输入参数值</param>
/// <param name="strOutputPars">输出参数名称列表</param>
/// <param name="alOutputValues">输出参数值</param>
```

```
        /// <returns></returns>
        public int ExecProc(string strProcName, string[]
strInputPars, ArrayList
                alInputValues, string[] strOutputPars, ref
ArrayList alOutputValues)
        {
            try
            {
                cmdPartyManage = new SqlCommand();
                cmdPartyManage.Connection = conPartyManage;
                cmdPartyManage.CommandType =
CommandType.StoredProcedure;
                cmdPartyManage.CommandText = strProcName;
                SqlParameter parmReturnValue;
                for (int i = 0; i < strInputPars.Length; i++)
                    cmdPartyManage.Parameters.Add("@" +
strInputPars[i],
                        alInputValues[i]);
                for (int i = 0; i < strOutputPars.Length; i++)
                {
                    if (alOutputValues[i] is int)
                        cmdPartyManage.Parameters.Add("@" +
strOutputPars[i],
                            SqlDbType.Int);
                    else if (alOutputValues[i] is string)
                        cmdPartyManage.Parameters.Add("@" +
strOutputPars[i],
                            SqlDbType.VarChar, 200);
                    cmdPartyManage.Parameters["@" +
strOutputPars[i]].Direction
                        = System.Data.ParameterDirection.Output;
                }
                parmReturnValue =
cmdPartyManage.Parameters.Add("ReturnValue",
                            SqlDbType.Int);
                parmReturnValue.Direction =
ParameterDirection.ReturnValue;
                OpenConnection();
                cmdPartyManage.ExecuteNonQuery();
                int j =
(int)cmdPartyManage.Parameters["ReturnValue"].Value;
                CloseConnection();
```

```
            for (int i = 0; i < strOutputPars.Length; i++)
            {
                alOutputValues[i] = cmdPartyManage.Parameters["@" +
                             strOutputPars[i]].Value;
            }
            return j;
        }
        catch (Exception ex)
        {
            return -1;
        }
    }
    /// <summary>
    /// 通过该方法可以执行指定的存储过程,失败返回-1
    /// </summary>
    /// <param name="strProcName">存储过程名称</param>
    /// <param name="strInputPars">输入参数名称列表</param>
    /// <param name="alInputValues">输入参数值</param>
    /// <param name="strOutputPars">输出参数名称列表</param>
    /// <param name="alOutputValues">输出参数值</param>
    /// <returns></returns>
    public int ExecProc(string strProcName, string[] strInputPars,
              ArrayList alInputValues)
    {
        try
        {
            cmdPartyManage = new SqlCommand();
            cmdPartyManage.Connection = conPartyManage;
            cmdPartyManage.CommandType = CommandType.StoredProcedure;
            cmdPartyManage.CommandText = strProcName;
            SqlParameter parmReturnValue;
            for (int i = 0; i < strInputPars.Length; i++)
                cmdPartyManage.Parameters.Add("@" + strInputPars[i],
                             alInputValues[i]);
            parmReturnValue =
cmdPartyManage.Parameters.Add("ReturnValue",
                             SqlDbType.Int);
            parmReturnValue.Direction =
ParameterDirection.ReturnValue;
            OpenConnection();
            cmdPartyManage.ExecuteNonQuery();
            int j =
```

```
(int)cmdPartyManage.Parameters["ReturnValue"].Value;
                    CloseConnection();
                    return j;
                }
                catch (Exception ex)
                {
                    return -1;
                }
            }
            #endregion
        }
    }
```

3．业务逻辑层代码

业务逻辑层是数据访问层和表示层的桥梁，它响应表示层用户的请求，执行任务并从数据访问层提取数据，并将必要的数据传送给表示层。业务逻辑层完成系统的业务逻辑功能，该层的方法供表示层调用，同时又调用数据访问层实现与数据库的交互。案例设计了 4 个业务逻辑类实现系统的学生选课和教师成绩录入功能。这 4 个类是 Student 类、Tecaher 类、Role 类、Term 类。Student 类实现学生登录和选课功能，Teacher 类实现教师登录和成绩修改等功能，Role 类保存登录者的角色信息，Term 类保存当前操作的学期信息。

Teacher 类的完整代码如下：

```
using System;
using System.Collections.Generic;
using System.Linq;
using System.Text;
using System.Data;
using System.Collections;
namespace Mis_CourseStu.classes
{
    class Teacher
    {
        #region 私有字段
        private static string strId = "";
        DataBaseAccess DataBase = DataBaseAccess.Instance;
        #endregion
        #region 属性
        /// <summary>
        /// 教师纪录 id
        /// </summary>
        public static string Id
        {
            get { return strId; }
```

```
        set { strId = value; }
    }
    #endregion
    #region 方法
    /// <summary>
    /// 登录方法
    /// </summary>
    /// <returns></returns>
    public bool Login(string strUserName, string strPwd)
    {
        //输入参数
        string[] strInputNames = { "UserName", "Pwd" };
        ArrayList alInputValues = new ArrayList();
        alInputValues.Add(strUserName);
        alInputValues.Add(strPwd);
        //输出参数
        string[] strOutputNames = { "Result", "id" };
        ArrayList alOutputValues = new ArrayList();
        alOutputValues.Add(0);
        alOutputValues.Add("");
        if (DataBase.ExecProc("p_teacher_login", strInputNames,
alInputValues,
            strOutputNames, ref alOutputValues) == 0)
            if ((int)alOutputValues[0] == 1)
            {
                Teacher.strId = alOutputValues[1].ToString();
                return true;
            }
        return false;
    }
    /// <summary>
    /// 修改学生成绩信息
    /// </summary>
    /// <param name="strId">选课纪录 id</param>
    /// <param name="intCore">成绩</param>
    /// <param name="strTxt">备注</param>
    /// <returns></returns>
    public bool UpdateScore(string  strId, string strScore)
    {
        //设置参数
        string[] strInputNames = { "id", "score" };
        ArrayList alInputValues = new ArrayList();
```

```
                alInputValues.Add(strId);
                alInputValues.Add(strScore);
                if (DataBase.ExecProc("p_updateScore", strInputNames, 
alInputValues) == 0)
                    return true;
                else
                    return false;
            }
            /// <summary>
            /// 查指定学期教授的课程
            /// </summary>
            /// <param name="strTermNode"></param>
            /// <returns></returns>
            public DataTable GetCourse(string strTermCode)
            {
                string strSql = " SELECT 课程号,课程名称,专业学级,专业代码 "
                    + "FROM V_教师授课 where 教师编号 = '" + Teacher.Id + "'"
                    + " and 学年 ='" + strTermCode + "'";
                return DataBase.GetDataTable(strSql);
            }
            ///<summary>
            /// 查找该教师指定学期、课程的学生的成绩信息
            /// </summary>
            /// <param name="strTermCode">学期</param>
            /// <param name="strCourseid">课程 id</param>
            /// <returns></returns>
            public DataTable GetStudent(string strTermCode, string 
strCourseid)
            {
                string strSql = " SELECT 注册号,姓名,成绩,学号 FROM  V_学生成绩 "
                    + "  WHERE  学年='" + strTermCode + "'  and 课程号 ='"
                    + strCourseid + "'  and 教师编号='" + Teacher.Id + "'";
                return DataBase.GetDataTable(strSql);
            }
            #endregion
        }
    }
```

Student 类的完整代码如下：

```
using System;
using System.Collections.Generic;
using System.Linq;
using System.Text;
```

```
using System.Data;
using System.Collections;
namespace Mis_CourseStu.classes
{
    class Student
    {
          #region 私有字段
          private static string strName = "";//姓名
          private static string strSex = "";//性别
          private static string strClass = "";//班级代码
          private static DateTime dtBirthday; //出生日期
          private static DateTime dtEnterTime;//入学日期
          private static string strFamily="";//家庭住址
          private static string strStudentId = "";//学号
          DataBaseAccess DataBase = DataBaseAccess.Instance;
          #endregion
          #region 属性
          /// <summary>
          /// 姓名
          /// </summary>
          public static string Name
          {
             get { return strName; }
             set { strName = value; }
          }
          /// <summary>
          /// 性别
          /// </summary>
          public static string Sex
          {
             get { return strSex; }
             set { strSex = value; }
          }
          /// <summary>
          /// 班级
          /// </summary>
          public static string Class
          {
             get { return strClass; }
             set { strClass = value; }
          }
          /// <summary>
```

```
/// 出生日期
/// </summary>
public static DateTime Birthday
{
    get { return dtBirthday; }
    set { dtBirthday = value; }
}
/// <summary>
/// 入学日期
/// </summary>
public static DateTime Enterday
{
    get { return dtEnterTime; }
    set { dtEnterTime = value; }
}
/// <summary>
/// 学生证号
/// </summary>
public static string StudentId
{
    get { return strStudentId; }
    set { strStudentId = value; }
}
#endregion
#region 方法
/// <summary>
/// 登录方法
/// </summary>
/// <param name="strStudentId">学号</param>
/// <param name="strID">身份证号</param>
/// <returns></returns>
public bool Login(string strName, string strStudentId)
{
    //输入参数
    string[] strInputNames = { "UserName", "Pwd" };
    ArrayList alInputValues = new ArrayList();
    alInputValues.Add(strName);
    alInputValues.Add(strStudentId);
    //输出参数
    string[] strOutputNames = { "Result", "id" };
    ArrayList alOutputValues = new ArrayList();
    alOutputValues.Add(0); //@Result 为 int
```

```
            alOutputValues.Add(""); //@id 为 varchar(50)
            //登录成功则记录该次登录学生的全局信息
            if (DataBase.ExecProc("p_student_login", strInputNames,
alInputValues,
                strOutputNames, ref alOutputValues) == 0)
                if ((int)alOutputValues[0] == 1)
                {
                    Student.strStudentId = strStudentId;
                    Student.strName = strName ;
                    Student.strStudentId = alOutputValues[1].ToString();
                    return true;
                }
            return false;
        }
        /// <summary>
        /// 删除学生指定学期选课纪录
        /// </summary>
        /// <param name="strTermCode">学期</param>
        /// <returns></returns>
        public bool Del(string strTermCode)
        {
            ArrayList alValues = new ArrayList();
            alValues.Add(Student.StudentId);
            alValues.Add(strTermCode);
            if (DataBase.ExecProc("p_StudentCourses_del", new
string[] { "studentid",
                "TermCode" }, alValues) == 0)
                return true;
            else
                return false;
        }
        /// <summary>
        /// 添加学生选课纪录：学生 id,授课 id
        /// </summary>
        /// <param name="strCourTeaid">授课 id</param>
        /// <returns></returns>
        public bool Add(string strCourseID,string strTeacherID
            ,string strSubjectId,string strYearlevel,string
strCourseclass)
        {
            ArrayList alValues = new ArrayList();
            alValues.Add(Student.StudentId );
```

```
                alValues.Add(strCourseID );
                alValues.Add(strTeacherID);
                alValues.Add(strSubjectId);
                alValues.Add(strYearlevel);
                alValues.Add(strCourseclass);
                if (DataBase.ExecProc("p_StudentCourses_Add"
                    , new string[] { "stuID" , "courseID","teacherID",
                        "subjectID","yearlevel","courseclass" }, alValues)
== 0)
                    return true;
                else
                    return false;
            }
            /// <summary>
            /// 查询学生指定学期可选择的选修课信息
            /// </summary>
            /// <param name="strTermCode">学期代码</param>
            /// <returns>记录集</returns>
            public DataTable GetCourByTerm(string strTermCode)
            {
                string strSql = "SELECT [教师编号] ,[课程号],[专业学级],[专
业代码] "
                    +" ,[学时数] ,[课程名称] ,[课程类型] ,[学期] ,[学年] ,[学
生数]"
                    +" ,[姓名] ,[职称] FROM [V_教师授课] WHERE [课程类型] ="
                    +"'"+"专业选修"+"'" +" and [学年] ='" + strTermCode+"'";
                return DataBase.GetDataTable(strSql);
            }
            #endregion
    }
}
```

Role 类的完整代码如下:

```
using System;
using System.Collections.Generic;
using System.Linq;
using System.Text;
namespace Mis_CourseStu.classes
{
    class Role
    {
        public static string RoleName = "";
    }
```

```
    }
```

Term 类的完整代码如下：

```
using System;
using System.Collections.Generic;
using System.Linq;
using System.Text;
using System.Data;
namespace Mis_CourseStu.classes
{
    class Term
    {
        #region 字段
        private static string strTermName = "";
        private static string strTermCode = "";
        static DataBaseAccess DataBase = DataBaseAccess.Instance;
        #endregion
        #region 属性
        /// <summary>
        /// 学期名称
        /// </summary>
        public static string TermName
        {
            get { return strTermName; }
            set { strTermName = value; }
        }
        /// <summary>
        /// 学期代码
        /// </summary>
        public static string TermCode
        {
            get { return strTermCode; }
            set { strTermCode = value; }
        }
        #endregion
        #region 方法
        public static DataTable GetTerms()
        {
            string strSql = "select * from 系统代码 where 代码类别='A01'
order by 编号 DESC";
            return DataBase.GetDataTable(strSql);
        }
        #endregion
```

```
        }
    }
```

4. 表示层代码

表示层主要负责与用户的交互，对内收集用户信息，对外呈现系统数据。案例的表示层有登录窗体 frmLogin、主窗体 frmMDI、学生选课窗体 Stu_ChooseCourse、教师使用的成绩管理窗体 Tch_Check。

（1）frmLogin 窗体控件如表 14.1 所示。

表 14.1 “登录”窗体中的控件

控件名称	类型	标题	备注
lblTerm	Label	学期	
cmbTerm	ComboBox		显示学期信息
btnExit	Button	退出	
btnLogin	Button	登录	输入姓名
txtPwd	TextBox	密码	输入学号或教师号，输入显示*
rbTeacher	RadioButton	教师	
rbStudent	RadioButton	学生	
lblPwd	Label	密码	
lblUser	Label	用户	

frmLogin 窗体部分代码如下：

```
using System;
using System.Collections.Generic;
using System.ComponentModel;
using System.Data;
using System.Drawing;
using System.Linq;
using System.Text;
using System.Windows.Forms;
using Mis_CourseStu.classes;
namespace Mis_CourseStu
{
    public partial class frmLogin:Form
    {
        public frmLogin()
        {
            InitializeComponent();
        }
        /// <summary>
        /// 设置登录窗体，便于学习时登录
```

```
/// </summary>
private void frmLogin_Load(object sender, EventArgs e)
{
    cmbTerm.DataSource = Term.GetTerms();
    cmbTerm.DisplayMember = "代码名称";
    cmbTerm.ValueMember = "编号";
    txtUser.Text = "张小泽";
    txtPwd.Text = "060101001001";
}
private void btnLogin_Click(object sender, EventArgs e)
{
    if (rbStudent.Checked)
    {
        Student student = new Student();
        if (student.Login(txtUser.Text.Trim(), txtPwd.Text.Trim()))
        {
            Term.TermCode = cmbTerm.SelectedValue.ToString();
            Term.TermName = cmbTerm.SelectedText;
            Role.RoleName = "学生";
            this.Close();
        }
        else
        {
            MessageBox.Show("用户名或密码不正确");
        }
    }
    else
    {
        Teacher teacher = new Teacher();
        if (teacher.Login(txtUser.Text, txtPwd.Text))
        {
            Term.TermCode = cmbTerm.SelectedValue.ToString();
            Term.TermName = cmbTerm.SelectedText;
            Role.RoleName = "教师";
            this.Close();
        }
        else
        {
            MessageBox.Show("用户名或密码不正确");
        }
    }
}
```

```
        private void btnExit_Click(object sender, EventArgs e)
        {
            Application.Exit();
        }
        private void rbStudent_Click(object sender, EventArgs e)
        {
            txtUser.Text = "张小泽";
            txtPwd.Text = "060101001001";
            cmbTerm.SelectedIndex = 0;
        }
        private void rbTeacher_Click(object sender, EventArgs e)
        {
            txtUser.Text = "杨学全";
            txtPwd.Text = "010000000001";
            cmbTerm.SelectedIndex = 1;
        }
    }
}
```

（2）frmMDI 主窗体控件如表 14.2 所示。

表 14.2　frmMDI 窗体控件

控件名称	类　型	标　题	备　注
menuStrip	MenuStrip	MenuStrip	
statusStrip	StatusStrip	StatusStrip	
toolStripStatusLabel	ToolStripStatusLabel	状态	
toolTip	ToolTip	ToolStrip	
tsmStudent	ToolStripMenuItem	学生	教师不可见
tsmTeacher	ToolStripMenuItem	教师	学生不可见
tsbStuCourSlt	ToolStripButton		
tsbTeaScoreIn	ToolStripButton		
tsmiCourseSel	ToolStripMenuItem	选课	
tsmiTeaScore	ToolStripMenuItem	成绩管理	

frmMDI 的部分代码如下：

```
using System;
using System.Collections.Generic;
using System.ComponentModel;
using System.Data;
using System.Drawing;
using System.Linq;
using System.Text;
using System.Windows.Forms;
```

```
using Mis_CourseStu.classes;
namespace Mis_CourseStu
{
    public partial class frmMDI:Form
    {
        private int childFormNumber = 0;
        public frmMDI()
        {
            InitializeComponent();
        }
        private void ShowNewForm(object sender, EventArgs e)
        {
            Form childForm = new Form();
            childForm.MdiParent = this;
            childForm.Text = "窗口 " + childFormNumber++;
            childForm.Show();
        }
        private void frmMDI_Load(object sender, EventArgs e)
        {
            if (Role.RoleName == "学生")
            {
                tsmStudent.Visible = true;
                tsmiCourseSel.Visible = true;
            }
            else if (Role.RoleName == "教师")
            {
                tsmTeacher.Visible = true;
                tsmiTeaScore.Visible = true;
            }
        }
        private void tsmiCourseSel_Click(object sender, EventArgs e)
        {
            int i = -1;
            foreach (Form MyChild in this.MdiChildren)
            {
                if(MyChild.Text=="学生选课")
                {
                    i=1;
                    MessageBox.Show("课程窗口已经打开一个","提示");
                };
            }
            if (i == -1)
```

```
        {
            Stu_ChooseCourse instance = new Stu_ChooseCourse();
            instance.MdiParent = this;
            instance.Show();
        }
    }
    private void tsmiTeaScore_Click(object sender, EventArgs e)
    {
        int i = -1;
        foreach (Form MyChild in this.MdiChildren)
        {
            if(MyChild.Text=="成绩管理")
            {
                i=1;
                MessageBox.Show("课程窗口已经打开一个","提示");
            };
        }
        if (i == -1)
        {
            Tch_Check instance = new Tch_Check();
            instance.MdiParent = this;
            instance.Show();
        }
    }
  }
}
```

（3）Stu_ChooseCourse 窗体控件如表 14.3 所示。

表 14.3　Stu_ChooseCourse 窗体控件

控件名称	类　型	标　题
grbY	GroupBox	本次登录已选课程
dgvCourse	DataGridView	
btnDel	Button	删除
btnPost	Button	提交
grbX	GroupBox	本学期开设选修课
dgvAllCourse	Button	
btnAdd	Button	选择
lblX	Label	

Stu_ChooseCourse 窗体部分代码如下：

```
using System;
using System.Collections.Generic;
```

```
using System.ComponentModel;
using System.Data;
using System.Drawing;
using System.Linq;
using System.Text;
using System.Windows.Forms;
using Mis_CourseStu.classes;
namespace Mis_CourseStu
{
    public partial class Stu_ChooseCourse:Form
    {
        private DataTable dtAllCourse, dtCourse = new DataTable();
        private Student student = new Student();
        public Stu_ChooseCourse()
        {
            InitializeComponent();
        }
        /// <summary>
        /// 加载登录学生的可选课程
        /// </summary>
        void LoadCourse()
        {
            dtAllCourse = student.GetCourByTerm(Term.TermCode);
            //"SELECT [教师编号] ,[课程号],[专业学级],[专业代码] ,[学时
数] ,[课程名称] ,"
            //        + "[课程类型] ,[学期] ,[学年]  ,[学生数] ,[姓名] ,[职称]
FROM [V_教师授课] WHERE  [课程类型] ="
            //        + "'" + "专业选修" + "'" + " and [学年] ='" +
strTermCode + "'";
            dtCourse.Columns.Clear();
            dtCourse.Columns.Add("教师编号");//隐藏
            dtCourse.Columns.Add("课程号");//隐藏
            dtCourse.Columns.Add("专业学级");//隐藏
            dtCourse.Columns.Add("专业代码");//隐藏
            dtCourse.Columns.Add("课程名称");
            dtCourse.Columns.Add("教师");
            dtCourse.Columns.Add("职称");
            dtCourse.Columns.Add("学生数");
            dtCourse.Columns.Add("课程类型");
            dtCourse.Columns.Add("学时数");
            dtCourse.Columns.Add("学期");
            dtCourse.Columns.Add("学年");
```

```
        dgvAllCourse.DataSource = dtAllCourse;
        dgvCourse.DataSource = dtCourse;
        //dgvAllCourse.Columns["id"].Visible = false;
        //dgvCourse.Columns["id"].Visible = false;
        dgvCourse.Columns["教师编号"].Visible = false;
        dgvCourse.Columns["课程号"].Visible = false;
        dgvCourse.Columns["专业学级"].Visible = false;
        dgvCourse.Columns["专业代码"].Visible = false;
        dgvCourse.Columns["学生数"].Visible = false;
        dgvCourse.Columns["职称"].Visible = false;
    }
    private void Stu_ChooseCourse_Load(object sender, EventArgs e)
    {
        LoadCourse();
    }
    private void btnAdd_Click(object sender, EventArgs e)
    {
        if (dtAllCourse == null || dtAllCourse.Rows.Count < 1)
            return;
        DataGridViewRow row = dgvAllCourse.CurrentRow;
        string strTeacherid = row.Cells["教师编号"].Value.ToString();
        string strCourseid = row.Cells["课程号"].Value.ToString();
        string strTeacher = row.Cells["姓名"].Value.ToString();
        string strCourse = row.Cells["课程名称"].Value.ToString();
        string strTime = row.Cells["学时数"].Value.ToString();
        string strTerm = row.Cells["学期"].Value.ToString();
        string strYear= row.Cells["学年"].Value.ToString();
        string strLevel = row.Cells["专业学级"].Value.ToString();
        string strSubjectid = row.Cells["专业代码"].Value.ToString();
        string strCourseClasses = row.Cells["课程类型
"].Value.ToString();
        string strTitle = row.Cells["职称"].Value.ToString();
        string strStuNum = row.Cells["学生数"].Value.ToString();
        DataRow drrow = dtCourse.NewRow();
        drrow["教师编号"] = strTeacherid;//隐藏
        drrow["课程号"]=strCourseid;//隐藏
        drrow["专业学级"]=strLevel ;//隐藏
        drrow["专业代码"]=strSubjectid ;//隐藏
        drrow["课程名称"]=strCourse ;
        drrow["教师"]=strTeacher ;
        drrow["课程类型"]=strCourseClasses ;
        drrow["学时数"]=strTime;;
```

```
            drrow["学期"]=strTerm;
            drrow["学年"] = strYear;
            drrow["职称"] = strTitle ;
            drrow["学生数"] = strStuNum;
            dtCourse.Rows.Add(drrow);
            dtAllCourse.Rows.Remove(dtAllCourse.Rows[dgvAllCourse.
CurrentRow.Index]);
        }
        private void btnDel_Click(object sender, EventArgs e)
        {
            if (dtCourse == null || dtCourse.Rows.Count < 1)
                return;
            DataGridViewRow row = dgvCourse.CurrentRow;
            string strTeacherid = row.Cells["教师编号"].Value.ToString();
            string strCourseid = row.Cells["课程号"].Value.ToString();
            string strTeacher = row.Cells["教师"].Value.ToString();
            string strCourse = row.Cells["课程名称"].Value.ToString();
            string strTime = row.Cells["学时数"].Value.ToString();
            string strTerm = row.Cells["学期"].Value.ToString();
            string strYear = row.Cells["学年"].Value.ToString();
            string strLevel = row.Cells["专业学级"].Value.ToString();
            string strSubjectid = row.Cells["专业代码"].Value.ToString();
            string strCourseClasses = row.Cells["课程类型"].Value.
ToString();
            string strTitle = row.Cells["职称"].Value.ToString();
            string strStuNum = row.Cells["学生数"].Value.ToString();
            DataRow drrow = dtAllCourse.NewRow();
            drrow["教师编号"] = strTeacherid;//隐藏
            drrow["课程号"] = strCourseid;//隐藏
            drrow["专业学级"] = strLevel;//隐藏
            drrow["专业代码"] = strSubjectid;//隐藏
            drrow["课程名称"] = strCourse;
            drrow["姓名"] = strTeacher;
            drrow["课程类型"] = strCourseClasses;
            drrow["学时数"] = strTime; ;
            drrow["学期"] = strTerm;
            drrow["学年"] = strYear;
            drrow["职称"] = strTitle;
            drrow["学生数"] = strStuNum;
            dtAllCourse.Rows.Add(drrow);
            dtCourse.Rows.Remove(dtCourse.Rows[dgvCourse.CurrentRow.Index]);
        }
```

```
        private void btnPost_Click(object sender, EventArgs e)
        {
            if (dtCourse != null)
            {
                student.Del(Term.TermCode);
                for (int i = 0; i < dtCourse.Rows.Count; i++)
                {
                    if (student.Add(dtCourse.Rows[i]["课程号"].ToString()
                        , dtCourse.Rows[i]["教师编号"].ToString()
                        , dtCourse.Rows[i]["专业代码"].ToString()
                        , dtCourse.Rows[i]["专业学级"].ToString()
                        , dtCourse.Rows[i]["课程类型"].ToString()) == false)
                    {
                        break;
                         MessageBox.Show("提交失败");
                        return;
                    }
                }
               MessageBox.Show("提交成功");
            }
        }
    }
}
```

（4）成绩录入窗体 Tch_Check 的控件如表 14.4 所示。

表 14.4　Tch_Check 窗体的控件

控件名称	类　型	标　题
btnPost	Button	提交
dgvCore	DataGridView	
btnFind	Button	查找
cmbCoure	ComboBox	
lblX	Label	课程

部分代码如下：

```
using System;
using System.Collections.Generic;
using System.ComponentModel;
using System.Data;
using System.Drawing;
using System.Linq;
using System.Text;
using System.Windows.Forms;
```

```
using Mis_CourseStu.classes;
namespace Mis_CourseStu
{
    public partial class Tch_Check : Form
    {
        private DataTable dtCourse;
        private Teacher teacher = new Teacher();
        public Tch_Check()
        {
            InitializeComponent();
        }
        /// <summary>
        /// 加载登录教师的课程
        /// </summary>
        void LoadCourse()
        {
            DataTable dtC = teacher.GetCourse(Term.TermCode);
            cmbCoure.DataSource = dtC;
            cmbCoure.DisplayMember = "课程名称";
            cmbCoure.ValueMember = "课程号";
        }
        private void Tch_Check_Load(object sender, EventArgs e)
        {
            LoadCourse();
        }
        private void btnFind_Click(object sender, EventArgs e)
        {
            dtCourse = teacher.GetStudent(Term.TermCode,
                      cmbCoure.SelectedValue.ToString());
            dgvCore.DataSource = dtCourse;
            dgvCore.Columns["注册号"].Visible = false;
            dgvCore.Columns["成绩"].ReadOnly = false;
            dgvCore.Columns["姓名"].ReadOnly = true;
            dgvCore.Columns["学号"].ReadOnly = true;
        }
        private void btnPost_Click(object sender, EventArgs e)
        {
            string strid,  strScore;
            if (dtCourse != null)
            {
                for (int i = 0; i < dtCourse.Rows.Count; i++)
                {
```

```
                    strid = dtCourse.Rows[i]["注册号"].ToString();
                    strScore = dtCourse.Rows[i]["成绩"].ToString();
                    if (teacher.UpdateScore(strid, strScore) == false)
                    {
                        break;
                        MessageBox.Show("提交失败");
                        return;
                    }
                }
                MessageBox.Show("提交成功");
            }
        }
        private void dgvCore_DataError(object sender,
DataGridViewDataErrorEventArgs e)
        {
            MessageBox.Show("请输入合法值");
        }
    }
}
```

14.5 思考题

利用 Visual C#.net+ SQL Server 设计一个教材管理系统，基本功能包括：

（1）教材基本信息的添加、删除、修改、查询。

（2）教材发放信息的添加、删除、修改、查询。

（3）统计以上各类信息。

附录A　实验实习指导

实验1　SQL Server 数据库的安装

1．目的与要求

（1）掌握 SQL Server 数据库的安装步骤。
（2）掌握 SQL Server Management Studio 的基本使用方法。
（3）对 SQL Server 数据库及其所有组件有一个基本了解。

2．实验准备

（1）了解 SQL Server 各种版本安装的软、硬件要求。
（2）了解 SQL Server 支持的身份验证模式。
（3）了解 SQL Server 各组件的主要功能。

3．实验步骤

（1）安装 SQL Server 2008
根据软硬件环境，选择一个版本合适的 SQL Server 2008。
（2）使用 SQL Server Management Studio。
① 启动 SQL Server 服务管理器。
② 以系统管理员身份登录进入 SQL Server Management Studio。
③ 使用“对象资源管理器”查看数据库对象，如表、视图、存储过程、默认和规则等。

实验2　创建数据库和表

1．目的和要求

（1）了解 SQL Server 数据库的逻辑结构和物理结构。
（2）了解表的结构特点。
（3）掌握 SQL Server 的基本数据类型。
（4）掌握数据库的两种创建方法：使用 SQL Server Management Studio 和 T-SQL 语句。
（5）掌握表的两种创建方法：使用 SQL Server Management Studio 和 T-SQL 语句。

2．实验准备

（1）要明确能够创建数据库的用户必须是系统管理员或是被授权使用 CREATE DATABASE 语句的用户。

（2）创建数据库必须要确定数据库名、所有者（即创建数据库的用户）、数据库大小

（最初的大小、最大的大小、是否允许增长及增长的方式）和存储数据的文件。

（3）确定数据库包含哪些表以及包含的各表的结构，还要了解 SQL Server 的常用数据类型，以创建数据库的表。

（4）了解常用的创建数据库和表的方法。

3．实验步骤

（1）数据库分析。

① 创建用于员工考勤的数据库，数据库名为 YGKQ，数据文件初始大小为 10MB，最大为 50MB，自动增长，增长方式是按 5%比例增长；日志文件初始为 2MB，最大可增长到 5MB，按 1MB 增长。数据库的逻辑文件名和物理文件名均采用默认值。

② 数据库 YGKQ 要存储员工的信息和缺勤类型信息，包含下列 2 个表：

JBQK：员工基本情况表；QQLX：缺勤信息表。

各表的结构见表 2.1 和表 2.2。

表 2.1　JBQK 表结构员工

字 段 名	字 段 类 型	字 段 宽 度	说　明
员工号	CHAR	4	主键
姓名	VARCHAR	8	
缺勤时间	DATETIME		
缺勤天数	INT		
缺勤类型	CHAR	4	
缺勤理由	VARCHAR	20	

表 2.2　QQLX

字段名	字段类型	字段宽度	说明
缺勤类型	CHAR	4	主键
缺勤名称	VARCHAR	8	
缺勤描述	VARCHAR	50	

（2）在 SQL Server Management Studio 创建和删除数据库和数据表。

① 在 SQL Server Management Studio 中创建的 YGKQ 数据库。

② 在 SQL Server Management Studio 中删除 YGKQ 数据库。

③ 在 SQL Server Management Studio 中分别创建表 JBQK 和 QQLX。

④ 在 SQL Server Management Studio 中删除创建的 JBQK 和 QQLX 表。

（3）使用 T-SQL 语句创建和删除数据库和数据表

① 使用 T-SQL 语句创建数据库 YGKQ。

② 使用 T-SQL 语句删除数据库 YGKQ。

③ 使用 T-SQL 语句创建 JBQK 和 QQLX 表。

④ 使用 T-SQL 语句删除 JBQK 和 QQLX 表。

实验 3　数据的基本操作

1．目的和要求

（1）学会在 SQL Server Management Studio 中对表进行插入、修改和删除数据操作。

（2）学会使用 T-SQL 语句对表进行插入、修改和删除数据操作。

（3）了解 T-SQL 语句对表数据库操作的灵活控制功能。

（4）掌握数据库的附加方法。

2．实验准备

（1）了解表的更新操作，即数据的插入、修改和删除，对表数据的操作可以在 SQL Server Management Studio 中进行，也可以由 T-SQL 语句实现。

（2）熟练掌握 T-SQL 语句用于对表数据进行插入（INSERT）、修改（UPDATE）和删除（DELETE 或 TRANCATE TABLE）操作的用法。

（3）了解使用 T-SQL 语句在对表数据进行插入、修改及删除时，比在 SQL Server Management Studio 中对表中数据操作灵活，功能更强大。

（4）掌握附加数据库的方法。

表 2.3　收费表数据

学号	课程号	收费	学年	学期
060101001002	0001	50	2006	1
060101001003	0004	30	2006	1
060101001004	0001	50	2006	1

3．实验步骤

（1）将数据库“student”进行附加。

（2）在“student”数据库中使用 T-SQL 语句删除“收费”表。

（3）在“student”数据库中使用 T-SQL 语句创建“收费”表，依照第 4 章中“表 4.17 课程收费表”中的表结构。

（4）在 SQL Server Management Studio 中向“收费”表中插入数据。

（5）在 SQL Server Management Studio 中删除数据库“收费”表中的数据。

（6）使用 T-SQL 命令向数据库 student 中的“收费”表插入数据。

（7）使用 T-SQL 修改“收费”表中的数据，学号为“060101001003”课程号为“0001”的数据将学期由 1 改为 2。

（8）使用 T-SQL 删除“收费”表中学号为“060101001003”课程号为“0001”的数据记录。

实验 4　数据查询

1．目的与要求

（1）掌握 SELECT 语句的基本语法。

（2）掌握子查询的表示。

（3）掌握连接查询的表示。

（4）掌握 SELECT 语句的聚合函数的作用和使用方法。

（5）掌握 SELECT 语句的 GROUP BY 和 ORDER BY 子句的作用和使用方法。

2．实验准备

（1）了解 SELECT 语句的基本语法格式。

（2）了解 SELECT 语句的执行方法。

（3）了解子查询的表示方法。

（4）了解 SELECT 语句的聚合函数的作用。

（5）了解 SELECT 语句的 GROUP BY 和 ORDER BY 子句的作用。

3．实验步骤

（1）附加“student”数据库。

（2）SELECT 语句的基本使用。

① 查询“060101001”班的同学名单。

② 查询专业为“计算机”，姓“李”，性别为“男”的一名教师的基本信息。

③ 查询 2006 年入学的同学人名单。

④ 在课程注册表中，查询学生的学号和总成绩。

（3）SELECT 语句的高级查询使用

① 查询“软件工程”专业的 2006 年入学的学生名单。

② 查询上“SQL Server 2008”课程的同学们的姓名及成绩，并按由高到低的顺序排列，分数相同的按班级排列。

③ 查询哪个专业年级的教学计划中有“SQL Server 2008”课程，并列出该课程在教学计划中的详细信息。

④ 将课程注册表中的成绩小于 60 分的信息查询出来插入到收费表中，并设置“收费”属性的初始值为 0。

实验 5　数据完整性

1．目的与要求

（1）掌握各种约束的定义及其删除方法。

（2）掌握规则的创建、使用和删除方法。

（3）掌握默认对象的创建、使用和删除方法。

2．实验准备

（1）了解数据完整性概念。

（2）了解约束的类型。

（3）了解创建约束和删除约束的语法。

（4）了解创建规则、绑定规则、解绑规则和删除规则的语法。

（5）了解创建默认对象、绑定默认对象、解绑默认对象和删除默认对象的语法。

3. 实验步骤

（1）附加“student”数据库，在数据鲁中建表时创建约束。在 student 数据库中用 CREATE TABLE 语句创建表 STU1，表结构如表 5.1 所示。

表 5.1

列　名	数据类型	长　度
学　号	char	12
姓　名	char	8
性　别	char	2
出生日期	datetime	
家庭住址	char	30
备　注	Text	

在建表的同时，创建所需约束。约束要求如下：

① 将学号设置为主键，主键名为 pk_xuehao。

② 为姓名添加唯一约束，约束名为 uk_xymy。

③ 为性别添加默认约束，默认名称 df_xybx，其值为“男”。

④ 为出生日期添加 CHECK 约束，约束名为 ck_csrq，其检查条件为（出生日期>'01/01/1986'）。

（2）使用 T-SQL 命令删除上例所建约束。并将 STU1 表删除掉。

（3）为 student 数据库中的收费表添加外键约束，要求如下：

将“学号”属性设置为外键，其引用表为学生表，外键名称为 fk_shfxh。

将“课程号”属性设置为外键，其引用表为课程表，外键名称为 fk_shfkch。

（4）创建一个 xq_rule 规则，将其绑定到收费表的学期字段上，保证输入的学期类型只能是数字“1”、“2”。

（5）删除 xqlx_rule 规则（注意：规则需要先解绑才能删除）。

（6）创建一个 shf_def 默认对象，将其绑定到收费表的收费字段上，使其默认值为“50”。

（7）删除默认对象 shf_def（注意：默认对象已绑定到收费表的收费字段上）。

实验 6　视图的应用

1. 目的与要求

（1）掌握创建视图的 T-SQL 语句的用法。

（2）掌握使用 SQL Server Management Studio 创建视图的方法。

（3）掌握查看视图的系统存储过程的用法。

（4）掌握修改视图的方法。

2. 实验准备

（1）了解创建视图的方法。

（2）了解修改视图的 SQL 语句的语法格式。

（3）了解为视图更名的系统存储过程的用法。

（4）了解删除视图的 SQL 语句的用法。

3. 实验步骤

（1）附加“student”数据库。

在 student 库中以“学生”表为基础，建立一个名为“V_商务技术系学生”的视图（注：商务技术系的系部代码为“03”）。在使用该视图时，将显示“学生”表中的所有字段。

（2）使用视图“V_商务技术系学生”查询商务技术系信息管理专业（其专业代码为“0302”）学生的信息。

（3）在查询分析器中使用更改视图的命令将视图“V_商务技术系学生”更名为“V_商务技术系男生”。

（4）修改“V_商务技术系男生”视图的内容。视图修改后，在使用该视图时，将得到商务技术系所有“男”学生的信息。

（5）删除视图“V_商务技术系男生”。

实验 7　索引的应用

1. 目的与要求

（1）掌握创建索引的命令。

（2）掌握使用 SQL Server Management Studio 创建索引的方法。

（3）掌握查看索引的系统存储过程的用法。

（4）掌握索引分析与维护的常用方法。

2. 实验准备

（1）了解聚集索引和非聚集索引的概念。

（2）了解创建索引的语法。

（3）了解使用“对象资源管理器”创建索引的步骤。

（4）了解为索引更名的系统存储过程的用法。

（5）了解删除索引的 SQL 命令的用法。

（6）了解索引分析与维护的常用方法。

3. 实验步骤

（1）附加“student”数据库。

（2）为 student 数据库中“课程注册”表的“成绩”字段创建一个非聚集索引，其名称为 kczccj_index。

（3）使用系统存储过程 sp_helpindex 查看“课程注册”表上的索引信息。

（4）使用系统存储过程 sp_rename 将索引 kczccj_index 更名为 kcvc_cj_index。

（5）使用 student 库中的“课程注册”表，查询所有课程注册信息，同时显示查询处理过程中磁盘活动的统计信息。

（6）用 T-SQL 语句删除 kcvc_cj_index。

（7）查看 student 数据库中所有表的碎片情况，如果存在索引碎片，将其清除。

实验 8　SQL 程序

1．目的与要求

（1）掌握程序中的批、脚本和注释的基本概念和使用方法。

（2）掌握程序中的事务的基本语句的使用。

（3）掌握程序中的流程控制语句。

（4）掌握程序中的游标的使用方法。

2．实验准备

（1）了解程序中的批、脚本和注释的语法格式。

（2）了解事务的基本语句的使用方法。

（3）了解程序中的流程控制语句：BEGIN-END 语句的使用。

（4）了解 IF-ELSE 语句的使用。

（5）了解 CASE 语句的使用。

（6）了解 WAIT 语句的使用。

（7）了解 WHILE 语句的使用。

（8）了解游标的使用。

3．实验步骤

附加“student”数据库，以下程序在 student 数据库中实现。

（1）编写一段程序脚本实现：判断课程注册表中成绩不及格的记录的课程类型，是“必修”还是“选修”，输出。

（2）编写程序，用游标实现：检查课程注册表中的每一条记录，将成绩不及格的“必修”课程信息添加到收费表中。

实验 9　函数的应用

1．目的与要求

（1）掌握 SQL Server 2008 中常用函数的用法。

（2）掌握用户自定义函数的类型。

（3）掌握用户自定义函数的使用方法。

2．实验准备

（1）了解系统提供的常用数学函数、日期和时间函数、字符串函数和数据类型转换函数的用法。

（2）了解用户自定义函数的类型。

（3）了解标量值函数的创建和使用方法。

（4）了解多语句表值函数的创建和使用方法。

（5）了解查看、修改和删除用户自定义函数的 T-SQL 命令的用法。

3．实验步骤

附加“student”数据库，以下例题均在 student 数据库中完成。

（1）使用系统函数。

① 以系部代码为分组条件，统计“学生”表中各系的人数。

② 使用适当字符串函数查找姓张的同学，并格式化显示其出生年月。

③ 在课程注册表中，使用适当函数找出“高等数学”课程的最高成绩、最低成绩和平均成绩。

（2）使用用户自定义函数。

① 使用 student 数据库中适当的表，创建一个自定义函数 kccj，该函数可以根据输入的学生姓名返回该学生选修的课程名称和成绩。

② 使用 student 数据库中适当的表，创建一个自定义函数 xbxs，该函数可以根据输入的系部名称返回该系学生的学号、姓名和入学时间。

③ 使用系统存储过程 sp_helptext 查看 kccj 函数的文本信息。

④ 修改 kccj 函数，使该函数根据输入的学生学号返回该学生的姓名、选修课程名称和成绩。

⑤ 删除 xbxs 函数。

实验 10　存储过程与触发器的应用

1．目的与要求

（1）掌握创建存储过程的方法和步骤。

（2）掌握存储过程的调用方法。

（3）掌握创建触发器的方法和步骤。

（4）掌握触发器的使用原理。

2．实验准备

（1）了解存储过程基本概念和类型。

（2）了解创建存储过程的 T-SQL 语句的基本语法。

（3）了解查看、执行、修改和删除存储过程的 T-SQL 命令的用法。

（4）了解触发器的基本概念和类型。

（5）了解创建触发器的 T-SQL 语句的基本语法。

（6）了解查看、修改和删除触发器的 T-SQL 命令的用法。

3．实验步骤

（1）附加“student”数据库。

（2）使用存储过程。

① 使用 student 数据库中的学生表、课程注册表、课程表，创建一个带参数的存储过程 cjjicx。该存储过程的作用是：当任意输入一个学生的姓名时，将从三个表中返回该学生的学号、选修的课程名称和课程成绩。

② 执行 cjjicx 存储过程，查询“刘永辉”的学号、选修课程和课程成绩。

③ 使用系统存储过程 sp_helptext 查看存储过程 cjjicx 的文本信息。

④ 使用 student 数据库中的学生表，为其创建一个加密的存储过程 jmxs。该存储过程的作用是：当执行该存储过程时，将返回计算机系学生的所有信息。

⑤ 执行 jmxs 存储过程，查看计算机系学生的情况。

⑥ 删除 jmxs 存储过程。

（3）使用触发器。

① 在 student 数据库中建立一个名为 insert_kczc 的 INSERT 触发器，存储在课程注册表中。该触发器的作用是：当教师在期末进行成绩录入时，如果某门课程的成绩不及格，则检查课程类型，如果为“必修”课程，则需要该同学重修，则将学号、课程号和一些基本信息插入收费表中，并设置收费金额为 0。

② 为 student 数据库中的收费表创建一个名为 dele_shf 的 DELETE 触发器，该触发器的作用是禁止删除收费表中“收费”字段的值为 0 的记录。

③ 为 student 数据库中的收费表创建一个名为 update_shf 的 UPDATE 触发器，该触发器的作用是禁止更新收费表中的“学号”字段和“课程号”字段的内容。

④ 禁用 insert_kczc 触发器。

⑤ 删除 insert_kczc 触发器。

⑥ 禁用 dele_shf 触发器。

⑦ 删除 dele_shf 触发器。

⑧ 禁用 update_shf 触发器。

⑨ 删除 update_shf 触发器。

实验 11　SQL Server 的安全管理

1．目的与要求

（1）掌握 SQL Server 的安全机制。

（2）掌握服务器的安全性的管理。

（3）掌握数据库用户的管理。

（4）掌握权限的管理。

2．实验准备

（1）了解 SQL Server 的安全机制。

（2）了解登录账号的创建、查看、禁止、删除方法。

（3）了解更改、删除登录账号属性的方法。

（4）了解数据库用户的创建、修改、删除方法。

（5）了解数据库用户权限的设置方法。

（6）了解数据库角色的创建、删除方法。

3．实验步骤

（1）创建登录账号：XSHXKAmd，并在 SQL Server Management Studio 中查看。

（2）禁止账号 XSHXKAmd 登录，然后再进行恢复。

（3）为“student”数据库创建用户 XSHXKAmd，然后修改用户名为 XSHAmd。

（4）为数据库用户 XSHAmd 设置权限：对于数据库表课程注册和收费具有 SELECT、INSERT、UPDATE、DELETE 权限。

（5）创建数据库角色 XAmd，并添加成员 XSHAmd。

实验 12　备份与还原

1．目的与要求

（1）掌握备份和还原的基本概念。

（2）掌握备份和还原的几种方式。

（3）掌握 SQL Server 的备份和还原的操作方法。

2．实验准备

（1）了解备份和还原的基本概念。

（2）了解备份和还原的几种方式。

（3）了解使用 SQL Server Management Studio 进行数据库备份的操作方法。

（4）了解使用 SQL Server Management Studio 进行数据库还原的操作方法。

3．实验步骤

（1）为“student”数据库进行数据库备份，备份名称为：XSHXK 备份。

（2）将数据库备份 XSHXK 进行恢复。

实验 13　数据库与开发工具的协同使用

1．目的与要求

（1）掌握常用数据库的连接方法。

（2）掌握使用 Java 和 SQL Server 开发数据库应用程序的方法。

（3）掌握使用 C#和 SQL Server 开发数据库应用程序的方法。

2．实验准备

（1）了解常用数据库的连接方法。

（2）了解使用 Java 和 SQL Server 开发数据库应用程序的方法。

（3）了解使用 C#和 SQL Server 开发数据库应用程序的方法。

3．实验步骤

开发一个“学生选课”系统。

（1）该系统具有以下模块。

① 基本信息操作模块。该模块主要完成教学计划、教师、课程、学生、系部、专业、班级等基本信息的添加、修改、删除等操作。该操作的基本权限赋予管理员。

② 学生选课和教师教课的基本信息的设置和管理。

③ 学生成绩的基本管理，即可以对成绩进行分析。

④ 系统的用户（管理员、教师、学生）操作及要求见教材第 1 章的 1.3.5 小节的案例分析。

（2）该系统的开发工具与运行环境。

① 开发工具：

客户端开发工具：VS.NET 2008。

数据库平台：SQL Server 2008。

② 运行环境

硬件环境：Pentium 及以上 CPU，520MB 以上内存，1GB 以上硬盘空间。

软件环境：中文 Windows 2000/2003。

附录B 实训案例“网络进销存系统”

0. 案例的提出

××公司是一家典型的电子商务公司，主要从事网上商品销售业务，是 BtoB 和 BtoC 混合模式。该公司商品来自全国各地甚至世界各地，各种商品购进后进行库存，会员或游客只需根据自己的需求，通过该公司的电子商务网站下单即可购买商品。该公司提供优质的商品销售服务，根据用户的需要，客户只需付一定的运费，既可通过现代物流系统，实现全国各地送货上门服务。

××公司在全国各地有业务员，及时保持与客户的联系，保证商品售出和售后服务。长期和该公司建立联系的企业和个人实行会员制度，年度购买商品超过 10 万元的可升级为中级，购买商品打九五折，当中级会员年度购买产品达 50 万元，即可升级为高级会员，购买商品可以打九折。员工的年度业务冠军者可实行 1%的奖金。

针对该公司的经营业务和管理模式，开发“××公司”网络进销存系统。该网络进销存系统要求打破生产厂家产品类型单一的限制，客户一次下单就可以完全满足需求的简单模式。该“网络进销存系统”实现进货、销售、退货和库存管理，实现对业务员、客户、生产厂家和产品的管理，实现简单的财务计算功能，实现对销售业务的各种统计功能。

1. 系统功能分析

（1）实现进货、销售、退货、库存管理。

（2）实现业务员、客户、厂商、商品资料管理。

（3）实现进货交易金额、销售金额、商品销售量、商品退货量的统计。

（4）实现业务员业绩统计。

2. 数据库设计

（1）系统需求分析。

① 顶层的数据流图。

② 第一层数据流图。

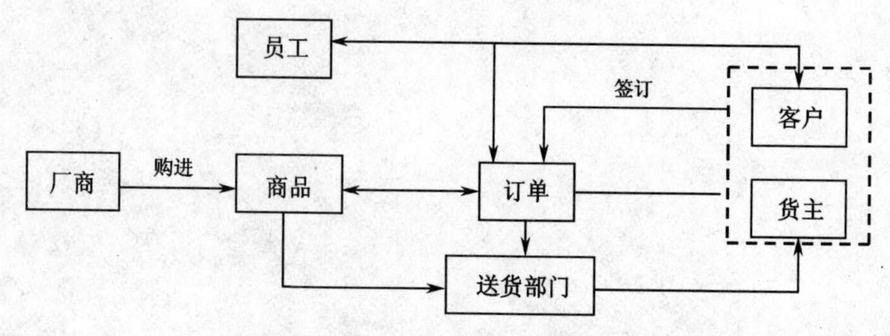

在整个公司的数据流动关系非常简单，围绕商品来完成。首先公司从各个不同的厂商购进各种各样的货物进行库存；根据客户所下的订单由公司的送货部门来将商品送给货主，可能收货的人就是下订单的人，也可能是单独的货主；员工平时多和客户保持联系，同时不断地增加自己的新客户，联系的客户下的订单就是该员工的营业额。

（2）数据库分析。

① 确定实体类型。根据系统的需求分析，很容易确定系统的实体类型，即系统中有用的实际存在的和系统本身具有紧密关系的事物，它可以是具体的人、事、物，也可以是抽象的，例如客户、商品、订单等都是本系统的实体类型。

② 确定联系类型。联系多指实体类型之间发生的关系。通过对系统需求分析中的第一层数据流图的分析，可以发现本系统中的联系比较复杂，尤其是订单实体类型和其他很多的实体类型发生关系，在这要注意。同时要注意实体之间的联系类型是“一对一”、“一对多”还是“多对多”。

③ 确定实体类型的属性。每个实体都有很多的属性，要提取对系统本身有用的属性，对于每个实体都要一个码属性，同时要注意根据系统本身的特点提取一些特殊的属性，例如“客户”实体中要有“客户编号”、“联系人”、“电话”、“地区”等属性。

④ 确定联系类型的属性。联系类型的属性首先至少包括发生联系的实体类型的码属性，然后再添加其他有意义属性。

⑤ 根据实体类型和联系类型画出 E-R 图。

局部 E-R 图。

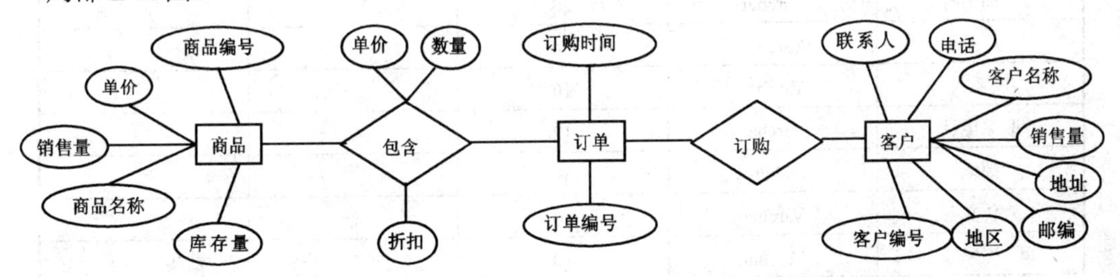

⑥ 将 E-R 图转化为关系模式。根据 E-R 模型向关系数据库的转换规则，将系统中实体类型和联系类型转换为关系模式，同时对关系模式进行规范化处理得到最终的结果。

厂商：厂商编号、厂商名称、厂址、联系人、联系电话、邮编、传真、国家、地区、联系人电话

员工：员工编号、员工姓名、性别、年龄、身份证号、职务、住址、雇佣时间、照片

商品类型：商品类型编号、商品类型名称、照片、描述

客户类型：客户类型编号、客户类型名称、描述

送货公司：送货公司编号、送货公司名称、联系人、电话

货主：货主编号、货主名称、地址、电话、邮编、国家、地区

商品：商品编号、厂商编号、商品类型编号、商品名称、商品单价、商品数量、库存位置、是否终止

客户：客户编号、客户类型编号、客户名称、客户地址、联系人、联系电话、邮编、国家、地区

订单明析：商品编号、订单编号、单价、数量、折扣

订单：订单编号、员工编号、客户编号、送货公司编号、货主编号、订货日期、发货日期、到货日期、运费

（3）数据库设计。

文件名称	文件类型	初始大小	文件增长	最大值
进销存_db.mdf	数据	5 MB	20%	30 MB
进销存_db_log.ldf	日志	5 MB	2MB	不限

（4）表结构设计。设计每个表的结构要熟悉每个数据类型用法。以下是部分表结构的设计，没给出的表自己设计。

表1 送货公司

字段名	数据类型	长度	是否为空	约束
送货公司编号	Char	4	否	主键
送货公司名称	Varchar	20	否	唯一
联系人	Varchar	10		
电话	Varchar	12		

表2 厂商表

字段名	数据类型	长度	是否为空	约束
厂商编号	Char	5	否	主键
厂商名称	Varchar	20		唯一
厂址	Varchar	50		
联系人	Varchar	10		
联系电话	Varchar	12		
邮编	Char	6		
传真	Varchar	10		
国家	Varchar	10		默认（中国）
地区	Varchar	20		
联系人电话	Varchar	12		

表3 员工表

字段名	数据类型	长度	是否为空	约束
员工编号	Char	4	否	主键
员工姓名	Varchar	10		
性别	Char	2		默认（男）
年龄	Tinyint			规则
身份证号	Varchar	20		
职务	Varchar	10		
住址	Varchar	50		
雇佣时间	Datetime			
照片	Varchar	50		

表4 商品表

字段名	数据类型	长度	是否为空	约束
商品编号	Char	6	否	主键
厂商编号	Char	5	否	外键
商品类型编号	Char	3	否	外键
商品名称	Varchar	30		唯一
商品单价	Floar			
商品数量	Int			
库存位置	Varchar	10		
是否终止	Bit			

（5）数据的基本操作（实现数据的增删改操作）。

（6）视图的应用。可以根据系统的需要集成数据来创建视图，以可以根据客户需要来创建视图。以下是部分视图的要求及代码。

① 厂商客户信息。

```
CREATE VIEW  v_厂商客户信息
AS
SELECT '厂商' as 类型,厂商名称 as 名称,联系人, 联系电话
FROM  厂商
union
SELECT '客户' as 类型,客户名称 as 名称,联系人, 联系电话
FROM  客户
go
```

② 每客户详细订单信息。

```
CREATE VIEW v_每客户详细订单信息
AS
SELECT  客户.客户名称,  订单.客户编号,  订单.订单编号,  订单.送货公司编号,
        订单.货主编号,  订单.订货日期,  订单.发货日期,  订单.到货日期,
        订单.运费
FROM  订单 INNER JOIN
        客户 ON  订单.客户编号 =  客户.客户编号
```

③ 大于10万元的客户订单信息。

```
CREATE VIEW v_大于10万元的客户订单信息
SELECT db CREATE VIEW  v_每客户详细订单信息 o.客户.客户名称,  客户.客户地址,
客户.联系人,  客户.联系电话,
        客户.邮编,  客户.国家,  客户.地区,  订单.订货日期,  订单.到货日期,
        订单.运费
FROM  订单明析 INNER JOIN
        订单 ON  订单明析.订单编号 =  订单.订单编号 INNER JOIN
        客户 ON  订单.客户编号 =  客户.客户编号
GROUP BY 客户.客户名称,  客户.客户地址,  客户.联系人,  客户.联系电话,
        客户.邮编,  客户.国家,  客户.地区,  订单.订货日期,  订单.到货日期,
```

```
        订单.运费
    HAVING (SUM( 订单明析.单价 *  订单明析.数量 *  订单明析.折扣) > 100000)
```

④ 发票信息。

```
    CREATE VIEW v_发票
    SELECT  客户.客户名称,  商品.商品名称,  订单明析.单价,  订单明析.数量,
            订单明析.单价 *  订单明析.数量 *  订单明析.折扣 AS 合计
    FROM  订单 INNER JOIN
            订单明析 ON  订单.订单编号 =  订单明析.订单编号 INNER JOIN
            客户 ON  订单.客户编号 =  客户.客户编号 INNER JOIN
            商品 ON  订单明析.商品编号 =  商品.商品编号
    GROUP BY  客户.客户名称,  商品.商品名称,  订单明析.单价,  订单明析.数量,
            订单明析.单价 *  订单明析.数量 *  订单明析.折扣
```

⑤ 员工订单数总金额。

```
    CREATE VIEW  v_员工订单数总金额
    AS
    SELECT  员工.员工姓名, COUNT( 订单.订单编号) AS 订单数量,
          SUM( 订单明析.单价 *  订单明析.数量 *  订单明析.折扣) AS 总销售金额
    FROM  订单 INNER JOIN
            订单明析 ON  订单.订单编号 =  订单明析.订单编号 INNER JOIN
            员工 ON  订单.员工编号 =  员工.员工编号
    GROUP BY  员工.员工编号,  员工.员工姓名
```

⑥ 销售量第一的员工的信息。

```
    CREATE VIEW  v_销售量第一的员工的信息
    AS
    SELECT TOP 1  员工.员工姓名,  员工.性别,  员工.年龄,  员工.身份证号,
            员工.职务,  员工.住址,  员工.雇佣时间,  员工.照片,
          SUM( 订单明析.单价 *  订单明析.数量 *  订单明析.折扣) AS 总销售额
    FROM  订单 INNER JOIN
            订单明析 ON  订单.订单编号 =  订单明析.订单编号 INNER JOIN
            员工 ON  订单.员工编号 =  员工.员工编号
    GROUP BY  员工.员工姓名,  员工.性别,  员工.年龄,  员工.身份证号,
            员工.职务,  员工.住址,  员工.雇佣时间,  员工.照片
    ORDER BY SUM( 订单明析.单价 *  订单明析.数量 *  订单明析.折扣) DESC
```

⑦ 销量前 10 的商品信息。

```
    CREATE VIEW  v_销量前10的商品信息
    AS
    SELECT TOP 10  商品.商品名称,  商品类型.商品类型名称,  商品.商品单价,
            商品.商品数量,  商品.库存位置,  订单明析.数量 AS 销售量
    FROM  商品 INNER JOIN
            订单明析 ON  商品.商品编号 =  订单明析.商品编号 INNER JOIN
            商品类型 ON  商品.商品类型编号 =  商品类型.商品类型编号
```

（7）存储过程的应用。可以根据系统的需要集成数据来创建存储过程，以可以根据客户需要来创建存储过程。以下是部分存储过程的要求及代码。

① 某类型商品的信息。

```
CREATE PROCEDURE  [gspsum]
@商品类型名称 varchar(20)
AS
SELECT  商品类型.商品类型名称,sum(单价*数量*折扣) as 总销售额
FROM  订单明析 INNER JOIN
        商品 ON  订单明析.商品编号 =  商品.商品编号 INNER JOIN
        商品类型 ON  商品.商品类型编号 =  商品类型.商品类型编号 and  商品类型.商品
类型名称=@商品类型名称
group by  商品类型.商品类型名称
GO
```

② 查询某客户的客户类型。

```
CREATE PROCEDURE  [客户类型查阅]
@客户类型名称 varchar(20)
AS
SELECT 客户.客户名称, 客户类型.客户类型名称
FROM 客户 INNER JOIN
      客户类型 ON 客户.客户类型编号 = 客户类型.客户类型编号
where  客户类型.客户类型名称=@客户类型名称
GO
```

③ 查询某商品的总销售金额。

```
CREATE PROCEDURE  [gspsum]
@商品类型名称 varchar(20)
AS
SELECT  商品类型.商品类型名称,sum(单价*数量*折扣) as 总销售额
FROM  订单明析 INNER JOIN
        商品 ON  订单明析.商品编号 =  商品.商品编号 INNER JOIN
        商品类型 ON  商品.商品类型编号 =  商品类型.商品类型编号 and  商品类型.商品
类型名称=@商品类型名称
group by  商品类型.商品类型名称
GO
```

（8）触发器的应用。可以根据系统的需要集成数据来创建触发器，以可以根据客户需要来创建触发器。以下是部分触发器的要求及代码。

① 单价触发器。

```
CREATE trigger insert_danjia on [dbo].[订单明析]
    for insert
as
    declare @单价 float (8)
    select @单价=单价
    from  inserted
```

```
if (@单价>(select 商品.商品单价 from 商品 where 商品.商品编号=(select 商品编号 from inserted)))
    print '插入记录成功'
else
begin
    print '商品的单价必须大于库中商品的原价'
    delete 订单明析
          where 商品编号=(select 商品编号 from inserted)
end
```

② 折扣触发器。

```
create trigger insert_zhekou on [dbo].[订单明析]
for insert
as
declare @折扣 float (8)
if ((select 客户类型编号
    from 客户 join 订单
        on 客户.客户编号=订单.客户编号
        join 订单明析
        on 订单.订单编号=(select 订单编号
                   from inserted))='02')
    set @折扣=0.95
if ((select 客户类型编号
    from 客户 join 订单
        on 客户.客户编号=订单.客户编号
        join 订单明析
        on 订单.订单编号=(select 订单编号
                   from inserted))='03')
    set @折扣=0.9
if ((select 客户类型编号
    from 客户 join 订单
        on 客户.客户编号=订单.客户编号
        join 订单明析
        on 订单.订单编号=(select 订单编号
                   from inserted))='04')
    set @折扣=0.85
else
    set @折扣=1
update 订单明析
    set 折扣=@折扣
    where 订单明析.订单编号=(select 订单编号
                   from inserted)
```

③ 商品类型编号。

```
create trigger update_splxbh  on [dbo].[商品类型]
    for update
as
    update 商品
        set 商品类型编号=(select 商品类型编号
                    from inserted)
        where 商品类型编号=(select 商品类型编号
                    from delected)
```

④ 商品的商品类型编号。

```
create trigger insert_shply on [dbo].[商品]
    for insert
as
if((select 商品类型编号 from inserted) not in (select 商品类型编号 from 商
品类型))
    print '商品类型表内没有些类型'
else
    print '插入成功'
```

3. 客户端应用程序设计

使用 VS.NET 设计一个界面友好、功能合理的进销存系统。灵活应用 ADO.NET 数据库对象，掌握 ADO.NET 访问数据表、视图、存储过程的方法。

附录C 常用函数

1．字符串函数

序 号	函 数	描 述
1	datalength(Char_expr)	返回字符串包含字符数,但不包含后面的空格
2	substring(expression,start,length)	不多说了,取子串
3	right(char_expr,int_expr)	返回字符串右边 int_expr 个字符
4	upper(char_expr)	转为大写
5	lower(char_expr)	转为小写
6	space(int_expr)	生成 int_expr 个空格
7	replicate(char_expr,int_expr)	复制字符串 int_expr 次
8	reverse(char_expr)	反转字符串
9	stuff(char_expr1,start,length,char_expr2)	将字符串 char_expr1 中的从 start 开始的 length 个字符用 char_expr2 代替
10	ltrim(char_expr) rtrim(char_expr)	取掉空格
11	ascii(char) char(ascii)	两函数对应,取 ascii 码,根据 ascii 吗取字符
12	charindex(char_expr,expression)	返回 char_expr 的起始位置
13	patindex("%pattern%",expression)	返回指定模式的起始位置,否则为 0
14	STR(char_Expr)	将数字数据转换为字符串，以便可以用文本运算符对其进行处理。

2．数学函数

序 号	函 数	描 述
15	abs(numeric_expr)	求绝对值
16	ceiling(numeric_expr)	取大于等于指定值的最小整数
17	exp(float_expr)	取指数 floor(numeric_expr) 小于等于指定值得最大整数
18	MOD（COLNAME/EXPRESSION，DIVISOR）	返回除以除数后的模（余数）
19	(numeric_expr,power)	返回 power 次方
20	rand([int_expr])	随机数产生器
21	round(numeric_expr,int_expr)	安 int_expr 规定的精度四舍五入
22	sign(int_expr)	根据正数,0,负数,返回+1,0,−1
23	sqrt(float_expr)	平方根
24	TRUNC（COLNAME/EXPRESSION，[factor]）	返回指定列或表达式的截尾值

3．日期函数

序 号	函 数	描 述
25	getdate()	返回日期
26	DAY（DATE/DATETIME EXPRESSION）	返回指定表达式中的当月几号
27	MONTH（DATE/DATETIME EXPRESSION）	返回指定表达式中的月份
28	YEAR（DATE/DATETIME EXPRESSION）	返回指定表达式中的年份
29	WEEKDAY（DATE/DATETIME EXPRESSION）	返回指定表达式中的当周星期几
30	TODAY	返回当前日期的日期值
31	datename(datepart,date_expr)	返回名称如 June
32	datepart(datepart,date_expr)	取日期一部份
33	datediff(datepart,date_expr1.dateexpr2)	日期差
34	dateadd(datepart,number,date_expr)	返回日期加上 number

4．聚集函数

序 号	函 数	描 述
35	COUNT（*）	返回行数
36	COUNT（DISTINCT COLNAME	返回指定列中唯一值的个数
37	SUM（COLNAME/EXPRESSION）	返回指定列或表达式的数值和
38	SUM（DISTINCT COLNAME）	返回指定列中唯一值的和
39	AVG（COLNAME/EXPRESSION）	返回指定列或表达式中的数值平均值
40	AVG（DISTINCT COLNAME）	返回指定列中唯一值的平均值
41	MIN（COLNAME/EXPRESSION）	返回指定列或表达式中的数值最小值
42	MAX（COLNAME/EXPRESSION）	返回指定列或表达式中的数值最大

附录 D　常用存储过程

序　号	语法格式	描　述	性　质
1	sp_stored_procedures [[@sp_name =] '*name*'] [,[@sp_owner =] '*owner*'] [,[@sp_qualifier =] '*qualifier*']	返回当前环境中的存储过程列表	目录过程
2	**sp_columns [@table_name =]** *object* [, [**@table_owner =**] *owner*] [, [**@table_qualifier =**] *qualifier*] [, [**@column_name =**] *column*] [, [**@ODBCVer =**] *ODBCVer*]	返回当前环境中可查询的指定表或视图的列信息	目录过程
3	sp_databases	列出驻留在 SQL Server 实例中的数据库或可以通过数据库网关访问的数据库	目录过程
4	sp_stored_procedures [[@sp_name =] '*name*'] [,[@sp_owner =] '*owner*'] [,[@sp_qualifier =] '*qualifier*']	返回当前环境中的存储过程列表	目录过程
5	**sp_tables** [[**@table_name =**] '*name*'] [, [**@table_owner =**] '*owner*'] [, [**@table_qualifier =**] '*ualifier*'] [, [**@table_type =**] "*type*"]	返回当前环境下可查询的对象的列表（任何可出现在 FROM 子句中的对象）	目录过程
6	**sp_cursor_list [@cursor_return =]** *cursor_variable_name* OUTPUT , [**@cursor_scope =**] *cursor_scope*	报告当前为连接打开的服务器游标的特性	游标过程
7	**sp_add_log_shipping_database [@db_name =]** '*db_name*' , [**@maintenance_plan_id =**] *maintenance_plan_id*	指定要日志传送主服务器上的数据库	日志传送过程
8	sp_resolve_logins [@dest_db =] '*dest_db*' , [@dest_path =] '*dest_path*' , [@filename =] '*filename*'	根据来自以前的主服务器中的登录解析新的主服务器上的登录	安全过程
9	sp_helprole [[@rolename =] '*role*']	返回有关当前数据库中角色的信息	安全过程
10	sp_helprotect [[@name =] '*object_statement*'] [, [@username =] '*security_account*'] [, [@grantorname =] '*grantor*'] [, [@permissionarea =] '*type*']	返回一个报表，报表中包含当前数据库中某对象的用户权限或语句权限的信息	安全过程
11	sp_helpuser [[@name_in_db =] '*security_account*']	报告有关当前数据库中 SQL 用户、NT 用户和数据库角色的信息	安全过程
12	sp_depends [@objname =] '*object*'	显示有关数据库对象相关性的信息（例如，依赖表或视图的视图和过程，以及视图或过程所依赖的表和视图）。不报告对当前数据库以外对象的引用	系统过程

（续表）

序　号	语 法 格 式	描　　述	性　　质
13	sp_executesql [@stmt =] *stmt*[{, [@params =] N'@*parameter_name data_type* [,...*n*] ' } {, [@*param1* =] '*value1*' [,...*n*] }]	执行可以多次重用或动态生成的T-SQL 语句或批处理。T-SQL 语句或批处理可以包含嵌入参数	系统过程
14	sp_help [[@objname =] *name*]	报告有关数据库对象（sysobjects 表中列出的任何对象）、用户定义数据类型或 SQL Server 所提供的数据类型的信息	系统过程
15	**sp_addextendedproc [@functname =]** '*procedure*' **,** **[@dllname =]** '*dll*'	将新扩展存储过程的名称注册到 SQL Server 上	系统过程
16	**sp_addmessage [@msgnum =]** *msg_id* **,** **[@severity =]** *severity* **,** **[@msgtext =]** '*msg*' **[, [@lang =]** '*language*' **]** **[, [@with_log =]** '*with_log*' **]** **[, [@replace =]** '*replace*' **]**	将新的错误信息添加到 sysmessages 表	系统过程
17	**sp_autostats [@tblname =]** '*table_name*' [, [@flagc =] '*stats_flag*'] [, [@indname =] '*index_name*']	显示或更改索引或统计的自动 UPDATE STATISTICS 设置，该索引或统计是当前数据库中特定的索引或统计，或者是当前数据库中给定表或已索引视图的所有索引或统计	系统过程
18	**sp_configure [[@configname =]** '*name*' **]** **[, [@configvalue =]** '*value*' **]**	显示或更改当前服务器的全局配置设置	系统过程
19	sp_datatype_info [[@data_type =] *data_type*] [, [@ODBCVer =] *odbc_version*]	返回有关当前环境所支持的数据类型的信息	系统过程
20	sp_helpconstraint [@objname =] '*table*' [, [@nomsg =] '*no_message*']	返回一个列表，其内容包括所有约束类型、约束类型的用户定义或系统提供的名称、定义约束类型时用到的列，以及定义约束的表达式（仅适用于 DEFAULT 和 CHECK 约束）	系统过程
21	sp_helpdb [[@dbname=] '*name*']	报告有关指定数据库或所有数据库的信息	系统过程
22	sp_helpextendedproc [[@funcname =] '*procedure*']	显示当前定义的扩展存储过程，以及此过程（函数）所属动态链接库的名称	
23	sp_helpfile [[@filename =] '*name*']	返回与当前数据库关联的文件的物理名称及特性。使用此存储过程确定附加到服务器或从服务器分离的文件名	系统过程
24	sp_helpindex [@objname =] '*name*'	报告有关表或视图上索引的信息	系统过程

（续表）

序号	语法格式	描述	性质
25	sp_helpserver [[@server =] *'server'*] [, [@optname =] *'option'*] [, [@show_topology =] *'show_topology'*]	报告某个特定远程或复制服务器的信息，或者报告两种类型的所有服务器的信息。提供服务器名称、服务器网络名、服务器复制状态、服务器标识号、排序规则名称和连接到链接服务器的超时值或对链接服务器进行查询的超时值	
26	sp_helpstats[@objname =] *'object_name'* [, [@results =] *'value'*]	返回指定表中列和索引的统计信息	系统过程
27	sp_helptrigger [@tabname =] *'table'* [, [@triggertype =] *'type'*]	返回指定表中定义的当前数据库的触发器类型	系统过程
28	Sp_refreshview [@viewname =] *'viewname'*	刷新指定视图的元数据。由于视图所依赖的基础对象的更改，视图的持久元数据会过期	系统过程
29	Sp_rename [@objname =] *'object_name'* , [**@newname** =] *'new_name'* [, [@objtype =] *'object_type'*]	更改当前数据库中用户创建对象（如表、列或用户定义数据类型）的名称	系统过程
30	sp_renamedb [@dbname =] *'old_name'* , [**@newname** =] *'new_name'*	更改数据库的名称	系统过程
31	sp_who [[@login_name =] *'login'*]	提供关于当前 Microsoft® SQL Server™ 用户和进程的信息。可以筛选返回的信息，以便只返回那些不是空闲的进程	系统过程
32	**xp_cmdshell** {*'command_string'*} **[, no_output]**	以操作系统命令行解释器的方式执行给定的命令字符串，并以文本行方式返回任何输出。授予非管理用户执行 xp_cmdshell 的权限	常规扩展过程
33	**xp_logininfo** [[**@acctname** =] *'account_name'*] [,[**@option** =] **'all'** | **'members'**] [,[**@privelege** =] *variable_name* OUTPUT]	报告账户、账户类型、账户的特权级别、账户的映射登录名和账户访问 SQL Server 的权限路径	常规扩展过程
34	**xp_loginconfig** [*'config_name'*]	报告 SQL Server 在 Windows 2000 或 NT 4.0 上运行时的登录安全配置	常规扩展过程
35	**xp_sprintf** {*string* OUTPUT, *format*} [, *argument* [,...*n*]]	设置一系列字符和值的格式并将其存储到字符串输出参数中。每个格式参数都用相应的参数替换	常规扩展过程
36	**xp_findnextmsg** [[**@type** =] *type*] [,[**@unread_only** =] *'unread_value'*] [,[**@msg_id** =] *'message_number'* [OUTPUT]]	接受输入的邮件 ID 并返回输出的邮件 ID。为了处理 SQL Server 收件箱中的邮件，请一起使用 xp_findnextmsg 和 sp_processmail	常规扩展过程
37	xp_sscanf {*string* OUTPUT, *format*} [, *argument* [,...*n*]]	将数据从字符串读入每个格式参数所给定的变量位置	常规扩展过程